全国高等职业学校电类专业教材

电机与电气控制

（第三版）

李金钟　主编

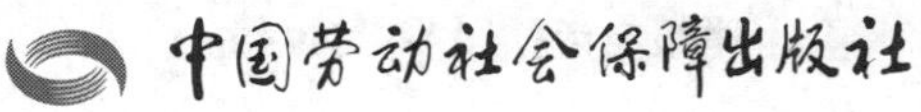

中国劳动社会保障出版社

简　介

本书主要内容包括直流电机的应用、变压器的应用、交流电机的应用、特种电机的应用、三相异步电动机基本控制线路的安装与调试、常用机床电气控制线路的安装与调试等。

本书由李金钟任主编，徐雯霞、赵家才、吴国中参与编写，傅大梅任主审。

图书在版编目(CIP)数据

电机与电气控制/李金钟主编. -- 3版. -- 北京：中国劳动社会保障出版社，2023

全国高等职业学校电类专业教材

ISBN 978-7-5167-5688-1

Ⅰ.①电… Ⅱ.①李… Ⅲ.①电机学-高等职业教育-教材②电气控制-高等职业教育-教材 Ⅳ.①TM3②TM571.2

中国国家版本馆CIP数据核字(2023)第053141号

中国劳动社会保障出版社出版发行

（北京市惠新东街1号　邮政编码：100029）

*

北京谊兴印刷有限公司印刷装订　新华书店经销

787毫米×1092毫米　16开本　20.75印张　455千字

2023年8月第3版　　2025年11月第3次印刷

定价：45.00元

营销中心电话：400-606-6496

出版社网址：http://www.class.com.cn

http://jg.class.com.cn

前言

为了更好地适应全国高等职业学校电类专业教学要求，全面提升教学质量，人力资源社会保障部教材办公室组织有关学校的一线教师和行业、企业专家，充分调研企业生产和学校教学情况，广泛听取各职业技术院校对教材使用情况的反馈意见，对全国高等职业学校电类专业基础课教材和电气自动化技术专业教材进行了修订，并做了适当的补充开发。

本次教材修订（新编）工作的重点主要体现在以下几个方面。

更新教材内容

以《电工（2018年版）》等国家职业技能标准为依据，根据电类专业毕业生所从事职业的实际需要和教学实际情况的变化，合理确定学生应具备的能力与知识结构，适当调整部分教材的内容及其深度、难度；根据相关工种及专业领域的最新发展，在教材中充实“四新”内容，更新设备型号和软件版本；根据最新的国家标准、行业标准编写教材，保证教材的科学性和规范性。

创新教材形式

在专业课教材中融入工学一体化课改理念，以代表性工作任务为载体，按照工作过程设计和安排教学活动，实现理论与实践的统一，使学生在贴近生产实际的具体情境中学习，从而提高在工作过程中分析问题和解决问题的综合职业能力。

在部分专业课中，配套开发学生用书，按照“资讯、计划、决策、实施、检查、评价”六个步骤进行教学设计，通过引导问题和课堂活动设计体现，贯彻以学生为中心、以能力为本位的教学理念，引导学生自主学习。

增强表现效果

尽可能使用图片、实物照片和表格等形式将知识点生动地展示出来，达到提高学生学习兴趣、提升教学效果的目的，并在《机电工程制图（第三版）》等教材中采用双色印刷方式，在《机械基础（第二版）》教材中采用彩色印刷方式，使内容更加清晰明了，进一步增强表现效果。

提升教学服务

为方便教师教学和学生学习，在传统纸质资源基础上，充分利用信息技术，构建“1+

3”的教学资源体系，即 1 个学生用书或习题册，加上二维码资源、电子课件、习题册参考答案 3 种互联网资源。其中，二维码资源主要为针对重点、难点内容制作的微视频或电子阅读材料，使用移动设备扫描即可在线观看、阅读；电子课件依据教材内容制作，为教师教学提供帮助；习题册参考答案则针对教材配套习题册编写，为教师指导学生练习提供方便。

电子课件和习题册参考答案均可通过技工教育网（http://jg.class.com.cn）下载使用。

致谢

本次教材的修订（新编）工作得到了北京、江苏、山东、湖北、湖南、广东、广西等省（自治区、直辖市）人力资源社会保障厅（局）及有关学校的大力支持，在此我们表示诚挚的谢意。

人力资源社会保障部教材办公室

2022 年 9 月

目录

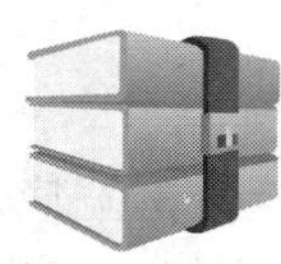

课题一　直流电机的应用

任务 1　认识直流电机

学习目标

1. 了解直流电机的特点、用途和分类，熟悉直流电机的基本工作原理。
2. 认识直流电机的外形和内部结构，熟悉各部件的作用。
3. 了解直流电机铭牌中型号和额定值的含义，掌握额定值的简单计算。
4. 学会直流电动机的检测、接线和简单操作使用。

任务引入

直流电机是实现直流电能与机械能之间相互转换的电力机械，按用途可分为直流电动机和直流发电机两类。将机械能转换成直流电能的电机称为直流发电机，如图 1-1 所示；将直流电能转换成机械能的电机称为直流电动机，如图 1-2 所示。直流电机是工矿、交通、建筑等行业中常见的动力机械，是机电行业从业人员的重要工作对象之一。电气自动化专业技术人员必须熟悉直流电机的结构、工作原理和性能特点，掌握主要参数的分析计算，正确并熟练地操作使用直流电机。

图 1-1　直流发电机

图 1-2　直流电动机

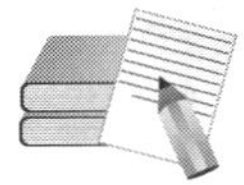

相关知识

一、直流电机的特点和用途

1. 直流电机的特点

直流电动机与交流电动机相比，具有优良的调速性能和启动性能，其调速范围宽广，有平滑的无级调速特性；过载能力大，能承受频繁的冲击负载；可实现频繁的无级快速启动、制动和反转；能满足自动化生产系统各种不同的特殊运行要求。而直流发电机则能提供无脉动的大功率直流电源，且可以精确地调节和控制输出电压。但直流电机也有它显著的缺点：一是制造工艺复杂，消耗有色金属较多，生产成本高；二是直流电机在运行时由于电刷与换向器之间容易产生火花，因而可靠性较差，维护比较困难，所以在一些对调速性能要求不高的领域中已被交流变频调速系统所取代。但是在某些调速范围大、调速性能要求高、精密度好、控制性能优异的场合，直流电机的应用目前仍占有较大的比重。

2. 直流电机的用途

由于直流电动机具有良好的启动和调速性能，所以常用于对启动和调速有较高要求的场合，如大型可逆式轧钢机、矿井卷扬机、宾馆高速电梯、龙门刨床、电力机车、内燃机车、城市电车、地铁列车、电动自行车、造纸和印刷机械、船舶机械、大型精密机床和大型起重机等生产机械，如图 1-3 所示。

a)

b)

c)

d)

e)

f)

图 1-3　直流电动机的用途

a）轧钢机　b）地铁列车　c）城市电车　d）电力机车　e）电动自行车　f）造纸机

直流发电机主要用作各种直流电源，如直流电动机电源、化学工业中电解和电镀所需的低电压大电流的直流电源、直流电焊机电源等，如图 1-4 所示。

a)

b)

图 1-4　直流发电机的用途

a）电解铝车间　b）电镀车间

二、直流电机的基本结构

直流电机由定子和转子（电枢）两大部分组成。定子部分包括机座、主磁极、换向极、端盖、电刷等装置；转子部分包括电枢铁心、电枢绕组、换向器、转轴、风扇等部件。此外，为确保转子在旋转时不与定子发生摩擦，造成扫膛，烧坏电机，电机定子与转子之间还必须有一定的空隙，称为气隙，气隙也是电机磁路中的重要组成部分。直流电机的外形和基本结构，如图 1-5 所示。

1. 定子部分

（1）机座　机座也就是外壳部分，直流电机的机座外形如图 1-6 所示，其作用有两个：一个是固定主磁极、换向极、端盖等部件；另一个是作为电机磁路的一部分（称为磁轭）。机座一般用铸钢制成或用厚钢板焊接而成，具有良好的导磁性能和力学强度。

（2）主磁极　直流电机的主磁极总是成对的，相邻主磁极的极性按 N 极和 S 极交替排列，整个磁极用螺钉固定在机座上，如图 1-6 所示。主磁极的作用是产生气隙磁场。主磁极由主磁极铁心和主磁极绕组（励磁绕组）构成，主磁极铁心一般由 1.0~1.5 mm 厚的低碳钢板冲片叠压而成，包括极身和极靴两部分。极靴做成圆弧形，以使磁极下气隙磁通较均匀。极身上面套有由绝缘铜线绕制而成的励磁绕组，绕组中通入直流电流时即产生磁性，如图 1-7 所示。

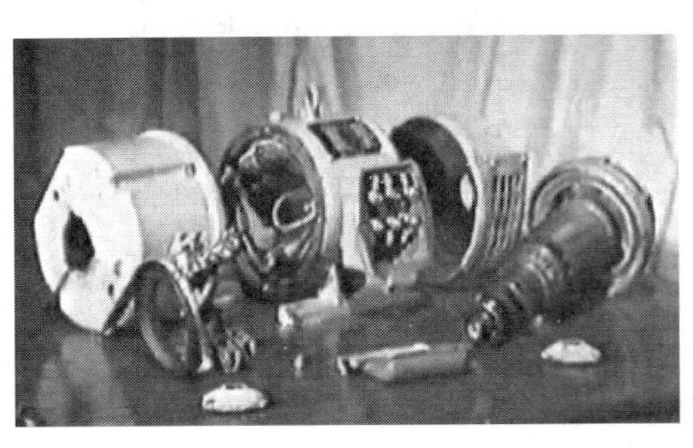

a)

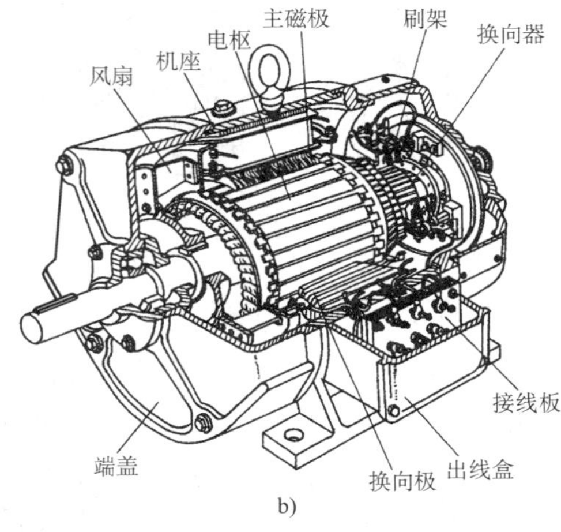

b)

图 1-5　直流电机的外形和基本结构

a）外形　b）基本结构

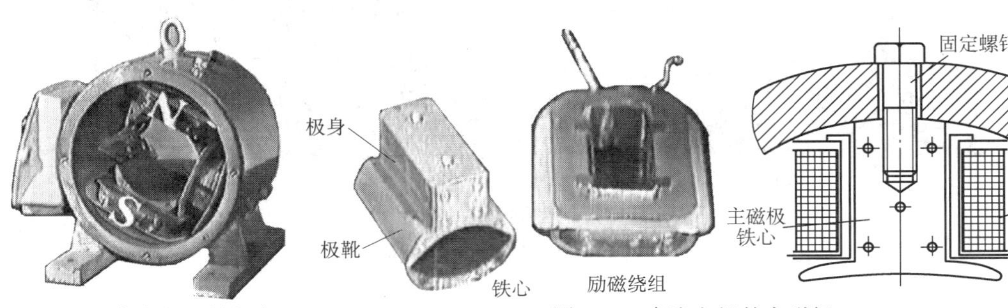

图 1-6　直流电机的机座

图 1-7　直流电机的主磁极

（3）换向极　在图 1-6 中，两个主磁极 N、S 之间的小磁极就是换向极。换向极装在相邻两主磁极之间，用螺钉固定在机座上。换向极的作用是改善换向，减小火花。换向极的基本结构与主磁极相似，也是由铁心和套在铁心上的绕组构成，如图 1-8 所示。换向极铁心一般用整块钢制成，如果换向要求较高，则用 1.0~1.5 mm 厚的钢板叠压而成，其绕组中流过的是电枢电流。

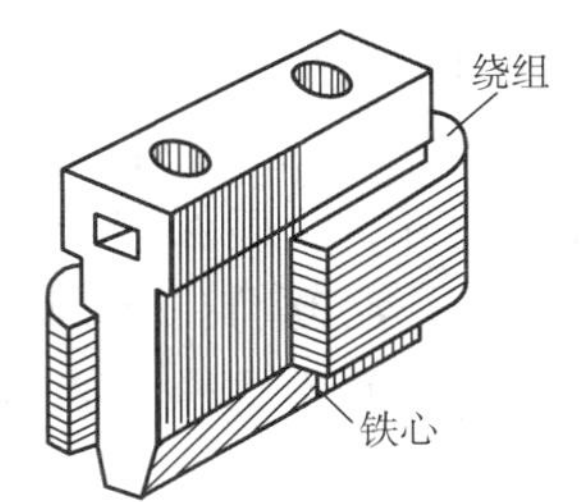

图 1-8　直流电机的换向极

（4）电刷装置　电刷装置如图 1-9 所示，它由电刷、刷握、刷杆、刷杆架、弹簧、铜辫等构成。电刷是用碳—石墨等做成的导电块，电刷装在刷握的刷盒内，用弹簧把它紧压在换向器表面上。电刷的作用是与换向器配合将转动的电枢绕组电路与外电路相连接，并把电枢绕组中的交流电转变成电刷两端的直流电，或者把电源的直流电转变成电枢绕组中的交流电。电刷组的个数，一般等于主磁极的个数。

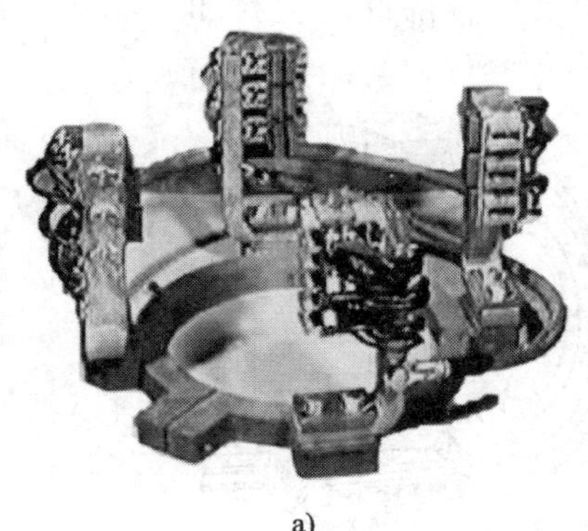

a)

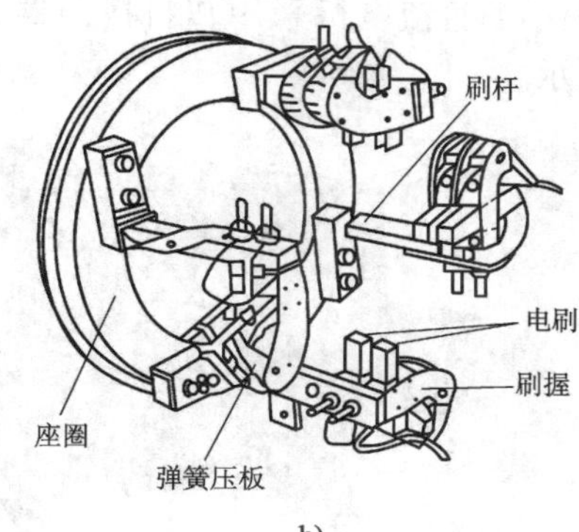

b)

图 1-9　直流电机的电刷装置
a）外形　b）结构

2. 转子部分

（1）电枢铁心　电枢铁心的作用，一是构成电机磁路的一部分，二是嵌放电枢绕组。电枢铁心一般用 0.5 mm 厚、两边涂有绝缘漆的硅钢片叠压而成，以减小电枢旋转时产生的涡流和磁滞损耗。在电枢铁心的外圆周上开有许多均匀分布的槽，以嵌放电枢绕组，如图 1-10 所示。电枢铁心固定在转轴或转子支架上。

（2）电枢绕组　电枢绕组的作用是产生感应电动势和电磁转矩，从而实现机电能量的转换。电枢绕组是电机的核心部件。电枢绕组由一定数目的绝缘导线绕制的线圈组成，各线圈分别嵌放在不同的电枢铁心槽中，电枢绕组每个线圈的两个端头接在不同的换向片上，按一定的规律构成闭合回路，如图 1-11 所示。线圈与铁心之间以及线圈的上、下层之间均要妥善绝缘，用槽楔压紧，再用玻璃丝带或钢丝扎紧。

图 1-10　电枢铁心

图 1-11　电枢绕组

（3）换向器　换向器是直流电机的关键部件。它与电刷配合，在发电机中将电枢绕组中的交流电转换为电刷间的直流电，起整流作用；在电动机中将电源的直流电转换为电枢绕组中的交流电，保持电磁转矩的方向不变。换向器是一个由许多带有燕尾槽的楔形铜片组成的圆筒，铜片之间用云母片绝缘，由套筒、云母片和螺母紧固成一个整体，换向片与套筒之间要妥善绝缘。在中小型直流电机中最常用的是金属套筒式换向器，如图 1-12 所示。容量很小的直流电机采用塑料换向器，换向器的各部件用塑料加工成一个整体，如图 1-13 所示。

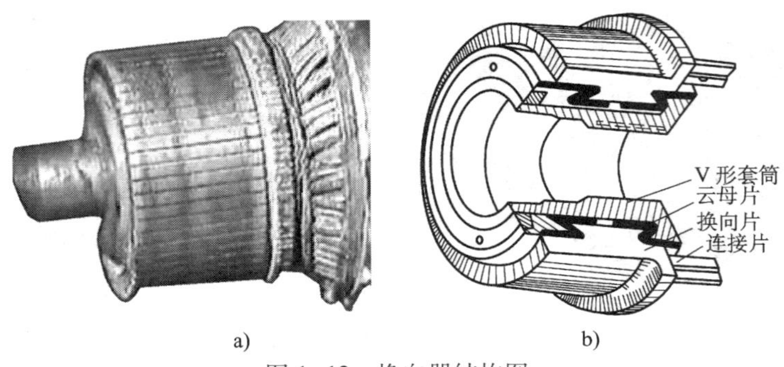

图 1-12　换向器结构图

a）外形　b）结构

（4）转轴、支架和风扇　对于小容量直流电机，电枢铁心就装在转轴上。对于大容量直流电机，为了减少硅钢片的消耗和转子的重量，轴上装有金属支架，电枢铁心装在支架上。此外轴上还装有风扇，以加强对电机的冷却。

整个直流电机的转子（电枢）外形，如图 1-14 所示。

图 1-13　塑料换向器

图 1-14　直流电机的转子

3. 气隙

气隙的大小对电机运行性能有很大的影响，气隙过小易发生扫膛，气隙过大电机的效率会降低，影响电机做功。一般中小型直流电机的气隙为 0.5～3 mm，大型直流电机的气隙为 10～12 mm。

三、直流电机的励磁方式和额定值

1. 直流电机的励磁方式

直流电机产生磁场的过程称为励磁。按励磁方式的不同，直流电机可分为他励和自励两大类。而自励电机，按励磁绕组与电枢绕组的连接方式不同，又可分为并励、串励和复励三种。

（1）他励直流电机　他励直流电机的励磁绕组与电枢绕组无电路上的联系，励磁电流 I_f 由一个独立的其他直流电源提供，与电枢电流 I_a 无关，如图 1-15a 所示。

（2）并励直流电机　并励直流电机的励磁绕组与电枢绕组并联，如图 1-15b 所示。在发电机中，励磁电流由发电机自身提供；在电动机中，励磁绕组与电枢绕组并接于同一外加直流电源。

（3）串励直流电机　串励直流电机的励磁绕组与电枢绕组串联，如图 1-15c 所示。在发电机中，励磁电流由发电机自身提供；在电动机中，励磁绕组与电枢绕组串接于同一外加直流电源，即 $I_a = I_f$。

（4）复励直流电机　复励直流电机的励磁绕组一部分与电枢绕组并联，另一部分与电枢绕组串联，如图 1-15d 所示。

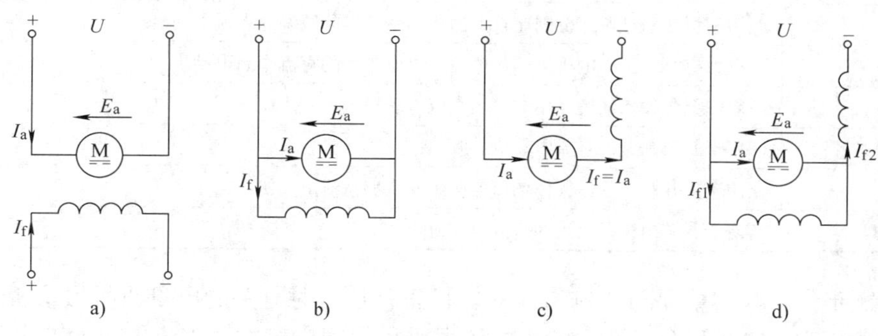

图 1-15　直流电机的励磁方式

a）他励　b）并励　c）串励　d）复励

2. 直流电机的铭牌和额定值

每台直流电机的机座上都有一块铭牌，如图 1-16 所示。它类似于人的身份证，标注了直流电机的型号和一些重要技术数据，这些技术数据叫作额定值。

直流电动机			
型号	Z4-112/2-1	励磁方式	并励
额定功率	5.5 kW	励磁电压	180 V
额定电压	440 V	励磁电流	0.4 A
额定电流	15 A	额定效率	81.2%
额定转速	3 000 r/min	绝缘等级	B 级
定额	连续	出厂日期	××××年××月
××××电机厂			

图 1-16　直流电动机的铭牌

（1）型号　电机型号由若干字母和数字所组成，用以表示电机的系列和主要特点。根据电机的型号，可以从相关手册及资料中查出该电机的有关技术数据。电机型号的含义如下：

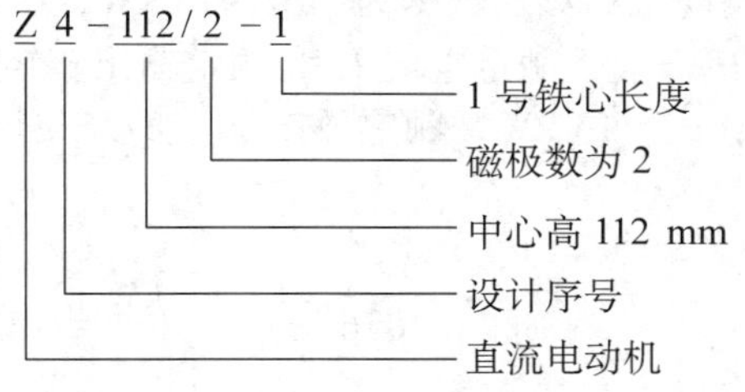

常见的直流电机产品系列见表 1-1。

表 1-1 常见的直流电机产品系列

代号	含义
Z2	一般用途的中、小型直流电机，包括发电机和电动机
Z、ZF	一般用途的大、中型直流电机系列。Z 是直流电动机系列；ZF 是直流发电机系列
ZZJ	专供起重冶金工业用的专用直流电动机
ZT	用于恒功率且调速范围比较大的驱动系统里的宽调速直流电动机
ZQ	电力机车、工矿电机车和蓄电池供电电车用的直流牵引电动机
ZH	船舶上各种辅助机械用的船用直流电动机
ZU	用于龙门刨床的直流电动机
ZA	用于矿井和有易爆气体场所的防爆安全型直流电动机
ZKJ	冶金、矿山挖掘机用的直流电动机

（2）额定值　额定值是电机制造厂对电机正常运行时有关的电量或机械量所规定的数据。额定值是正确选择和合理使用电机的依据。根据国家标准，直流电机的额定值有：

1）额定功率 P_N　电机在额定工况下允许输出的功率。对于发电机，是指输出的电功率；对于电动机，是指转轴上输出的机械功率，单位一般都为 kW 或 W。

2）额定电压 U_N　额定工况下，电刷两端输出或输入的电压，单位为 V。

3）额定电流 I_N　额定工况下，电机流出或流入的电流，单位为 A。

额定功率 P_N、额定电压 U_N 和额定电流 I_N 三者之间的关系如下：

直流发电机：
$$P_N = U_N I_N$$

直流电动机：
$$P_N = U_N I_N \eta_N$$

式中　η_N——额定效率。

4）额定转速 n_N　额定功率、额定电压、额定电流时电机的转速，单位为 r/min。

5）额定励磁电压 U_{fN}　额定工况下，励磁绕组所加的电压，单位为 V。

6）额定励磁电流 I_{fN}　额定工况下，通过励磁绕组的电流，单位为 A。

有些物理量虽然不标在铭牌上，但它们也是额定值，例如在额定运行状态时的转矩、效率分别称为额定转矩、额定效率。若电机运行时，各物理量都与额定值一样，称为额定状态。电机在实际运行时，由于负载的变化，往往不是总在额定状态下运行。如果流过电机的电流小于额定电流，称为欠载运行；超过额定电流，称为过载运行。长期过载有可能因过热而烧坏电机；长期欠载，电机没有得到充分利用，效率降低，不经济。电机在接近额定状态下运行，才是最经济、合理的。

【例 1-1】　一台直流电动机的额定数据为：$P_N = 13$ kW，$U_N = 220$ V，$n_N = 1\ 500$ r/min，$\eta_N = 87.6\%$，求额定输入功率 P_{1N}、额定电流 I_N 和额定输出转矩 T_{2N}。

解：已知额定输出功率 $P_N = 13$ kW，额定效率 $\eta_N = 87.6\%$。

额定输入功率为：

$$P_{1N} = \frac{P_N}{\eta_N} = \frac{13}{0.876} \approx 14.84\ \text{kW}$$

额定电流为：

$$I_N = \frac{P_{1N}}{U_N} = \frac{14.84 \times 10^3}{220} \approx 67.45\ \text{A}$$

由于输出功率 $P_N = T_{2N}\omega_N$，而角速度 $\omega_N = \frac{2\pi n_N}{60}$，所以额定输出转矩为：

$$T_{2N} = \frac{60P_N \times 10^3}{2\pi n_N} = 9\ 550 \times \frac{P_N}{n_N} = 9\ 550 \times \frac{13}{1\ 500} \approx 82.77\ \text{N} \cdot \text{m}$$

四、直流电机的工作原理

1. 直流发电机的工作原理

图 1-17 所示是由直流发电机的主磁极、电刷、电枢绕组和换向器等主要部件构成的工作原理图，定子上有两个磁极 N 和 S，它们建立恒定磁场，两磁极中间是装在转子上的电枢绕组。绕组元件 $abcd$ 的两端 a 和 d 分别与两片相互绝缘的半圆形铜片（换向器）相接，通过电刷 A、B 与外电路相连。

当原动机带着电枢逆时针方向旋转时，线圈两个有效边 ab 和 cd 将切割磁场磁力线产生感应电动势，方向按右手定则确定，如图 1-17a 所示，在 S 极下由 $d \rightarrow c$，在 N 极下由 $b \rightarrow a$，电刷 A 为正极，电刷 B 为负极。负载电流的方向，由 A→B。

当线圈转过 90°时，如图 1-17b 所示，两个线圈的有效边位于磁场物理中性面上，导体的运动方向与磁力线平行，不切割磁力线，因此感应电动势为零。虽然两电刷同时与两铜片相接，把线圈短路，但线圈中无电动势和电流。

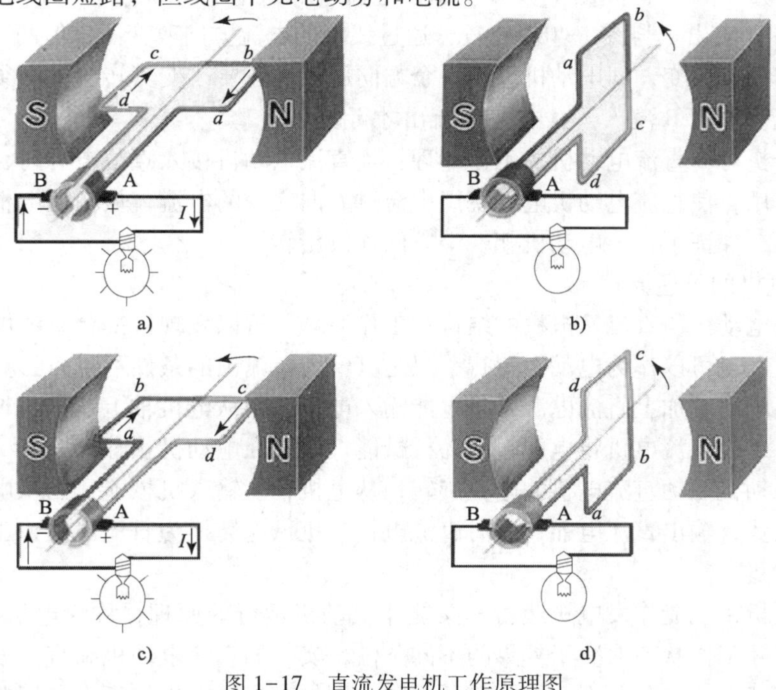

图 1-17 直流发电机工作原理图

a）灯亮 b）灯不亮 c）灯亮 d）灯不亮

当线圈转过 180°时，如图 1-17c 所示，此时线圈边中的电动势方向改变了，在 S 极下由 $a \to b$，在 N 极下由 $c \to d$。由于此时电刷 A 和电刷 B 所接触的铜片已经互换，因此电刷 A 仍为正极，电刷 B 仍为负极，输出电流 I 的方向不变。

线圈每转过一对磁极，其两个有效边中的电动势方向就改变一次，但是两电刷之间的电动势方向是不变的，电动势大小在零和最大值之间变化。显然，电动势方向虽然不变，但大小波动很大，这样的电动势是没有实用价值的。要减小电动势的波动程度，实用的电机在电枢圆周表面装有较多数量互相串联的线圈和相应数量的铜片。这样，换向后合成电动势的波动程度就会显著减小。由于实际发电机的线圈数量较多，所以电动势波动很小，可认为是恒定不变的直流电动势。

由以上分析可得出直流发电机的工作原理：当原动机带动直流发电机电枢旋转时，在电枢绕组中产生方向交变的感应电动势，通过电刷和换向器的作用，在电刷两端输出方向不变的直流电动势。

2. 直流电动机的工作原理

直流电动机在机械构造上与直流发电机完全相同，如图 1-18 所示是直流电动机的工作原理图。电枢不用外力驱动，把电刷 A、B 接到直流电源上，假定电流从电刷 A 流入线圈，沿 $a \to b \to c \to d$ 方向，从电刷 B 流出。载流线圈在磁场中将受到电磁力的作用，其方向按左手定则确定，ab 边受到向上的力，cd 边受到向下的力，形成电磁转矩，结果使电枢逆时针方向转动，如图 1-18a 所示。当电枢转过 90°时，如图 1-18b 所示，线圈中虽无电流和力矩，但在惯性的作用下继续旋转。

当电枢转过 180°时，如图 1-18c 所示，电流仍然从电刷 A 流入线圈，沿 $d \to c \to b \to a$ 方向，从电刷 B 流出。与图 1-18a 比较，通过线圈的电流方向改变了，但两个线圈边受电磁力的方向却没有改变，即电动机只朝一个方向旋转。若要改变其转向，必须改变电源的极性，使电流从电刷 B 流入，从电刷 A 流出才行。

由以上分析可得直流电动机的工作原理：当直流电动机接入直流电源时，借助于电刷和换向器的作用，使直流电动机电枢绕组中流过方向交变的电流，从而使电枢产生恒定方向的电磁转矩，保证了直流电动机朝一个方向连续旋转。

3. 直流电机的可逆原理

比较直流电动机与直流发电机的结构和工作原理，可以发现：一台直流电机既可以作为发电机运行，也可以作为电动机运行，只是其输入、输出的条件不同而已。

如果在电刷两端加上直流电源，将电能输入电枢，则从电机轴上输出机械能，驱动生产机械工作，这时直流电机将电能转换为机械能，工作在电动机状态。

如果用原动机驱动直流电机的电枢旋转，从电机轴上输入机械能，则从电刷两端可以引出直流电动势，输出直流电能，这时直流电机将机械能转换为直流电能，工作在发电机状态。

同一台电机，既能作发电机运行，又能作电动机运行的原理，称为电机的可逆原理。一台电机的实际工作状态取决于外界的不同条件。实际的直流电动机和直流发电机在设计时考虑了工作特点的一些差别，因此有所不同。例如直流发电机的额定电压略高于直流电

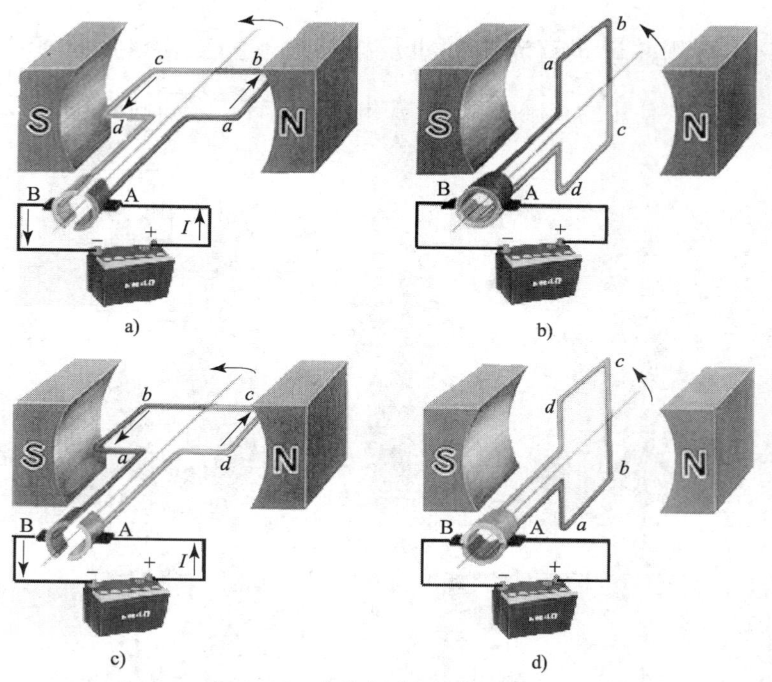

图 1-18　直流电动机工作原理图

a）受电磁力，逆时针转动　b）不受电磁力，惯性转动

c）受电磁力，逆时针转动　d）不受电磁力，惯性转动

动机，以补偿线路的电压降，便于两者配合使用。直流发电机的额定转速略低于直流电动机，便于选配原动机。

任务实施

一、任务准备

在认识直流电动机，了解直流电动机的参数，学习直流电动机接线和操作使用的过程中，需要用到表 1-2 所示的工具、仪器和设备。

表 1-2　任务实施所需的工具、仪器和设备

序号	名称	型号规格	数量
1	直流励磁电源	220 V	1 个
2	直流可调电枢电源	40~230 V	1 个
3	直流他励电动机	≤100 W	1 台
4	励磁调节电阻	900 Ω	1 个
5	电枢调节电阻	90 Ω	1 个
6	转速表	0~1 800 r/min	1 块
7	万用表	MF47 型或自选	1 块
8	导线	实验专用	若干

二、认识、检测并记录直流电动机及相关设备的规格、量程和额定值

本次任务操作需要使用的直流电源、直流电动机、转速表和调节电阻等相关设备，如图 1-19 所示。

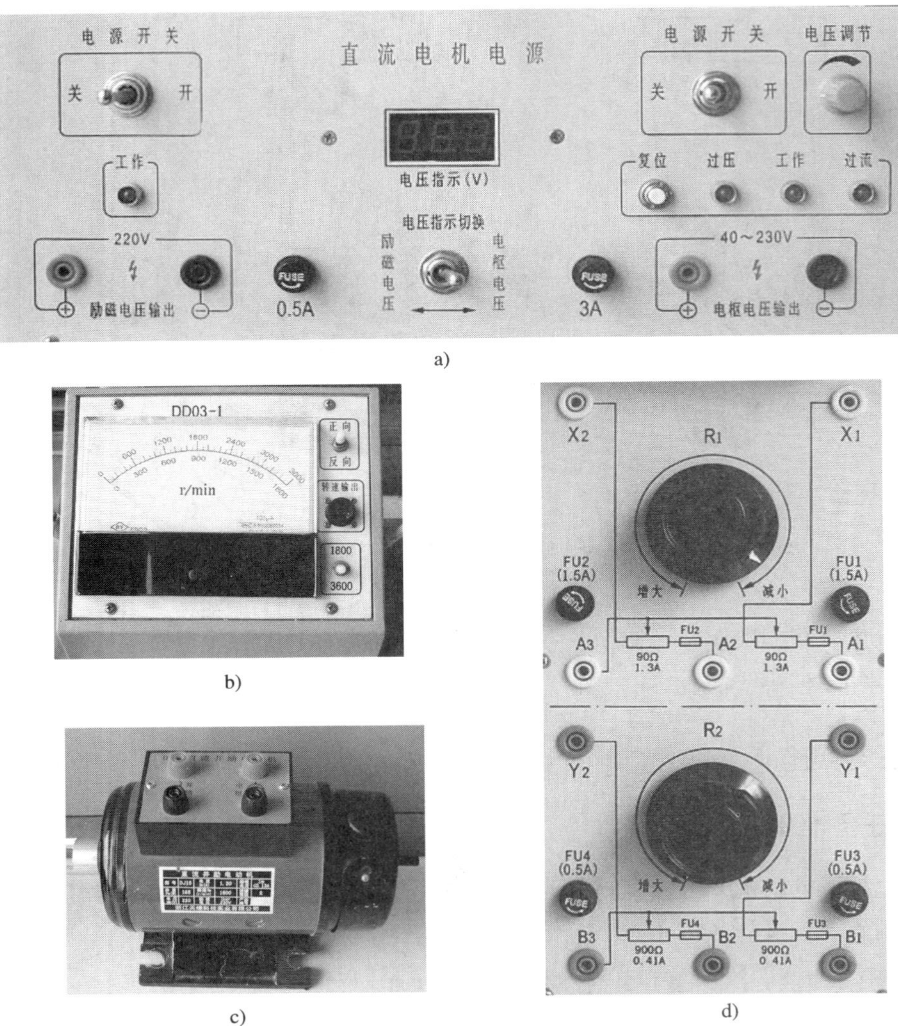

图 1-19 直流电动机及相关设备

a）直流电源 b）转速表 c）直流电动机 d）励磁调节电阻和电枢调节电阻

直流电源分励磁电源和电枢电源两部分，分别接直流电动机的励磁绕组和电枢绕组，通过开关控制电路的通断，电枢电源可以利用调节旋钮改变输出电压的高低。由于两者容量不同，不可互换。

直流电动机是实训操作的对象，通电后观察启动、反转以及转速变化的情况。

转速表可以直接测量电动机转速的高低，利用开关来设置量程和转向。

励磁调节电阻串联在励磁电源与励磁绕组之间，总阻值较大，旋转手柄可以调节阻值的大小；电枢调节电阻串联在电枢电源与电枢绕组之间，总阻值较小，也可以通过手柄的旋转来调节阻值的大小。调节电阻的作用是改变电动机电流和转速的大小。

在使用上述设备前，先检测并记录它们的规格、量程和额定值。

（1）直流励磁电源电压 $U_f=$____V；

（2）直流电枢电源电压 $U_a=0\sim$____V；

（3）励磁调节电阻 $R_{Pf}=0\sim$____Ω；

（4）电枢调节电阻 $R_{Pa}=0\sim$____Ω；

（5）转速表的测速范围 $n=0\sim$____r/min；

（6）直流电动机的额定值：$P_N=$____W，$U_N=$____V，$I_N=$____A，$n_N=$____r/min，$U_{fN}=$____V，$I_{fN}=$____A，$R_f=$____Ω，$R_a=$____Ω。

三、绘制直流电动机工作的电路图

根据直流电动机的额定值和电源的参数，设计绘制直流电动机最简单的工作电路，如图 1-20 所示。

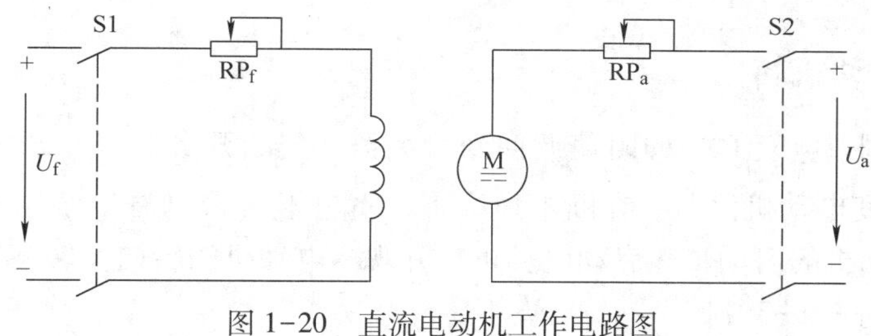

图 1-20　直流电动机工作电路图

四、连接直流电动机工作电路

经指导教师认可后，按照所绘制的电路图连接直流励磁电源、电枢电源、调节电阻和直流电动机，如图 1-21 所示。启动电动机前，务必将励磁回路调节电阻 RP_f 的阻值调到最小，电枢回路调节电阻 RP_a 的阻值调到最大。

五、通电启动直流电动机

先闭合开关 S1，接通直流励磁电源；再闭合开关 S2，接通电枢电源；观察直流电动机是否启动运转。启动后观察转速表指针偏转方向，应为正向偏转，若不正确，可拨动转速表上正、反向开关来纠正。

六、改变电动机转速

调节电枢电源的“电压调节”旋钮，使电动机的端电压为 220 V 额定电压，观察电枢电压上升过程中电动机转速的变化情况；逐渐减小电枢回路调节电阻 RP_a 的阻值，观察电动机转速的变化情况；慢慢减小励磁回路调节电阻 RP_f 的阻值，观察电动机转速的变化情

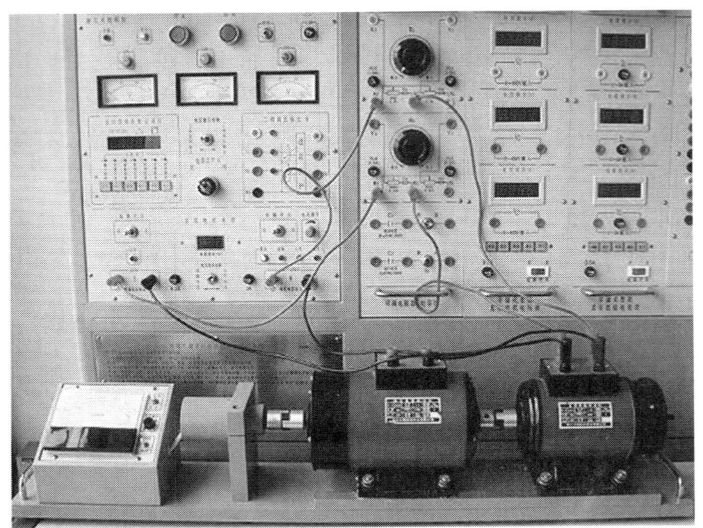

图 1-21　直流电动机接线

况。将结果记录到表 1-3 中。

七、改变电动机转向

将电枢回路调节电阻 RP_a 的阻值调回到最大值，先断开电枢电源开关 S2，再断开励磁电源开关 S1，使电动机停机。在断电情况下，将电枢（或励磁）绕组的两端接线对调后，再按直流电动机的启动步骤启动电动机，并观察电动机的转向及转速表指针偏转的方向。将结果记录到表 1-3 中。

表 1-3　直流电动机转速和转向的控制结果

序号	操作内容	转速或转向的变化情况
1	减小电枢回路调节电阻 RP_a 的阻值	
2	增大励磁回路调节电阻 RP_f 的阻值	
3	降低电枢回路电压	
4	电枢绕组的两端接线对调	
5	励磁绕组的两端接线对调	

提示

1. 直流电动机启动时，必须将励磁回路调节电阻 RP_f 的阻值调至最小，先接通励磁电源，使励磁电流最大；同时必须将电枢回路调节电阻 RP_a 的阻值调至最大，然后才可接通电枢电源，使电动机正常启动。

2. 直流电动机停机时，必须先切断电枢电源，然后断开励磁电源。同时必须将电枢

回路调节电阻 RP_a 的阻值调回到最大值，励磁回路调节电阻 RP_f 的阻值调回到最小值。为下次启动做好准备。

3. 测量前注意仪表的量程、极性及其接法是否正确。

总结测评

一、总结报告

1. 绘制任务的电路图。
2. 记录任务实施的过程、现象和数据结果。
3. 小结、体会和建议。

二、任务测评（见表 1-4）

表 1-4 任务实施考核评分记录表

序号	考核内容	考核要求	配分	得分
1	任务实施的准备	预习任务的内容	10	
2	仪器、仪表的使用	正确使用万用表、转速表、实验台等设备	10	
3	观察和记录直流电动机等设备的技术数据	（1）记录结果正确 （2）观察速度快	15	
4	直流电动机的接线	电路绘制正确、简洁，接线速度快，通电运行一次成功	20	
5	直流电动机的反转与调速	（1）正确使用调节电阻改变转速 （2）正确改变接线使电动机反转	25	
6	任务总结报告	（1）任务报告书写认真规范 （2）任务数据和结论正确	20	
7	合计得分		100	
8	否定项	发生重大责任事故、严重违反教学纪律者得 0 分		

指导教师签名＿＿＿＿＿＿＿＿　　　　日期＿＿＿＿＿＿＿＿

任务 2 直流电机的运行

学习目标

1. 了解直流电机的磁场和电枢反应对电机工作的影响。
2. 掌握电枢电动势和电磁转矩的基本概念。

3. 了解直流电机产生火花的原因和改善换向的方法。
4. 熟悉直流电机的基本方程式和工作特性。
5. 学会直流发电机工作特性的测试方法。

任务引入

直流电动机通电启动后，为了高效经济地使用它，需要了解直流电动机的效率在什么情况下最高，与哪些因素有关。一台机床的负载大小会根据加工零件和加工工艺的不同而改变，这就要求直流电动机能根据负载的不同而改变其力矩的大小、转速的高低，那么电动机的力矩大小与哪些因素有关呢？直流电机在工作时，电刷与换向器之间难免会产生火花，可以用哪些方法来减小火花呢？直流发电机有时候需要输出较高的电压，有时候又需要输出较低的电压，那么应该如何来调节输出电压的大小呢？直流电机的上述问题都需要由电气技术人员来解决，因此本任务就来熟悉直流电机的运行性能，掌握它的测试方法。

相关知识

一、直流电机的磁场和电枢反应

直流电机运行时除了主磁极产生的主磁场外，若电枢绕组中有电流流过，还将产生电枢磁场。这两个磁场在气隙中相互影响，相互叠加，合成气隙磁场，它直接影响电枢电动势和电磁转矩的大小。

1. 空载时的主磁场

电机的空载是指发电机不输出电功率，电动机不输出机械功率。这时电枢电流很小，电枢磁动势也很小，所以电机空载时的气隙磁场可以看作是主磁场。

空载磁场的分布，如图 1-22 所示。磁通从 N 极出来，经过气隙、电枢齿、电枢磁轭进入 S 极，再经过定子磁轭回到 N 极，形成一个闭合回路。这部分磁通穿过电枢绕组，电枢转动时，能在电枢绕组中产生感应电动势，一旦电枢绕组中有电流流过，能够产生电磁转矩，这种磁通称为主磁通 Φ。还有少量不穿过电枢绕组的磁通称为漏磁通。

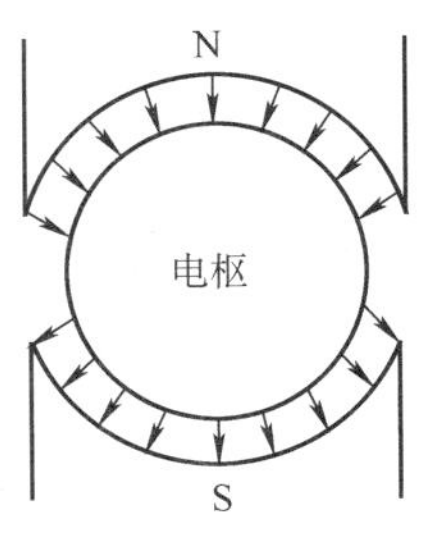

图 1-22　直流电机的空载磁场

2. 负载时的电枢磁场

电机带负载运行时，电枢绕组中有电流流过，它将产生一个电枢磁场。电枢磁场的磁力线分布如图 1-23 中虚线所示，在磁极轴线处，电枢磁场为零。

3. 电枢反应

电机带负载时电枢磁动势对主磁场的影响称为电枢反应。电刷位于相邻两个磁极的分界线（即几何中性线）处时，电枢磁场和主磁极磁场相互垂直，如图 1-23 所示。此时的电枢反应称交轴电枢反应。下面分析交轴电枢反应对电机工作的影响。

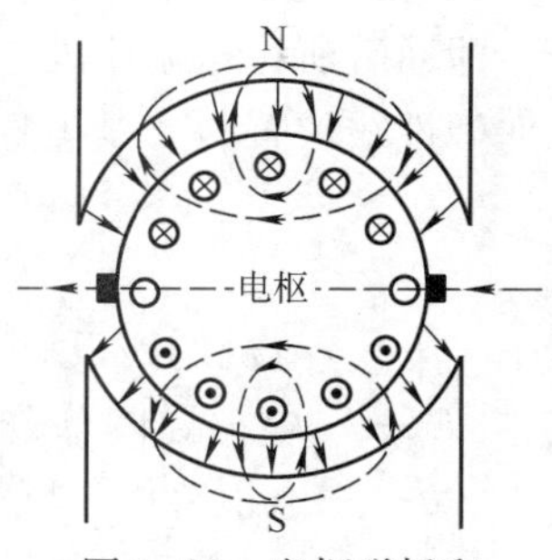

图 1-23　电枢磁场和电枢反应

（1）气隙磁场发生畸变　每一磁极下，电枢磁场与主磁极磁场一半方向相同，一半方向相反。因此，主磁极磁场的一半被削弱，另一半被加强，此时磁场为零的物理中性线与几何中性线在位置上发生偏离。磁场较强处的电枢导体和线圈产生的感应电动势和电磁转矩较大，而磁场较弱处的电枢导体产生的感应电动势和电磁转矩较小。

（2）对主磁场起附加去磁作用　在磁路不饱和时，主磁极磁场被削弱的数量恰好等于被加强的数量，因此，负载时每极下的合成磁通量与空载时相同。但实际上，电机为了充分利用材料，一般其磁路工作在临界饱和状态，受磁路饱和的影响，每个主磁极下磁通量增加的少，减小的多，从而使合成磁通量比空载时略为减小，起到了去磁作用。电机工作时，其电枢电动势和电磁转矩都会减小。

电枢反应对电机工作的影响是：使气隙磁场发生畸变，磁路饱和时有去磁作用。

二、直流电机的电枢电动势和电磁转矩

无论是直流电动机还是直流发电机，在转动时，其电枢绕组都会由于切割主磁极产生的磁力线而感应出电枢电动势。同时，由于电枢绕组中有电流流过，电枢电流与主磁场作用又会产生电磁转矩。因此，直流电机的电枢绕组中同时存在着电枢电动势和电磁转矩，它们对电机的运行起着重要的作用。直流发电机中是电枢电动势在起主要作用，直流电动机中是电磁转矩在起主要作用。

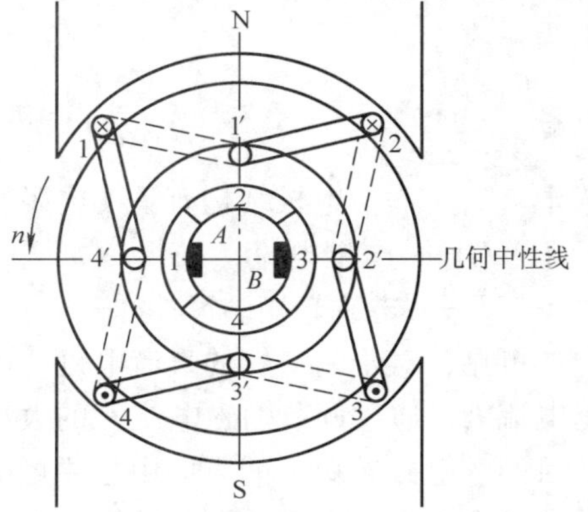

图 1-24　电枢绕组示意图

1. 电枢电动势

电枢电动势是指直流电机正、负电刷之间的感应电动势，也就是电枢绕组每条支路中各元件的感应电动势之和。

电枢绕组由绕组元件（线圈）按一定规律与换向片连接而成，如图 1-24 所示。电枢旋转时，根据电磁感应定律，绕组各个元件边切割主磁场感应出电动势，元件电动势即为两个元件边的电

动势之和。各元件边交替通过不同极性磁极所感应的电动势称为交变电动势，由于电刷与换向片相对旋转，而与主磁极相对静止，每条支路内所包含的元件数量基本不变，各元件所处的磁场位置基本不变，因此通过电刷与换向片的及时换接，支路电动势（即电枢电动势）为直流电动势。为使支路电动势最大，被电刷短接元件的轴线应与主磁极中心线重合，即通常所称电刷应处于几何中性线位置。理论推导和实验测试均可以证明，电刷位于几何中性线位置时，其电枢电动势 E_a 可按下式计算：

$$E_a=\frac{pN}{60a}\Phi n=C_e\Phi n$$

式中　p——电机的磁极对数；

N——电枢导体总数；

a——电枢绕组并联支路对数；

C_e——与电动机结构有关的电动势常数；

Φ——每个磁极的磁通量，Wb；

n——电机的转速，r/min；

E_a——电枢电动势，V。

可见，对于已经制造好的直流电机，其电枢电动势的大小正比于每个磁极的磁通量 Φ 和转速 n，通过调节励磁电流 I_f 的大小（即每个磁极的磁通量 Φ）和转速 n 的高低都可以达到改变电枢电动势 E_a 大小的目的。电枢电动势 E_a 的方向由电机的转向和主磁场的方向根据右手定则判定。若两者只改变其一，则电枢电动势 E_a 的方向改变；若两者同时改变，则电枢电动势 E_a 的方向不变。

2. 电磁转矩

在直流电机中，电磁转矩是由电枢电流与主磁场作用产生的电磁力所形成的。由电磁力公式可知，每根载流导体在磁场中受到的电磁力 $f=Bli$。对于给定的电机，磁感应强度 B 与每个磁极的磁通量 Φ 成正比，导体中的电流 i 与电枢电流 I_a 成正比，而导体在磁场中的有效长度、导体总数及电枢半径等都是固定的，仅取决于电机的结构。由于电枢绕组中各导体产生的电磁转矩方向是一致的，因此，直流电机总的电磁转矩 T 的大小可以表示为：

$$T=\frac{pN}{2\pi a}\Phi I_a=C_T\Phi I_a$$

式中　C_T——与电机结构有关的电磁转矩常数；

I_a——电枢电流，A；

T——电磁转矩，N·m。

可见，对于制造好的直流电机，电磁转矩 T 的大小正比于每个磁极的磁通量 Φ 或电枢电流 I_a，通过调节励磁电流 I_f 的大小或电枢电流 I_a 的大小都可以达到改变电磁转矩大小的目的。电磁转矩 T 的方向由主磁场的方向和电枢电流 I_a 的方向根据左手定则判定，只要改变其中一个的方向，电磁转矩的方向都将随之改变；而两个方向同时改变时，电磁转矩的方向不变。

在同一台直流电机中，电枢电动势常数和电磁转矩常数是恒定的，两者之间有如下关系：

$$C_T = 9.55C_e$$

电枢电动势和电磁转矩同时存在于发电机和电动机中，但是所起的作用各不相同。

三、直流电机的换向

1. 换向过程

直流电机结构中存在着特有的部件——电刷和换向器，它们的作用是将电机内部的交流电转变成外部的直流电。这套装置在工作中有一个换向过程，当电枢旋转时，电枢绕组每条支路里所含的元件数目是基本不变的，但组成每条支路的元件在依次循环地更换。一条支路中的某个元件在经过电刷后就成为另一条支路的元件，并且电刷两侧元件中的电流方向是相反的，如图 1-23 所示。因此，直流电机在工作时，绕组元件连续不断地从一条支路退出而进入相邻的支路。这种电枢绕组元件从一条支路经过电刷转入另一条支路，元件中的电流改变方向的过程，称为换向。图 1-25 所示是单叠绕组换向过程的示意图。

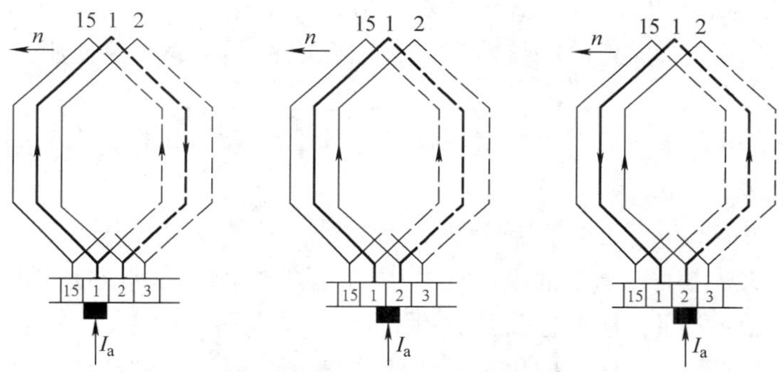

图 1-25　直流电机电枢绕组元件的换向过程

如果出现换向不良，将会在电刷与换向片之间产生火花，影响电机的安全运行。火花超过一定程度，会烧坏电刷和换向器表面，使电机不能正常工作。此外，电刷下的火花也是一个电磁波的来源，对附近无线电通信会有干扰。直流电机工作时火花的大小，按照国家标准可以分为 5 个等级，见表 1-5。

表 1-5　直流电机工作时的火花等级

火花等级	1 级	1¼级	1½级	2 级	3 级
火花现象	无火花	少量蓝色火花	大量的蓝色火花	大量黄色火花	换向器圆周都是火花即环火

注：直流电机正常运行时，火花等级不应超过 1½级。

2. 产生火花的原因

在直流电机电路中，由于电刷和换向器之间存在动接触，因此运行时难免会出现或多或少的火花。产生火花的原因是多方面的，除了电磁原因外，还有机械原因。另外，换向过程中还伴有电化学、电热等因素，它们相互交织在一起，原因相当复杂。

从电磁理论方面看，换向元件在换向过程中，电流的变化必然会在换向元件中产生自感电动势。电刷宽度大于换向片宽度时，几个元件同时在进行换向，换向元件与换向元件之间会有互感电动势产生。自感电动势和互感电动势合成称为电抗电动势。根据楞次定律，电抗电动势的作用是阻止电流变化，即阻碍换向的进行。另外，由于电枢磁场的存在，使得处于几何中性线上的换向元件会切割电枢磁场，在其中产生旋转电动势，称为电枢反应电动势。从图 1-23 可以看出，根据右手定则，电枢反应电动势的方向与元件换向前的电流方向一致，所以它也起着阻碍换向的作用。电抗电动势和电枢反应电动势都在换向元件中产生阻碍换向的附加电流，使得换向元件出现延迟换向的现象，造成换向元件离开一个支路瞬间尚有较大的电磁能量，这部分能量释放出来，同样会造成电刷与换向片之间出现火花。

直流电机的电枢绕组与外电路之间是通过电刷和换向器进行连接的，因此电刷与换向器之间的接触不良也是产生火花的重要原因。电刷压力过小肯定会造成接触电阻过大产生火花，电刷压力过大除了增加机械阻力外，同样会使得电刷跳动而产生火花。换向器存在一定的椭圆度、与转轴不同心、表面不光滑等原因都会使电刷的压力时大时小而产生火花。换向器表面灰尘多也会使电刷因接触不良而增大火花。

直流电机在腐蚀性气体环境，或者在高海拔地区工作时，换向器表面容易因受到腐蚀或磨损而变得粗糙，从而导致电刷接触不良，因此电机要减小容量使用。

3. 改善换向的方法

改善换向、减小火花就是要设法减小换向元件中的附加电动势和附加电流，使其越小越好，常用的方法有以下几种：

（1）安装换向极　这是目前改善换向最有效的方法。从产生火花的电磁原因看，要有效改善换向，就必须减小甚至抵消换向元件中的电抗电动势和电枢反应电动势。换向极装设在相邻两个主磁极之间，换向极绕组产生的磁动势方向与电枢反应磁动势的方向相反，大小比电枢磁动势略大。这样换向极磁动势除了抵消电枢反应磁动势在几何中性线处的作用外，剩余的磁动势在换向元件中产生感应电动势，这个电动势可以抵消换向元件中的电抗电动势，这样就能消除电刷下的火花，达到改善换向的目的。现在容量在 1 kW 以上的直流电机都装有换向极。

由于换向元件中的电抗电动势和电枢反应电动势均与电枢电流成正比，所以换向极绕组中应通以电枢电流，即换向极绕组与电枢绕组串联。只要换向极设计和调整得合适，就能保证换向元件中总电动势接近于零，使负载运行时电刷与换向器之间基本上没有火花。图 1-26 所示为一台直流电机换向极绕组与电枢绕组的连接方法和换向极的极性布置。

不论是直流电动机还是直流发电机，换向极的极性都应该与电枢反应的磁通方向相反。在直流电动机中，换向极极性应与逆转向的主磁极极性相同。在直流发电机中，换向极极性应与顺转向的主磁极极性相同。但是一台直流电动机的换向极绕组与电枢绕组正确连接后，运行于发电机状态时不必改变接法，因为电枢电流和换向极绕组中的电流同时改变了方向。

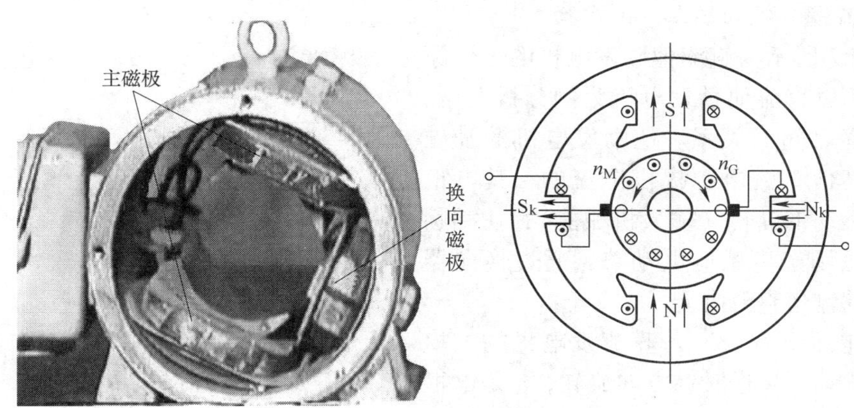

图 1-26　直流电机换向极电路与极性

装有换向极的直流电机，绕组元件对称时，电刷的实际位置一般都应放在换向极表面的主磁极中心线上。

（2）正确移动电刷　在小容量没有安装换向极的直流电机中，常采用适当移动电刷位置的方法来改善换向。将电刷从电枢几何中性线移动一个适当角度，用主磁场来代替换向极磁场，也可改善换向。正确移动电刷的方法是：当电机运行于电动机状态时，电刷应逆着电枢旋转方向移动；而运行于发电机状态时，电刷则应顺着电枢旋转方向移动。如电刷移动的方向不正确，不但起不到改善换向的作用，反而会使电机换向更加恶化。

（3）正确选用电刷　不同牌号的电刷具有不同的接触电阻，选择合适的电刷能改善换向。例如，小容量直流电机用石墨电刷；在换向问题突出的场合，采用硬质电化石墨电刷。在更换电机的电刷时，应注意选用同一牌号的电刷，以免造成电刷间电流分配不均。

（4）装设补偿绕组　直流电机负载时的电枢反应使主磁极下的气隙磁场发生了畸变，这样就增大了某几个换向片之间的电压，在负载变化剧烈的大型直流电机中可能出现环火现象。所谓环火，是指直流电机正、负电刷之间出现电弧，电弧被拉长后，直接从一种极性的电刷跨过换向器表面到达相邻的另一极性的电刷，使整个换向器表面布满环形火花。直流电机出现环火，会导致电机在短时间内损坏。为避免出现环火现象，采用补偿绕组是有效方法之一。补偿绕组嵌置在主磁极表面的槽内，其中，流过的是电枢电流，所以补偿绕组应与电枢绕组串联，其电流方向与对应磁极下电枢绕组的电流方向相反，显然它产生的磁动势与电枢反应磁动势方向相反，从而抵消了电枢反应的影响。由于装设补偿绕组大大增加了成本，因此，只用于大型直流电机中。

四、直流电机的基本方程式

直流电机的基本方程式是了解和分析直流发电机、直流电动机性能的主要方法和重要手段，直流电机的基本方程式包括电压方程式、转矩方程式、功率方程式等。

1. 直流发电机的基本方程式

图 1-27 所示为直流他励发电机的工作原理图，下面以直流他励发电机为例分析电压、转矩和功率之间的关系。他励发电机的励磁绕组是由其他直流电源提供电流的，其电枢在原动机驱动下旋转（输入机械能），切割励磁绕组的磁场产生感应电动势，通过换向器和电刷对外输送直流电能。

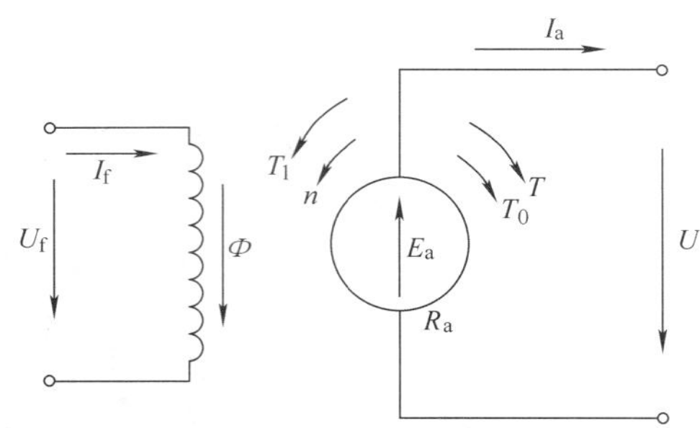

图 1-27　直流他励发电机的工作原理图

(1) 电压方程式　若直流发电机的电枢在原动机驱动下按逆时针方向旋转，n 是电枢转速，T_1 是原动机的驱动转矩，T 是电枢的电磁转矩，T_0 是空载转矩，E_a 是电枢感应电动势，U 是发电机接负载时输出的端电压，I_a 是电枢电流，U_f、I_f 分别是励磁绕组的励磁电压和励磁电流，Φ 是励磁绕组产生的主磁通。按照图示各电量给定的正方向，可以写出直流发电机运行时的电枢回路电压方程式为：

$$U=E_a-I_aR_a$$

上式中 R_a 是电枢回路总的等效电阻，其中包括电枢绕组电阻、电刷接触电阻等。

从上式可知，直流发电机运行时，输出端电压 U 总是小于电枢电动势 E_a。

(2) 转矩方程式　当发电机空载时，$I_a=0$、$U=E_a$；当接上负载时，电枢回路产生电流 I_a，这时电枢电流 I_a 与主磁通 Φ 会作用产生电磁转矩 T。由图 1-26 按左手定则可以判定，发电机中的电磁转矩 T 与驱动转矩 T_1 方向相反，是制动性质的转矩。此外，发电机在实际工作中，机械损耗及电枢铁损耗等也看作是制动性质的转矩，通常称为空载转矩 T_0。直流发电机稳态运行时，原动机的驱动转矩应该与制动性质的转矩相平衡，这样可以得到直流发电机的转矩方程式为：

$$T_1=T+T_0$$

(3) 功率方程式　直流发电机工作时，原动机从轴上输入机械功率 P_1，首先要扣除用来克服轴承及电刷摩擦和冷却风扇等的机械损耗 P_m，其次要扣除主磁通在铁心中的损耗 P_{Fe}，这两部分损耗合称为空载损耗，最后剩下的机械功率用来进行机、电能量转换，转换为电功率，这部分功率称为电磁功率 P_M，即：

$$P_M=T\omega=E_aI_a$$

机械功率转换为电功率后，还要在电枢回路的内阻 R_a 上消耗一部分功率 P_{Cua}，最终剩下的才是从电刷两端输出的电功率 P_2。因此，可得直流他励发电机的功率方程式为：

$$P_{Cuf}+P_1=P_{Cuf}+P_m+P_{Fe}+P_{Cua}+P_2$$

上式中 P_{Cuf} 称为励磁损耗，一般他励发电机由其他直流电源供给，并励发电机则由发电机本身提供。

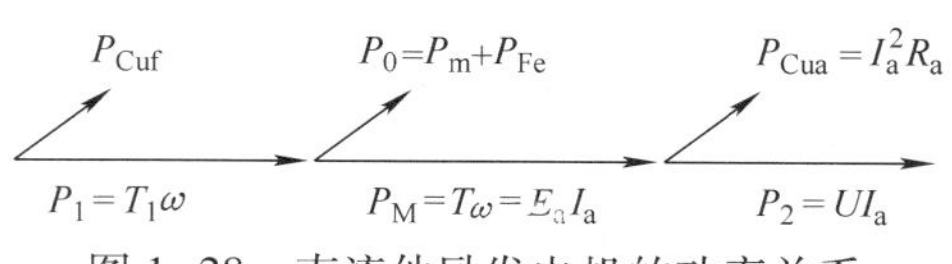

图 1-28　直流他励发电机的功率关系

直流他励发电机的功率关系可用图 1-28

表示。

2. 直流电动机的基本方程式

图 1-29 所示为直流并励电动机的工作原理图，以它为例分析电压、转矩和功率之间的关系。并励电动机的励磁绕组与电枢绕组并联，由同一直流电源供电。接通直流电源后，励磁绕组中流过励磁电流 I_f，建立主磁场；电枢绕组中流过电枢电流 I_a，电枢电流与主磁场作用产生电磁转矩 T，使电枢朝转矩 T 的方向以转速 n 旋转，将电能转换为机械能，带动生产机械工作。

（1）电压方程式　由图 1-29 所示的直流并励电动机工作原理图可知，直流并励电动机中有两个电流回路：励磁回路和电枢回路。下面主要分析电枢回路的电压、电流以及电动势之间的关系。

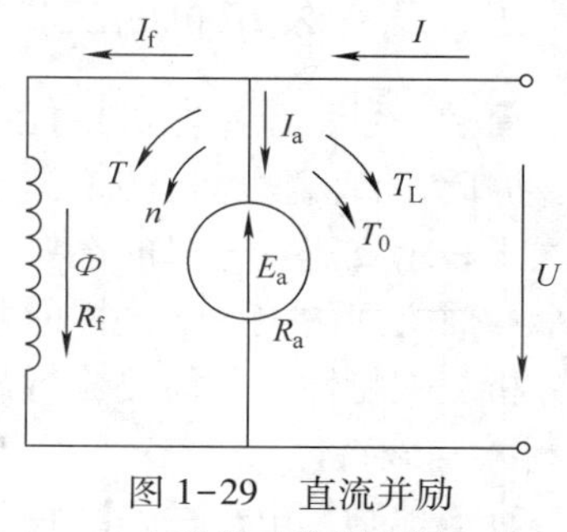

图 1-29　直流并励电动机工作原理图

直流并励电动机通电旋转后，电枢导体切割主磁场，产生电枢电动势 E_a，在电动机中，此电动势的方向与电枢电流 I_a 的方向相反，称为反电动势。电源电压 U 除了提供电枢内阻压降 I_aR_a 外，主要用来与电枢电动势 E_a 相平衡，其电压方程式为：

$$U=E_a+I_aR_a$$

上式表明，直流电动机在电动状态下运行时，电枢电动势 E_a 总是小于端电压 U。

（2）转矩方程式　直流电动机正常工作时，作用在轴上的转矩有三个：一是电磁转矩 T，方向与转速 n 方向相同，为驱动性质转矩；二是电动机空载损耗形成的转矩 T_0，是电动机空载运行时的制动转矩，方向总与转速 n 方向相反；三是轴上所带生产机械的负载转矩 T_L，一般为制动性质转矩。T_L 在大小上等于电动机的输出转矩 T_2。稳态运行时，直流电动机中驱动性质的转矩总是等于制动性质的转矩，据此可得直流电动机的转矩方程式为：

$$T=T_0+T_L$$

（3）功率方程式　由图 1-29 所示直流并励电动机工作原理图可以看出，

电源输入的电功率为 $P_1=UI$

电动机励磁回路电阻 R_f 上的铜损耗为 $P_{Cuf}=I_f^2R_f$

电枢回路中的铜损耗为 $P_{Cua}=I_a^2R_a$

输入的电功率扣除上述两项损耗后，通过电磁感应关系转换为机械功率，电动机中由电能转换为机械能的那一部分功率叫电磁功率 $P_M=E_aI_a=T\omega$

转换得到的机械功率还要扣除机械损耗和铁损耗，即空载损耗 $P_0=P_m+P_{Fe}$

最后剩下的才是直流电动机轴上输出的机械功率 $P_2=T_2\omega$

综上所述，可得直流并励电动机的功率方程式如下：

$$P_1=P_{Cuf}+P_{Cua}+P_m+P_{Fe}+P_2$$

直流并励电动机的功率关系可用图 1-30 表示。

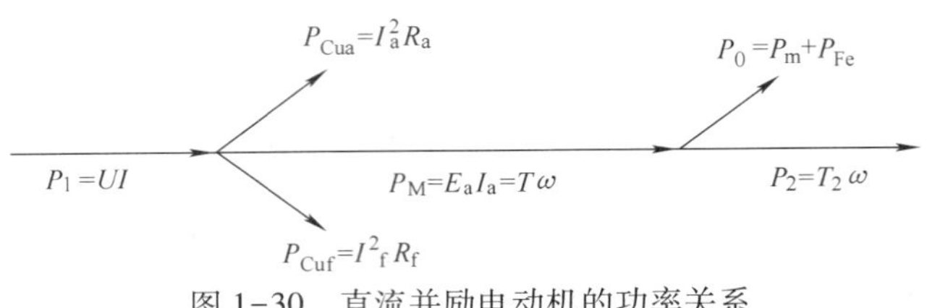

图 1-30　直流并励电动机的功率关系

五、直流发电机的工作特性

衡量一台直流发电机性能的优劣，主要是看发电机输出电压的高低和稳定性这两方面。因此，直流发电机的工作特性中，比较重要的有空载特性和外特性等，通常可用特性曲线来表示直流发电机的性能。即在某些参数保持不变的条件下，用曲线来表示电机中某两个参数之间的关系，这样的曲线称为电机的特性曲线。下面主要以直流他励发电机为例来分析工作特性，并简要分析与并励发电机的区别。

1. 空载特性

直流他励发电机的空载特性是指当发电机转速为常数，电枢电流 $I_a=0$ 时，发电机端电压 U_0 与励磁电流 I_f 之间的关系，即 $U_0=f(I_f)$，空载特性可用其曲线来表示。

直流发电机空载时，电枢电流为零，此时的端电压用 U_0 表示，它等于电枢电动势 E_a。所以空载特性也就是电枢电动势与励磁电流之间的关系，即 $E_a=f(I_f)$。因为 $E_a=C_e\Phi n$，当 n 为常数时，电枢电动势 E_a 与气隙磁通 Φ 成正比，所以空载特性曲线 $E_a=f(I_f)$ 与发电机的磁化曲线 $\Phi=f(I_f)$ 形状相似，如图 1-31 所示。由于铁磁材料存在磁滞性，因此，空载特性曲线的上升分支与下降分支不重合，一般用两者的平均值作为该发电机的空载特性。

空载特性曲线的起始部分，因为励磁电流较小，磁路磁通未饱和，所以 E_a 与 I_f 近似为线性关系。随着励磁电流增加，磁路磁通逐渐饱和。这时随着励磁电流 I_f 的增加，磁通 Φ 或电枢电动势 E_a 的增加量越来越小。因此，电机额定工作时，为了充分、经济地利用铁心材料，其磁路往往工作在磁化曲线的临界饱和区。如果发电机工作在空载特性曲线起始的线性区，当励磁电流有一个很小的变化，都会引起电枢电动势和端电压的较大变化，这对一般要求在恒定电压下工作的负载来说是不合适的；而如果发电机是工作在空载特性曲线的深度饱和区，则需要很大的励磁电流来提供主磁通，电机绕组的用料将增加，励磁损耗将增大，这显然也是不可取的。

空载特性曲线在鉴定发电机的性能方面有着重要的意义。直流他励发电机的空载特性曲线可以用实验的方法测得，并励发电机的空载特性曲线与他励发电机一样。

2. 外特性

直流他励发电机的外特性是指转速不变、励磁电流不变时，输出端电压 U 与负载电流 I_a 之间的关系，即当 n=常数，I_f=常数时，$U=f(I_a)$ 的关系。

从图 1-27 所示的直流他励发电机工作原理图可知，负载电流 $I_a=0$，即空载时，输出端电压 $U=U_0$。随着负载电流 I_a 的增大，电枢回路电阻 R_a 上的压降 I_aR_a 增大，会使输出电压略有降低；发电机接负载后，电枢电流 I_a 增大引起的电枢反应，有去磁作用，会使气隙磁通量 Φ 减少，引起电枢电动势（$E_a=C_e\Phi n$）减小，使输出端电压进一步下降。在直流他励发电机中，负载电流 I_a 增大时，由于上述两个原因使输出端电压降低，所示外特性曲线的变化规律可表示为：

$I_a\uparrow$ ———→ $I_aR_a\uparrow$ ———→ $U\downarrow\downarrow$

↘ ———→ $\Phi\downarrow$ ———→ $E_a\downarrow$ ↗

直流他励发电机的外特性曲线，如图 1-32 中曲线 1 所示，同样可用实验的方法测得。

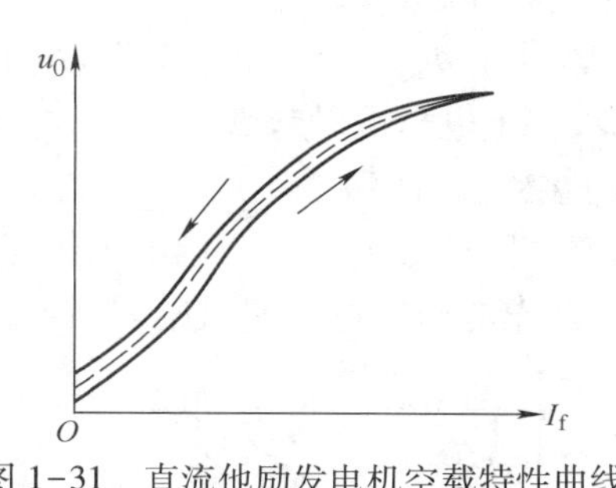

图 1-31　直流他励发电机空载特性曲线

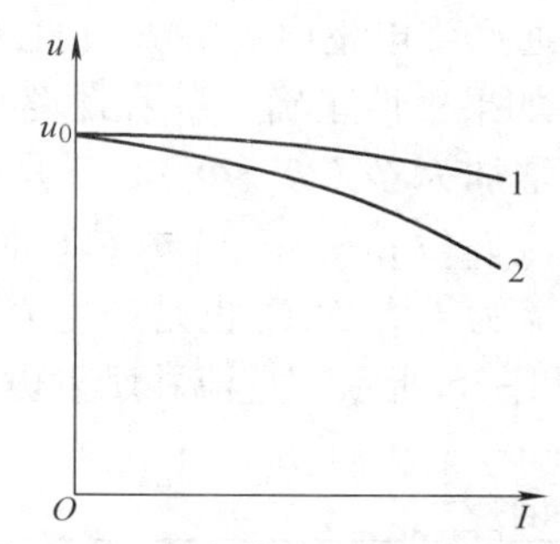

图 1-32　直流他励发电机的外特性

发电机接负载后，端电压 U 总是小于电枢电动势 E_a。不过，他励发电机随着 I_a 从零增加到额定电流 I_N，端电压下降不是很多。工程上称这种变化不大的特性为硬特性，外特性曲线的软硬，通常用电压变化率 $\Delta U\%$ 表示，电压变化率是衡量一台发电机输出电压稳定性的重要指标。根据国家技术标准，在 $I_f=I_{fN}$，$n=n_N$ 保持不变时，他励发电机的负载从零增大到额定值，其端电压从 U_0 下降到 U_N 时的电压变化率为：

$$\Delta U\%=\frac{U_0-U_N}{U_N}\times 100\%$$

一般直流他励发电机的电压变化率 $\Delta U\%$ 为 5%~10%。

直流并励发电机的外特性曲线，如图 1-32 中曲线 2 所示。由于并励发电机的励磁绕组与电枢绕组并联，除了他励发电机中使端电压下降的两个原因外，电枢端电压的下降又使励磁电流减小，进而使主磁通减小，端电压也就下降得更多。因此，直流并励发电机中，有三个原因使输出端电压降低。

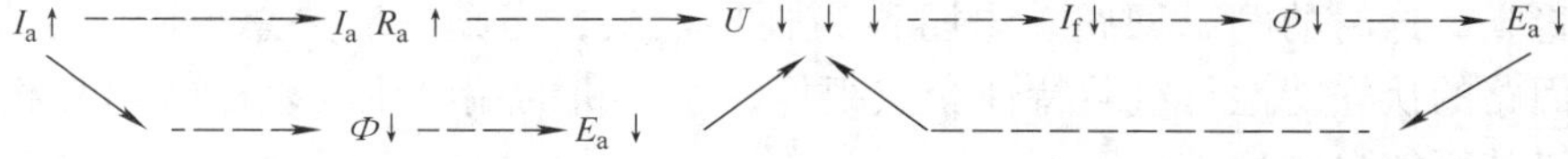

并励发电机的电压变化率 $\Delta U\%$ 一般在 30% 左右。

3. 调整特性

直流他励发电机的调整特性是指保持转速和端电压不变，即 $n=n_N$、$U=U_N$ 时，$I_f=f(I_a)$ 的关系曲线。如图 1-33 所示，调整特性是一条上升的曲线。当负载电流 I_a 增大时，

必须增大励磁电流 I_f 去补偿电枢反应的去磁作用和电枢电阻的电压降，才能维持端电压不变。

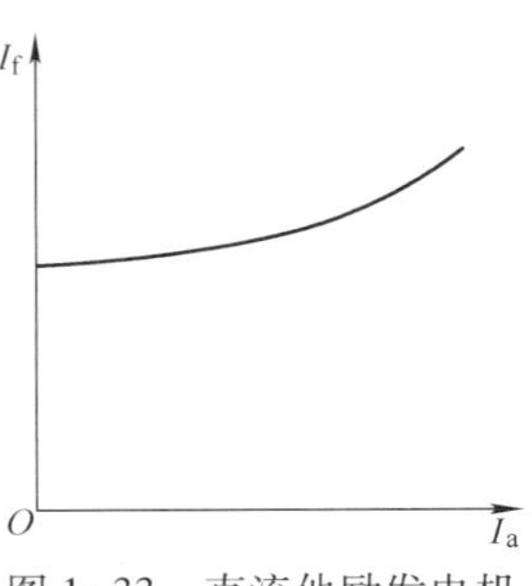

图 1-33　直流他励发电机的调整特性

六、直流并励发电机的自励过程

图 1-34 所示是直流并励发电机的接线图，励磁绕组与电枢绕组并联，励磁电流取自发电机本身，所以又称“自励发电机”。

直流并励发电机建立电压的过程为：当原动机驱动发电机以额定转速 n_N 旋转时，因为主磁极有剩磁 Φ_r，电枢绕组切割此剩磁通产生电枢电动势 E_r；此 E_r 在励磁回路中产生励磁电流 I_{f1}。如果极性正确，I_{f1} 在磁路里产生的磁通与剩磁通 Φ_r 方向一致，这样主磁路里的总磁通将增加为 Φ_1($\Phi_1>\Phi_r$)，于是电枢绕组切割 Φ_1 产生电枢电动势 E_1($E_1>E_r$)，E_1 又产生励磁电流 I_{f2}($I_{f2}>I_{f1}$)。当 Φ 趋于饱和时，E 也趋于稳定，直到工作点 A 时，由 U_0 产生的励磁电流为 I_{f0}，而 I_{f0} 也是产生 U_0 所需的励磁电流，因此，A 点是个稳定工作点，整个过程如图 1-35 所示。直流并励发电机这种自己建立工作电压的过程叫自励。

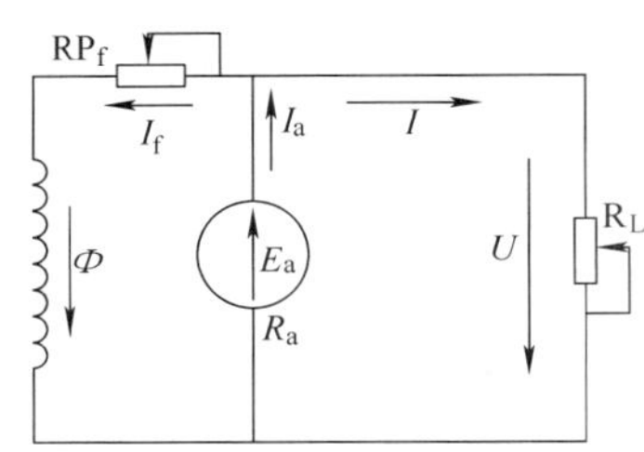

图 1-34　直流并励发电机的接线图

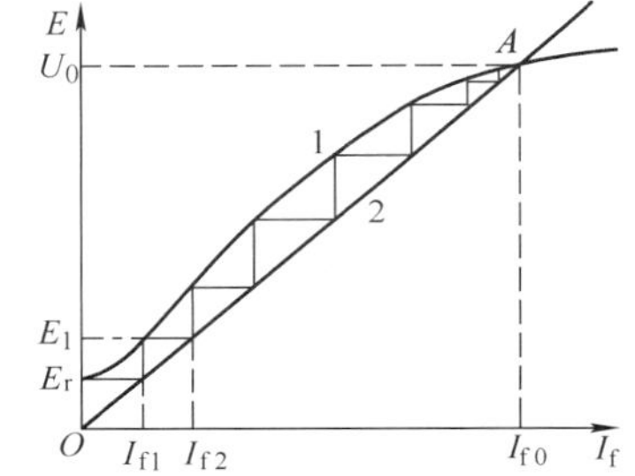

图 1-35　直流并励发电机建立电压的过程

如果励磁绕组接法与上述情况相反，那么 E_r 产生的励磁电流所建立的磁通方向与剩磁通方向相反，这样不但不能增大电机磁路中的磁通，相反还会削弱剩磁通，因此，发电机不能自励建立电压。图 1-35 中的曲线 2 是励磁回路的伏安特性，其斜率取决于回路中的总电阻。调节励磁回路的总电阻，可改变励磁回路伏安特性的斜率，可相应调节空载电压的稳定点。同样，若改变发电机转速，空载特性跟着成正比变化，空载电压的稳定点也变化。当励磁回路的总电阻逐渐增大时，伏安特性的斜率增大，空载电压逐渐减小；当励磁回路的伏安特性与空载特性的直线部分相切时，两条曲线的交点不明显，发电机的空载电压变不稳定，这时的励磁回路总电阻称为临界电阻；当励磁回路总电阻大于临界电阻时，励磁回路的伏安特性与空载特性交点很低，发电机的端电压与剩磁电动势相差无几，并励发电机就不能自励建立电压。

综上所述，并励发电机自励建立稳定电压的条件有三个：

（1）电机必须有剩磁。若无剩磁，可用外部直流电源给励磁绕组通一下电流，即“充磁”，使发电机剩磁得到恢复。

（2）励磁绕组的接线与电枢旋转的方向必须正确配合，使励磁电流产生的磁通方向与剩磁通方向一致。若发现接法不对，只要将励磁绕组并联到电枢的两个端点对调一下即可。

（3）励磁回路的总电阻应小于与发电机转速相对应的临界电阻。发电机转速越高，其临界电阻值越大。

任务实施

一、任务准备

在学习直流发电机的接线和操作使用方法，测试直流发电机的空载特性、外特性和调整特性，观察并励发电机的自励过程中，需用到表 1-6 所示的工具、仪器和设备。

表 1-6　任务实施需用到的工具、仪器和设备

序号	名称	型号规格	数量
1	直流励磁电源	220 V	1 个
2	直流可调电枢电源	40～230 V	1 个
3	直流他励电动机	与发电机配套	1 台
4	直流发电机	100 W	1 台
5	励磁调节电阻、负载电阻	900 Ω	5 个
6	电枢调节电阻	90 Ω	2 个
7	直流电压表	300 V	1 块
8	直流电流表	1 A/5 A	各 1 块
9	转速表	0～1 800 r/min	1 块
10	万用表	MF47 型或自选	1 块
11	导线	实验专用	若干

二、绘制并连接直流他励发电机的工作电路

测试直流他励发电机工作特性的参考电路，如图 1-36 所示。图中直流发电机 G 的额

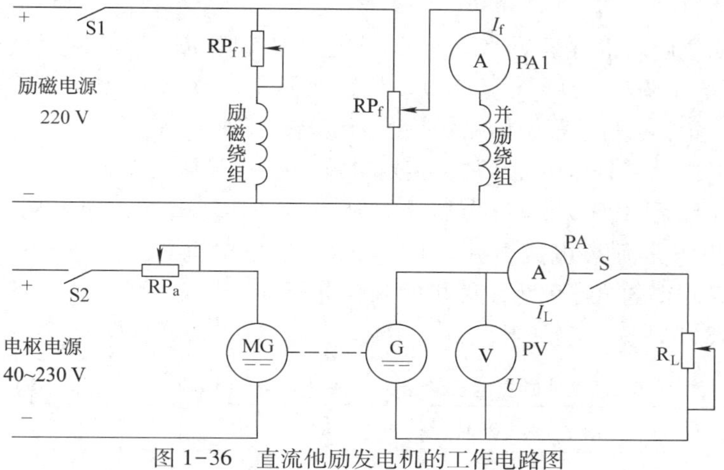

图 1-36　直流他励发电机的工作电路图

定值 $P_N=100$ W，$U_N=200$ V，$I_N=0.5$ A，$n_N=1\ 600$ r/min。校正直流测功机 MG 作为 G 的原动机（按他励电动机接线）。RP_{f1} 选用 1 800 Ω 的变阻器，RP_f 选用 900 Ω 的变阻器，并采用分压器接法。RP_a 选用 180 Ω 的变阻器。R_L 为发电机的负载电阻，选用两个 900 Ω 的变阻器并联。电流表 PA1 和 PA 的量程分别选用 1 A 和 5 A，电压表 PV 选用 300 V 量程。电路的接线，如图 1-37 所示。

图 1-37　直流他励发电机测试电路的接线

三、测试直流他励发电机的空载特性

1. 把他励发电机 G 的负载开关 S 断开，接通电源控制屏上的励磁电源开关 S1，将 RP_f 调至励磁电流 I_f 最小的位置。

2. 将电动机 MG 电枢串联的启动电阻 RP_a 阻值调到最大，励磁回路电阻 RP_{f1} 阻值调到最小。再接通电枢电源开关 S2，启动直流电动机 MG，其旋转方向应符合电机外壳上所标注的规定方向。

3. 电动机 MG 启动正常运转后，将 MG 电枢串联电阻 RP_a 阻值调至最小值，把电动机 MG 的电枢电源电压调到 220 V，调节电动机励磁回路调节电阻 RP_{f1}，使发电机转速达额定值，并在以后整个实验过程中始终保持此额定转速不变。

4. 调节发电机励磁分压电阻 RP_f，使发电机空载电压 $U_0=1.2\ U_N$。

5. 在保持 $n=n_N=1\ 600$ r/min 条件下，从 $U_0=1.2U_N$ 开始，单方向调节分压器电阻 RP_f 的阻值，使发电机励磁电流逐次减小，每次测取发电机的空载电压 U_0 和励磁电流 I_f，直至 $I_f=0$，此时测得的电压即为发电机的剩磁电压。

6. 测取 7~8 组数据，记录于表 1-7 中。

表 1-7　直流他励发电机的空载特性（$n=n_N=1\ 600$ r/min，$I_L=0$）

U_0(V)			200					
I_f(mA)								0

四、测试直流他励发电机的外特性

1. 把发电机负载电阻 R_L 阻值调到最大值，合上负载开关 S。

2. 同时调节电动机的励磁回路调节电阻 RP_{f1}、发电机的励磁分压电阻 RP_f 和负载电阻 R_L，使发电机的 $I_L=I_N$，$U=U_N$，$n=n_N$，该点为发电机的额定工作点，其励磁电流称为额定励磁电流 I_{fN}，记录该数据到表 1-8 中。

3. 在保持 $n=n_N$ 和 $I_f=I_{fN}$ 不变的条件下，逐次增加负载电阻 R_L，即减小发电机负载电流 I_L，从额定负载到空载范围内，每次测取发电机的电压 U 和电流 I_L，直到空载（断开开关 S），此时 $I_L=0$，共取 6~7 组数据，记录于表 1-8 中。

表 1-8 直流他励发电机的外特性（$n=n_N=1\ 600$ r/min，$I_f=I_{fN}=$____mA）

U(V)	200					
I_L(A)						0

五、测试直流他励发电机的调整特性

1. 调节发电机的励磁分压电阻 RP_f，保持 $n=n_N$，使发电机空载的电压达额定值。

2. 在保持发电机转速 $n=n_N$ 条件下，闭合负载开关 S，调节负载电阻 R_L，逐次增加发电机输出电流 I_L，同时相应调节发电机励磁电流 I_f，使发电机端电压保持额定值 U_N。

3. 从发电机的空载至额定负载范围内每次测取发电机的输出电流 I_L 和励磁电流 I_f，共取 5~6 组数据记录于表 1-9 中。

表 1-9 直流他励发电机的调整特性（$n=n_N=1\ 600$ r/min，$U=U_N=200$ V）

I_L(A)	0					
I_f(mA)						

六、观察直流并励发电机的自励过程

先切断直流电动机的电枢电源开关 S2，再断开励磁电源开关 S1，使直流电动机停转。同时，将电枢串联的启动电阻 RP_a 调回到最大值，励磁回路串联的电阻 RP_{f1} 调回到最小值，为下次启动作准备。在断电条件下将发电机 G 的励磁方式从他励改为并励，工作电路如图 1-38 所示，接线如图 1-39 所示。RP_f 选用两个 900 Ω 的变阻器串联，并调至最大阻值，断开负载开关 S 和励磁开关 S3。

（1）按照先接通励磁电源，再接通电枢电源的顺序启动直流电动机。调节电动机的转速，使发电机的转速 $n=n_N$，用直流电压表测量并励发电机是否有剩磁电压，若无剩磁电压，可将并励绕组改接成他励方式进行充磁。

（2）合上励磁开关 S3，逐渐减小 RP_f 的阻值，观察发电机电枢两端的电压，若电压逐渐上升，说明满足并励发电机的自励条件。如果不能自励建立电压，断开励磁开关 S3，将励磁回路的两个端头对调后并联到电枢两端，再观察并励发电机能否建立电压。可重复几次上述步骤。

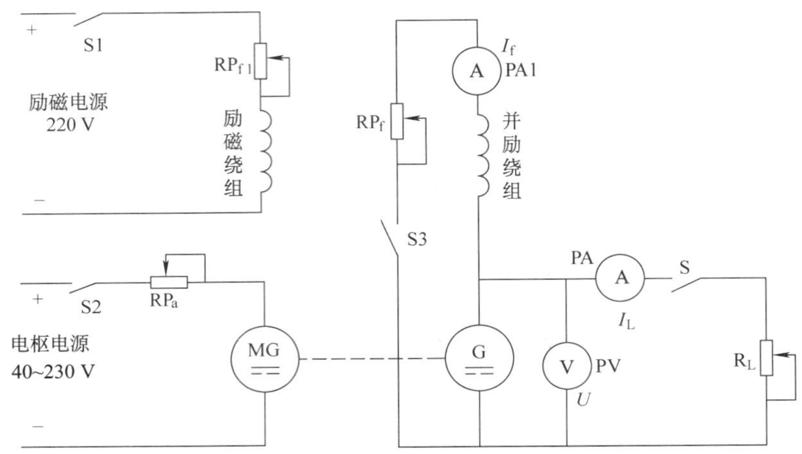

图 1-38　直流并励发电机的工作电路图

图 1-39　直流并励发电机的接线

（3）对应一定阻值的励磁电阻 RP_f，例如取值 80%，逐步降低电动机的转速，使发电机电压随之下降，直至电压不能建立，此时的转速即为该励磁电阻对应的临界转速。

七、测试直流并励发电机的外特性

仍然按照图 1-39 接线，将负载电阻 R_L 阻值调到最大，合上负载开关 S。

（1）调节电动机的励磁回路调节电阻 RP_{f1}、发电机的磁场调节电阻 RP_f 和负载电阻 R_L，使发电机的转速、输出电压和电流三者均达额定值，即 $n=n_N$，$U=U_N$，$I_L=I_N$。

（2）保持此时的 RP_f 值和 $n=n_N$ 不变，逐次增大负载电阻 R_L 的阻值，直至断开负载开关 S，使 $I_L=0$，从额定到空载的运行范围内，每次测取发电机的电压 U 和电流 I_L。

（3）共测取 6~7 组数据，记录于表 1-10 中。

表 1-10　直流并励发电机的外特性（$n=n_N=1\,600$ r/min，R_f 不变）

U(V)	200					
I_L(A)						0

1. 直流电动机 MG 启动前，必须将电枢回路电阻 RP_a 调到最大值，励磁回路电阻 RP_{f1} 调到最小值，先接通励磁电源，再接通电枢电源，MG 启动运转。启动完毕，再将 RP_a 调到最小值。

2. 直流电动机 MG 的励磁回路接线要可靠，励磁调节电阻 RP_{f1} 操作要仔细，防止励磁回路断线或励磁电流过小引起“飞车”。

3. 测试直流他励发电机的空载特性时，励磁电流只能单方向调节，因为磁滞的原因，磁化曲线的上升分支与下降分支是不重合的。

4. 观察直流并励发电机的自励过程中，验证励磁绕组与电枢绕组并联接法正确性时，即使第一次就能建立电压，也要将励磁绕组两头反接，观察是否还能建立电压。

5. 测试过程中随时注意电路中的电流不要超过额定值，以免烧坏调节电阻或熔断器。

总结测评

一、总结报告

1. 绘制任务的电路图。

2. 记录任务实施的过程、现象和数据结果。根据空载实验数据，绘制空载特性曲线。绘出直流他励发电机的调整特性曲线。分析在发电机转速不变的条件下，为什么负载增加时，要保持端电压不变，必须增加励磁电流？在同一坐标中绘出他励和并励发电机的两条外特性曲线。分别计算两种励磁方式时的电压变化率 $\Delta U\%$，并分析差异的原因。

3. 小结、体会和建议。

二、任务测评（见表 1-11）

表 1-11　任务实施考核评分记录表

序号	考核内容	考核要求	配分	得分
1	任务实施的准备	预习任务的内容	10	
2	仪器、仪表的使用	正确使用万用表、转速表、实验台等设备	10	

续表

序号	考核内容	考核要求	配分	得分
3	直流发电机的接线	电路绘制正确，接线速度快	20	
4	他励发电机的空载特性	通电运行一次成功，操作规范，数据测量正确	20	
5	他励发电机的外特性	操作规范，数据测量正确	10	
6	他励发电机的调整特性	操作规范，数据测量正确	10	
7	并励发电机的测试	操作规范，数据测量正确	20	
8	合计得分		100	
9	否定项	发生重大责任事故、严重违反教学纪律者得0分		

指导教师签名________________　　　　日期________________

任务3　直流电动机的调速

学习目标

1. 了解生产机械的负载特性。
2. 熟悉直流电动机的机械特性。
3. 掌握直流电动机机械特性的简单计算。
4. 重点掌握直流电动机的三种调速方法。
5. 学会直流电动机调速方法的操作使用。

任务引入

直流电动机的最大优点是具有线性的机械特性，调速性能优异，因此广泛应用于对调速性能要求较高的电气自动化系统中。要了解、分析和掌握直流电动机的调速方法，首先要掌握直流电动机的机械特性。直流电动机有三种不同的人为机械特性，对应三种不同性能的调速方法，分别应用于不同的场合。因此熟悉机械特性是基础，掌握调速方法是目的。知道了各种调速方法的性能特点后，就可以根据实际生产机械负载的工艺要求来选择一种最合适的调速方法，发挥直流电动机的最大效益。

相关知识

一、电气传动系统

用各种原动机带动生产机械的工作机构运转，完成一定生产任务的过程称为驱动。

用电动机作为原动机的驱动称为电气传动。在电气传动系统中，电动机是原动机，起主导作用，生产机械是负载。电动机的机械特性与负载的转矩特性是分析电气传动的基础。

1. 电气传动系统的组成

电气传动系统一般由电动机、传动机构、生产机械的工作机构、控制设备以及电源五部分组成，如图 1-40 所示。图中实例是电动机带动水泵工作，传动机构是联轴器，生产机械的工作机构是水泵，控制设备和电源组合在电气控制柜内。

图 1-40　电气传动系统的实例和组成框图

现代化生产过程中，多数生产机械都采用电气传动，主要原因是：电能的传输和分配非常方便，电动机的效率高，电动机的多种特性能很好地满足大多数生产机械的不同要求，电气传动系统的操作和控制都比较简便，可以实现自动控制和远距离操作等。

2. 电气传动系统的运动方程式

在图 1-40 所示的电动机带动水泵供水的电气传动系统中，电动机直接与生产机械的工作机构相连接，电动机与负载用同一个轴，以同一转速运行。电气传动系统中主要的机械物理量有电动机的转速 n、电磁转矩 T、负载转矩 T_L。由于电动机负载运行时，一般情况下 T_L 远大于 T_0（T_0 为电动机空载转矩），故可忽略 T_0。各物理量的正方向按电动机惯例确定，如图 1-29 所示，电磁转矩 T 的方向与转速 n 的方向一致时取正号；负载转矩 T_L 的方向与转速 n 的方向相反时取正号。根据转矩平衡的关系，电气传动系统运动方程式为：

$$T-T_L=\frac{GD^2}{375}\frac{dn}{dt}$$

式中　$\frac{GD^2}{375}$——反映电气传动系统机械惯性的一个常数。

上式表明，当 $T=T_L$ 时，系统处于恒定转速运行的稳态；当 $T>T_L$ 时，系统处于加速运动的过渡过程中；当 $T<T_L$ 时，系统处于减速运动的过渡过程中。

二、生产机械的负载特性

生产机械工作机构的转速 n 与负载转矩 T_L 之间的关系，即 $n=f(T_L)$，称为生产机械的负载特性。生产机械的种类很多，它们的负载特性各不相同，但根据统计分析，生产机械的负载特性按照性能特点，可以归纳为以下三类。

1. 恒转矩负载特性

（1）阻力型恒转矩负载特性　阻力型恒转矩负载的特点是工作机构转矩的绝对值是恒定不变的，转矩的性质总是阻止运动的制动性转矩。即当 $n>0$ 时，$T_L>0$（常数）；当 $n<0$ 时，$T_L<0$（也是常数），T_L 的绝对值不变。其负载特性，如图 1-41 所示，位于第Ⅰ、第Ⅲ象限。由于摩擦力的方向总是与运动方向相反，摩擦力的大小只与正压力和摩擦因数有关，而与运动速度无关，因此摩擦力是典型的阻力型恒转矩负载。

（2）位能型恒转矩负载特性　位能型恒转矩负载的特点是工作机构转矩的绝对值是恒定的，而且方向不变（与运动方向无关），总是沿重力作用方向。当 $n>0$ 时，$T_L>0$，是阻碍运动的制动转矩；当 $n<0$ 时，$T_L>0$，是帮助运动的驱动转矩。其机械特性，如图 1-42 所示，位于第Ⅰ、第Ⅳ象限。起重机及电动葫芦的提升和下放重物就属于这个类型，如图 1-43 所示。

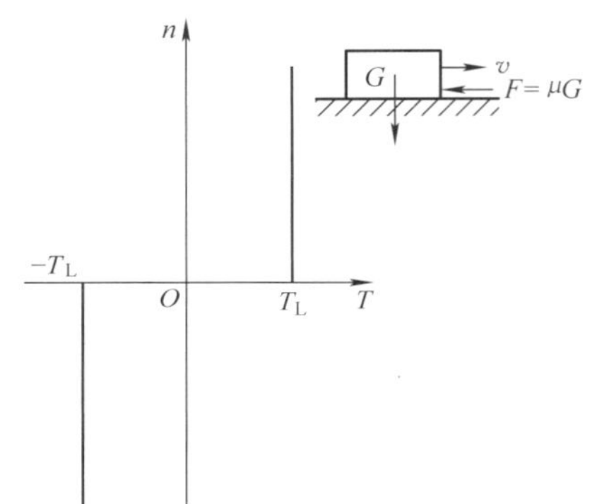

图 1-41　阻力型恒转矩负载特性

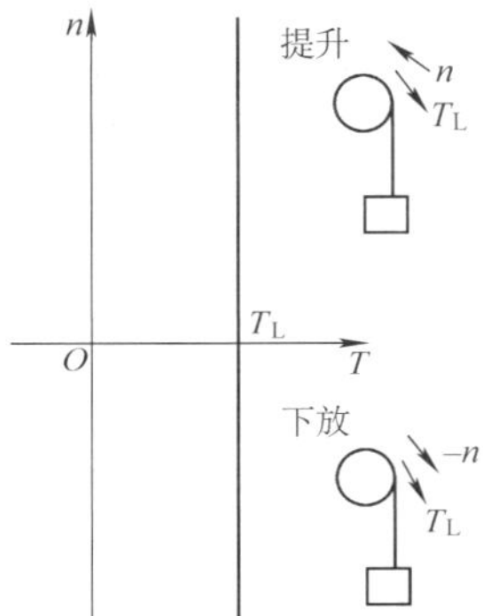

图 1-42　位能型恒转矩负载特性

图 1-43　起重机和电动葫芦

2. 恒功率负载特性

某些车床，在粗加工时切削量大，切削阻力大，工作在低速状态；而在精加工时切削量小，切削阻力小，工作在高速状态。因此，在不同转速下，负载转矩基本上与转速成反比，而机械功率 $P_L \propto nT_L=$常数，称为恒功率负载，其负载特性，如图 1-44 所示。轧钢机轧制钢板时，工件尺寸较小，则需要高速度低转矩；工件尺寸较大，则需要低速度高转矩，这种工艺要求也是恒功率负载。

图 1-44　车床与恒功率负载特性

3. 通风机型负载特性

水泵、油泵、鼓风机、电风扇和螺旋桨等，其转矩的大小与转速的平方成正比，即 $T_L \propto n^2$，其负载特性如图 1-45 所示。

图 1-45　鼓风机与通风机型负载特性

上述恒转矩负载、恒功率负载以及通风机型负载，都是从各种实际负载中概括出来的典型的负载形式，实际上的负载可能是以某种典型负载形式为主，或某几种典型负载形式的结合。例如，水泵主要是通风机型负载特性，但是轴承摩擦力又是阻力性的恒转矩负载特性，只是运行时后者数值较小而已。又例如，起重机在提升和下放重物时，主要是位能性恒转矩负载特性，但各个运动部件的摩擦力又是阻力性恒转矩负载特性。

三、直流他励电动机的机械特性

电动机的机械特性是指电动机的转速 n 与电磁转矩 T 之间的关系 $n=f(T)$。它是电动机机械性能的主要表现，也是电动机最重要的特性。因为将电动机的机械特性 $n=f(T)$ 与生产机械工作机构的负载机械特性 $n=f(T_L)$ 用运动方程式 $T-T_L=\frac{GD^2}{375}\frac{dn}{dt}$联系起来，就可以对电气传动系统稳态运行和动态过程进行分析和计算。下面先导出直流电动机的机械特性方程式 $n=f(T)$，再根据方程式分析直流他励电动机在各种不同情况下的人为机械特性。

1. 固有机械特性

直流他励电动机的电气原理，如图 1-46 所示。当电源电压 $U=U_N$，励磁电流 $I_f=I_{fN}$，即主磁通 $\Phi=\Phi_N$，以及电枢回路不串电阻，即电枢电路电阻为 R_a 时，电动机的转速与电磁转矩之间的关系 $n=f(T)$，称为电动机的固有机械特性。

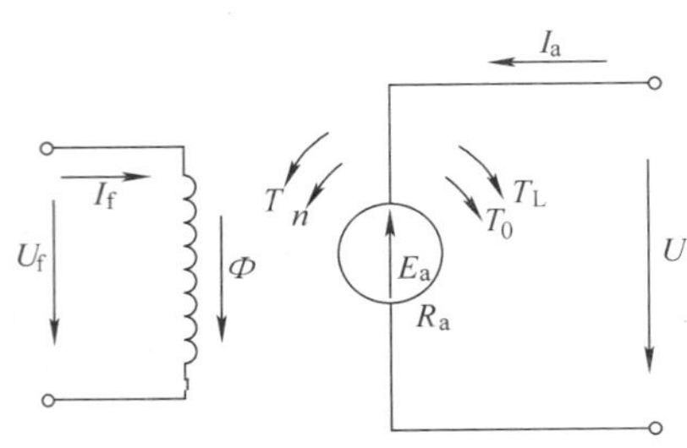

图 1-46　直流他励电动机的电气原理

直流他励电动机固有机械特性的方程式可用电枢电动势公式、电磁转矩公式以及电枢回路的电压方程式得到。

将 $E_a=C_e\Phi_N n$ 和 $T=C_T\Phi_N I_a$ 代入 $U_N=E_a+I_aR_a$，经整理后可得到：

$$n=\frac{U_N}{C_e\Phi_N}-\frac{R_a}{C_eC_T\Phi_N^2}T$$

上式右边第二项的电磁转矩 T 为零时，转速大小就是$\frac{U_N}{C_e\Phi_N}$，没有电磁转矩而电动机在转动，显然这是不太可能的，所以把它称为理想空载转速，用 n_0 表示。而电动机实际的空载转速用 n'_0 表示，是指电动机轴上没有带机械负载，只存在空载转矩 T_0 时的转速。对应的功率就是空载功率 P_0，其意义是电动机克服轴承摩擦力及风扇阻力等所需的功率。

如果用 n_0 表示理想空载转速，用 β 表示常数$\frac{R_a}{C_eC_T\Phi_N^2}$，则上式可写成：

$$n=n_0-\beta T$$

式中，β 为固有机械特性的斜率。

直流他励电动机的固有机械特性曲线，如图 1-47 所示。

直流他励电动机的固有机械特性有五个特点。

（1）随着电磁转矩 T 的增大，转速 n 降低，其特性曲线是一条略为向下倾斜的直线。

（2）当 $T=0$ 时，$n=n_0$，电动机工作在理想空载状态。

（3）由于电动机电枢回路不串电阻，机械特性斜率 β 的数值很小，特性曲线较平，称为硬特性。

（4）当 $T=T_N$ 时，$n=n_N$，此点为电动机的额定工作点。

（5）$n=0$，即电动机启动时，$E_a=0$，此时的电枢电流 $I_a=I_{st}$，称为启动电流；对应的电磁转矩 $T=T_{st}$，称为启动转矩。由于电枢电阻 R_a 很小，I_{st} 和 T_{st} 是额定值的 10~20 倍，会给直流电源、电动机和传动机构等带来极大的危害，因此，直流电动机一般不允许直接启动。

2. 人为机械特性

一台直流电动机如果只有一条固有的机械特性，对于某一负载转矩，只有一个固定的转速，这显然无法达到实际驱动对转速变化的要求，如启动、调速和制动等，因此需要人为地改变电动机的参数，如改变电枢回路电阻 R、电枢电压 U 或气隙磁通量 Φ，以此获得相应的人为机械特性。

（1）电枢回路串电阻的人为机械特性　保持直流电动机的电枢电压 $U=U_N$，磁通 $\Phi=\Phi_N$，只在电枢回路串入电阻 RP 时的人为机械特性方程式为：

$$n=\frac{U_N}{C_e\Phi_N}-\frac{R_a+R_P}{C_eC_T\Phi_N^2}T=n_0-\beta_RT$$

电枢串入不同阻值的 RP 时的人为机械特性曲线，如图 1-48 所示。电枢回路串电阻的人为机械特性有如下特点：

1）改变电枢回路串入的电阻 RP 阻值时，理想空载转速 n_0 不变。

2）RP 阻值越大，人为机械特性的斜率 β_R 越大，转速降 Δn 越大，特性越软。

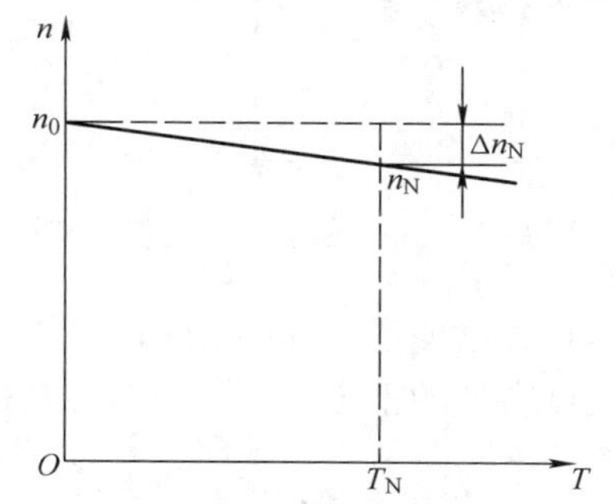

图 1-47　直流他励电动机的固有机械特性

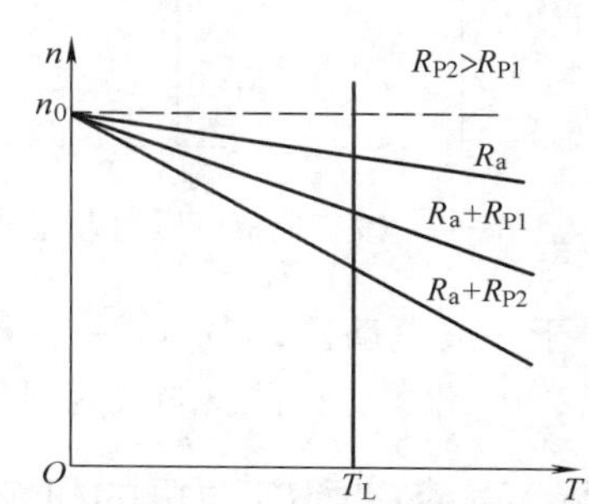

图 1-48　电枢串电阻的人为机械特性

因此，电枢回路串电阻的人为机械特性是通过理想空载点的一组放射性直线。

（2）改变电枢电压的人为机械特性　电枢不串电阻，磁通 $\Phi=\Phi_N$，只改变电枢电压 U 的大小及方向，此时的人为机械特性方程式为：

$$n=\frac{U}{C_e\Phi_N}-\frac{R_a}{C_eC_T\Phi_N^2}T=n_{0U}-\beta T$$

改变电枢电压 U 的人为机械特性是一组与固有机械特性平行的直线，如图 1-49 所示。改变电枢电压的人为机械特性有如下特点：

1）理想空载转速 n_0 与电枢电压 U 成正比，即 $n_{0U}\propto U$；且 U 改变正负极性时，n_{0U} 也改变转向。

2）人为机械特性斜率 β 与固有机械特性斜率保持相同，即转速降 Δn 不变。

对于已经制造好的电动机，额定电压是一个定值。受绕组绝缘及换向器片间电压的限制，电动机不能过电压运转，所以只能降低电枢电压 U，因此，改变电枢电压，人为机械特性全在固有机械特性的下方。

（3）减弱磁通的人为机械特性　减弱磁通的方法是通过减小励磁电流来实现的。保持电枢电压为额定值不变，电枢回路不串电阻，只改变励磁磁通的人为机械特性方程式为：

$$n=\frac{U_N}{C_e\Phi}-\frac{R_a}{C_eC_T\Phi^2}T=n_{0\Phi}-\beta_\Phi T$$

改变励磁磁通的人为机械特性有如下特点：

1）理想空载转速 $n_{0\Phi}$ 随磁通 Φ 的减弱而上升。

2）机械特性斜率β_{Φ}因与磁通Φ的平方成反比，所以随磁通的减弱而增大，机械特性变软。

不同磁通时的人为机械特性，如图 1-50 所示。

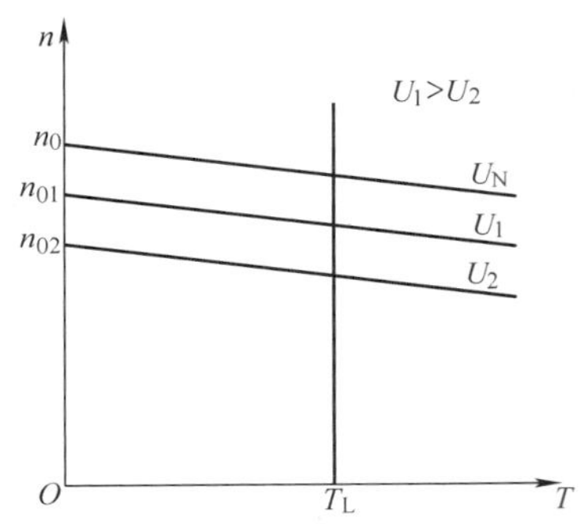

图 1-49　改变电枢电压的人为机械特性

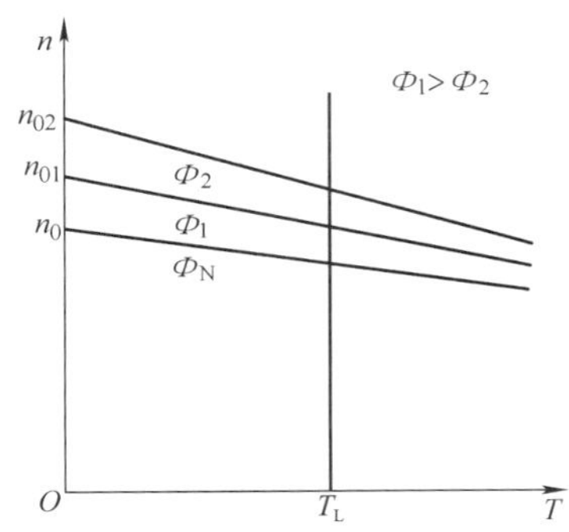

图 1-50　减弱磁通的人为机械特性

对于一般电动机，为节省铁磁材料，减小电机体积，已使磁路接近饱和，所以只能减弱磁通，因此，改变磁通的人为机械特性都在固有机械特性的上方。

四、直流串励电动机的机械特性

直流串励电动机的电气原理，如图 1-51 所示，其最大特点是励磁绕组与电枢绕组串联，$I_f=I_a=I$，因此，机械特性也与他励（并励）电动机有明显的不同。

在磁路不饱和时，$\Phi=K_1I$，$T=C_T\Phi I=K_2I^2$，机械特性表达式可写成：

$$n=\frac{U}{C_eK_1I}-\frac{R}{C_eC_T(K_1I)^2}T=\frac{U\sqrt{K_2}}{C_eK_1\sqrt{T}}-\frac{RK_2}{C_eC_TK_1^2}=\frac{A}{\sqrt{T}}-B$$

式中，A 和 B 分别是常数，所以串励电动机的机械特性是一条双曲线。

当磁路饱和时，气隙主磁通Φ基本不变，机械特性与他励电动机相似。因此，串励电动机的机械特性，如图 1-52 所示。

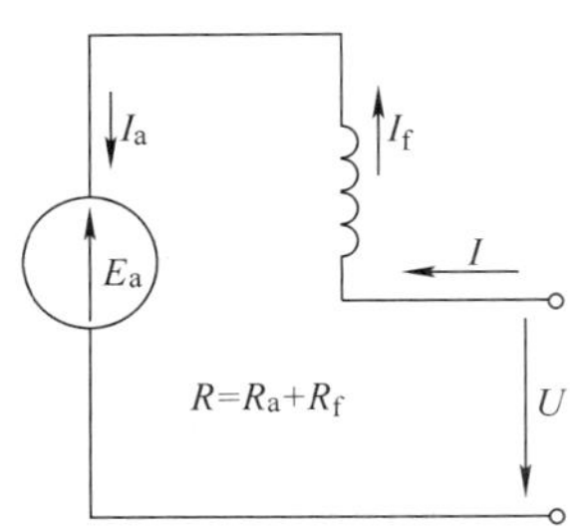

图 1-51　直流串励电动机的电气原理图

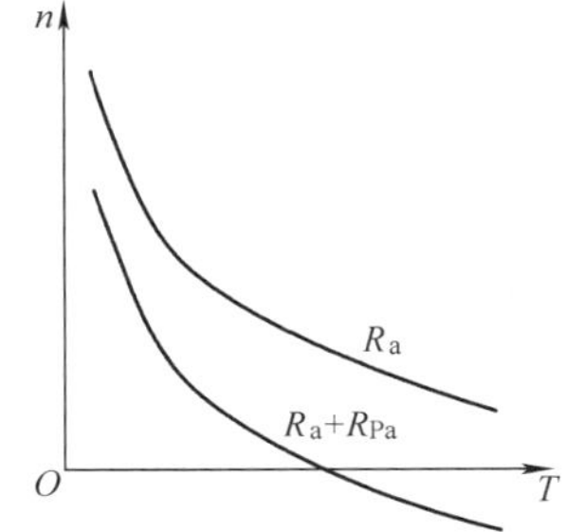

图 1-52　串励电动机的机械特性

从上述分析可知，串励电动机具有以下特性：

1. 空载时，$I\to0$，$\Phi\to0$，电动机转速极高，所以串励电动机不许空载或轻载运行。

2. 由于串励电动机的电磁转矩与电流的平方成正比，因此启动和过载能力强。

3. 串励电动机接交流电源后，由于磁通Φ和电枢电流I_a同时改变方向，所以电磁转矩方向不变，因此是一种交直流两用的电动机。

串励电动机广泛应用于电力牵引设备中，如工厂中的电瓶车、公共电车、电力机车等。平时电工常用的手电钻、电锤、家用绞肉机、吸尘器等也是串励电动机。

直流复励电动机的机械特性介于他励和串励之间，取决于串励绕组所起的作用如何。即复励电动机的机械特性较他励电动机软，但是可以空载运行，在现实中应用很多；而差励电动机由于负载增大时，磁通减弱，转速上升，很容易烧坏，因此不常用。

五、直流他励电动机的调速

在现代工业中，有大量的生产机械要求能改变工作速度。调速可以用机械的、电气的或机电配合的方法来实现。直流他励电动机的调速就是人为地改变电气参数，使电动机的工作点从一条机械特性曲线转移到另一条机械特性曲线上，从而在同一负载下得到不同的转速。它与电动机在负载变化时引起的转速变化是两个不同的概念。负载变化引起转速变化是自动进行的，电动机工作点总是在同一条机械特性曲线上，它不是根据生产的需要人为地控制电气参数进而控制转速的变化。

1. 调速系统的技术指标

直流电动机具有极好的调速性能，可以在宽广范围内平滑而经济地调速，特别适用于调速要求较高的电气传动系统。电动机调速性能的好坏，常用下列技术指标来衡量：

（1）调速范围 D　调速范围是指电动机驱动额定负载时，所能达到的最高转速与最低转速之比。不同的生产机械要求不同的调速范围，例如轧钢机 D 为 3~120，龙门刨床 D 为 10~140，车床进给机构 D 为 5~200 等。

（2）调速的平滑性　电动机相邻两个调速挡的转速之比称为调速的平滑性，其比值 φ 称为平滑系数。在一定的范围内，调速挡数越多，相邻级转速差越小，φ 越接近于 1，平滑性越好。$\varphi=1$ 时称为无级调速。

（3）调速的稳定性　调速的稳定性是指负载转矩发生变化时，电动机转速随之变化的程度。工程上常用静差率 δ 来衡量，它是指电动机在某一机械特性上运转时，由理想空载至额定负载时的转速降 Δn_N 对理想空载转速的百分比，$\delta=\dfrac{n_0-n_N}{n_0}\times 100\%$。

（4）调速的经济性　调速的经济性由调速设备的投资及电动机运行时的能量消耗来决定。

（5）调速时电动机的允许输出　在电动机得到充分利用的情况下（一般是指电流为额定值），调速过程中电动机所能输出的功率和转矩。主要有恒功率调速方式和恒转矩调速方式两大类。

2. 电动机的调速方法

直流他励电动机的一般机械特性方程式为：

$$n=\frac{U}{C_e\Phi}-\frac{R_a+R_P}{C_eC_T\Phi^2}T$$

由上式可知，当负载不变时 $T=T_L$，只要改变电枢电压 U、电枢回路串入的电阻值 R_P、每极磁

通 Φ 三个量中的任意一个，都能改变电动机的转速，因此，直流他励电动机有三种调速方法。

（1）电枢回路串电阻调速

直流他励电动机驱动负载运行时，保持电源电压 U 及磁通 Φ 为额定值，改变电枢回路串入的电阻值，电动机就可运行于不同的转速，如图 1-53 所示，该图中的负载是恒转矩负载。设电动机原来工作点在固有特性上的 a 点，此时 $T=T_L$，转速为 n_1 稳定运行。当电枢回路串入电阻 RP1 时，电枢回路总电阻增加到 $R_1=R_a+R_{P1}$，这时转速还未来得及改变，电枢电动势 E_a 也未改变，电动机工作点由 a 点沿水平方向，跃变到电枢回路总电阻为 R_1 的人为机械特性上的 b 点，对应的电枢电流 I_a 减小，电磁转矩减小为 T'。因为 $T'<T_L$，电动机减速，随着 n 下降，E_a 也减小，电枢电流和电磁转矩增大，直到 $n=n_2$ 时，电磁转矩 $T=T_L$，电动机以较低的转速 n_2 稳定运行，电动机工作点由 b 点过渡到 c 点，调速的过渡过程结束。电枢回路串入的电阻值不同，所得到的稳定转速也不同。

无论何种调速方式，一般电动机稳定运行时的最大电枢电流都不能超过额定值，由于电枢回路串电阻调速时磁通不变，因此电动机的最大允许输出转矩是额定值，所以称为恒转矩调速方式，显然，恒转矩调速方式适用于驱动恒转矩负载。

电枢回路串电阻调速的特点是：

1）电动机的转速只能从额定转速往下调。

2）转速越低，机械特性越软，负载波动时转速的稳定性越差。

3）转速越低，电枢串入的电阻越大，电能损耗也越大，调速的经济性越差。

4）调速范围小，电动机空载时几乎无调速作用。

5）调速过程中允许的输出转矩不变，属于恒转矩调速方式。

6）调速系统的设备简单，初次投资小。

因此，电枢回路串电阻调速这种调速方式只适用于对调速性能要求不高，电动机容量不大的中小型直流电动机，例如起重机等负载。

（2）降低电枢电压调速

降低电枢电压调速需要有连续可调的直流电源给电枢供电。由于工作电压不能大于额定电压，因此，电枢电压只能从额定电压往下调。如前所述，降低电枢电压的人为机械特性低于且平行于固有机械特性。

直流他励电动机驱动负载运行时，电枢回路不串电阻，保持磁通为额定值（他励电动机保持励磁电压为额定值，并励电动机在降低电源电压的同时必须减小励磁回路的电阻，保持励磁电流为额定值），改变电源电压的高低，电动机就可以运行于不同的转速。如图 1-54 所示，若电动机原来稳定运行在固有机械特性上的 a 点，转速为 n_1。当电源电压由额定值 U_N 降到 U_1 时，由于机械惯性，转速还来不及变化，电动机工作点由 a 点平移到对应电压为 U_1 的人为机械特性上的 b 点，由于转速未变，反电动势 E_a 也未变，因此 I_a 减小，电磁转矩也减小到 T'，由于 $T'<T_L$，转速降低。随着 n 降低，反电动势也减小，电枢电流和电磁转矩随着 n 的下降而增大，直至 $T=T_L$ 时，电动机稳定运行于工作点 c，此时的转速 n_2 已比 n_1 低。负载一定时，电枢电压越低，转速越低。

降低电枢电压调速时，励磁磁通不变，允许的最大电枢电流为额定值，则电磁转矩也为额定值。由于调速时电动机允许的输出转矩不变，因此也属于恒转矩调速方式，适用于驱动恒转矩负载工作。

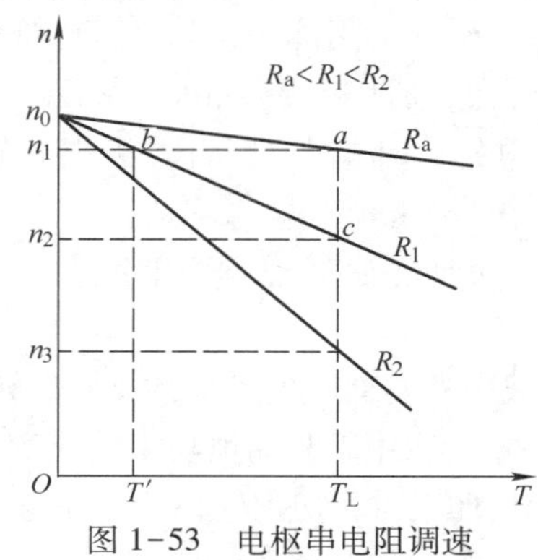

图 1-53　电枢串电阻调速

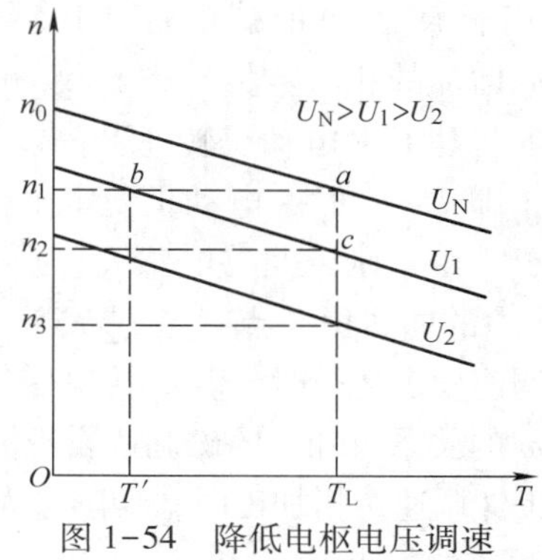

图 1-54　降低电枢电压调速

降低电枢电压调速的特点是：

1）电动机的转速只能从额定转速往下调。

2）由于转速降 Δn_N 不变，机械特性硬度不变，所以稳定性好。

3）调速范围大，最高转速与最低转速之比可达 10 倍以上。

4）当电枢电压连续可调时，转速也连续可调，可实现无级调速。

5）调速过程中能量损耗少。

6）调速过程中允许的输出转矩不变，属于恒转矩调速方式。

7）需要专用的可调直流电源，初次投资大。

由于降压调速性能好，因此常用于对调速要求较高的场合和大中容量电动机的调速。这种调速方式适用于电动机驱动恒转矩负载。

（3）弱磁调速

保持电源电压为额定值，电枢回路不串电阻，调节励磁回路串入的电阻 R_f，改变励磁电流 I_f，以改变磁通 Φ。其转速方程式为：

$$n=\frac{U_N}{C_e\Phi}-\frac{R_a}{C_eC_T\Phi^2}T=\frac{U_N-I_aR_a}{C_e\Phi}$$

由上式可知，将磁通 Φ 减小，理想空载转速 n_0 升高，机械特性的斜率 β 增大，引起转速降 Δn 增大，一般情况下，由于 n_0 升高对转速的影响远远大于转速降 Δn 对转速的影响，因此，磁通 Φ 减小时，电动机的转速升高。由于电动机在额定状态运行时，磁路已接近饱和，所以通常只能减小磁通（$\Phi<\Phi_N$），将转速往上调，故称弱磁调速。直流电动机弱磁调速的机械特性曲线，如图 1-55 所示。

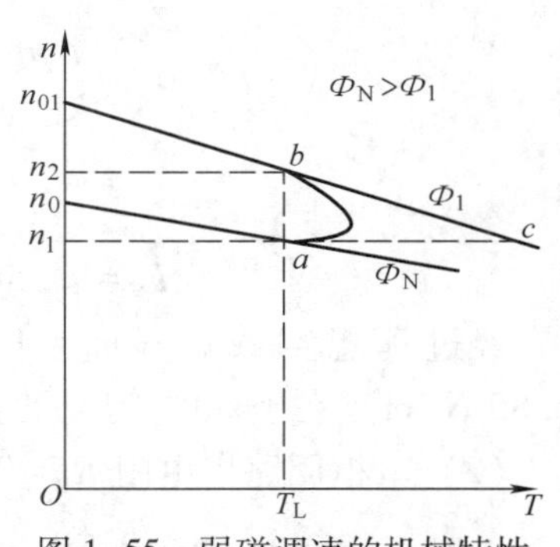

图 1-55　弱磁调速的机械特性

电动机运行时，若驱动不太大的恒转矩负载，调速前，电动机工作在固有机械特性上的 a 点，这时电动机

的磁通为 Φ_N，转速为 n_1，相应的电枢电流为 I_1。当磁通由 Φ_N 减小到 Φ_1 时，转速还来不及变化，电动机的工作点沿水平方向转移到对应于 Φ_1 的人为机械特性上的 c 点，这时电枢电动势 E_a 随磁通 Φ 的减小而减小。因为 R_a 很小，E_a 的减小将引起 I_a 急剧增加。一般情况下，I_a 增加的相对数量比磁通减小的相对数量要大，所以电磁转矩 T 在磁通减小的瞬间是增大的，从而使电动机转速升高。转速升高使电枢电动势 E_a 回升，当电磁转矩等于负载转矩，即 $T=T_L$ 时，电动机稳定工作于 b 点，新的转速 $n_2>n_1$。

实际上，由于励磁回路电感大，励磁电流不可能突变，磁通也不可能突变，工作点将按图 1-55 中的曲线由 a 点过渡到 b 点。

弱磁调速稳定运行时，若 I_a 为额定值，由于 Φ 减小，电磁转矩 T 也减小，但转速升高，根据 $P=T\omega$ 的关系可知，弱磁调速属于恒功率调速方式，适用于驱动恒功率性质的负载，如机床切削工件调速，粗加工时，切削量大，用低速；精加工时，切削量小，用高速。

弱磁调速的特点是：

1）磁场电阻容量小，能连续调节，控制方便，可实现无级调速，调速平滑性好。

2）励磁回路电流小，调速时能量损耗小，调速的经济性好。

3）机械特性较硬，稳定性好。

4）受到换向能力、强度等因素的限制，调速范围较小，一般不超过 $2n_N$。特殊设计的宽调速电动机，最高转速可达额定转速的 3~4 倍。

由于弱磁调速的调速范围较小，所以很少单独使用，一般都与降压调速相配合，以扩大调速范围。以额定转速为基速，在额定转速以下，采用降压调速；在额定转速以上，采用弱磁调速，从而在极宽广的范围内实现平滑的无级调速，而且调速时损耗较小，运行效率较高。

【例 1-2】 一台直流他励电动机，$P_N=10\ \text{kW}$，$U_N=220\ \text{V}$，$I_N=50\ \text{A}$，$n_N=1\ 500\ \text{r/min}$，$R_a=0.2\ \Omega$，额定负载，试计算并绘制相关特性曲线。

（1）固有机械特性；

（2）电枢回路串电阻 $R_P=0.4\ \Omega$ 时的人为机械特性和转速 n_2；

（3）电源电压降低为 110 V 时的人为机械特性和转速 n_3；

（4）减弱磁通 $\Phi=0.8\Phi_N$ 时的人为机械特性和转速 n_4。

解：（1）固有机械特性

$$C_e\Phi_N=\frac{U_N-I_NR_a}{n_N}=\frac{220-50\times0.2}{1\ 500}=0.14$$

$$n_0=\frac{U_N}{C_e\Phi_N}=\frac{220}{0.14}\approx1\ 571\ \text{r/min}$$

$$T_N=9.55C_e\Phi_NI_N=9.55\times0.14\times50=66.85\ \text{N}\cdot\text{m}$$

经过理想空载点（$n_0=1\ 571\ \text{r/min}$，$T=0$）和额定点（$n_N=1\ 500\ \text{r/min}$，$T_N=66.85\ \text{N}\cdot\text{m}$）在坐标中绘出固有机械特性，如图 1-56 中直线 1 所示。

（2）电枢回路串电阻 $R_P=0.4\ \Omega$ 时的人为机械特性

$$n_2=n_0-\frac{R_a+R_P}{C_eC_T\Phi_N^2}T_N=1\ 571-\frac{0.2+0.4}{9.55\times0.14^2}\times66.85\approx1\ 357\ \text{r/min}$$

经过理想空载点（$n_0=1\ 571$ r/min，$T=0$）和工作点（$n_2=1\ 357$ r/min，$T_N=66.85$ N·m）在坐标中绘出电枢回路串电阻 $R_P=0.4\ \Omega$ 时的人为机械特性，如图 1-56 中直线 2 所示。

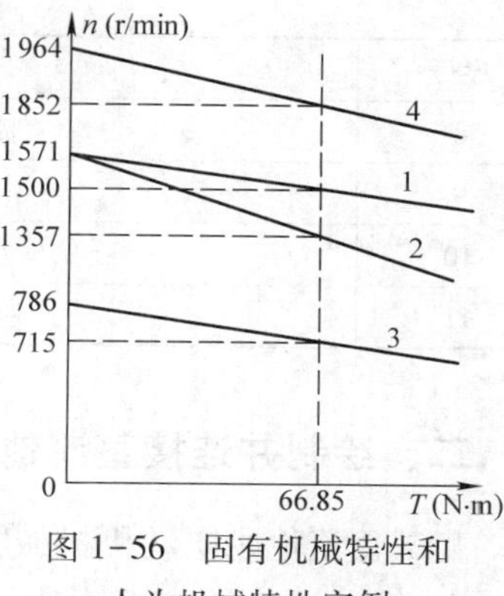

图 1-56　固有机械特性和人为机械特性实例

（3）电源电压降低为 110 V 时的人为机械特性

$$n_{03}=\frac{U}{C_e\Phi_N}=\frac{110}{0.14}\approx 786\ \text{r/min}$$

此时 Δn_N 不变，所以对应于 $T=T_N$ 的转速为：

$$n_3=n_{03}-\Delta n_N=786-(1\ 571-1\ 500)=715\ \text{r/min}$$

经过降压后的理想空载点（$n_{03}=786$ r/min，$T=0$）和工作点（$n_3=715$ r/min，$T_N=66.85$ N·m）在坐标中绘出电源电压降低为 110 V 时的人为机械特性，如图 1-56 中直线 3 所示。

（4）减弱磁通 $\Phi=0.8\Phi_N$ 时的人为机械特性

$$n_{04}=\frac{U_N}{0.8\Phi_N}=\frac{220}{0.8\times 0.14}\approx 1\ 964\ \text{r/min}$$

$$n_4=n_{04}-\frac{R_a}{0.8^2\times 9.55\times C_e^2\Phi_N^2}T_N$$

$$=1\ 964-\frac{0.2}{0.8^2\times 9.55\times 0.14^2}\times 66.85\approx 1\ 852\ \text{r/min}$$

经过弱磁后的理想空载点（$n_{04}=1\ 964$ r/min，$T=0$）和工作点（$n_4=1\ 852$ r/min，$T_N=66.85$ N·m）在坐标中绘出减弱磁通 $\Phi=0.8\Phi_N$ 时的人为机械特性，如图 1-56 中直线 4 所示。注意，减弱磁通时，$T=T_L$ 所对应的电枢电流大于额定电流 I_N。

任务实施

一、任务准备

在熟悉直流电动机的机械特性，学会直流电动机三种调速方法的接线和操作使用过程中，需用到表 1-12 所示的工具、仪器和设备。

表 1-12　任务实施需用到的工具、仪器和设备

序号	名称	型号规格	数量
1	直流励磁电源	220 V	1 个
2	直流可调电枢电源	40~230 V	1 个
3	直流他励电动机	185 W	1 台
4	直流发电机	与电动机配套	1 台
5	励磁调节电阻、负载电阻	900 Ω	6 个
6	电枢调节电阻	90 Ω	2 个
7	直流电压表	300 V	1 块

续表

序号	名称	型号规格	数量
8	直流电流表	1 A/5 A	各 2 块
9	转速表	0～1 800 r/min	1 块
10	万用表	自选	1 块
11	导线	实验专用	若干

二、绘制并连接直流他励电动机的工作电路

测试直流他励电动机机械特性和调速方法的参考电路，如图 1-57 所示。电路的接线如图 1-58 所示。图中直流他励电动机 M 的额定功率 $P_N = 185$ W，额定电压 $U_N = 220$ V，额定电流 $I_N = 1.2$ A，额定转速 $n_N = 1\ 600$ r/min，额定励磁电流 $I_{fN} < 0.16$ A。RP_{f1} 选用 1 800 Ω 的变阻器作为直流他励电动机励磁回路串接的电阻，RP_a 选用 180 Ω 的变阻器作为直流他励电动机的启动电阻。直流测功机 MG 按他励发电机连接，作为直流电动机 M 的负载。直流发电机 MG 的励磁调节电阻 RP_f 选用 1 800 Ω 的变阻器，负载电阻 R_L 选用两个 900 Ω 的变阻器并联。电枢回路电流表 PA 和 PA3 的量程均选用 5 A，励磁回路电流表 PA1 和 PA2 的量程均选用 1 000 mA。转速表的量程选用 1 800 r/min。接好线后，检查 M、MG 之间是否用联轴器连接好。

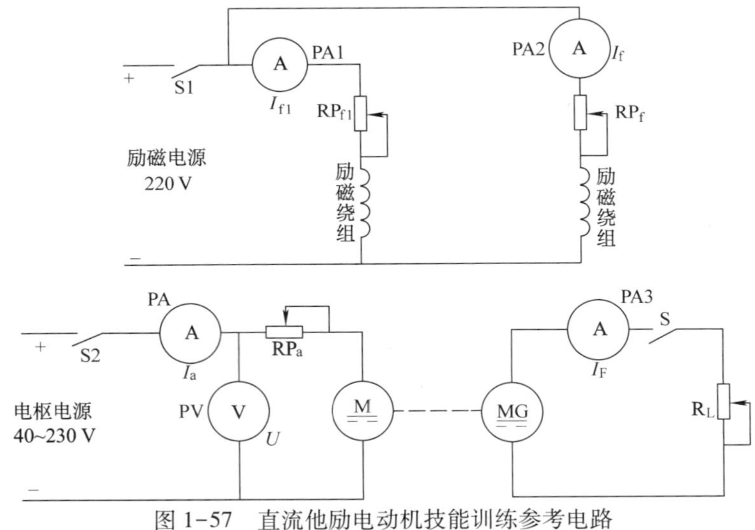

图 1-57　直流他励电动机技能训练参考电路

三、测取直流他励电动机的固有机械特性

1. 将直流他励电动机 M 的磁场调节电阻 RP_{f1} 调至最小值，电枢串联的启动电阻 RP_a 调至最大值。直流发电机 MG 的磁场调节电阻 RP_f 调至最大值，负载电阻 R_L 调至最大值。先接通直流励磁电源开关 S1，再接通电枢电源开关 S2，启动直流电动机。其旋转方向应符合转速表正向旋转的要求。

图 1-58 直流他励电动机测试电路的接线

2. 电动机 M 启动正常后，将其电枢串联电阻 RP_a 调至零，调节电枢电源的电压为额定值 220 V，调节直流发电机 MG 的励磁电流 I_f 为 100 mA，闭合负载开关 S，再调节其负载电阻 R_L 和电动机的磁场调节电阻 RP_{f1}，使电动机达到额定值：$U=U_N=220$ V，$I_a=I_N=1.2$ A，$n=n_N=1\ 600$ r/min。此时电动机 M 的励磁电流 I_{f1} 即为额定励磁电流 I_{fN}。

3. 保持 $U=U_N$，$I_{f1}=I_{fN}$，在 I_f 基本不变的条件下，逐渐增大发电机 MG 的负载电阻 R_L，减小电动机的负载，直至断开负载开关 S。测取发电机负载电流 I_F，电动机电枢输入电流 I_a 和转速 n 的数值，共取 7~8 组数据，记录于表 1-13 中。

表 1-13 直流他励电动机的转速特性（U=220 V，$I_{f1}=I_{fN}$=__mA，I_f=100 mA）

I_a(A)	1.2							
n(r/min)	1 600							
I_F(A)								

根据电磁转矩公式 $T=C_T\Phi I_a$ 可知，电动机中的电磁转矩 T 与电枢电流 I_a 成正比的关系。表 1-13 数据所反映的直流电动机的转速特性与机械特性的形状完全一样，只要将电枢电流 I_a 转换为对应的电磁转矩 T，就是该电动机的机械特性。

四、电枢串电阻调速

1. 直流电动机 M 运行后，将电枢调节电阻 RP_a 调至零，保持电枢电源电压为 220 V。调节直流发电机 MG 的励磁电流 I_f=100 mA 不变，再调节发电机负载电阻 R_L 和电动机磁场电阻 RP_{f1}，使电动机 M 的 $U=U_N$，$I_a=0.5I_N$，$I_{f1}=I_{fN}$，记下此时发电机 MG 的电枢电流 I_F。

2. 保持发电机 MG 此时的 $I_f=100$ mA 和 I_F 值不变（即 T_2 不变），保持电动机 M 的 $U=U_N$，$I_{f1}=I_{fN}$ 不变，逐次增加 RP_a 的阻值，使 RP_a 从零调至最大值，每次测取电动机的转速 n 和电枢电流 I_a。

3. 测取 5 组数据，记录于表 1-14 中。

表 1-14　电枢串电阻调速（$U=220$ V，$I_{f1}=I_{fN}=$__mA，$I_f=100$ mA，$I_F=$__mA）

R_{Pa}	0	10%	25%	50%	100%
n(r/min)					
I_a(A)					

五、降低电枢电压调速

1. 与电枢串电阻调速一样，先将电动机的电枢调节电阻 RP_a 调至零，电枢电源电压调至 220 V。调节发电机 MG 的励磁电流 $I_f=100$ mA 不变，再调节发电机负载电阻 R_L 和电动机磁场电阻 RP_{f1}，使电动机 M 的 $U=U_N$，$I_a=0.5I_N$，$I_{f1}=I_{fN}$，记下发电机 MG 的电枢电流 I_F。

2. 保持发电机 MG 的 $I_f=100$ mA 和 I_F 值不变（即 T_2 不变），保持电动机 $R_{Pa}=0$，$I_{f1}=I_{fN}$ 不变，逐渐降低电动机 M 的电枢电压 U，每次测取电动机的电枢电压 U、转速 n 和电枢电流 I_a。

3. 共取 7~8 组数据，记录于表 1-15 中。

表 1-15　降低电枢电压调速（$R_{Pa}=0$，$I_{f1}=I_{fN}=$__mA，$I_f=100$ mA，$I_F=$__mA）

U(V)	220							
n(r/min)								
I_a(A)								

六、减弱磁通调速

1. 直流电动机正确启动后，将电动机 M 的电枢串联电阻 RP_a 和磁场调节电阻 RP_{f1} 调至零，调节电枢电源电压为额定值。再调节发电机 MG 的磁场电阻使 $I_f=100$ mA，调节 MG 的负载电阻 R_L，使电动机 M 的 $U=U_N$，$I_a=0.5I_N$，记下发电机此时的 I_F 值。

2. 保持电动机 M 的电枢电压 $U=220$ V，$R_{Pa}=0$ 不变，调节负载电阻 R_L，保持发电机 MG 的 I_F 值（T_2 值）不变。逐渐增加电动机磁场调节电阻 RP_{f1} 的阻值，直至 $n=1.3n_N$，每次测取电动机的 n、I_f 和 I_a。

3. 共取 7~8 组数据，记录于表 1-16 中。

表 1-16　减弱磁通调速（$U=220$ V，$R_{Pa}=0$，$I_f=100$ mA，$I_F=$__mA）

I_{f1}(mA)								
n(r/min)								
I_a(A)								

1. 每次启动直流电动机时，都要将励磁调节电阻 RP_{f1} 阻值调至最小，电枢调节电阻 RP_a 阻值调至最大；先接通励磁电源，再接通电枢电源；启动后将 RP_a 阻值调至最小。

2. 直流电动机停机时，必须先切断电枢电源，再断开励磁电源。

3. 调节直流电动机励磁回路电阻 RP_{f1} 时，动作要慢，防止励磁电流 I_{f1} 过小引起电动机“飞车”。

4. 测试前，注意仪表的种类、量程、极性及其接法是否正确。

总结测评

一、总结报告

1. 绘制任务的电路图。

2. 记录任务实施的过程、现象和数据结果。在同一坐标中画出固有机械特性和三种人为机械特性（转速特性）的曲线。绘出直流他励电动机的调速特性曲线 $n=f(R_{Pa})$、$n=f(U_a)$ 和 $n=f(I_f)$。分析在恒转矩负载时三种调速方法的电枢电流变化规律以及各种调速方法的优缺点。

3. 小结、体会和建议。

二、任务测评（见表 1-17）

表 1-17　任务实施考核评分记录表

序号	考核内容	考核要求	配分	得分
1	任务实施的准备	预习任务的内容	10	
2	仪器、仪表的使用	正确使用万用表、转速表、实验台等设备	10	
3	直流电动机的接线	电路绘制正确，接线速度快	20	
4	直流电动机的机械特性	通电运行一次成功，操作规范，数据测量正确	30	
5	直流电动机的调速	操作规范，数据测量正确	30	
6	合计得分		100	
7	否定项	发生重大责任事故、严重违反教学纪律者得 0 分		

指导教师签名________________　　　　　　　　　　日期________________

任务4　直流电动机的启动、反转和制动

学习目标

1. 了解直流电动机启动时存在的问题。
2. 掌握直流电动机常用的启动方法。
3. 掌握直流电动机的反转方法。
4. 熟悉直流电动机的制动方法。
5. 学会直流电动机常用启动、反转和制动方法的操作使用。

任务引入

使用一台直流电动机，首先碰到的问题是怎样把它启动起来。要使电动机的启动过程达到最优，以下几个方面的问题最值得考虑：启动电流 I_{st} 的大小，启动转矩 T_{st} 的大小，启动设备是否简单等。电动机驱动的生产机械，常常需要改变运动方向，例如起重机、刨床、轧钢机等，这就需要电动机能快速地正反转。某些生产机械除了需要电动机提供驱动力矩外，还要电动机在必要时，提供制动的力矩，以便限制转速或快速停车，例如电车下坡和刹车时，起重机下放重物时，机床反向运动开始时，都需要电动机进行制动。因此，掌握直流电动机启动、反转和制动的方法，对电气技术人员是很重要的。

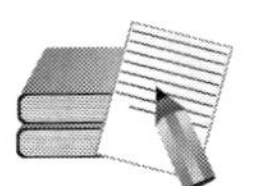

相关知识

一、直流电动机的启动

直流电动机接入电源后转速从零逐渐上升到稳定转速的过程称为启动过程，简称启动。

由直流电动机的电压方程式可知，正常工作时的电枢电流为：

$$I_a=\frac{U_N-E_a}{R_a}$$

因为电枢回路电阻 R_a 很小，所以电源电压 U_N 与反电动势 E_a 接近。

在电动机启动的瞬间，$n=0$，所以 $E_a=C_e\Phi_N n=0$，这时的电枢电流（即直接启动时的电枢电流）为：

$$I_{st}=\frac{U_N}{R_a}$$

由于 R_a 很小，直接加额定电压启动，启动电流很大，可达额定电流的 10~20 倍。这么大的启动电流，会使电动机的换向恶化，产生严重的火花。又由于电磁转矩与电枢电流

成正比，所以电动机的启动转矩也非常大，会产生机械冲击，损坏传动机构。另外，大电流还会使电网的电压波动，将影响同一电网上其他用电设备的正常运行。例如 Z_2-22 型直流电动机，$P_N=0.8\ kW$，$U_N=220\ V$，$I_N=5\ A$，$R_a=4\ \Omega$。如将电动机直接接入电网启动，启动瞬间电流 $I_{st}=\frac{U_N}{R_a}=\frac{220}{4}=55\ A$，是额定电流的 11 倍。大型直流电动机由于电枢电阻更小，启动电流更大。这么大的电枢电流显然是不允许的。

这种直接加额定电压启动的方法称为直接启动。除了个别容量极小的电动机可以采用直接启动以外，一般直流电动机是不允许直接启动的。

直流电动机启动的基本要求是：有足够的启动转矩，一般为额定转矩的 2~2.5 倍，以便缩短启动时间，快速启动；启动电流不能过大，要在一定范围内，一般规定启动电流不超过额定电流的 2~2.5 倍，以确保启动设备安全、可靠、经济。

除了微型直流电动机采用直接启动外，由式 $I_{st}=\frac{U_N}{R_a}$可知，直流他励电动机的启动方法有电枢回路串电阻启动和减压启动两种。

1. 电枢回路串电阻启动

启动时，电枢回路串接可变电阻 R_{st}，R_{st} 称为启动电阻。电动机加额定电压，这时的启动电流减小到：

$$I_{st}=\frac{U_N}{R_{st}+R_a}$$

对应的启动电阻为：

$$R_{st}=\frac{U_N}{I_{st}}-R_a$$

选择合适的启动电阻阻值，使启动电流 I_{st} 限制在电动机允许的范围内。

由启动电流产生的启动转矩使电动机开始旋转并加速，随着转速的升高，电枢反电动势增大，电枢电流减小，转速上升速度慢下来。为了缩短启动时间，保证启动过程中维持电枢电流在一个较大的范围内，因此，随着转速的升高应把启动电阻 R_{st} 平滑地减小，直到电动机稳定运行时全部切除。但是实际上要随着转速升高，平滑切除 R_{st} 是难以做到的，一般是把启动电阻分为若干段逐段加以切除。电枢回路串电阻启动的电路图和对应的机械特性，如图 1-59 所示，图中 $R_1=R_a+R_{st1}$，$R_2=R_a+R_{st1}+R_{st2}$。

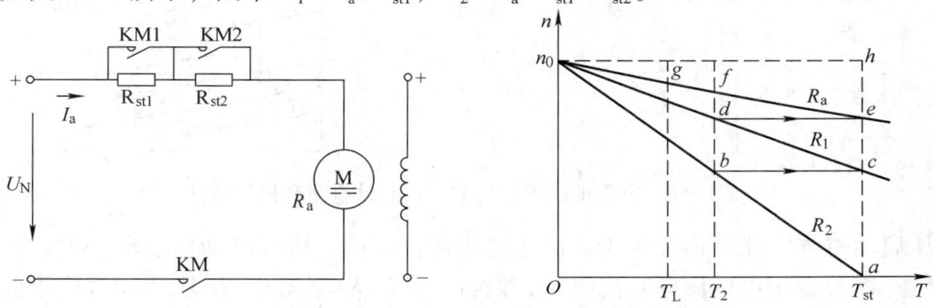

图 1-59 电枢回路串电阻启动的电路图和机械特性

现在分析一下启动过程。首先在电动机励磁绕组中加上额定励磁电流，主电路触头KM接通，KM1和KM2断开，电枢回路串电阻R_{st1}和R_{st2}启动，启动电流$I_{st}=\dfrac{U_N}{R_a+R_{st1}+R_{st2}}$，产生启动转矩$T_{st}$，由于$T_{st}>T_L$，电动机开始旋转，随着转速上升，电磁转矩下降，如图1-59中启动特性$a \to b$，加速度逐渐减小。为了得到较大的加速度，到达b点时，触点KM2接通，将R_{st2}切除，电枢总电阻变为R_a+R_{st1}。由于机械惯性，切换瞬间电动机的转速不变，电枢反电动势也不变，电枢电流增大，电磁转矩增大，如电阻值设计合适，可使这时的电流等于I_{st}，电磁转矩等于T_{st}，如图1-59中特性$b \to c$，电动机又获得较大的加速度，从c点加速到d点。到达d点时，触点KM1接通，切除R_{st1}，由于机械惯性，电动机工作点由d点到固有机械特性e点，电流又一次回升到I_{st}，电磁转矩又到了T_{st}，电动机加速到固有机械特性g点，$T=T_L$，稳定运转时$n=n_N$。

电枢回路串电阻启动，设备简单、初始投资较小，但在启动过程中能量消耗较多，常用于中小容量启动不频繁的直流电动机。根据国家标准，额定功率小于2 kW的直流电动机，允许采用一级启动电阻启动，额定功率大于2 kW的直流电动机，应采用多级电阻启动或降低电枢电压启动。

2. 减压启动

当直流他励电动机的电枢回路由专用可调直流电源供电时，可用降低电压的方法来限制启动电流，由式$I_{st}=\dfrac{U_N}{R_a}$可知，启动电流的减小将与电枢电压降低的程度成正比。电动机启动前先调好励磁电流，然后将电源电压由低向高调节，最低电压所对应的人为机械特性上的启动转矩$T_{st}>T_L$时，电动机就开始启动。电动机启动后，随着转速的上升相应地提高电源电压，使电枢电流和电磁转矩维持在一定的数值范围内，电动机获得一定的加速转矩，按需要的加速度升速，直到额定转速。直流他励电动机减压启动过程的电路和机械特性，如图1-60所示。在手动调节电源电压启动时应注意电压不能升得太快，否则会产生较大的冲击电流。在实际的驱动系统中，电压的升高是由自动控制环节自动调节的，它能保证电压连续升高，并在整个启动过程中保持电枢电流为最大允许值，从而使系统在恒定的加速转矩下迅速启动，是一种比较理想的启动方法。

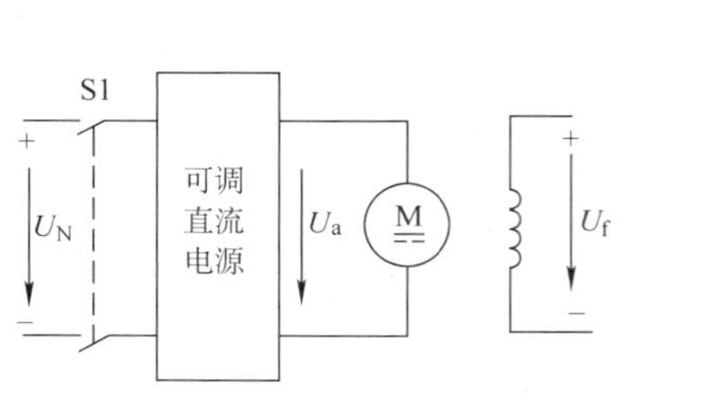

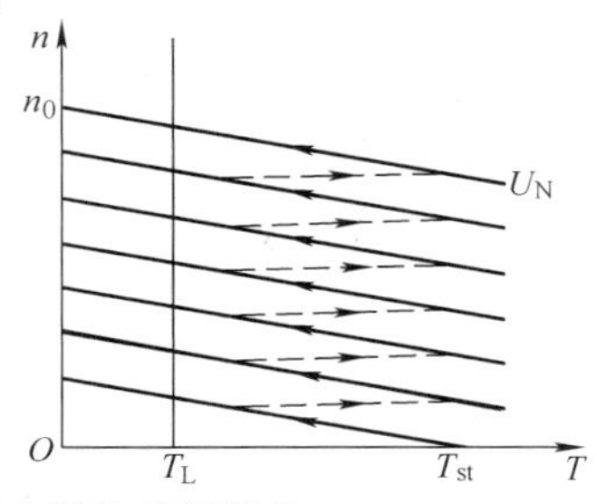

图1-60　直流他励电动机的减压启动电路和机械特性

减压启动过程中能量损耗很少，由于电压连续可调，所以电动机启动平滑；但采用减压启动时，需要专用可调压的直流电源，设备投资较大。因此，减压启动常用于要求经常启动的场合以及大中型直流电动机的启动。

【例 1-3】 一台直流他励电动机 $P_N=60$ kW，$U_N=440$ V，$I_N=150$ A，$n_N=1\,000$ r/min，$R_a=0.156\ \Omega$，驱动额定恒转矩负载。

（1）若采用电枢回路串电阻启动，最大启动电流 $I_{st}=2I_N$，计算串入的总电阻 R_{st}。

（2）若采用减压启动，条件同上，初始启动电压 U_{st} 应降至多少？

解：（1）电枢回路串电阻启动

$$R_{st}=\frac{U_N}{I_{st}}-R_a=\frac{440}{2\times150}-0.156\approx1.31\ \Omega$$

（2）减压启动

$$U_{st}=I_{st}R_a=2\times150\times0.156=46.8\ \text{V}$$

二、直流电动机的反转

电气传动系统在工作过程中，常常需要改变运动方向，为此需要电动机反方向启动和运行。在电动状态下，电磁转矩是驱动性质的转矩，电动机的转向由电磁转矩的方向决定，即反转就是要改变电动机产生的电磁转矩方向。因为电磁转矩是由主磁通与电枢电流相互作用产生的，$T=C_T\Phi I_a$，根据左手定则，任意改变两者之一，作用力方向就改变。所以，直流电动机改变转向的方法有两种：

（1）在励磁电流方向不变即磁场方向不变的条件下，将电枢电压的正负极性反接，从而改变电枢电流和电磁转矩的方向，使电动机反转，如图 1-61a 所示。

（2）在电枢电压的极性不变时，将励磁绕组反接，改变励磁电流的方向，即改变磁场的方向，可使电磁转矩方向改变，实现电动机反转，如图 1-61b 所示。

由于励磁绕组的匝数多，电感大，电磁惯性较大，为了实现电动机高效、快速地反转，往往采用电枢反接的方法。

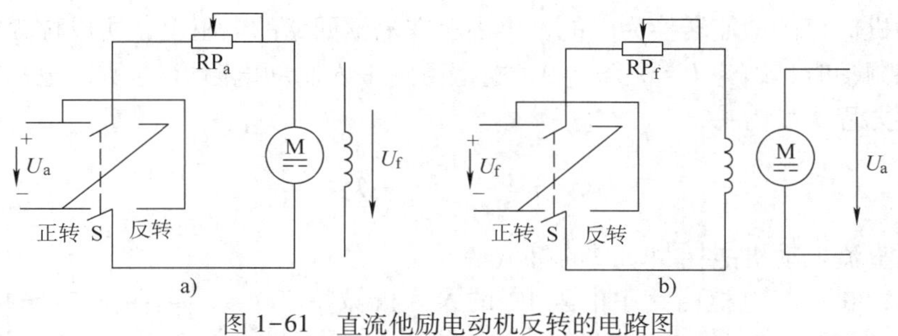

图 1-61　直流他励电动机反转的电路图
a）电枢反接　b）励磁反接

三、直流电动机的制动

电动机大多运行于电动状态，但在电气传动系统中，为了满足生产工艺的要求或者为了安全，有时需要电动机尽快地减速或停车（如可逆转式轧机），有时为了限制电动机转速的升高（例如电车下坡），以及紧急停车等，需要对电动机进行制动。

制动的方式很多，最简单的方法就是用机械制动，即依靠摩擦力使电动机制动。本部分主要讨论电气制动，即通过电动机产生与旋转方向相反的电磁转矩达到制动的目的。电气制动的优点是制动转矩大，制动强度比较容易控制。在电气传动系统中多采用这种方法，或者与机械制动器配合使用。

直流电动机的电气制动有四种方法：能耗制动、电枢反接制动、倒拉反接制动和回馈制动。这四种制动方法的共同点是：在保持原来磁场大小和方向不变的情况下，使电动机电磁转矩方向与旋转方向相反，使电动机产生制动效果。

1. 能耗制动

直流电动机原先处于电动工作状态（电磁转矩的方向与旋转方向相同），如图 1-62a 所示。制动时，保持励磁电流不变，即励磁磁通 Φ 不变，把电枢两端从电源立即切换到电阻 R_b 上，此电阻称为制动电阻。由于生产机械和电动机的惯性，电动机将继续按原来的方向旋转。由于磁通方向不变，因此产生的感应电动势 E_a 方向也不变。此时电动机变成了发电机运行，电枢电流的方向及其产生的电磁转矩的方向都改变了，使电磁转矩的方向与旋转方向相反，如图 1-62b 所示，成为制动转矩。

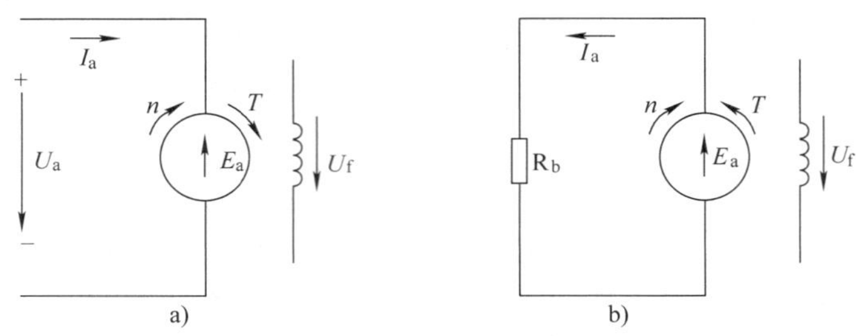

图 1-62　电动机运行状态原理图

a）电动状态　b）能耗制动状态

能耗制动过程的物理意义是电动机由生产机械和自身惯性的作用而驱动发电，把生产机械和电动机储存的动能转换为电能，再消耗在电枢回路的电阻上，所以称为能耗制动。

在能耗制动时，因为 $U=0$，$n_0=0$，电枢回路串入制动电阻 R_b，所以电动机能耗制动的机械特性方程式变为：

$$n=-\frac{R_a+R_b}{C_e C_T \Phi_N^2}T$$

可见，直流电动机能耗制动时的机械特性是一条过原点的直线，它是与电枢回路串电阻 R_b 的人为机械特性平行的一条直线，如图 1-63 所示。

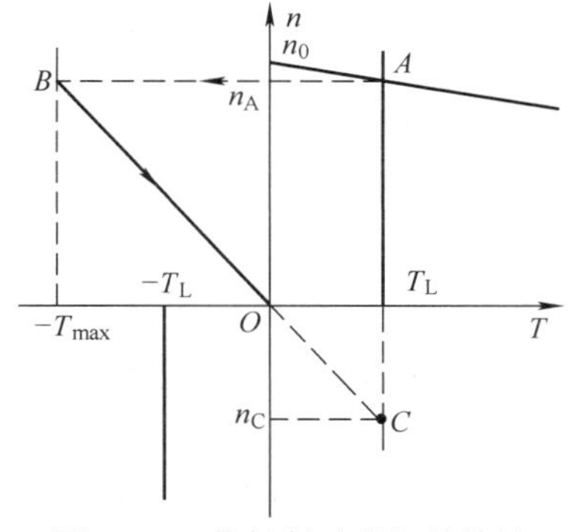

图 1-63　能耗制动的机械特性

如果制动前，电动机工作在电动状态，在固有机械特性曲线上的 A 点，开始制动时，n 来不及改变，工作点过渡到能耗制动机械特性上的 B 点。在电磁制动转矩及负载转矩的共同作用下，电动机很快减速。当转速下降时，电动机的电动势 E_a 减小，制动电流 I_a 随之减小，电磁制动转矩也随之减小。当转速减小至零时，电动势、电流和电磁制动转矩也减小至零。如果电动机驱动阻力矩负载，则可使电动机迅速停转；如果电动机驱动位势负载（起重机），要想迅速停车，在转速接近零时必须用机械制动器将电动机转轴止住，否则在位势负载转矩作用下，电动机将被驱动反方向旋转，此时 n、E_a、I_a 及 T 的方向均与图 1-62b 所示的方向相反，机械特性延伸到第Ⅳ象限（图 1-63 中虚线表示）。转速稳定在 C 点时，电动机运行在反向能耗制动状态下，等速下放重物。

能耗制动时，制动电阻越小，制动时的电枢电流越大，产生的制动转矩也越大，制动效果越强烈。为了避免制动转矩和电枢电流过大给传动机构和电动机带来不利影响，通常选择电枢回路串电阻，使最大制动电流不超过电动机额定电流的 2~2.5 倍，即：

$$R_b \geqslant \frac{E_a}{(2\sim2.5)I_N}-R_a \approx \frac{U_N}{(2\sim2.5)I_N}-R_a$$

能耗制动适用于要求迅速停车的场合。

2. 电枢反接制动

电枢反接制动的电路，如图 1-64 所示，当电动机工作在电动状态下，以转速 n 稳定运行时，维持励磁电流不变，即磁通 Φ 不变，突然改变外加电枢电压的极性，即电枢电压由正变负，与电枢电动势 E_a 同向，这时作用在电枢电路的电压 $(U_N+E_a)\approx 2U_N$，电枢电流增大到 $I_a=\dfrac{-U_N-E_a}{R_a}=-\dfrac{U_N+E_a}{R_a}$，与原来方向相反，数值很大，产生一个很大的电磁制动转矩，使电动机很快停转。因此必须在电枢反接的同时，在电枢电路串入制动电阻，以限制过大的制动电流。电枢反接制动的机械特性，如图 1-65 所示。

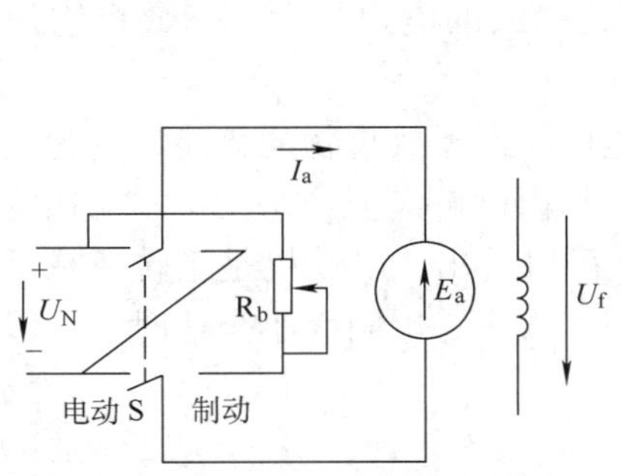

图 1-64　电枢反接制动的电路图

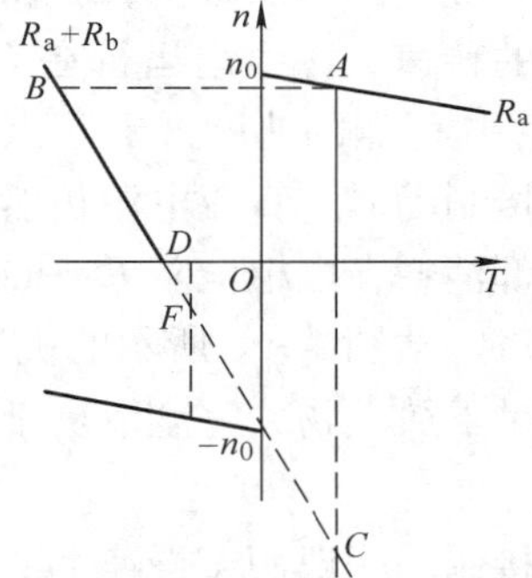

图 1-65　电枢反接制动的机械特性

电枢反接制动的过程如下：在制动前电动机运行在固有机械特性曲线上的 A 点。当串入电阻并将电枢电源反接瞬间，电动机过渡到电枢反接的人为机械特性曲线上的 B 点。电动机的电磁转矩变为制动转矩，开始反接制动，使电动机沿电枢反接的机械特性曲线减速。如果电动机在 $n=0$ 时（D 点）不立即切断电源，电动机很可能会反向启动，加速到 C 点。为了防止电动机反转，在制动到快停车时，应切断电源，并使用机械制动器将电动机止住。

为了限制电枢制动刚开始时的大电流，在电枢电路中应串入制动电阻，电阻大小的选择应使反接制动时电枢电流不超过额定电流的 2~2.5 倍，即：

$$R_b \geqslant \frac{U_N+E_a}{(2\sim2.5)I_N}-R_a \approx \frac{2U_N}{(2\sim2.5)I_N}-R_a$$

电枢反接制动时，电动机变为发电机运行，电源供给的电能和驱动系统动能转换出来的电能全部消耗在电枢回路的电阻 R_a+R_b 上。因此，电枢反接制动时，能量消耗很多。

电枢反接制动适用于要求迅速反转的场合。

3. 倒拉反接制动

当直流电动机驱动位势负载，电枢串入大电阻时，电动机会被外力驱动向着与它接线应有的旋转方向相反的方向旋转，这时电动机便工作在倒拉反接制动状态。例如，驱动起重装置的直流电动机，当电枢回路不串电阻时，电动机正向旋转提升负载，电动机稳定运行于固有机械特性曲线上的 A 点，如图 1-66 所示。若将大电阻 R_b 串联到电枢电路中，使电枢电流大大减小，电动机便转到对应于该电阻的人为机械特性曲线上的 B 点。由于这时电动机的电磁转矩小于负载转矩，电动机的转速下降，转速与转矩沿该电阻的人为机械特性曲线箭头所示方向变化。当转速降至零时，如电动机的电磁转矩仍小于负载转矩，则在位势负载转矩作用下，将电动机倒拉而开始反转，其旋转方向变为下放重物的方向。在此情况下，电动机的电动势方向也随之改变，与电源电压方向相同。由于电枢电流方向未变，因此电动机的电磁转矩方向也不变，但因旋转方向已改变，所以电磁转矩便成为阻碍反向运动的制动转矩，当 $T=T_L$ 时，电动机的转速最终稳定运行在 C 点。电枢回路串入的电阻越大，下放重物的速度越快，图 1-66 中 C' 点的速度大于 C 点的速度。

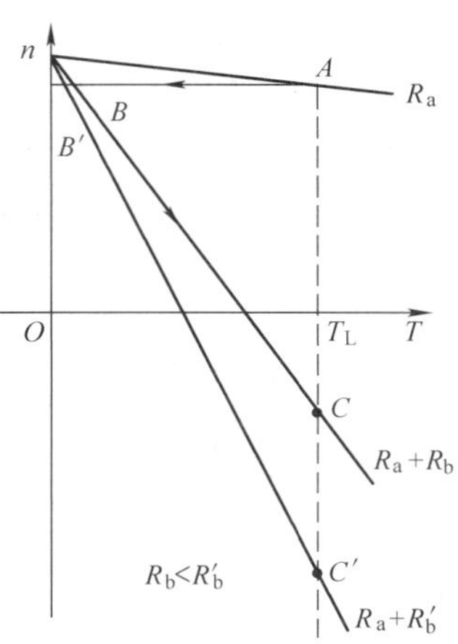

图 1-66　倒拉反接制动的机械特性曲线

倒拉反接制动时，直流电源仍然向电机供给电能，而下放重物的势能也变为电能，这两部分电能都消耗在电枢电阻 R_a 和制动电阻 R_b 上。由此可知，倒拉反接制动在电能利用方面很不经济。从图 1-66 所示的机械特性曲线上可以看出，电动机是正转还是反转，是提升重物还是下放重物，完全取决于电枢回路电阻的大小，电阻大小合适时，可以让重物悬在空中。

倒拉反接制动一般用于慢速下放重物的场合。

4. 回馈制动

回馈制动又称再生制动或发电制动。电动机在运行过程中，由于某种客观原因，负载转矩由制动性质变成驱动性质，使电动机转速 n 高于理想空载转速 n_0，如电车下坡、起重机下放重物等情况，势能转换所得的动能使电动机加速，电动机就处于发电状态，并对电气传动系统的运动机构起制动作用。因为当 $n>n_0$ 时，电动机的感应电动势 $E_a>U_N$，电枢电流 $I_a=\dfrac{U_N-E_a}{R_a}=-\dfrac{E_a-U_N}{R_a}$。电流的方向与原来相反，磁场没有变，电磁转矩随电枢电

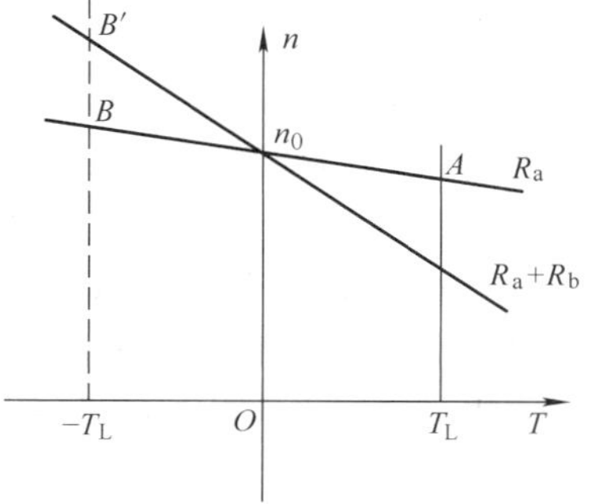

图 1-67　回馈制动的机械特性

流反向而反向，成为制动转矩。此时电动机处于发电状态，把势能转变为电能，并回馈到电网，所以称为回馈制动。直流电动机回馈制动的机械特性如图 1-67 所示，工作在第Ⅱ象限的 B 点。

回馈制动一般不串电阻，因为如果串入电阻，电动机的转速会升得更高，工作于 B' 点。回馈制动的最低转速已经 $n>n_0$，再升高转速的话，系统的安全、力学强度、换向等方面是不允许的。不串电阻，没有电阻上的能量损耗，可使尽可能多的电能回馈电网，所以从节能的角度看，回馈制动是最经济的。但是回馈制动的工作转速必须大于理想空载转速，因此使用场合受到限制。

回馈制动一般用于电车下坡或起重机快速下放重物的场合。

任务实施

一、任务准备

在熟悉直流电动机电枢串电阻启动、减压启动的接线和操作，掌握直流电动机反转电路的接线和操作，学会直流电动机能耗制动、反接制动的接线和操作的过程中，需用到表 1-18 所示的工具、仪器和设备。

表 1-18　任务实施需用到的工具、仪器和设备

序号	名称	型号规格	数量
1	直流励磁电源	220 V	1 个
2	直流可调电枢电源	40~230 V	1 个
3	直流他励电动机	185 W	1 台
4	励磁调节电阻	900 Ω	2 个
5	电枢调节电阻	90 Ω	2 个
6	直流电流表	5 A	1 块
7	转速表	0~1 800 r/min	1 块
8	倒顺开关	自选	1 个
9	万用表	自选	1 块
10	导线	实验专用	若干

二、绘制并连接直流他励电动机的工作电路

直流他励电动机电枢串电阻启动、减压启动、改变转向、电枢反接制动的参考电路，如图 1-68 所示；电路的接线，如图 1-69 所示。图中直流他励电动机 M 的额定功率 P_N = 185 W，额定电压 U_N = 220 V，额定电流 I_N = 1.2 A，额定转速 n_N = 1 600 r/min，额定励磁电流 I_{fN}<0.16 A。励磁回路调节电阻 RP_f 选用 1 800 Ω 阻值的变阻器，电枢回路启动电阻和制动电阻 RP_a 选用 180 Ω 阻值的变阻器。直流电流表 PA 选用 5 A 量程。转速表选用 1 800 r/min 量程。接好线后，检查联轴器是否连接好。

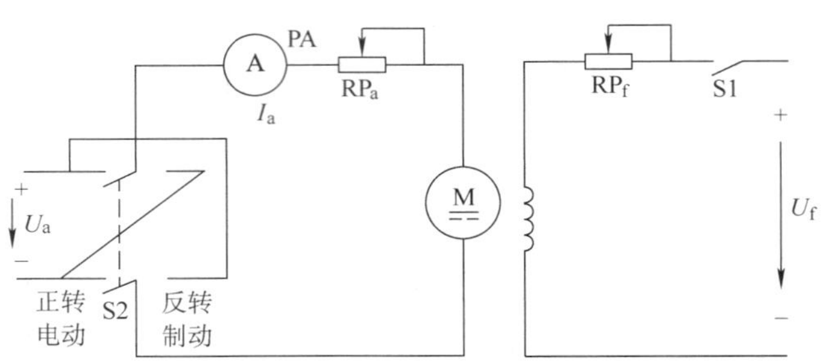

图 1-68　直流他励电动机启动和反转的工作电路图

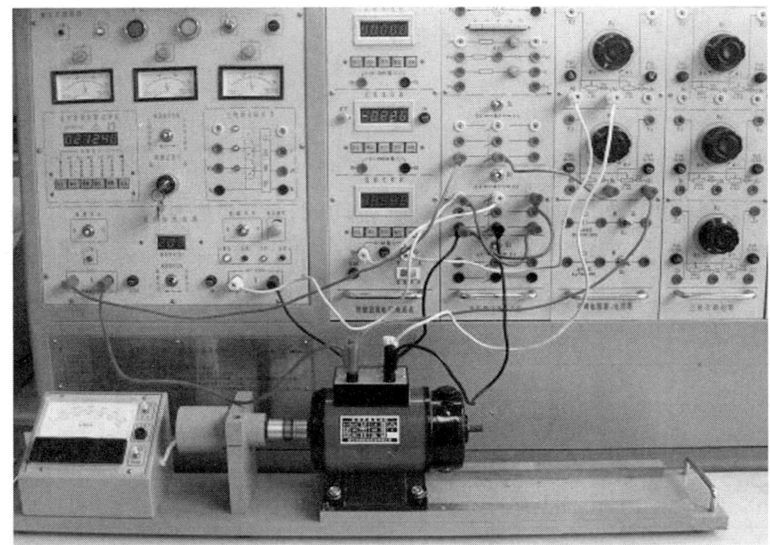
图 1-69　直流他励电动机启动和反转电路的接线

三、直流电动机电枢串电阻启动和减压启动

1. 将直流他励电动机 M 的磁场调节电阻 RP_f 阻值调至最小，电枢串联电阻 RP_a 阻值调至最大，电枢电源输出值调到最小。先接通直流励磁电源开关 S1，再将倒顺开关 S2 合向正转电动位置，接通电枢电源，启动直流电动机。

2. 逐渐升高电枢电压，直至额定电压 $U_N=220$ V，观察直流电动机减压启动过程中转速和电流的变化情况。

3. 逐渐减小电枢串联电阻 RP_a 直至阻值为零，观察直流电动机电枢串电阻启动过程中转速和电流的变化情况。

四、直流电动机的反转

1. 记下直流电动机当前的转向，先断开电枢回路开关 S2，再断开励磁电源开关 S1，使电动机停机。将电枢绕组两头反接，重复前面步骤正确启动直流电动机，观察电动机的转向是否改变？

2. 再次断开电枢回路开关 S2 和励磁电源开关 S1，使电动机停机。将励磁绕组两头反接，重复前面步骤正确启动直流电动机，观察电动机的转向是否又改变了。

3. 在电动机断电的情况下，同时将电枢绕组和励磁绕组反接，在重新启动电动机的过程中观察转向是否改变。

五、直流电动机的反接制动

1. 正确启动直流电动机后，调节电枢电压到额定值，电枢串联电阻 RP_a 阻值调到最大，断开电枢回路开关 S2，观察并记下自由停转的时间 t_0。

2. 重新合上开关 S2 启动直流电动机后，将电枢串联电阻 RP_a 调到最大位置，将电枢回路开关 S2 迅速合向反转制动位置，仔细观察并记下反接制动到转速为 0 的时间 t_1，马上断开开关 S2。

3. 直流电动机重新启动后，将电枢串联电阻 RP_a 调到中间位置，将电枢回路开关 S2 迅速合向反转制动位置，观察并记下反接制动到转速为 0 的时间 t_2。

$t_0=$ ________ s　　　$t_1=$ ________ s　　　$t_2=$ ________ s

六、直流电动机的能耗制动

1. 改变直流电动机的电路接线，能耗制动的参考电路，如图 1-70 所示；电路的接线，如图 1-71 所示。

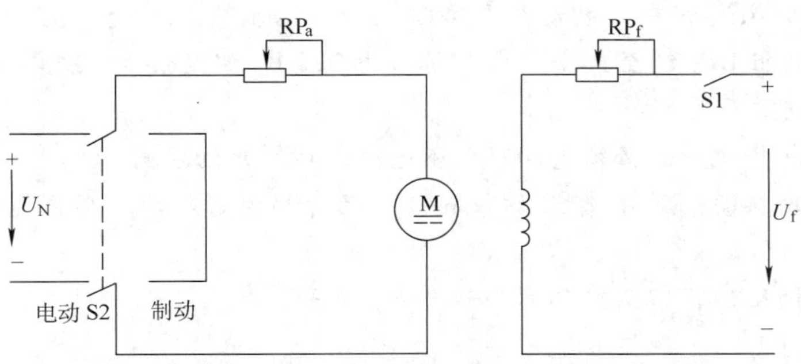

图 1-70　直流电动机能耗制动的工作电路图

2. 将直流他励电动机 M 的磁场调节电阻 RP_f 调至最小值，电枢串联电阻 RP_a 调至最大值。先接通励磁电源开关 S1，再将倒顺开关 S2 合向电动位置，启动直流电动机。

3. 电动机运转正常后，断开电枢回路开关 S2，观察并记下自由停车的时间 t_0。

4. 重新启动电动机，将电枢串联电阻 RP_a 调到最大位置，将电枢回路开关 S2 迅速合向制动位置，观察并记下能耗制动到转速为 0 的时间 t_1。

5. 将电枢回路开关 S2 再次合向电动位置，启动直流电动机，将电枢串联电阻 RP_a 调到中间位置，再次将电枢回路开关 S2 迅速合向制动位置，观察并记下能耗制动到转速为 0 的时间 t_2。

$t_0=$ ________ s　　　$t_1=$ ________ s　　　$t_2=$ ________ s

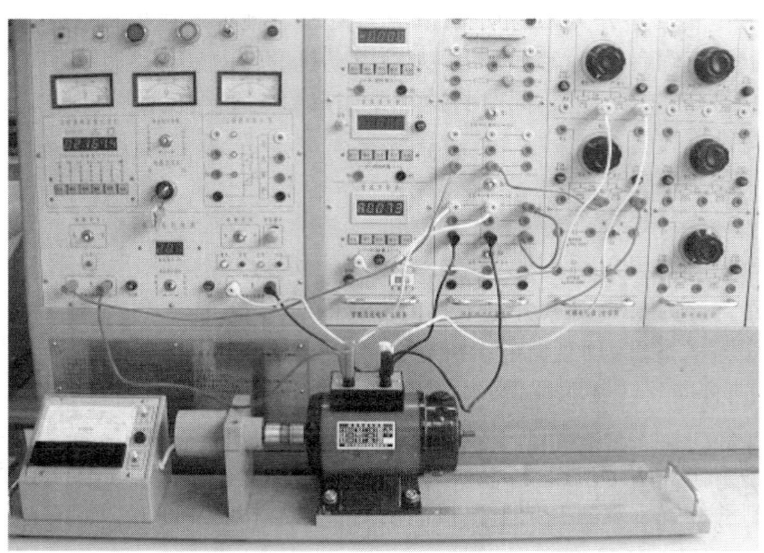

图 1-71　直流电动机能耗制动的接线

提示

1. 本次任务训练过程中，电动机要多次启动和停止，注意每次启动直流电动机时，都要将励磁调节电阻 RP_f 调至最小，电枢调节电阻 RP_a 调至最大；先接通励磁电源开关 S1，再接通电枢电源开关 S2。

2. 直流电动机停机时，必须先切断电枢电源，再断开励磁电源。

3. 电枢回路所接的倒顺开关 S2 的位置，要记清哪边是电动，哪边是制动；哪边是正转，哪边是反转。

4. 制动的时间很短，但是要分清哪一次快，哪一次慢。

总结测评

一、总结报告

1. 绘制任务的电路图。

2. 记录任务实施的过程、现象和数据结果。电枢绕组和励磁绕组中，改变任意一个绕组的两头，电动机是否反转？同时改变两个绕组的两头，电动机是否反转？自由停车与制动停车，在时间上有什么区别？制动时间与制动电阻的阻值有什么关系？反接制动与能耗制动有什么区别？

3. 小结、体会和建议。

二、任务测评（见表 1-19）

表 1-19 任务实施考核评分记录表

序号	考核内容	考核要求	配分	得分
1	任务实施的准备	预习任务的内容	10	
2	仪器、仪表的使用	正确使用万用表、转速表、实验台等设备	10	
3	直流电动机的接线	电路绘制正确，接线速度快	10	
4	操作电动机的启动和反转	通电运行一次成功，操作规范	30	
5	直流电动机的制动	操作规范，数据测量正确	40	
6	合计得分		100	
7	否定项	发生重大责任事故、严重违反教学纪律者得 0 分		

指导教师签名________________ 日期________________

任务 5 直流电动机的使用和维护

学习目标

1. 了解直流电动机启动前的准备工作和启动、运行时的注意事项。
2. 熟悉直流电动机的定期检修内容和注意事项。
3. 了解直流电动机的常见故障以及处理方法。

任务引入

直流电动机经常性的维护和监视工作，是保证电动机正常运行的重要条件。除经常保持电动机的清洁，使其不积尘土、油垢外，还必须注意监视电动机运行中的换向火花、转速、电流、温升等的变化是否正常，因为直流电动机的故障都会反映在换向恶化和运行性能的异常变化上。做好直流电动机的维护及检修工作，对提高生产效率、预防事故的发生具有非常重要的意义。作为一名电气技术人员，必须学会正确使用直流电动机的操作方法，能够对直流电动机进行定期维护，处理一些常见的故障。

相关知识

一、直流电动机的使用

1. 直流电动机的启动准备

直流电动机在安装后投入运行前或长期搁置重新投入运行前，需做下列启动准备工作。

（1）用压缩空气吹净附着于电动机内部的灰尘，对于新电动机应去掉在风窗处的包装纸。检查轴承润滑脂是否洁净、适量，润滑脂以占轴承室空间的 2/3 为宜。

（2）用柔软、干燥、无绒毛的布块擦拭换向器表面，并检视其是否光洁，如有油污，则可蘸少许汽油擦拭干净。

（3）检查电刷压力是否正常均匀，各电刷之间压力差不超过 10%，刷握的固定是否可靠，电刷在刷握内是否太紧或太松，电刷与换向器的接触是否良好。

（4）检查刷杆座上是否标有电刷位置的记号。

（5）用手转动电枢，检查是否阻塞或在转动时是否有撞击、摩擦声。

（6）检查接地装置是否良好。

（7）用 500 V 兆欧表测量绕组对机壳的绝缘电阻，如小于 1 MΩ 则必须进行干燥处理。

（8）检查电动机引出线与磁场变阻器、启动器等连接是否正确，接触是否良好。

2. 直流电动机的启动

（1）检查线路情况（包括电源、控制器、接线及测量仪表的连接等），检查启动器弹簧是否灵活，接触是否良好。

（2）在恒压电源供电时，电动机需用启动器启动。闭合电源开关，在电动机负载下，转动启动器，在每个触点上停留约 2 s，直至最后一点转动臂被电磁铁吸住为止。

（3）在单独可调电源供电时，先将励磁绕组通电，并将电源电压降低至最小，然后闭合电枢回路接触器，逐渐升高电压，直至额定值或所需转速。

（4）电动机与生产机械的联轴器分别连接，输入小于 10% 的额定电枢电压，确定电动机与生产机械转速方向是否一致，一致时表示接线正确。

（5）电动机换向器端装有测速发电机时，电动机启动后，应检查测速发电机输出特性，该极性与控制屏极性应一致。

（6）电动机启动完毕后，应观察换向器上有无火花，火花等级是否超标。

3. 直流电动机的调速

恒功率弱磁向上调速，可调节磁场调速器，直至转速达到所需要的值，但不得超过技术条件所允许的最高转速。恒转矩负载向下调速可以采用减压调速或电枢回路串电阻调速。

4. 直流电动机的停机

（1）如为变速电动机，先将转速降到最低值。

（2）去掉电动机负载（除串励电动机外）后切断电源开关。

（3）切断励磁回路，励磁绕组不允许在停车后长期通额定电流。

二、直流电动机的维护

电动机在使用过程中定期进行检查时应特别注意下列事项。

1. 电动机的清洁

电动机周围应保持干燥，其内外部均不应放置其他物件。电动机的清洁工作每月不得少于一次，清洁时应以压缩空气吹净内部的灰尘，特别是换向器、线圈连接线和引线部分。

2. 换向器的保养

（1）换向器应是呈正圆柱形光洁的表面，不应有机械损伤和烧焦的痕迹。

（2）换向器在负载下经长期无火花运转后，在表面产生一层褐色有光泽的坚硬薄膜，这是正常现象，它能避免换向器的磨损，这层薄膜必须加以保护，不能用砂布摩擦。

（3）若换向器表面出现粗糙、烧焦等现象，可用0号砂布在旋转着的换向器表面进行细致研磨。若换向器表面出现过于粗糙不平、不圆或有凹进现象时应将换向器进行车削，车削速度不大于1.5 m/s，车削深度及每转进刀量均不大于0.1 mm，车削时换向器不应有轴向位移。

（4）换向器表面磨损很多，或经车削后发现云母片有凸出现象，应用铣刀将云母片铣成1~1.5 mm的凹槽。

（5）换向器车削或云母片下刻时，须防止铜屑、灰尘进入电枢内部，因而加工前要将电枢线圈端部及接头片覆盖，加工完毕用压缩空气清洁。

3. 电刷的使用

（1）电刷与换向器的工作面应有良好的接触，电刷压力正常。电刷在刷握内应能滑动自如。电刷磨损或损坏时，应用牌号及尺寸与原来相同的电刷替换，并用0号砂布进行研磨。砂布面向电刷，背面紧贴换向器，研磨时随换向器来回移动。

（2）电刷研磨后用压缩空气清洁，再使电动机空载运转，然后以轻负载（为额定负载的1/4~1/3）运转1小时，使电刷在换向器上得到良好的接触面（每块电刷的接触面积不小于其总面积的75%）。

4. 轴承的保养

（1）轴承在运转时温度太高或发出有害杂音时，说明可能有损坏或外物进入，应拆下轴承进行清洗检查。当发现钢珠或滑圈有裂纹，或轴承经清洗后使用情况仍未改变，必须更换新轴承。轴承工作2 000~2 500小时后应更换新的润滑脂，即便工作时间不够也要保证每年更换不少于一次。

（2）轴承在运转时须防止灰尘及潮气进入，并严禁对轴承内圈和外圈造成任何冲击。

5. 绝缘电阻的检查

（1）应当经常检查电动机的绝缘电阻，如果绝缘电阻小于1 MΩ，应用汽油、甲苯或四氯化碳仔细清除绝缘表面的污物和灰尘，待其干燥后再涂绝缘漆。

（2）必要时可采用热空气干燥法，用通风机将热空气（80 ℃）送入电动机进行干燥，开始时绝缘电阻降低，然后升高，最后趋于稳定。

6. 通风系统的检查

应经常检查定子温升，判断通风系统是否正常，风量是否足够，如果温升超过允许值，应立即停车检查通风系统。

三、直流电动机的常见故障及处理（见表 1-20）

表 1-20　直流电动机的常见故障及处理

故障现象	可能的原因	处理方法
无法启动	（1）电源电路不通 （2）启动时负载过大或传动机构卡死 （3）励磁回路断路 （4）启动电流太小	（1）检查接线端子是否正确，电刷接触是否良好，熔断器是否完好，启动设备是否正常 （2）减轻负载或消除机械故障 （3）检查励磁绕组和磁场变阻器是否断路 （4）检查电源电压是否过低，启动电阻是否过大
电动机转速不正常	（1）并励绕组接线不良或断路 （2）串励电动机轻载或空载 （3）电刷位置不正确 （4）电枢绕组存在匝间短路	（1）找出故障点予以排除 （2）增大负载 （3）调整电刷位置使之位于几何中心线处 （4）修理或更换电枢绕组
电刷下火花过大	（1）电刷与换向器接触不良 （2）电刷磨损过短 （3）电刷压力不当 （4）电动机过载 （5）换向器表面不干净 （6）换向极绕组接反 （7）电枢绕组有断路或短路	（1）研磨电刷与换向器 （2）更换电刷 （3）调整弹簧压力 （4）减轻负载 （5）清洁换向器 （6）检查换向极绕组极性后改正接法 （7）修理电枢绕组
电动机温升过高	（1）长期过载 （2）通风不良 （3）电枢绕组或换向器有短路现象 （4）定转子相擦 （5）电压过低或过高 （6）并励绕组部分短路	（1）减轻负载 （2）检查风扇是否正常，风道是否畅通 （3）检查电枢绕组是否有短路，观察换向器表面是否存在换向片间的短路 （4）检查定子铁心是否松动，轴承是否磨损 （5）恢复电压额定值 （6）用电桥检查电阻值低的绕组
电动机振动过大	（1）电枢转动不平衡 （2）风扇风叶不平衡 （3）转轴变形 （4）联轴器未校正 （5）地基不平或地脚螺栓松动	（1）重新校正平衡 （2）校正风叶平衡 （3）修理或更换电枢 （4）重新校正，使两轴在同一直线上 （5）调整并紧固螺钉
机壳带电	（1）电动机受潮 （2）绝缘老化 （3）引线碰壳	（1）烘干或重新浸漆处理 （2）重新浸漆处理 （3）用绝缘带包扎处理

任务实施

一、任务准备

在学习直流电动机的使用、维护和检修的过程中，需用到表 1-21 所示的工具、仪器和设备。

表 1-21 任务实施需用到的工具、仪器和设备

序号	名称	型号规格	数量
1	直流励磁电源	220 V	1 个
2	直流可调电枢电源	40~230 V	1 个
3	直流他励电动机	185 W	1 台
4	励磁调节电阻	900 Ω	2 个
5	电枢调节电阻	90 Ω	2 个
6	直流电流表	5 A	1 块
7	转速表	0~1 800 r/min	1 块
8	万用表	自选	1 块
9	导线	实验专用	若干

二、操作使用直流电动机

参照图 1-68 连接直流他励电动机的工作电路。根据直流电动机规范的操作步骤，一人操作，另一人监督。先检查线路，再启动直流电动机，然后调节直流电动机的转速，最后安全停机。两位同学交换角色后，重复一遍。

三、检修直流电动机的常见故障

在图 1-68 直流他励电动机的工作电路中由一位同学设置若干隐蔽故障，例如励磁电源熔断器断开、电枢电源熔断器断开、励磁回路开路、电枢回路开路等。由另外一位同学根据故障现象判断原因，修复故障，实现直流电动机的正常运行。两位同学交换角色后，再重复一遍。

提示

1. 直流电动机的使用和检修过程中严禁带电作业，务必注意用电安全。
2. 操作直流电动机的同学，每一步动作都必须征得另一位监督同学的同意。
3. 必须严格遵守直流电动机启动、调速和停机的规范步骤，不许直接断开电源开关。
4. 检查直流电动机的工作电路时，务必注意万用表的挡位和量程。

总结测评

一、总结报告

1. 绘制任务的电路图。

2. 记录任务实施的过程、现象和数据结果。重点关注操作步骤是否规范，分析故障现象和判断故障原因是否正确，最后是否实现了直流电动机的正常运行。

3. 小结、体会和建议。

二、任务测评（见表 1–22）

表 1–22 任务实施考核评分记录表

序号	考核内容	考核要求	配分	得分
1	任务实施的准备	预习任务的内容	10	
2	仪器、仪表设备的使用	正确使用万用表、转速表、实验台等设备	20	
3	直流电动机的操作	操作步骤符合规范	30	
4	直流电动机故障的设置	动作快，故障设置正确	10	
5	故障分析和处理能力	故障分析思路正确，修复故障速度快，通电运行一次成功	30	
6	合计得分		100	
7	否定项	发生重大责任事故、严重违反教学纪律者得 0 分		

指导教师签名________________　　　　日期________________

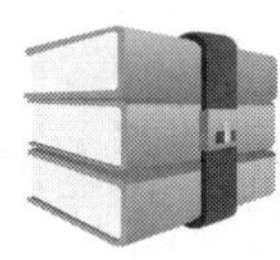

课题二　变压器的应用

任务1　认识变压器

学习目标

1. 了解变压器的用途和分类。
2. 认识变压器的外形和内部结构，熟悉各部件的作用。
3. 了解变压器铭牌中型号和额定值的含义，掌握额定值的简单计算。
4. 学会变压器的检测、接线和简单操作使用。

任务引入

变压器利用电磁感应原理，可以将一种电压等级的交流电变为同频率的另一种电压等级的交流电。变压器广泛应用于各种交流电路中，与人们的生产生活密切相关。小型变压器应用于机床的安全照明和控制电路、各种电子产品的电源适配器、电子线路中的阻抗匹配等，其外形如图2-1所示。电力变压器是电力系统中的关键设备，起着高压输电、低压供电的重要作用，电力变压器的外形如图2-2所示。电气自动化专业技术人员必须熟悉变压器的结构、工作原理和性能特点，掌握变压器的检测、接线和简单操作使用。

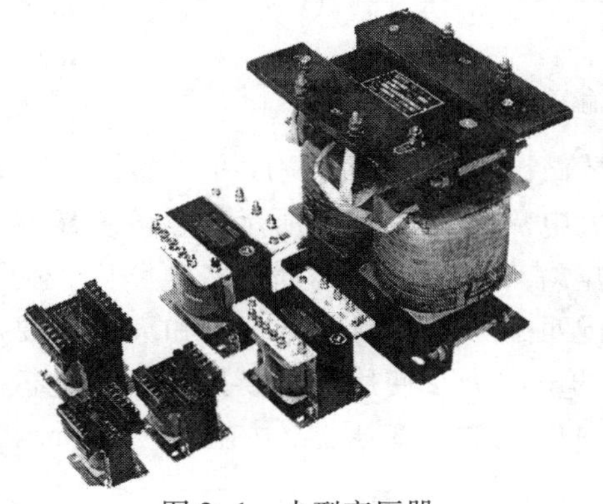

图2-1　小型变压器

图2-2　电力变压器

相关知识

一、变压器的用途

变压器的基本作用是在交流电路中变电压、变电流、变阻抗、变相位和电气隔离。

工作中，需要用到各种不同的电源电压。例如，发电厂发出的电压一般为6~10 kV，在电能输送过程中，为了减少线路损耗，通常要将电压升高到110~500 kV。图2-3所示为发电厂的升压变压器。而日常使用的单相交流电压为220 V，三相交流电压为380 V，这又需要通过变压器将电网的高压交流电降低到220/380 V。图2-4所示为各用电单位的降压变压器。因此，变压器是电力系统中的关键设备，其容量远大于发电机的容量。图2-5所示是电力系统的输配电流程示意图，其中，G为发电机，T_1为升压变压器，T_2~T_4为降压变压器。

图2-3　升压变压器

图2-4　降压变压器

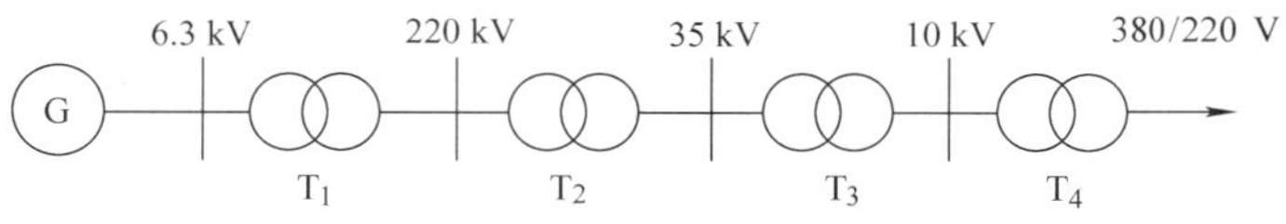

图2-5　电力系统输配电流程示意图

除了电力系统的变压器外，电气技术人员做试验时，要用调压变压器，如图2-6所示。电解、电镀行业需要变压器来产生低压大电流，如图2-7所示为整流变压器。焊接金属器件常用交流电焊机，如图2-8所示为电焊变压器。在广播扩音电路中，为了使音箱扬声器得到最大功率，可用变压器实现阻抗匹配。为了测量高电压和大电流要用到电压互感器和电流互感器，如图2-9所示。有的电器为了使用安全要用变压器进行电气隔离。人们平时常用的小型稳压电源和充电器中也包含着变压器，如图2-10所示为电源适配器。

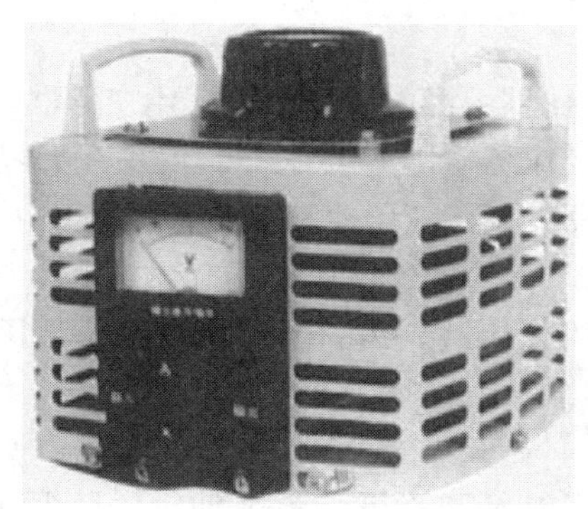
图 2-6　调压变压器

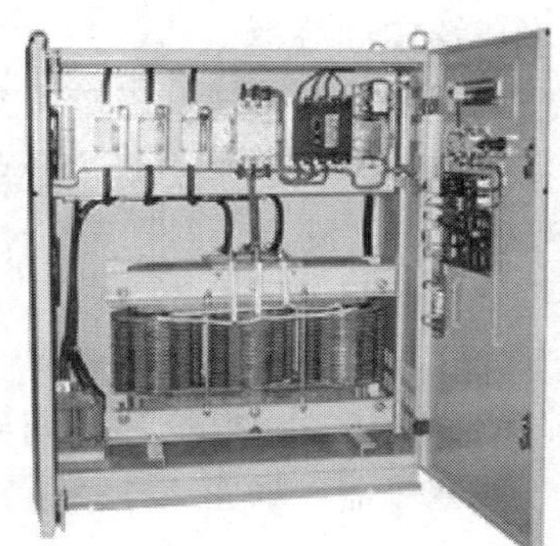
图 2-7　整流变压器

图 2-8　电焊变压器

图 2-9　互感器

图 2-10　电源适配器

二、变压器的分类

为了达到不同的使用目的和适应不同的工作条件，变压器的种类很多，分类的方法也多种多样，可以按照以下方式分类。

1. 根据用途不同分类

（1）电力变压器　包括升压变压器、降压变压器、配电变压器、厂用变压器等。

（2）特种变压器　包括电炉变压器、整流变压器、电焊变压器、仪用互感器（又可分为电压互感器和电流互感器）、高压试验变压器、调压变压器和控制变压器等。

2. 根据绕组数目不同分类

可分为自耦变压器（只有一个绕组）、双绕组变压器、三绕组变压器和多绕组变压器。

3. 根据冷却方式和冷却介质不同分类

（1）干式变压器　如图 2-11a 所示。

（2）油浸式变压器　如图 2-11b 所示，包括油浸自冷变压器、油浸风冷变压器、强迫油循环冷却变压器。

（3）充气式变压器。

a)

b)

图 2-11　干式变压器和油浸式变压器的外形

a）干式变压器　b）油浸式变压器

4. 根据铁心结构不同分类

可分为心式变压器和壳式变压器，如图 2-12 所示。

a)

b)

图 2-12　心式变压器和壳式变压器的外形

a）心式变压器　b）壳式变压器

5. 根据容量不同分类

可分为中小型变压器（小于 6 300 kVA）、大型变压器（8 000~63 000 kVA）、特大型变压器（63 000 kVA 以上）。

三、变压器的基本结构

图 2-13　变压器的器身

变压器最主要的组成部分是铁心和绕组，称为器身，如图 2-13 所示。大中容量的电力变压器的铁心和绕组浸入盛满变压器油的封闭油箱中，各绕组对外线路的连接线由绝缘套管引出。为了使变压器安全可靠运行，还设有储油柜、安全气道、气体继电器等附件。中、小型油浸自冷式三相电力变压器的外形如图 2-11b 所示。

1. 铁心

铁心是变压器的磁路部分。为了减少铁心内部的损耗（包括涡流损耗和磁滞损耗），铁心一般用 0. 35 mm 厚的冷轧硅钢片叠成。铁心也是变压器器身的骨架，它由铁心柱、磁轭和夹紧装置组成。套装绕组的部分叫铁心柱，连接铁心柱形成闭合磁路的部分叫磁轭，夹紧装置则把铁心柱和磁轭连成一个整体。

变压器的铁心有心式和壳式两类。

绕组包围着铁心的变压器叫心式变压器，如图 2-14 所示。这类变压器的铁心结构简单，绕组套装和绝缘比较方便，绕组散热条件好，所以广泛应用于容量较大的电力变压器中。

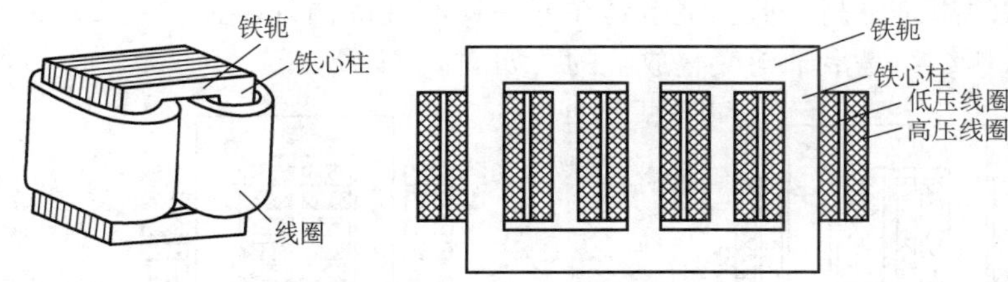

图 2-14　单相心式变压器

铁心包围着绕组的变压器叫壳式变压器，如图 2-15 所示。这类变压器的力学强度好，铁心易散热，因此，小型电源变压器大多采用壳式结构。

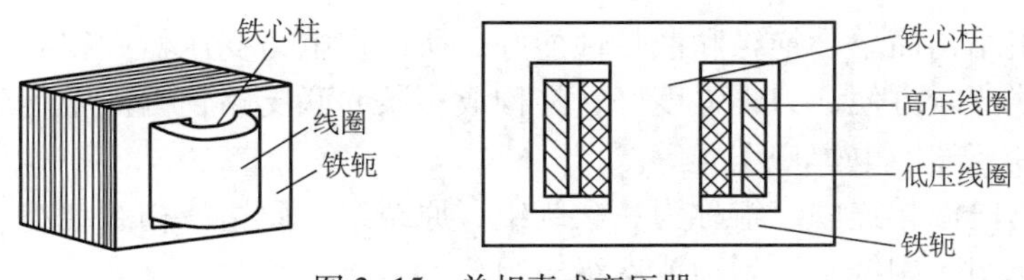

图 2-15　单相壳式变压器

铁心叠片的形式根据变压器大小的不同有所不同。大中型变压器的铁心，一般都将硅钢片裁成条状，采用交错叠片的方式组装而成，各层磁路的接缝互相错开，这种方法可以减小气隙和磁阻，如图 2-16 所示。小型变压器为了简化工艺和减小气隙，常采用 E 形、F

形和 C 形硅钢片交替叠压而成，如图 2-17 所示。

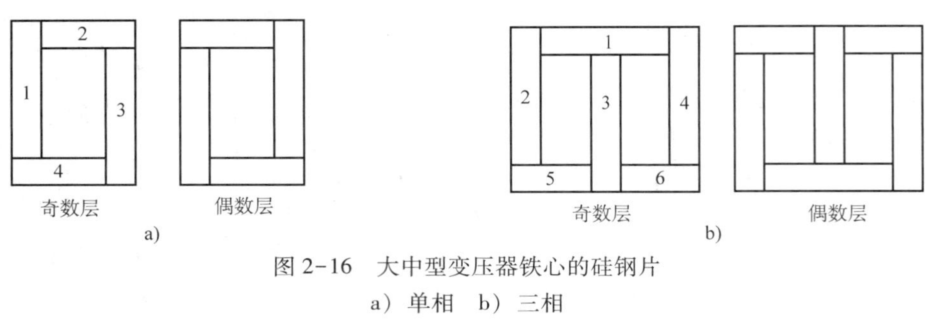

图 2-16　大中型变压器铁心的硅钢片

a）单相　b）三相

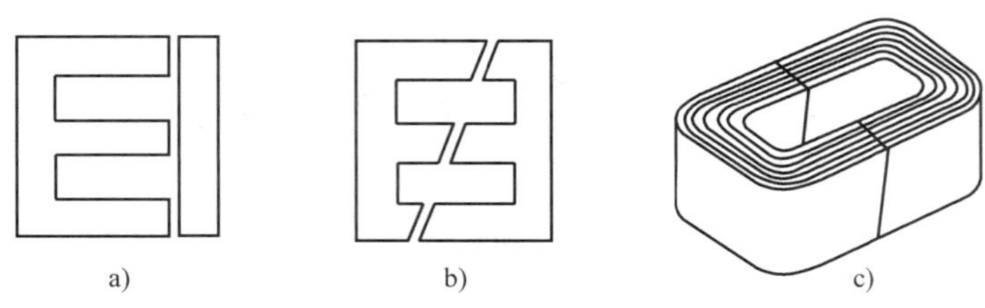

图 2-17　小型变压器铁心的硅钢片

a）E 形　b）F 形　c）C 形

2. 绕组

绕组是变压器的电路部分。它由漆包线或绝缘的扁铜线绕制而成，有同心式和交叠式两种。同心式绕组是将高、低压绕组套在同一铁心柱的内外层，如图 2-18 所示。交叠式绕组的高、低压绕组是沿轴向交叠放置的，如图 2-19 所示。

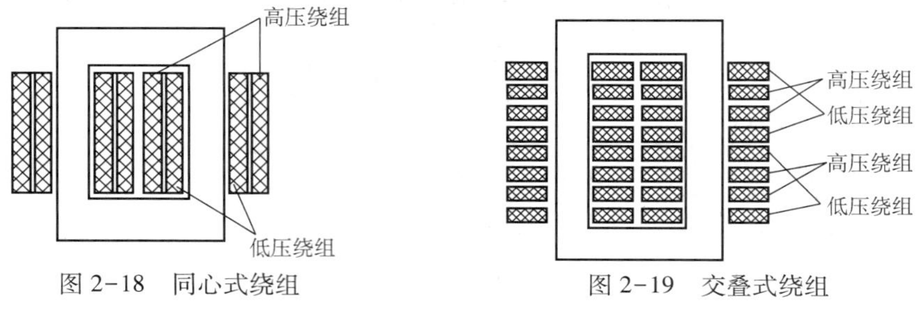

图 2-18　同心式绕组　　图 2-19　交叠式绕组

同心式绕组结构简单，绝缘和散热性能好，所以在电力变压器中得到广泛应用；而交叠式绕组的引线比较方便，力学强度好，易构成多条并联支路，因此常用于大电流变压器中，例如电炉变压器、电焊变压器等。

变压器中与电源相连的绕组称为一次绕组、原绕组、原边或初级绕组，与负载相连的绕组称为二次绕组、副绕组、副边或次级绕组。

3. 油箱和其他附件

油箱既是油浸式变压器的外壳，又是变压器油的容器，还是冷却装置。变压器的器身放在油箱内，变压器油的作用是冷却与绝缘。较大容量的变压器一般还有储油柜、安全气道、气体继电器、绝缘套管、分接开关等附件。

四、变压器的铭牌与额定值

变压器铭牌是装在变压器外壳上的金属标牌，上面标有名称、型号、功能、规格、出厂日期、制造厂等字样，是用户安全、经济、合理使用变压器的依据，如图 2-20 所示。变压器铭牌上的主要数据如下：

1. 型号

型号表示变压器的结构特点、额定容量和高压侧的电压等级。例如 S-100/10，S 表示三相油浸自冷铜绕组变压器，100 表示额定容量为 100 kVA，10 表示高压侧电压等级为 10 kV。

2. 额定电压 U_{1N}/U_{2N}

额定电压 U_{1N}/U_{2N} 的单位为 V 或 kV。U_{1N} 是指变压器正常工作时加在一次绕组上的电压；U_{2N} 是一次绕组加 U_{1N} 时，二次绕组的开路电压，即 U_{20}。在三相变压器中，额定电压是指线电压。

3. 额定电流 I_{1N}/I_{2N}

额定电流 I_{1N}/I_{2N} 的单位为 A。I_{1N}/I_{2N} 是指变压器一次、二次绕组连续运行允许通过的电流。在三相变压器中，额定电流是指线电流。

4. 额定容量 S_N

额定容量 S_N 的单位为 VA 或 kVA。S_N 是指变压器额定的视在功率，即设计功率，通常叫容量。在三相变压器中，S_N 是指三相总容量。额定容量 S_N、额定电压 U_{1N}/U_{2N}、额定电流 I_{1N}/I_{2N} 三者之间的关系如下：

单相变压器　　$S_N = U_{1N}I_{1N} = U_{2N}I_{2N}$

三相变压器　　$S_N = \sqrt{3}U_{1N}I_{1N} = \sqrt{3}U_{2N}I_{2N}$

除了额定电压、额定电流和额定功率外，变压器铭牌上还标有额定频率 f_N、效率 η、温升 τ、短路电压标称值 $u_K\%$、连接组别、相数 m 等。

三相电力变压器

型　　号　S9—500/10
产品代号　IFATO、710、022
标准代号　GB 1094.1—5—1996
额定容量　500 kVA
　　　　　3 相 50 Hz
额定效率　98.6%
使用条件　户外式
冷却方式　ONAN
油　　重　311 kg

开关位置		电压 (V)		电流 (A)	
		高压	低压	高压	低压
Ⅰ	+5%	10 500	400	28.27	721.7
Ⅱ	额定	10 000			
Ⅲ	−5%	9 500			

连接组别　Yyn0　　短路电压　4.4%
额定温升　80 ℃　　器 身 重　1115 kg
总 重 量　1 779 kg　　出厂序号　200201061

××变压器厂　　2002 年 1 月

图 2-20　变压器的铭牌

【例 2-1】 一台单相变压器的额定容量 $S_N = 100$ kVA，额定电压 $U_{1N}/U_{2N} = 10/0.4$ kV，求：额定运行时一次、二次绕组中的电流 I_{1N} 和 I_{2N}。

解：

$$I_{1N} = \frac{S_N}{U_{1N}} = \frac{100}{10} = 10 \text{ A}$$

$$I_{2N} = \frac{S_N}{U_{2N}} = \frac{100}{0.4} = 250 \text{ A}$$

任务实施

一、任务准备

在认识、检测单相变压器，学会单相变压器的接线和操作使用过程中，需用到表 2-1 所示的工具、仪器和设备。

表 2-1 任务实施需用到的工具、仪器和设备

序号	名称	型号规格	数量
1	单相交流可调电源	0~420 V	1 个
2	单相变压器	220 V/55 V	1 台
3	交流电压表	450 V	2 块
4	交流电流表	5 A	2 块
5	可调负载电阻器	90 Ω	2 个
6	万用表	MF47 型或自选	1 块
7	导线	实验专用	若干

二、认识、检测并记录单相变压器及相关设备的规格、量程和额定值

本次实训操作需要使用如图 2-21 所示的可调交流电源、单相变压器、交流电压表、交流电流表和可调负载电阻等相关设备。

试验设备中可提供恒压三相交流电和可调压交流电，但本次实训操作仅需要可调单相交流电，接线时要注意。电压调节手柄逆时针旋转输出电压降低，顺时针旋转输出电压升高。

单相变压器是实训操作的对象，通电后观察单相变压器的输入、输出电压的关系以及输入、输出电流的关系。

交流电压表、交流电流表是本次实训的测量工具，要注意量程。

可调负载电阻可以通过旋转手柄来调节阻值的大小，从而改变变压器电流的大小。开始通电前，电阻值应该调到最大位置，电阻调节手柄逆时针旋转阻值增大，顺时针旋转阻值减小。

在使用上述设备前，先检测并记录它们的规格、量程和额定值。

（1）单相可调交流电源电压 $U=0\sim$ ____V；

（2）交流电压表量程 $U_1=$ ____V；

（3）交流电压表量程 $U_2=$ ____V；

（4）交流电流表量程 $I_1=$ ____A；

（5）交流电流表量程 $I_2=$ ____A；

（6）负载调节电阻 $R_L=0\sim$ ______Ω；

（7）单相变压器的额定值：$S_N=$ ______VA，$U_{1N}=$ ____V，$U_{2N}=$ ____V，$I_{1N}=$ ____A，$I_{2N}=$ ____A，一次绕组电阻 $r_1=$ ____Ω，二次绕组电阻 $r_2=$ ____Ω。

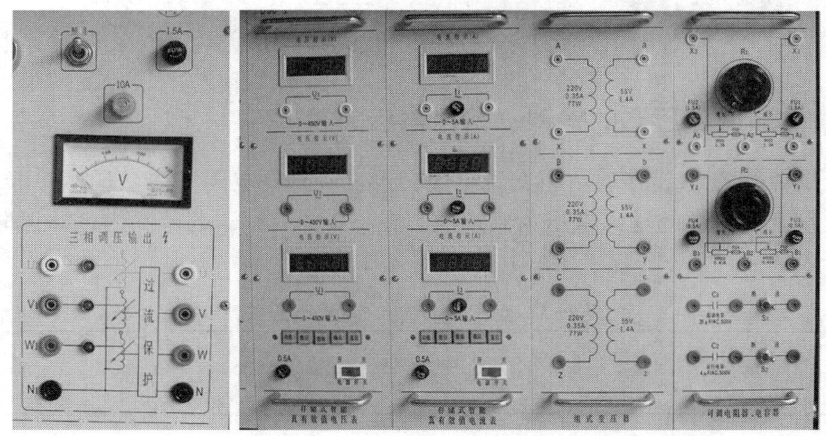

图 2-21　交流电源、电压电流表、单相变压器和负载电阻

三、绘制单相变压器的工作电路图

根据单相变压器的额定值和电源的参数，建议自行设计绘制单相变压器的工作电路。单相变压器最简单的工作电路，如图 2-22 所示。

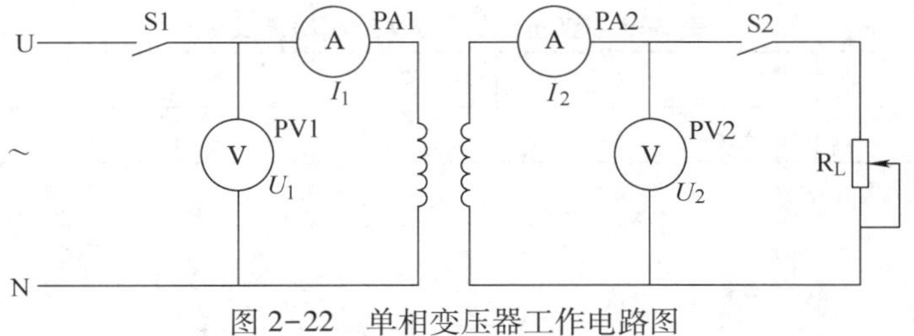

图 2-22　单相变压器工作电路图

四、连接单相变压器的工作电路

经指导教师认可后，按照所绘制的单相变压器工作电路图连接交流电源、单相变压器、交流电压表、交流电流表、可调负载电阻以及开关，如图 2-23 所示。接通交流电源前，务必将电源输出电压调到最小位置，注意各电压表、电流表的量程，负载电阻 R_L 的阻值调到最大位置。

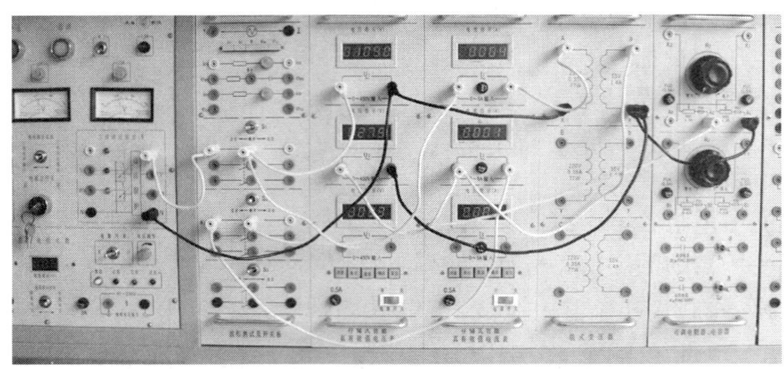

图 2-23　单相变压器工作接线

五、通电测试变压器的输入、输出电压关系

先闭合电源开关 S1，接通单相交流电源；再慢慢升高电压，注意观察并记录两个电压表的读数，直至变压器的输入电压为额定值。在（0.2~1）U_N 的范围内，共读取 7~8 组数据，记录于表 2-2 中。

表 2-2　变压器的输入/输出电压关系

U_1(V)								
U_2(V)								

六、测试变压器的输入、输出电流关系

将变压器的输入电压调到额定电压的 80%左右。闭合负载开关 S2，慢慢减小负载电阻 R_L 的阻值，同样注意观察并记录两个电流表的读数，直至变压器的输入电流为额定值。在 0~I_N 的范围内，共读取 7~8 组数据，记录于表 2-3 中。

表 2-3　变压器的输入/输出电流关系

I_1(A)								
I_2(A)								

1. 变压器必须接入可调交流电源，不可直接加入额定电源电压。
2. 任务操作过程中，变压器输入、输出的电压和电流均不许超过额定值。
3. 变压器输入、输出的电压值不同，输入、输出的电流值也相差较大，选用电压表和电流表时要注意合适的量程。
4. 选用负载电阻时，要注意能承受变压器的额定输出电流。负载电阻调节时，要注意其阻值不能过小，防止烧坏实训设备。

总结测评

一、总结报告

1. 绘制任务的电路图。

2. 记录任务实施的过程、现象和数据结果。当变压器的输入电压 U_1 升高时，输出电压 U_2 如何变化？当变压器的负载电阻 R_L 减小，负载电流 I_2 增大时，输入电流 I_1 如何变化？估算变压器的输入功率与输出功率之间有什么关系？

3. 小结、体会和建议。

二、任务测评（见表 2-4）

表 2-4　任务实施考核评分记录表

序号	考核内容	考核要求	配分	得分
1	任务实施的准备	预习任务的内容	10	
2	仪器、仪表的使用	正确使用万用表、电压表、实验台等设备	10	
3	观察和记录变压器等设备的技术数据	记录结果正确 观察速度快	10	
4	变压器的接线	电路绘制正确，接线速度快	30	
5	测试变压器输入/输出的电压关系和电流关系	通电运行一次成功，操作规范，数据测量正确	40	
6	合计得分		100	
7	否定项	发生重大责任事故、严重违反教学纪律者得 0 分		

指导教师签名________________　　　　　　日期________________

任务 2　单相变压器的运行

学习目标

1. 了解变压器变电压、变电流、变阻抗的工作原理。
2. 熟悉单相变压器的外特性和效率特性。
3. 学会单相变压器参数的测定方法。
4. 学会单相变压器外特性的测定方法。

任务引入

变压器在交流电路中的基本作用是利用电磁感应原理实现改变电压、电流和阻抗的目的。为了合理、高效、安全、可靠地使用变压器，发挥变压器的最大作用，电气技术人员应该了解变压器改变电压、电流和阻抗的工作原理。通过掌握变压器的工作原理，知晓变压器在使用时应该注意哪些地方？变压器工作时性能的优劣主要体现在哪些方面？如何用试验的方法测定变压器的工作性能？决定变压器性能的主要参数有哪些？如何测定一台变压器的有关参数？本任务将通过完成变压器的空载试验、短路试验和带电阻性负载试验，帮助学习者掌握上述知识和技能。

相关知识

一、变压器的基本工作原理

1. 变压器工作时的物理情况

从变压器的结构可知，变压器的主体是由铁心及套在铁心上的绕组所构成。接交流电源的绕组称为一次绕组，其匝数用 N_1 表示；接负载的绕组称为二次绕组，其匝数用 N_2 表示。变压器的工作原理，如图 2-24 所示。在变压器的输入端加上交流电压 $\dot{U}_1$ 后，一次绕组中便有交变电流 $\dot{I}_1$ 流过，这个交变电流 $\dot{I}_1$ 在铁心中产生交变主磁通 $\dot{\Phi}_m$ 以及少量的漏磁通，其频率与电源电压的频率一样。由于一次绕组和二次绕组套在同一铁心柱上，交变主磁通 $\dot{\Phi}_m$ 同时穿过两个绕组，根据电磁感应定律，在一次绕组中产生自感电动势 $\dot{E}_1$，二次绕组中产生互感电动势 $\dot{E}_2$。其大小分别正比于一次绕组和二次绕组的匝数。二次绕组中有了电动势 $\dot{E}_2$ 后，便在输出端产生电压 $\dot{U}_2$，接上负载后，就会在负载中流过电流 $\dot{I}_2$，向负载供电，实现了电能的传递。可见，变压器从电网吸收电能后，依靠电磁感应的作用，以磁场为媒介，将电能传递给负载。整个过程是：电能→磁场能→电能。上述能量传递的过程说明，变压器只能传递交流电能，不能传递直流电能，也不能产生电能；变压器只能改变交流电电压或电流的大小，而不能改变频率的高低；变压器在传递能量的过程中损耗很小，效率极高，输出电压、电流的乘积几乎等于输入电压、电流的乘积。

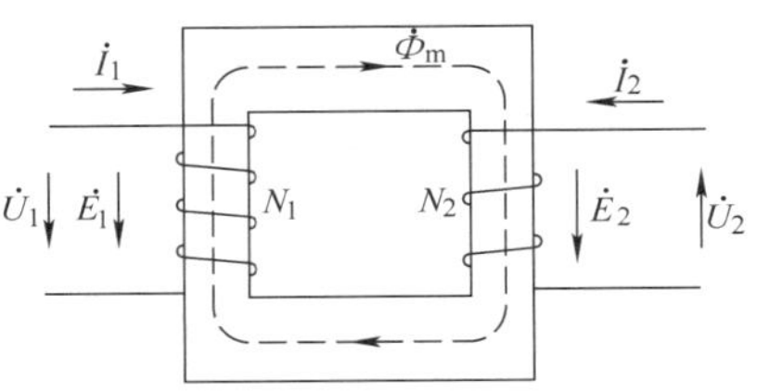

图 2-24　变压器工作原理图

变压器工作时，内部存在电压、电流、磁通以及感应电动势等多个物理量。对变压器的工作情况进行分析计算时，首先要规定它们的参考正方向。依照电工习惯，同一支路中应选择电压、电动势和电流的参考方向一致，磁通的方向与产生它的电流方向符合右手螺旋定则，感应电动势的方向与产生它的磁通方向符合右手螺旋定则，如图 2-24 所示。

2. 变压器变电压的工作原理

实际变压器的工作情况是比较复杂的，为了简化分析，忽略一次绕组和二次绕组中的电阻、漏磁通和铁心中的功率损耗。

按照图 2-24 所示参考方向，设主磁通 $\phi=\Phi_m\sin\omega t$，根据电磁感应定律，可推导得到主磁通在一次绕组中的感应电动势为：

$$e_1=E_{1m}\sin(\omega t-90°)$$

式中，$E_{1m}=2\pi fN_1\Phi_m$ 是电动势的最大值，其有效值为：

$$E_1=\frac{E_{1m}}{\sqrt{2}}\approx 4.44fN_1\Phi_m$$

同理，主磁通在二次绕组中的感应电动势为：

$$E_2=4.44fN_2\Phi_m$$

写成相量的形式为：

$$\dot{E}_1=-\mathrm{j}4.44fN_1\dot{\Phi}_m$$
$$\dot{E}_2=-\mathrm{j}4.44fN_2\dot{\Phi}_m$$

变压器一次绕组电动势 E_1 与二次绕组电动势 E_2 之比，称为变压器的变比，用 K 表示，即：

$$K=\frac{E_1}{E_2}=\frac{N_1}{N_2}$$

变比 K 是变压器中最重要的参数，反映一台变压器改变电压、电流、阻抗的能力。在定性分析过程中，往往忽略一次绕组和二次绕组中的电阻及漏磁通产生的电抗，这样电压与电动势在数值上大致相等，特别是在空载的时候，数值更接近，即：

$$U_1\approx E_1=4.44fN_1\Phi_m$$
$$U_{20}=E_2=4.44fN_2\Phi_m$$

所以，式 $K=\frac{E_1}{E_2}=\frac{N_1}{N_2}$近似地反映了变压器输入、输出的电压关系，即：

$$\frac{U_1}{U_{20}}\approx\frac{E_1}{E_2}=\frac{N_1}{N_2}=K$$

上式表明，变压器一次绕组与二次绕组的电压之比约等于匝数之比。当 $K>1$ 时，$U_1>U_{20}$，变压器起降压作用；当 $K<1$ 时，$U_1<U_{20}$，变压器起升压作用。变压器通过改变一次绕组和二次绕组的匝数之比，就可以很便利地改变输出电压的大小。

从式 $U_1\approx E_1=4.44fN_1\Phi_m$ 中可以看出，变压器主磁通 Φ_m 的大小主要取决于电源电压的大小、电源频率的高低以及绕组匝数的多少，因此，在使用变压器时必须注意：电源电压 U_1 过高，电源频率 f 过低，绕组匝数 N_1 过少，都会引起主磁通 Φ_m 过大，磁路饱和，使变压器中用来产生磁通的励磁电流（即空载电流 I_0）大大增加而烧坏变压器。

所有交流电路中带铁心线圈的电器都要注意这个问题，例如交流电动机、电磁铁、继电器、电抗器等，都必须注意其额定电压与电源电压要相符合，千万不要过电压运行。从美国、日本进口的电器要注意工作频率是 60 Hz 还是 50 Hz，若 60 Hz 的电器接入 50 Hz 等电压的电网，磁路中的磁通量变大，空载电流增大，只能减小容量运行，不能满负荷工作。修理电机、变压器等的绕组时，必须保证线圈的匝数，偷工减料会影响其质量和使用寿命，甚至使其在短时间内烧坏。

3. 变压器变电流的工作原理

变压器的一次绕组接到交流电源上，二次绕组接上负载后，在电动势 $\dot{E}_2$ 的作用下，二次绕组中就会有负载电流 $\dot{I}_2$ 流过。变压器负载运行时的电磁关系，如图 2-25 所示。变压器空载运行时，主磁通是由一次绕组中的空载励磁电流 $\dot{I}_0$ 产生的。负载运行时，二次绕组中的电流 $\dot{I}_2$ 也会产生磁动势 $\dot{I}_2N_2$，此时主磁通 $\dot{\Phi}_m$ 将由一次电流 $\dot{I}_1$ 和二次电流 $\dot{I}_2$ 共同产生。由式 $U_1 \approx E_1 = 4.44fN_1\Phi_m$ 可知，在电源电压基本不变时，一次绕组中的电动势 $\dot{E}_1$ 和铁心中的主磁通也基本不变。根据磁动势平衡关系，负载运行时的合成磁动势应该等于空载时的磁动势，由图 2-25 中的参考方向可列出变压器负载运行时的磁动势平衡方程式为：

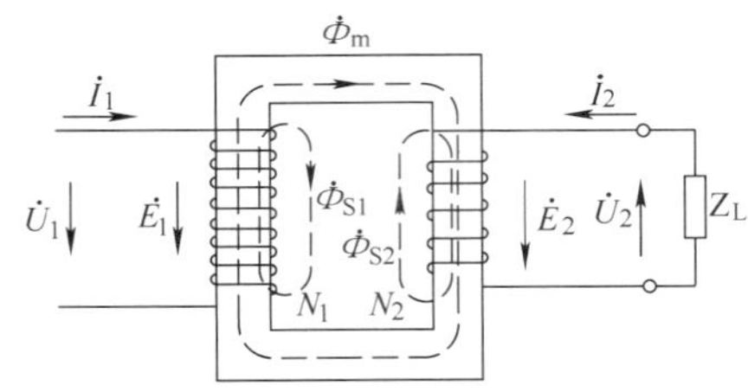

图 2-25　变压器负载运行原理图

$$\dot{I}_1N_1 + \dot{I}_2N_2 = \dot{I}_0N_0$$

因为变压器的磁路全部由铁磁材料组成，磁阻很小，所以用于产生主磁通的空载励磁电流 $\dot{I}_0$ 很小，只占额定电流 $\dot{I}_1$ 的 2%～5%，在工程计算和分析时经常可以忽略不计，这时上式可以简化为：

$$\dot{I}_1 \approx -\frac{N_2}{N_1}\dot{I}_2$$

从上式中可以看出，变压器一次绕组电流 $\dot{I}_1$ 与二次绕组电流 $\dot{I}_2$ 在相位上约差 180°，在数值上与匝数成反比，即：

$$\frac{I_1}{I_2} \approx \frac{N_2}{N_1} = \frac{1}{K} \approx \frac{U_2}{U_1}$$

上式表明，变压器在改变电压的同时，电流也随之成反比例变化，且一次电流与二次电流之比等于匝数的反比。

4. 变压器变阻抗的工作原理

变压器不仅能够改变电压和电流，还可以改变阻抗值的大小。其原理电路如图 2-26 所示，其中 Z_L 为负载阻抗，其端电压为 U_2，流过的电流为 I_2，变压器的变比为 K，则：

$$Z_L = \frac{U_2}{I_2}$$

变压器一次绕组中的电压和电流分别为：

$$U_1 = KU_2,\ I_1 = I_2/K$$

从变压器输入端看，等效的输入阻抗 Z 为：

$$Z = \frac{U_1}{I_1} = K^2\frac{U_2}{I_2} = K^2Z_L$$

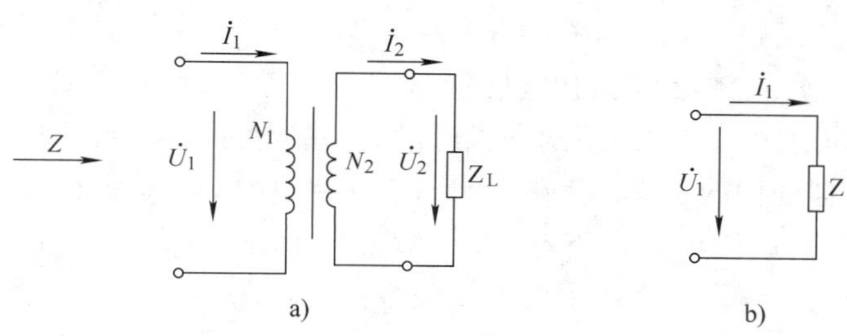

图 2-26　变压器变阻抗的原理
a）变压器电路　b）等效电路

上式表明负载阻抗 Z_L 反映到电源侧的输入等效阻抗 Z，其值扩大了 K^2 倍。因此，只需改变变压器的变比 K，就可把负载阻抗变换为所需数值。

变压器改变阻抗的作用在电子技术中经常用到。例如扩音机设备中，如果把喇叭直接接到扩音机上，由于喇叭的阻抗很小，扩音机电源发出的功率大部分消耗在本身的内阻抗上，喇叭获得的功率很小而声音微弱。理论推导和实验测试都可以证明：负载阻抗等于扩音机电源内阻抗时，可在负载上得到最大的输出功率。所以喇叭的阻抗经变压器变换后，使之等于扩音机的内阻抗，就可在喇叭上获得最大的输出功率。因此，在大多数的扩音机设备与喇叭之间都接有一个变阻抗的变压器，通常称为线间变压器。

如何选择适当的变比呢？若负载阻抗 Z_L 及所要求的阻抗 Z 已知，则可根据上式求得变压器的变比，即：

$$K=\sqrt{\frac{Z}{Z_L}}$$

【例 2-2】　某扩音机的输出变压器，一次绕组匝数 $N_1=200$ 匝，二次绕组匝数 $N_2=80$ 匝，原来配接阻抗 $Z_L=8\ \Omega$ 的喇叭，现要改用同样功率而阻抗为 $Z'_L=16\ \Omega$ 的喇叭，则新的二次绕组匝数 N'_2 应改为多少才合适？

解：为了达到改变喇叭阻抗仍然能获得最大功率的目的，必须保持变压器的输入等效阻抗 Z 不变，即：

$$Z=\left(\frac{N_1}{N_2}\right)^2 Z_L=\left(\frac{N_1}{N'_2}\right)^2 Z'_L$$

代入数据后，求得新的二次绕组匝数 N'_2 为：

$$N'_2=N_2\sqrt{\frac{Z'_L}{Z_L}}=80\times\sqrt{\frac{16}{8}}\approx 113\text{ 匝}$$

二、变压器的基本方程式和等效电路

1. 变压器的基本方程式

（1）根据图 2-25 所示变压器负载运行时的电磁关系，可得一次绕组和二次绕组回路的电压方程式为：

$$\dot{U}_1=-\dot{E}_1+\dot{I}_1(r_1+\mathrm{j}x_1)$$

$$\dot{U}_2=\dot{E}_2-\dot{I}_2(r_2+jx_2)$$

式中　r_1、r_2——一次、二次绕组的电阻；

x_1、x_2——与一次、二次绕组的漏磁通对应的漏电抗。

（2）根据变压器变比的定义，一次绕组与二次绕组中的电动势存在以下关系：

$$\dot{E}_1=K\dot{E}_2$$

（3）从负载阻抗上看，又有以下的电压关系：

$$\dot{U}_2=\dot{I}_2Z_L$$

（4）在上述电压方程式中，一次绕组和二次绕组中漏磁通产生的电动势写成了漏阻抗压降的形式。同理，主磁通在一次绕组中产生的电动势也可以写成空载励磁电流在等效励磁阻抗上的压降形式，即：

$$-\dot{E}_1=\dot{I}_0(r_m+jx_m)$$

式中　r_m——反映铁损耗大小的等效电阻；

x_m——反映主磁通与一次绕组电动势之间关系的等效电抗。

（5）根据磁势平衡方程式，存在一次电流与二次电流之间的关系为：

$$\dot{I}_1=\dot{I}_0+\left(-\frac{N_2}{N_1}\dot{I}_2\right)=\dot{I}_0+\left(-\frac{\dot{I}_2}{K}\right)$$

2. 变压器的折算

分析计算变压器问题时，有了上述基本方程式，理论上讲已经没有任何困难了。但实际上，由于变压器的一次绕组和二次绕组之间是通过电磁感应联系的，没有电路上的直接关系，用基本方程式分析计算变压器是很麻烦的。为了便于分析计算，需要找出与变压器运行时电磁关系等效的纯电路，即变压器的等效电路。求等效电路的关键步骤是对变压器的绕组进行折算。所谓折算就是在保持磁动势和功率关系不变的原则下，把一次绕组和二次绕组换算成具有相同的匝数。通常是将实际的二次绕组折算成与一次绕组一样的匝数，简称为二次侧折算到一次侧。折算后的各量在符号的右上角加“′”来表示。

因为折算前后主磁通不变，只是二次绕组的匝数由 N_2 换成了 N_1，所以二次侧电动势和电压的折算关系为：

$$\dot{E}'_2=-j4.44fN_1\dot{\Phi}_m=\dot{E}_1=K\dot{E}_2$$

同理
$$\dot{U}'_2=K\dot{U}_2$$

根据折算前后二次绕组磁动势不变的原则，即：

$$\dot{I}'_2N_1=\dot{I}_2N_2$$

可得二次电流的折算关系为：

$$\dot{I}'_2=\frac{N_2}{N_1}\dot{I}_2=\frac{\dot{I}_2}{K}$$

根据折算前后有功功率、无功功率和视在功率不变的原则，即：

$$I'^2_2r'_2=I^2_2r_2,\quad I'^2_2x'_2=I^2_2x_2,\quad I'^2_2z'_2=I^2_2z_2$$

可得二次绕组漏阻抗的折算关系为：

$$r'_2=K^2r_2,\ x'_2=K^2x_2,\ z'_2=K^2z_2$$

由于变压器的一次绕组与二次绕组之间是通过磁场联系的，在保持二次绕组的磁动势不变的情况下，对一次绕组而言，没有任何影响，只不过简化了分析和计算。

折算后，变压器的基本方程式变为：

$$\dot{U}_1=-\dot{E}_1+\dot{I}_1(r_1+jx_1)$$
$$\dot{U}'_2=\dot{E}'_2-\dot{I}'_2(r'_2+jx'_2)$$
$$\dot{E}_1=\dot{E}'_2=-\dot{I}_0(r_m+jx_m)$$
$$\dot{I}_1+\dot{I}'_2=\dot{I}_0$$
$$\dot{U}'_2=\dot{I}'_2Z'_L$$

3. 变压器的等效电路

根据变压器一次回路的电压方程式 $\dot{U}_1=-\dot{E}_1+\dot{I}_1(r_1+jx_1)$，可画出一次侧的等效电路，如图 2-27a 所示；根据二次回路的电压方程式 $\dot{U}'_2=\dot{E}'_2-\dot{I}'_2(r'_2+jx'_2)$，可画出二次侧的等效电路，如图 2-27c 所示；再根据 $\dot{E}_1=-\dot{I}_0(r_m+jx_m)$，可画出励磁部分的等效电路，如图 2-27b 所示。

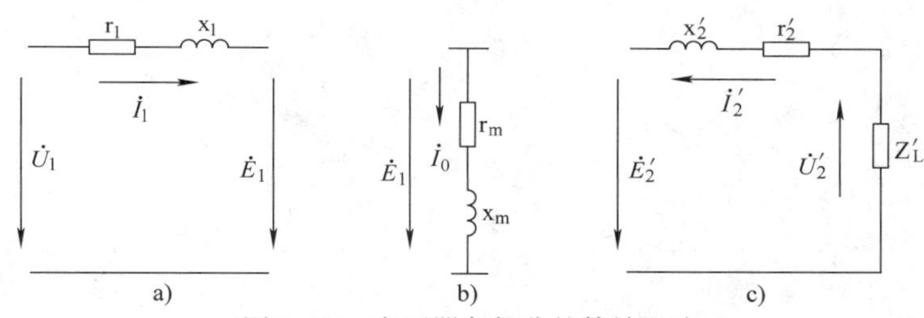

图 2-27　变压器各部分的等效电路

由于折算后一次绕组与二次绕组的匝数相等，则 $\dot{E}_1=\dot{E}'_2$；磁动势平衡方程式可简化为等效的电流关系 $\dot{I}_1+\dot{I}'_2=\dot{I}_0$，因此，可以将图 2-27 中的三部分合在一起，得到变压器的 T 形等效电路，如图 2-28 所示。

变压器的 T 形等效电路中，各部分的阻抗既有串联又有并联，电路中作用的又是交流电，虽然适用范围大，分析计算的结果精度好，但是实际过程还是很麻烦的。由于变压器的空载电流很小，在正常负载运行时，可以忽略不计，即去掉励磁支路，就可以得到变压器的简化等效电路，如图 2-29 所示。其中 $r_k=r_1+r'_2$ 称为短路电阻，$x_k=x_1+x'_2$ 称为短路电抗，两者合称短路阻抗。变压器的简化等效电路不适用于空载和轻载的场合。

4. 变压器的相量图

根据变压器的 T 形等效电路和折算后的基本方程式，可以画出负载运行时的相量图，如图 2-30 所示。因为变压器的一次侧与二次侧是通过磁场联系在一起的，所以将主磁通 $\dot{\Phi}_m$ 作为参考相量。电动势 $\dot{E}_1=\dot{E}'_2$ 滞后于主磁通 $\dot{\Phi}_m$ 90°。设负载是感性的，则电流 $\dot{I}'_2$滞后于电动势 $\dot{E}'_2$一个角度，根据二次侧的电压方程式，可以画出 $\dot{U}'_2$、$\dot{I}'_2r'_2$ 和 j $\dot{I}'_2x'_2$的相量。根据变压器空载励磁电流 $\dot{I}_0$ 的特点，即数值很小，绝大部分是产生主磁通 $\dot{\Phi}_m$ 的无功分量，同时包含少量产生铁损耗的有功分量，因此，$\dot{I}_0$ 超前于 $\dot{\Phi}_m$ 一个很小的角度。依据变压器折算后的电流关系式 $\dot{I}_1=\dot{I}_0+(-\dot{I}'_2)$，可以画出一次侧电流 $\dot{I}_1$ 的相量。最后根据一次侧的电压方程式画出（$-\dot{E}_1$）、$\dot{I}_1 r_1$、$\mathrm{j}\dot{I}_1 x_1$ 和 $\dot{U}_1$ 等相量。同理，也可画出电阻性和电容性的相量图。

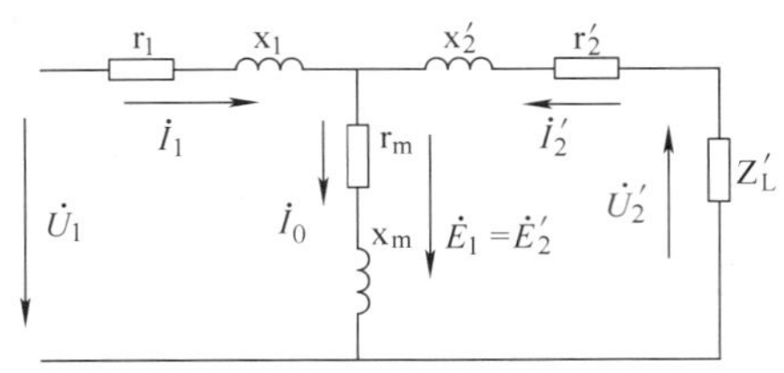

图 2-28　变压器的 T 形等效电路

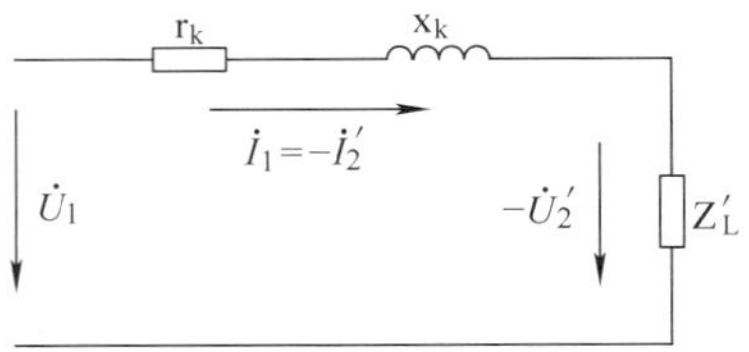

图 2-29　变压器的简化等效电路

根据变压器的简化等效电路图，也可以画出相对应的相量图，如图 2-31 所示。由于变压器的简化等效电路是串联型的，因此，将电流 $\dot{I}_1=-\dot{I}'_2$ 作为参考相量。同样设负载是感性的，则二次侧输出电压（$-\dot{U}'_2$）超前于电流（$-\dot{I}'_2$）一个电（相位）角度。根据简化等效电路的电压方程式 $\dot{U}_1=-\dot{U}'_2+\dot{I}_1(r_k+\mathrm{j}x_k)$，可以依次画出 $\dot{I}_1 r_k$、$\mathrm{j}\dot{I}_1 x_k$ 和 $\dot{U}_1$ 等相量。

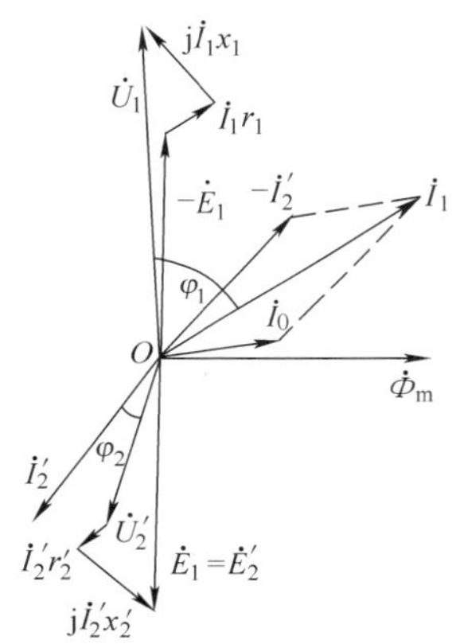

图 2-30　变压器感性负载的相量图

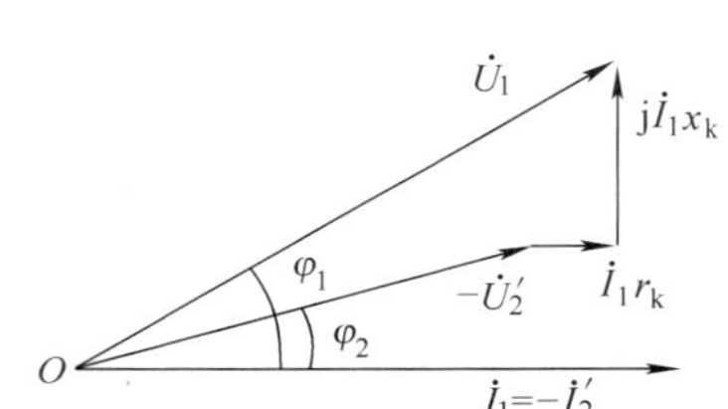

图 2-31　变压器感性负载简化相量图

三、单相变压器的运行特性

变压器对电网来说相当于用电设备，希望损耗小、效率高；但对负载来说，它又相当于一个电源，要求其供电电压稳定。因此，表示变压器运行特性的主要指标有两个：一是效率；二是输出电压的稳定性。

1. 电压变化率和外特性

（1）变压器的电压变化率　由于实际变压器的一次绕组和二次绕组中，总是存在着内阻抗，负载电流通过这些内阻抗必然产生内部电压降，其输出电压会随负载电流的变化而变化。

变压器二次侧输出电压随负载变化的程度用电压变化率 $\Delta U\%$ 表示。所谓电压变化率，是指变压器一次绕组加额定电压，负载的功率因数一定，空载与额定负载时二次侧端电压之差（$U_{2N}-U_2$）与额定电压 U_{2N} 的比值，用百分数表示数据，即：

$$\Delta U\% = \frac{U_{2N}-U_2}{U_{2N}}\times 100\% = \frac{U_{1N}-U_2'}{U_{1N}}\times 100\%$$

因为变压器的内阻抗较小，所以 $\dot{U}_1$ 与（$-\dot{U}_2'$）的相位差很小，根据简化等效电路和对应的相量图，变压器的电压变化率可用下式近似计算：

$$\Delta U\% = \beta\frac{I_{1N}r_k\cos\varphi_2 + I_{1N}x_k\sin\varphi_2}{U_{1N}}\times 100\%$$

式中　β——变压器的负载系数，$\beta=\frac{I_1}{I_{1N}}=\frac{I_2}{I_{2N}}$。

由以上分析可以看出，电压变化率 $\Delta U\%$ 的大小与三个因素有关：一是变压器负载电流的大小，$\Delta U\%$ 与负载系数 β 成正比；二是变压器内阻抗的大小，$\Delta U\%$ 与内阻抗 z_k 成正比；三是负载的性质，$\Delta U\%$ 与 $\cos\varphi_2$ 有关。

电压变化率 $\Delta U\%$ 反映了变压器输出电压的稳定性及电能的质量。

在一般的电力变压器中，当负载的功率因素 $\cos\varphi_2$ 接近于 1 时，额定负载时的电压变化率为 2%~3%。因为变压器绕组的阻抗很小，所以由此引起的电压降也很小。但当负载的功率因数下降到 0.8 时，额定负载时的电压变化率为 3%~8%。因此，提高功率因数可以减小电压变化率，从而提高变压器输出电压的稳定性。

（2）变压器的外特性　变压器的外特性是指一次侧电压为额定值 U_{1N}，负载功率因数 $\cos\varphi_2$ 一定时，二次侧端电压 U_2 随负载电流 I_2 变化的关系曲线，即 $U_2=f(I_2)$，如图 2-32 所示。

从图 2-32 中可以看出，变压器的外特性与负载的性质有关。根据变压器的等效电路和电压方程式，在电网电压不变时，变压器内阻抗的压降与输出电压之和也不变。由于变压器本身是感性器件，随着负载的增大，对于纯电阻负载，因为输出电压与变压器内阻抗压降的相位差较大，所以端电压下降较少；而对于电感性负载，因为输出电压与变压器内阻抗压降的相位差较小，所以端电压下降较多；相反，对于电容性负载，端电压却会上升。负载的感性或容性程度增加，端电压的变化也增大。

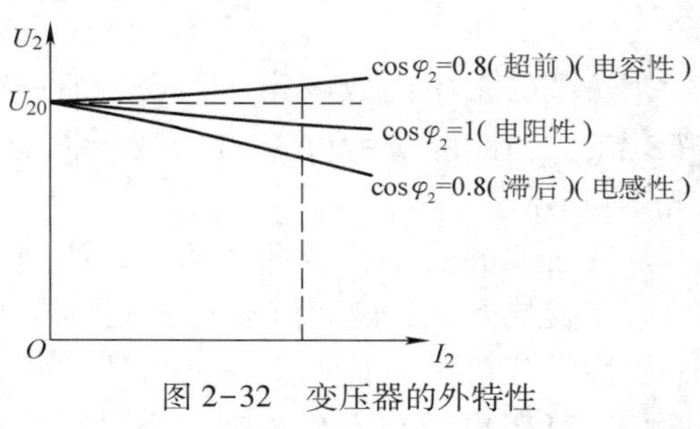

图 2-32　变压器的外特性

当负载的功率因数过小，输出电流过大时，若是感性负载，将引起输出电压过低；若是容性负载，将引起输出电压过高。两者都会给负载的运行带来不良影响。

2. 变压器的损耗和效率

（1）变压器的损耗　变压器在传输功率时，存在两种基本损耗。其一是铜损耗 P_{Cu}，它是一次绕组和二次绕组中的电流流过相应的电阻产生的，其值与电流的平方成正比。铜损耗的大小随负载的变化而变化，叫作可变损耗。设变压器额定工作时的铜损耗 $P_{CuN}=P_k$，则：

$$P_{Cu}=I_1^2r_k=\beta^2 I_{1N}^2 r_k=\beta^2 P_k$$

变压器中的另外一种损耗是铁损耗 P_{Fe}，它包括铁心中通过交变磁通引起的涡流损耗和磁滞损耗，其值与电流交变的频率和铁心中磁通量的最大值成正比。当电源电压和频率不变时，变压器铁心中的磁通量最大值基本不变，铁损耗也基本不变，与空载时的损耗 P_0 大致相等，即 $P_{Fe}=P_0$，因此，把铁损耗称为不变损耗。

变压器额定工作时的铜损耗 P_k 可以通过短路试验测得，因此 P_k 也称短路损耗。变压器的铁损耗 P_{Fe} 可以通过空载试验测得。变压器的总损耗为铜损耗和铁损耗之和，即：

$$\sum P=P_{Cu}+P_{Fe}=\beta^2 P_k+P_0$$

（2）变压器的效率　变压器的效率 η 是它的输出有功功率 P_2 与输入有功功率 P_1 的比值，计算公式为：

$$\eta=\frac{P_2}{P_1}\times 100\%$$

直接测量变压器的输入功率 P_1 和输出功率 P_2 是很难办到的。对于大容量的变压器，更是如此。但是如果采用直接测量变压器损耗的方法，则可以比较简单地间接计算出变压器的效率。即根据空载试验和短路试验测出的铁损耗和铜损耗间接计算效率：

$$\eta=\frac{P_1-\sum P}{P_1}\times 100\%=\left(1-\frac{\sum P}{P_1}\right)\times 100\%=\left(1-\frac{\sum P}{P_2+\sum P}\right)\times 100\%$$

由于变压器的电压变化率很小，因此可设 $U_2=U_{2N}$，则：

$$P_2=U_2 I_2\cos\varphi_2=U_{2N}\beta I_{2N}\cos\varphi_2=\beta S_N\cos\varphi_2$$

$$\eta=\left(1-\frac{\beta^2 P_k+P_0}{\beta S_N\cos\varphi_2+\beta^2 P_k+P_0}\right)\times 100\%$$

当负载的功率因数一定时，变压器的效率随负载系数变化的关系曲线 $\eta=f(\beta)$ 称为变压器的效率特性，如图 2-33 所示。

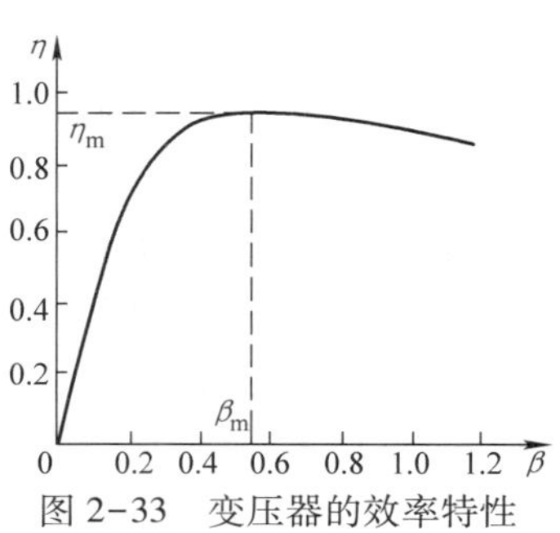

图 2-33　变压器的效率特性

从变压器的效率特性曲线可知，当负载从零开始增大，效率很快升高到最大值 η_m，然后逐渐下降。

由数学分析可以证明，任何机器的损耗都可以分为两部分：可变损耗和不变损耗。当可变损耗等于不变损耗时，机器的效率最高。设变压器的最高效率为 η_m，对应的负载系数为 β_m，则：

$$\beta_m^2 P_k=P_0$$

即 $\beta_m=\sqrt{\frac{P_0}{P_k}}$ 时，

$$\eta=\eta_m=\frac{\beta_m S_N\cos\varphi_2}{\beta_m S_N\cos\varphi_2+2P_0}\times 100\%$$

电力变压器常年接在线路上，铁损耗固定不变，而铜损耗随负载变化，相对而言，减小铁损耗比较重要。所以一般使铁损耗 P_{Fe} 等于额定铜损耗的 1/4～1/3，对应的输出功率为额定容量的一半左右时，变压器的效率最高。因此，要提高变压器的运行效率，就不应使变压器工作在空载或轻载的状态。当然也不能使变压器工作在过载的状态，因为过载时，铜损耗急剧增加，效率下降，温升过高会烧坏变压器。

任务实施

一、任务准备

一台变压器在出厂之前或在检修之后，一般都要做两项基本试验，即变压器的空载试验和短路试验。变压器试验的目的是检验变压器的性能是否符合有关标准和技术条件规定，是否存在影响变压器正常运行的各种缺陷，以及测试变压器的有关数据。

变压器在空载状态下进行的试验称为空载试验。利用空载试验可测出变压器的输入电压 U_1 和输出电压 U_2，空载电流 I_0 和空载损耗（铁损耗）P_0，计算出变压器的变比 K、励磁阻抗 r_m 和 x_m。从变压器的短路试验可以测出短路电流 I_k、短路电压 U_k 和短路损耗 P_k，计算出变压器的短路阻抗 r_k 和 x_k。得到变压器励磁阻抗和短路阻抗的参数后，就可以借助等效电路分析和计算变压器的各种性能。

在测试单相变压器的变比、空载损耗、励磁参数、额定铜损耗、短路参数和外特性的过程中，需用到表 2–5 所示的工具、仪器和设备。

表 2–5 任务实施需用到的工具、仪器和设备

序号	名称	型号规格	数量
1	三相交流可调电源	0~420 V	1个
2	单相变压器	77 VA、220 V/55 V	1台
3	交流电压表	300 V/150 V	2块
4	交流电流表	5 A/1 A	2块
5	功率表	300 V/1 A	1块
6	可调负载电阻	90 Ω	2个
7	万用表	MF47 型或自选	1块
8	导线	实验专用	若干

二、变压器的空载试验

1. 绘制变压器空载试验的电路图

一般来说，空载试验可以在高压侧进行，也可以在低压侧进行，考虑试验电源和人身安全以及测量仪表和数据的精度等因素，以在低压侧进行为宜。即将高压绕组开路，将低压绕组接到额定频率的电源上，测量低压侧的电压 U_2、空载电流 I_{20}、空载损耗功率 P_0 以及高压边的开路电压 U_{10}。由于变压器空载时的功率因数很低，所以使用低功率因数瓦特表测量功率，以提高测量精度。被测变压器选用一只额定容量 $S_N=77$ V · A，$U_{1N}/U_{2N}=$ 220 V/55 V，$I_{1N}/I_{2N}=0.35$ A/1.4 A 的单相变压器，变压器的低压线圈 u1、u2 端接电源，高压线圈 U1、U2 端开路。

单相变压器空载试验的参考电路，如图 2-34 所示。

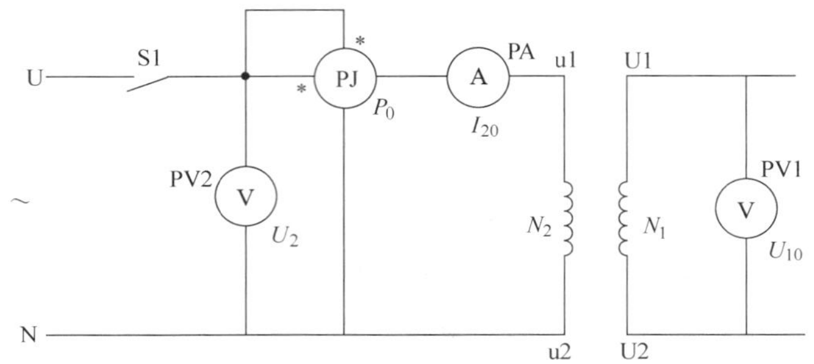

图 2-34　单相变压器空载试验工作电路图

2. 连接单相变压器空载试验的工作电路

经指导教师认可，按照所绘制的单相变压器空载试验工作电路图连接交流电源、单相变压器、交流电压表、交流电流表和功率表，如图 2-35 所示。接通交流电源前，务必将电源输出电压调到最小位置，并注意各电压表、电流表的量程以及功率表的同名端。

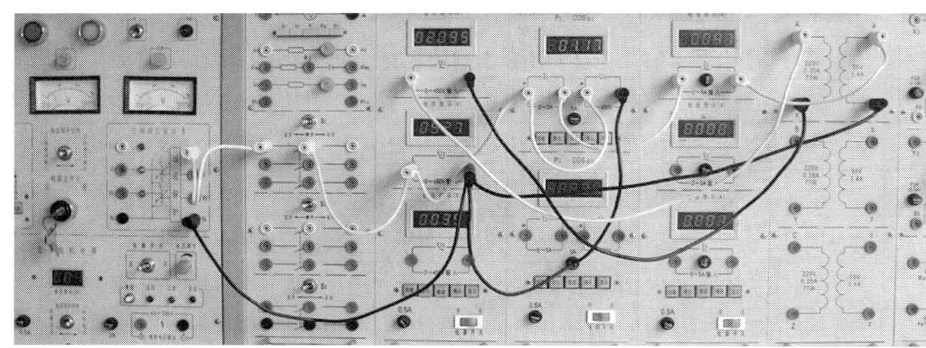

图 2-35　单相变压器空载试验接线

3. 通电测试空载试验数据

接通交流电源，调节调压器旋钮，使变压器空载电压 $U_2=1.2U_{2N}$，然后逐次降低电源电压，在（1.2~0.2）U_{2N} 的范围内，测取变压器的 U_2、I_{20}、P_0 和 U_{10}。测取数据时，$U_2=U_{2N}$ 的点必须测，并且在该点附近测的点应密一些，测取 5~6 组数据，记录于表 2-6 中。

表 2-6　单相变压器空载试验数据

实验数据	U_2(V)						
	I_{20}(A)						
	P_0(W)						
	U_{10}(V)						
计算数据	$\cos\varphi_0$						

上述数据是变压器低压绕组通电所测得的参数，因为励磁阻抗与铁心饱和程度有关，所以计算变压器相关参数时，应当取电源电压等于变压器额定二次电压时的该组数据。根据表 2-6 中额定点的试验数据，可以计算出变压器额定时的下列参数：

变压器的变比 $$K=\frac{U_{10}}{U_2}$$

空载功率因数 $$\cos\varphi_0\approx\frac{P_0}{U_2I_{20}}$$

励磁阻抗 $$z_m\approx\frac{U_2}{I_{20}}$$

励磁电阻 $$r_m\approx\frac{P_0}{I_{20}^2}$$

励磁电抗 $$x_m=\sqrt{z_m^2-r_m^2}$$

上述励磁参数如果需要折算到高压边，应分别乘以变比的平方 K^2。

三、变压器的短路试验

1. 绘制变压器短路试验的电路图

由变压器的简化等效电路可知，在正常运行且 $z_k \ll Z'_L$ 的情况下，一次绕组和二次绕组中的电流主要取决于负载阻抗 Z'_L 的大小。如果二次绕组短路，$Z'_L=0$，会出现非常大的短路电流，其值为额定电流的几十倍，这是一种严重的故障状态，不允许出现。因此短路试验时，二次绕组先短路，一次绕组两端再施加一个很低的电压 $U_k \ll U_{1N}$，测量短路电流 I_k、短路电压 U_k 和短路损耗 P_k。短路试验时，电压较低，电流较大，为了人身、设备的安全和提高测量精度，短路试验一般都在高压边进行，即高压线圈 U1、U2 端接电源，低压线圈 u1、u2 端短路。单相变压器短路试验的参考电路，如图 2-36 所示。

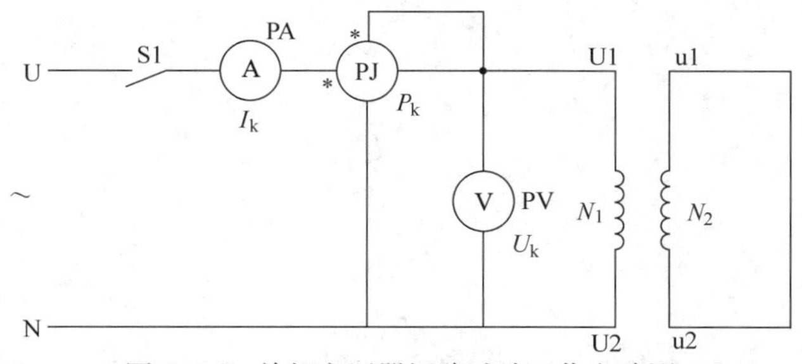

图 2-36　单相变压器短路试验工作电路图

2. 连接单相变压器短路试验的工作电路

经指导教师认可，按照所绘制的单相变压器短路试验工作电路图连接交流电源、单相变压器、交流电流表、交流电压表和功率表，将低压线圈 u1、u2 端短路，如图 2-37 所示。接通交流电源前，务必将电源输出电压调到零，并注意各电压表、电流表的量程以及功率表的量程和同名端的接法。

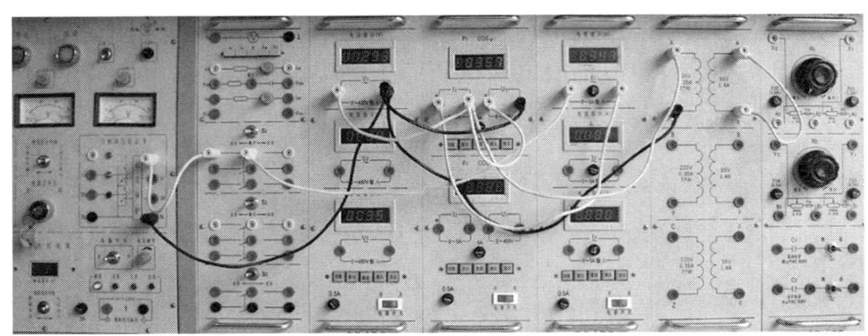

图 2-37 单相变压器短路试验的接线

3. 通电测试短路试验数据

接通交流电源，逐次缓慢增大输入电压，直到短路电流 I_k 等于 $1.1I_N$ 为止，在 $(0.2\sim1.1)I_N$ 范围内测取变压器的 U_k、I_k 和 P_k。测取数据时，额定点 $I_k=I_N$ 必须测，测取 5~6 组数据记录于表 2-7 中。实验时，还要记下周围环境温度（℃），便于将实际环境温度下的电阻换算到基准工作温度（75 ℃）下的数值。

表 2-7 单相变压器短路试验数据（室温 θ=______℃）

实验数据	U_k(V)						
	I_k(A)						
	P_k(W)						
计算数据	$\cos\varphi_k$						

因为短路试验时，施加的电压很低，所以铁心中的磁通量很小，可以忽略励磁电流和铁损耗，也可以认为励磁阻抗 $z_m\to\infty$，从表 2-7 中额定电流对应的那组数据可以计算出变压器的短路参数。

短路功率因数 $$\cos\varphi_k\approx\frac{P_k}{U_kI_k}$$

短路阻抗 $$z_k\approx\frac{U_k}{I_k}$$

短路电阻 $$r_k\approx\frac{P_k}{I_k^2}$$

短路电抗 $$x_k=\sqrt{z_k^2-r_k^2}$$

由于短路电阻 r_k 随温度变化，因此，算出的短路电阻应按国家标准换算到基准工作温度 75 ℃时的阻值。

$$r_{k75\,℃}=r_k\frac{234.5+75}{234.5+\theta}$$

$$z_{k75\,℃}=\sqrt{r_{k75\,℃}^2+x_k^2}$$

变压器铭牌和产品目录中所标注的技术数据，凡是与短路电压有关的，都是指换算到

75 ℃时的阻值，可以直接用来计算变压器的性能。在用 T 形等效电路分析计算时，可以近似认为 $r_1 \approx r_2' = \dfrac{r_k}{2}$，$x_1 \approx x_2' = \dfrac{x_k}{2}$。

四、变压器的电阻性负载试验

1. 绘制变压器电阻性负载试验的电路图

将变压器的高压线圈 U1、U2 端接交流可调电源，低压线圈 u1、u2 端接可调负载电阻，负载电阻 R_L 选用 180 Ω 的可调电阻，电压表和电流表的量程与变压器的额定值要匹配。

单相变压器负载试验的参考电路，如图 2-38 所示。

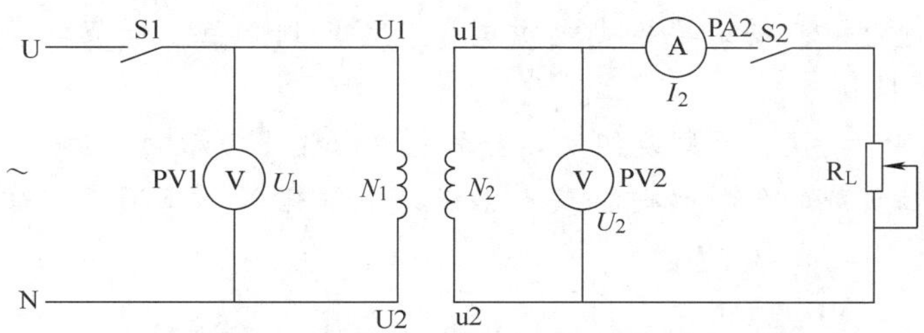

图 2-38　单相变压器负载试验工作电路图

2. 连接单相变压器负载试验的工作电路

经指导教师认可，按照所绘制的单相变压器负载试验工作电路图连接交流电源、单相变压器、交流电流表、交流电压表和可调负载电阻，如图 2-39 所示。接通交流电源前，务必将电源输出电压调到零，电源开关 S1 和负载开关 S2 均处于断开状态，负载电阻 R_L 调到最大位置。

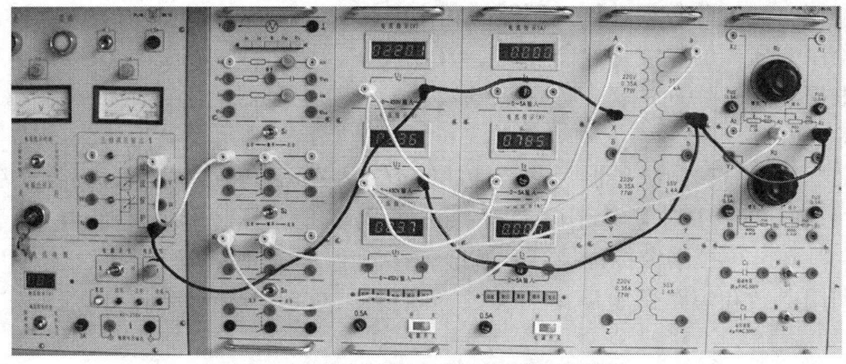
图 2-39　单相变压器负载试验的接线

3. 通电测试电阻性负载的外特性

接通电源开关 S1 后，逐渐升高电压，使变压器输入电压 $U_1 = U_{1N}$，并且保持不变。然后再接通负载开关 S2，逐渐减小负载电阻 R_L 的阻值，增大负载电流 I_2，从额定负载到空载的范围内，测取变压器的输出电压 U_2 和输出电流 I_2，直至断开负载开关 S2，此时$I_2 = 0$。

测取数据时，$I_2 = I_{2N}$ 和 $I_2 = 0$ 这两组数据必测，共测取 5~6 组数据，记录于表 2-8 中。

表 2-8　单相变压器电阻性负载的外特性（$U_1=U_{1N}=$____V）

U_2(V)						
I_2(A)						

1. 变压器必须接入可调交流电源，不可直接施加额定电源电压。

2. 在任务过程中，应注意电压表、电流表、功率表的合理布置及量程选择。空载试验与短路试验时，电压表与电流表的相对位置是不同的，功率表的接法也不同。

3. 短路试验通电前，一定要检查电源电压是否调到零位。调节电压要缓慢，以防止电路出现过流的危险。

4. 短路试验测量要快，否则绕组发热会引起电阻变化，影响测量精度。

5. 测试电阻性负载的外特性时，要严格保持电源输入电压不变。每次负载改变时都要调节电源输入电压，使 $U_1=U_{1N}$。

总结测评

一、总结报告

1. 绘制任务的电路图。

2. 记录任务实施的过程、现象和数据结果。

（1）根据空载试验数据计算变压器的变比 K。

（2）绘制变压器的空载特性曲线 $U_{10}=f(I_0)$，$P_0=f(U_{10})$，$\cos\varphi_0=f(U_{10})$。

（3）根据表 2-6 中对应额定电压点的数据，计算变压器的励磁阻抗 z_m、r_m 和 x_m，并且折算到高压边。

（4）根据短路试验数据绘制短路特性曲线 $U_k=f(I_k)$，$P_k=f(I_k)$，$\cos\varphi_k=f(I_k)$。

（5）根据表 2-7 中对应额定电流点的数据，计算变压器环境温度为 θ(℃) 时的短路阻抗 z_k、r_k 和 x_k。再按国家标准换算到基准工作温度 75 ℃时的阻值。

（6）利用空载和短路试验测出的参数，画出被试变压器折算到高压侧的 T 形等效电路图。

（7）根据负载试验测得的数据绘出电阻性负载的外特性曲线 $U_2=f(I_2)$，并且计算被测变压器的额定电压变化率 $\Delta U_N\%$。

（8）根据公式间接计算变压器的效率，绘制出效率特性曲线。

（9）计算被试变压器 $\eta=\eta_{max}$ 时的负载系数 β_m。

3. 小结、体会和建议。

二、任务测评（见表 2-9）

表 2-9　任务实施考核评分记录表

序号	考核内容	考核要求	配分	得分
1	任务实施的准备	预习任务的内容	10	
2	仪器、仪表的使用	正确使用万用表、电压表、实验台等设备	10	
3	变压器的接线	电路绘制正确，接线速度快	20	
4	变压器的空载和短路试验	通电运行一次成功，操作规范，数据测量正确	30	
5	变压器的外特性	操作规范，数据测量正确	30	
6	合计得分		100	
7	否定项	发生重大责任事故、严重违反教学纪律者得 0 分		

指导教师签名＿＿＿＿＿＿＿＿　　日期＿＿＿＿＿＿＿＿

任务 3　三相变压器的应用

学习目标

1. 了解三相变压器的结构特点。
2. 熟悉三相变压器的连接组。
3. 了解变压器并联运行的条件。
4. 学会三相变压器的接线方法。
5. 学会三相变压器连接组的测试方法。

任务引入

现代电力系统大多是三相制，因而广泛使用三相变压器。三相变压器可由三台同容量的单相变压器组成，称为三相变压器组。但大部分中小容量的三相变压器一般都采用三相共一个铁心的三相心式变压器，简称三相变压器。三相变压器是每个企事业单位必备的电力设备，它的工作正常与否与企业的生产经营直接相关。了解三相变压器的结构和性能特点，正确使用与维护三相变压器，是电气技术人员必备的知识和技能。本任务将通过测定三相变压器 Yy 和 Yd 接法的连接组，帮助学习者熟练掌握三相变压器的相关知识和技能。

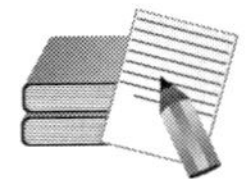

相关知识

一、三相变压器的磁路系统——铁心的结构特点

1. 三相变压器组的磁路系统

三相变压器组是由三个完全一样的单相变压器组成的，如图 2-40 所示。它的磁路特点是三相磁通互不关联，各有自己单独的回路。如果外加电压是三相对称的，则三相磁通也一定是对称的。如果三个铁心的材料和尺寸完全一样，三相磁路的磁阻相等，则三相空载电流也是对称的，即 $I_{0U}=I_{0V}=I_{0W}$。

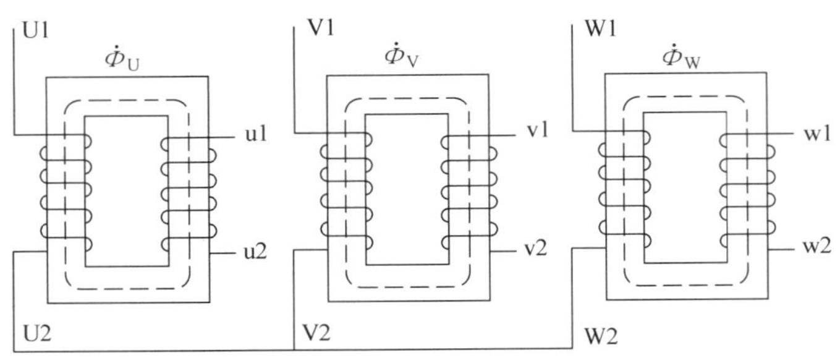

图 2-40　三相变压器组的磁路系统

三相变压器组常用于大容量变压器中，因为方便运输和制造。例如，一节列车的载重量是 60 t，当变压器的质量为 100 t 时，用一节列车将无法运输，但如果做成三相变压器组，则可用三节列车来运输。大型变电站有时为了减少变压器的备用容量，也采用这种形式，可以节省 2/3 的变压器容量。

2. 三相心式变压器的磁路系统

三相心式变压器的磁路是由三个独立的单相变压器磁路演变而来的。如果把三个单相心式变压器的铁心放在一起，如图 2-41a 所示，在对称运行时，三相主磁通也是对称的，其相量和等于零，即：

$$\dot{\Phi}_U+\dot{\Phi}_V+\dot{\Phi}_W=0$$

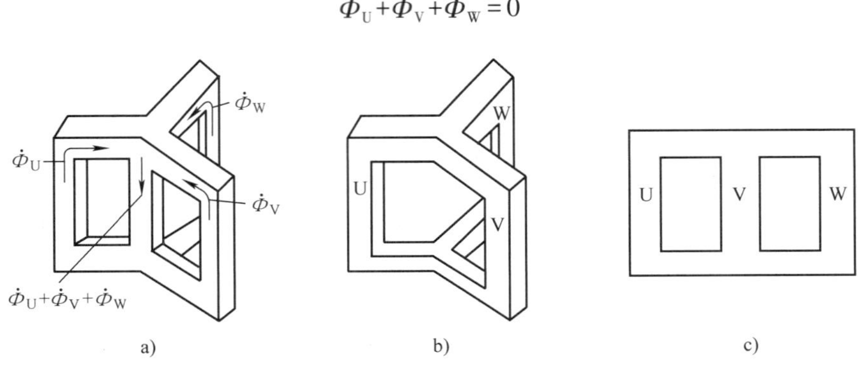

图 2-41　三相心式变压器的磁路系统

因此，图 2-41a 中的公共铁心柱中的磁通等于零，可以把它省略去掉，简化成如图 2-41b 所示的铁心。实际制造时，通常把三相铁心柱布置在同一平面上，如图 2-41c 所示。这样三相磁路之间就有相互联系了，每相磁路都以其他两相的铁心柱作为闭合回路。三相磁路是不完全对称的，中间相的磁路较短，磁阻比其他两相要小一点，相应的空载电流也小一些，$I_{0U}=I_{0W}>I_{0V}$，带负载能力大一点。因此，三相变压器在实际使用过程中，三相负载分配不均匀时，会将较大的这一部分负载接在中间这一相电路中。

二、三相变压器的电路系统——连接组

三相变压器的一次绕组和二次绕组有多种不同的接法，可以是星形丫接法，也可以是三角形△接法。丫接法又可分为有中线和无中线两种，△接法也有两种，这样就导致了一次绕组与二次绕组的接法有多种组合，一次绕组与二次绕组中对应的线电动势之间有不同的相位差。按照一次绕组与二次绕组对应线电动势的相位关系，把变压器绕组的连接种类分成各种不同的组合，称为连接组。它是变压器并联运行必不可少的条件之一，也是变压器改变相位的基本原理。对于三相变压器，无论怎样连接，一次绕组与二次绕组中对应线电动势的相位差总是 30°的整数倍。因此，国际上规定把变压器的连接组采用时钟法表示，即用一次绕组线电动势的相量作为分针，并且始终指向“12”，用二次绕组对应的线电动势相量作为时针，它所指的钟点数就是变压器连接组别的标号。单相变压器的连接组是三相变压器连接组的基础，所以下面先介绍单相变压器的连接组。

1. 单相变压器的连接组

为了正确连接及使用变压器，一次绕组和二次绕组的出线端分别标记为 U1、U2 和 u1、u2。在分析单相变压器的连接组时，首先规定一次绕组和二次绕组电动势 $\dot{E}_U$ 和 $\dot{E}_u$ 的正方向都是从首端指向末端，如图 2-42 所示。

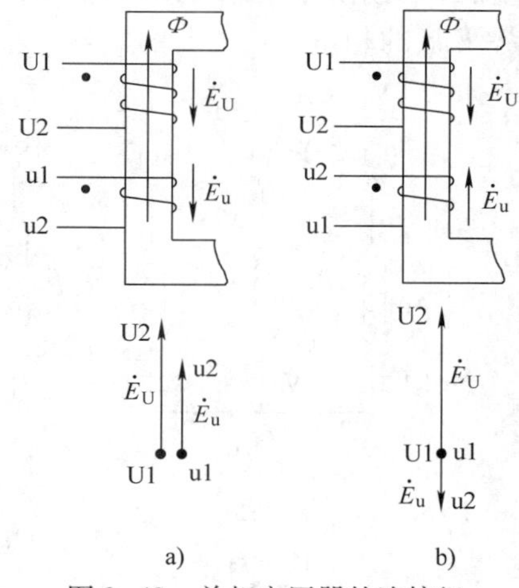

图 2-42 单相变压器的连接组

单相变压器（或三相变压器中任一相）的一次绕组和二次绕组套在同一铁心柱上，且被同一磁通 **Φ** 所交链。因此，任一瞬时，当磁通交变时，一次绕组产生的电动势在一个端点为正，二次绕组产生的电动势也有一个端点为正，这两个对应的同极性端点称为同名端，用“·”表示。

变压器绕组极性的测定方法见任务实施的相关内容。两个绕组串联时必须异名端接在一起，两个绕组并联时必须同名端接在一起，否则会烧坏变压器。

当一次绕组和二次绕组的同极性端同时标为首端时，如图 2-42a 所示，则一次绕组电动势 $\dot{E}_U$ 与二次绕组电动势 $\dot{E}_u$ 同相位。设 U1 与 u1 为等电位点，此时，二次绕组电动势的相量 $\dot{E}_u$ 指向时钟的“0”点，故该变压器的连接组别记作 Ii0。I 和 i 表示一次绕组和二

次绕组均为单相。

当一次绕组和二次绕组的异名端标为首端时，如图 2-42b 所示，则一次绕组电动势 $\dot{E}_{U}$ 与二次绕组电动势 $\dot{E}_{u}$ 的相位相反，即连接组别为 Ii6。

国家标准规定，单相变压器只能采用一种连接组别为 Ii0。

2. 三相变压器绕组的接法

三相变压器的一次绕组和二次绕组均可以接成星形或三角形。国家标准规定，一次绕组星形接法用 Y 表示，有中线时用 YN 表示；三角形接法用 D 表示。二次绕组星形接法用 y 表示，有中线时用 yn 表示；三角形接法用 d 表示。三相变压器一次绕组和二次绕组的首端分别用 U1、V1、W1 和 u1、v1、w1 标记，末端分别用 U2、V2、W2 和 u2、v2、w2 标记，星形接法的中点分别用 N、n 标记。

图 2-43 给出了三相绕组的不同连接方法以及对应的相量图。国家标准规定，电力变压器的三角形接法只采用图 2-43b 所示的逆序连接法。

从图 2-43 可知，三相绕组星形连接时，其相电动势的相量图是Y形的；而三角形连接时，相电动势的相量图是一个等边三角形△。

3. 三相变压器的连接组

与单相变压器不同，三相变压器的输出电压不仅与一次绕组和二次绕组的匝数有关，还与绕组的接法有关。判别三相变压器连接组的方法如下：

（1）在三相变压器绕组连接图中标出各个相电动势和线电动势的正方向。

（2）根据一次绕组的接法，首先画出一次绕组线电动势的相量图。星形接法作Y形相量图，三角形接法作△形相量图，在各端点标上对应的字母符号，并确定一次绕组线电动势 $\dot{E}_{UV}$ 的相量。

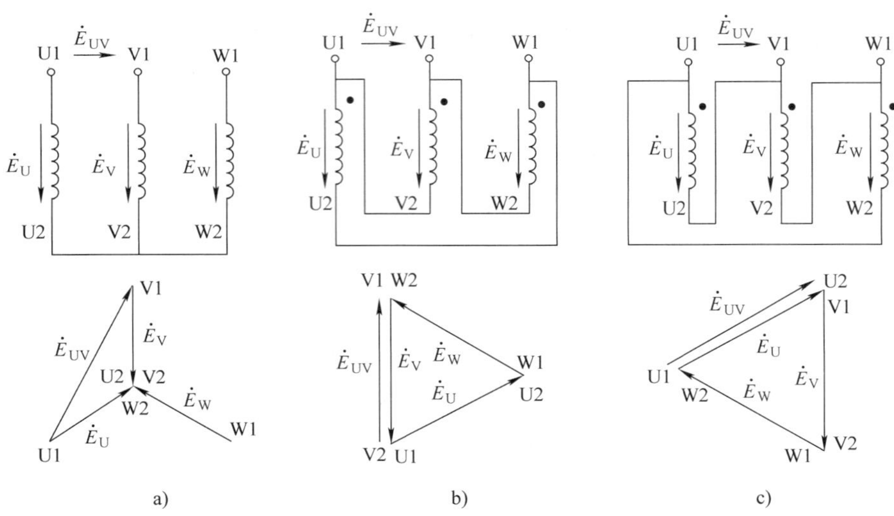

图 2-43　三相绕组的接法与相量图

a）星形接法　b）、c）三角形接法

（3）令 U1 与 u1 是等电位点，画在同一点上。根据同一铁心柱上一次绕组和二次绕组的相位关系，先确定二次绕组 u 相的电动势相量，然后按照二次绕组的接线方式画出另外两相的电动势相量，再画出二次绕组线电动势 $\dot{E}_{uv}$ 的相量。

（4）比较一次绕组与二次绕组线电动势的相位关系，根据时钟表示法，$\dot{E}_{UV}$ 相量指向时钟“12”的位置，$\dot{E}_{uv}$ 相量所指的数字就是连接组别的标号。

4. Yy 接法的连接组

先以 Yy 接法的三相变压器为例，说明三相变压器连接组别的判断过程。在图 2-44 中，上下对齐的一次绕组和二次绕组表示是同一铁心柱上的两个绕组，不管它们属于哪一相，只要两个首端是同名端，则相电动势同相位；若两个首端是异名端，则相电动势相位相反。根据相电动势的这种关系及三相对称的原理，画出一次绕组和二次绕组各个相电动势相量以及对应的线电动势相量 $\dot{E}_{UV}$ 和 $\dot{E}_{uv}$，即可判定图 2-44 中三相变压器的连接组别为 Yy0。而在图 2-45 中，一次绕组和二次绕组对应的首端是异名端，则相电动势相位相反，对应的线电动势相量 $\dot{E}_{UV}$ 和 $\dot{E}_{uv}$ 的相位也相差 180°，连接组别为 Yy6，即在 Yy0 的基础上加“6”。若把图 2-44 中二次绕组首端标记由原来的 u1、v1、w1 改为 w1、u1、v1，即依次循环右移一次，则不难判断出其连接组别为 Yy4，也就是在原来 Yy0 的基础上加“4”。若循环左移一次，则减“4”。这样 Yy 接法三相变压器的连接组标号共有六个偶数。

5. Yd 接法的连接组

下面再来分析 Yd 接法三相变压器的连接组别。图 2-46 所示二次绕组为逆序三角形接法，按照上述判断步骤，画出相量图，可以确定其连接组标号为 Yd11。若二次绕组是顺序三角形接法，则连接组标号为 Yd1，如图 2-47 所示。

在 Yd 接法的三相变压器连接组中也有类似 Yy 接法中的加“6”或加“4”的规律。另外，Dd 接法与 Yy 接法一样，连接组标号为六个偶数；Dy 接法与 Yd 接法一样，连接组标号为六个奇数。

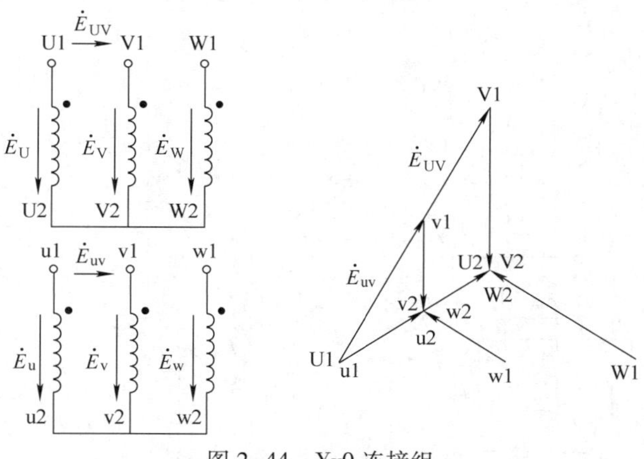

图 2-44　Yy0 连接组

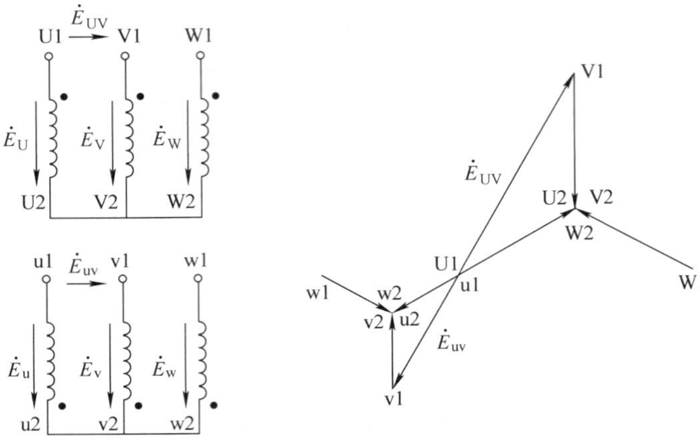

图 2-45　Yy6 连接组

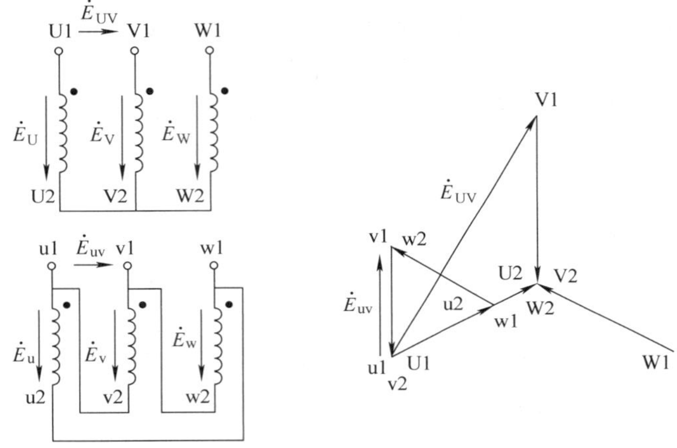

图 2-46　Yd11 连接组

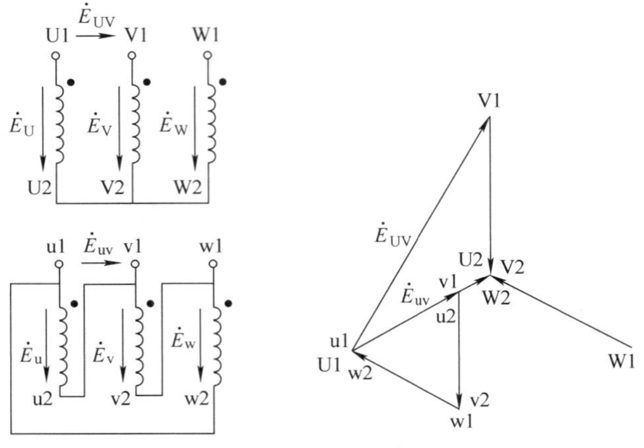

图 2-47　Yd1 连接组

6. 变压器的标准连接组

三相变压器有很多连接组别，为了避免在制造和使用时造成混乱，国家标准规定，单相电力变压器只有一个标准连接组为 Ii0；三相电力变压器只能采用以下五种连接组别：Yyn0、Yd11、YNd11、YNy0 和 Yy0。实践已经证明，Yy 接法和 Yd 接法几乎可以满足各种需要，仅在少数场合需要 Dy 接法，如晶闸管整流电路中。

在上述连接组中，Yyn0 连接组是经常碰到的，二次绕组的中线引出以三相四线制供电，它主要用于容量不大的三相电力变压器。一次绕组电压不超过 35 kV，二次绕组电压为 400 V/230 V，以供给动力和照明的混合负载。Yd11 连接组标号的三相变压器用于低压绕组超过 400 V 的电力线路中；YNd11 连接组标号的三相变压器用于 110 kV 以上的高压输电线路中，其高压侧可以通过中点接地；YNy0 连接组标号的三相变压器用于一次绕组需要接地的场合；Yy0 连接组标号的三相变压器专门为三相动力负载供电。

三、变压器的并联运行

现代发电站和变电所中，常采用多台变压器并联运行的方式。变压器的并联运行是指两台或两台以上变压器的一次绕组和二次绕组分别并联起来，接到输入和输出的公共母线上，同时对负载供电，如图 2-48 所示。

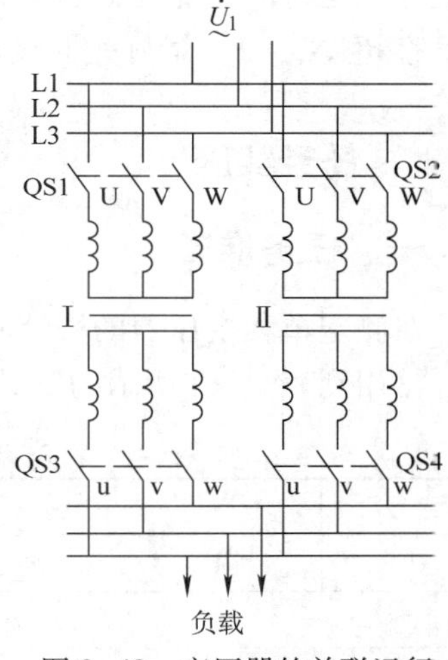

图 2-48　变压器的并联运行

1. 变压器并联运行的优点

（1）提高供电的可靠性。如果某台变压器发生故障，可把它从电网切除，进行维修，电网仍能继续供电。

（2）可根据负载的大小，调整运行变压器的台数，使工作效率提高。

（3）可以减少变压器的备用量和初次投资，随着用电负荷的增加，分期分批安装新的变压器。

2. 变压器理想的并联运行

（1）空载时，各变压器之间无环流，每台变压器的空载电流都为零。

（2）负载时，各变压器所分担的负载电流与它们的容量成正比。

（3）各变压器的负载电流同相位。

3. 变压器理想并联运行的条件

为了实现理想的并联运行，各台参与并联运行的变压器必须满足以下条件：

（1）各变压器输入、输出的额定电压相等，即变比相等。如果变比不相等，则并联运行的几台变压器的二次绕组空载电压也不相等，各台变压器的二次绕组之间将产生环流，即电压高的绕组向电压低的绕组供电，引起很大的铜损耗，导致绕组过热或烧毁。

（2）各变压器的连接组别相同。如果连接组别不同，则并联运行的各台变压器输出电压的大小相等，相位却不相同，它们二次侧电压的相位差至少差 30°，这样在一次绕组和二次绕组中将产生极大的环流，这是绝对不允许的。如果两台变压器并联运行，一台为 Yyn0 连接组，另一台为 Yd11 连接组，则在两台变压器二次绕组之间产生电位差 ΔU，如

图 2-49 所示。ΔU 在数值上超过额定输出电压的 50%，将在两台变压器的二次绕组中产生一个很大的环流，在短时间内烧毁变压器的绕组。

（3）各变压器的短路电压相等。由于并联运行各台变压器的负荷与对应的短路电压值成反比，短路电压值大的变压器承担的负荷小，不能充分发挥作用；短路电压值小的变压器承担的负荷大，很容易过载。

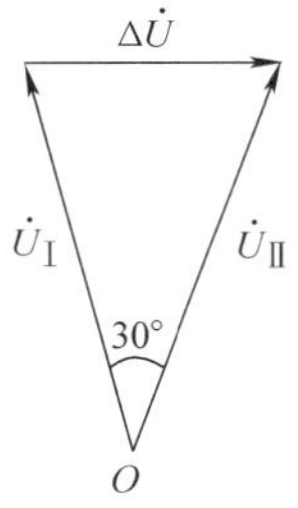

图 2-49　Yyn0 与 Yd11 的电位差

变压器在实际并联运行中，并不要求变比绝对相等，误差在±0.5%以内是允许的，所形成的环流不大；也不要求短路电压值绝对相等，但误差不能超过 10%，否则容量分配不合理；变压器的连接组别一定要相同，这是变压器并联运行首先要满足的条件。并联运行的各台变压器容量差别越大，离开理想并联运行的可能性就越大，所以在并联运行的各台变压器中，最大容量与最小容量之比不宜超过 3∶1，最好是同规格、同型号的变压器进行并联运行。

任务实施

一、任务准备

在测定单相变压器的极性和连接组、测定三相变压器 Yy 接法和 Yd 接法连接组的过程中，需用到表 2-10 所示的工具、仪器和设备。

表 2-10　任务实施需用到的工具、仪器和设备

序号	名称	型号规格	数量
1	三相交流可调电源	0~420 V	1 个
2	三相变压器组	380 V/220 V	1 套
3	交流电压表	500 V	2 块
4	万用表	MF47 型或自选	1 块
5	导线	实验专用	若干

二、测定单相变压器的极性和连接组

1. 绘制测定变压器极性的电路图

根据一次绕组和二次绕组同名端的性质，绘制测试变压器中两个绕组同极性端的电路图。将变压器一次绕组和二次绕组的首末端分别标记为 U1、U2 和 u1、u2。图 2-50 所示为测试变压器同名端的参考电路。

2. 连接测试变压器同名端的工作电路

经指导教师认可，按照所绘制的测试电路图连接交流电源、单相变压器、交流电压表以及开关。将一次绕组和二次绕组的两个末端用导线连在一起，成为等电位点，如图 2-51 所示。接通交流电源前，将电源输出电压调到最小位置。

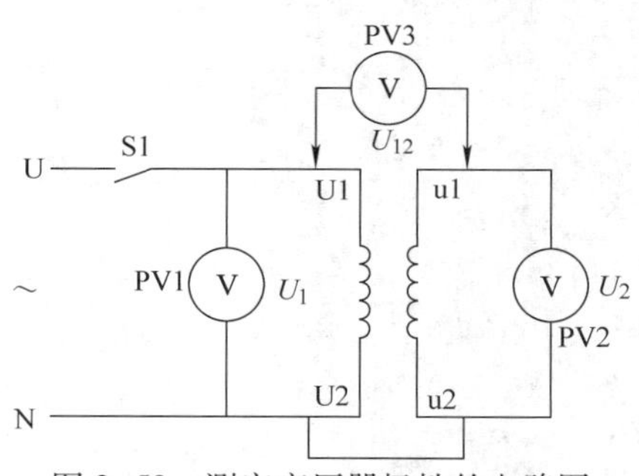

图 2-50　测定变压器极性的电路图

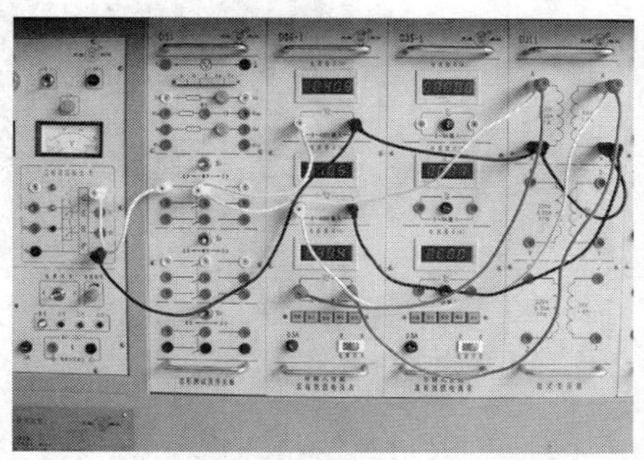
图 2-51　测定变压器极性的工作接线

3. 通电测试变压器的同名端

先闭合电源开关 S1，接通单相交流电源；再慢慢升高电压直至 $U_1=100$ V 左右，读取电压表 PV2 的数值 U_2，用万用表测取 U1 与 u1 两端的电压 U_{12}，将结果记录于表 2-11 中。

表 2-11　测定单相变压器的极性和连接组

测量数据			数据分析结果
U_1(V)	U_2(V)	U_{12}(V)	同名端：U1⟵⟶__
			连接组别：Ii____

若 $U_{12}=U_1-U_2$，则端点 U1 与 u1 为同名端，属于 Ii0 连接组；若 $U_{12}=U_1+U_2$，则端点 U1 与 u2 为同名端，属于 Ii6 连接组。

三、测定三相变压器 Yy 接法的连接组

1. 绘制检验三相变压器 Yy0 连接组的电路图

测试三相变压器 Yy0 连接组的参考电路，如图 2-52 所示。

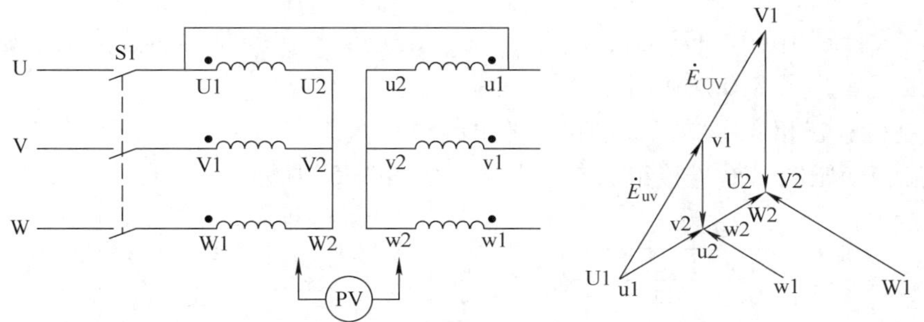

图 2-52　检验三相变压器 Yy0 连接组的电路图和电动势相量图

2. 连接 Yy0 接法连接组的电路图

按照所绘制的电路图连接交流电源、三相变压器组和开关。将一次绕组和二次绕组的两个首端用导线连在一起，成为等电位点，如图 2-53 所示。接通交流电源前，将电源输出电压调到最小位置。

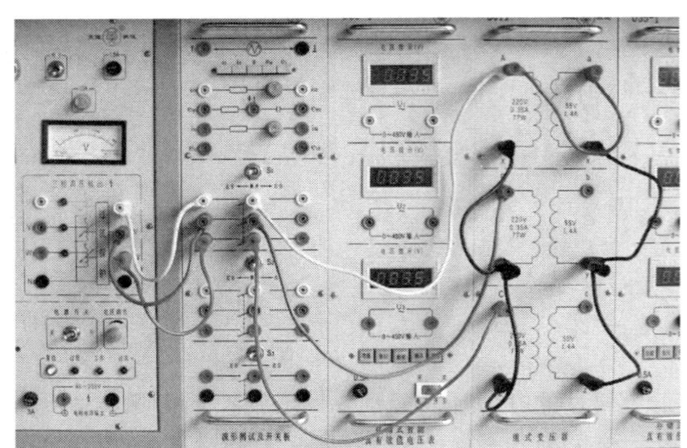

图 2-53　检验三相变压器 Yy0 接法连接组的工作接线

3. 通电测试三相变压器 Yy0 连接组

先闭合电源开关 S1，接通三相交流电源，再慢慢升高电压直至 U_{1N}，用万用表测取 U_{U1V1}、U_{u1v1}、U_{V1v1}、U_{W1w1} 及 U_{V1w1}，并将结果记录于表 2-12 中。

表 2-12　测试三相变压器 Yy0 连接组

实验数据					计算数据			
U_{U1V1} (V)	U_{u1v1} (V)	U_{V1v1} (V)	U_{W1w1} (V)	U_{V1w1} (V)	$K_L=\dfrac{U_{U1V1}}{U_{u1v1}}$	U_{V1v1} (V)	U_{W1w1} (V)	U_{V1w1} (V)

根据 Yy0 连接组的电动势相量图可知：

$$U_{V1v1}=U_{W1w1}=(K_L-1)U_{u1v1}$$

$$U_{V1w1}=U_{u1v1}\sqrt{K_L^2-K_L+1}$$

式中，$K_L=\dfrac{U_{U1V1}}{U_{u1v1}}$为线电压之比。

若用两式计算出的电压 U_{V1v1}、U_{W1w1}、U_{V1w1} 的数值与实验测得的数值基本相等，则表示绕组连接正确，属 Yy0 连接组。

4. 绘制检验三相变压器 Yy6 连接组的电路图

测试三相变压器 Yy6 连接组的参考电路，如图 2-54 所示。

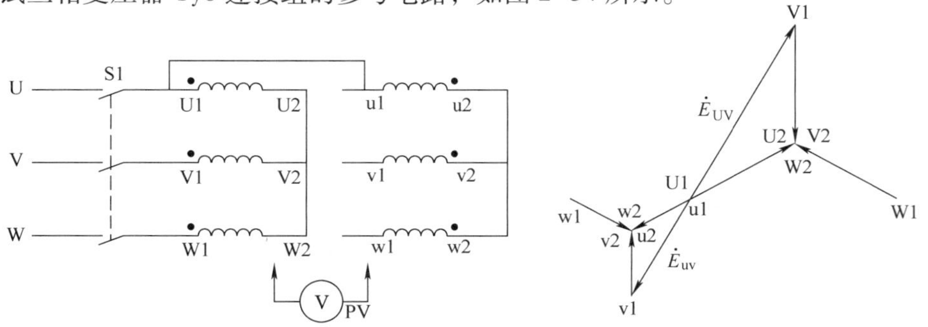

图 2-54　检验三相变压器 Yy6 连接组的电路图和电动势相量图

5. 接线并通电测试三相变压器 Yy6 连接组

与测试 Yy0 连接组一样，按照绘制的电路图接线，接通交流电源后，用万用表测量 U_{U1V1}、U_{u1v1}、U_{V1v1}、U_{W1w1} 及 U_{V1w1} 的电压值，并将结果记录于表 2-13 中。注意万用表的量程，从相量图可知，Yy6 连接组测得的电压值较高。

表 2-13　测试三相变压器 Yy6 连接组

实验数据					计算数据			
U_{U1V1}（V）	U_{u1v1}（V）	U_{V1v1}（V）	U_{W1w1}（V）	U_{V1w1}（V）	$K_L=\frac{U_{U1V1}}{U_{u1v1}}$	U_{V1v1}（V）	U_{W1w1}（V）	U_{V1w1}（V）

根据 Yy6 连接组的电动势相量图可知：

$$U_{V1v1}=U_{W1w1}=(K_L+1)U_{u1v1}$$

$$U_{V1w1}=U_{u1v1}\sqrt{K_L^2+K_L+1}$$

若用两式计算出的电压 U_{V1v1}、U_{W1w1}、U_{V1w1} 的数值与实验测得的数值基本相等，则表示绕组连接正确，属 Yy6 连接组。

四、测定三相变压器 Yd 接法的连接组

1. 绘制检验三相变压器 Yd11 连接组的电路图

测试三相变压器 Yd11 连接组的参考电路，如图 2-55 所示。

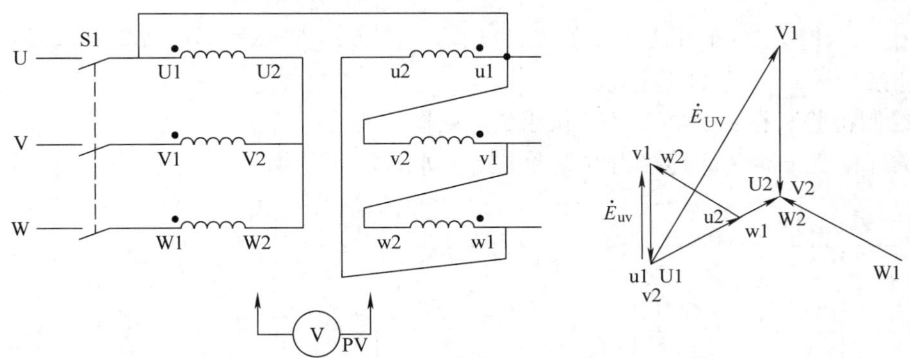

图 2-55　检验三相变压器 Yd11 连接组的电路图和电动势相量图

2. 连接 Yd11 接法连接组的工作电路

按照所绘制的电路图连接交流电源、三相变压器组和开关。将一次绕组和二次绕组的两个首端用导线连在一起，成为等电位点，如图 2-56 所示。接通交流电源前，将电源输出电压调到最小位置。

3. 通电测试三相变压器 Yd11 连接组

先闭合电源开关 S1，接通三相交流电源；再慢慢升高电压直至 U_{1N}，用万用表测取 U_{U1V1}、U_{u1v1}、U_{V1v1}、U_{W1w1} 及 U_{V1w1}，并将结果记录于表 2-14 中。

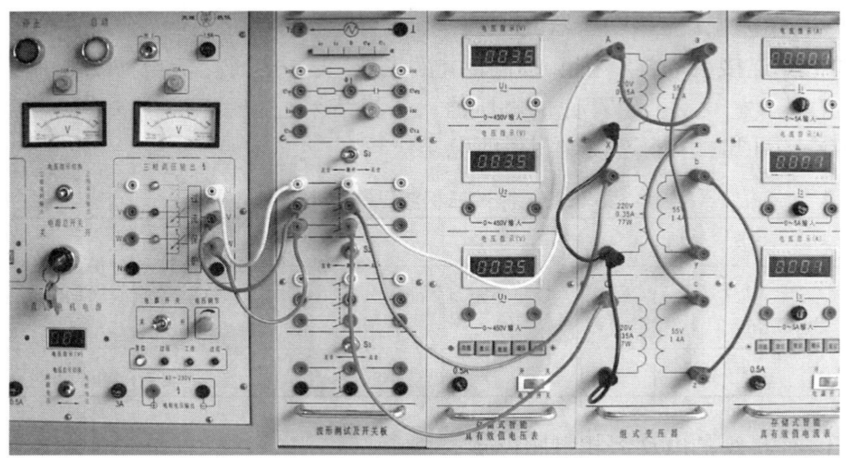

图 2-56　检验三相变压器 Yd11 接法连接组的工作接线

表 2-14　测试三相变压器 Yd11 连接组

实验数据					计算数据			
U_{U1V1}（V）	U_{u1v1}（V）	U_{V1v1}（V）	U_{W1w1}（V）	U_{V1w1}（V）	$K_L=\dfrac{U_{U1V1}}{U_{u1v1}}$	U_{V1v1}（V）	U_{W1w1}（V）	U_{V1w1}（V）

根据 Yd11 连接组的电动势相量图可知：

$$U_{V1v1}=U_{W1w1}=U_{V1w1}=U_{u1v1}\sqrt{K_L^2-\sqrt{3}K_L+1}$$

若用上式计算出的电压 U_{V1v1}、U_{W1w1}、U_{V1w1} 的数值与实验测得的数值基本相等，则表示绕组连接正确，属 Yd11 连接组。

4. 绘制检验三相变压器 Yd5 连接组的电路图

测试三相变压器 Yd5 连接组的参考电路，如图 2-57 所示。

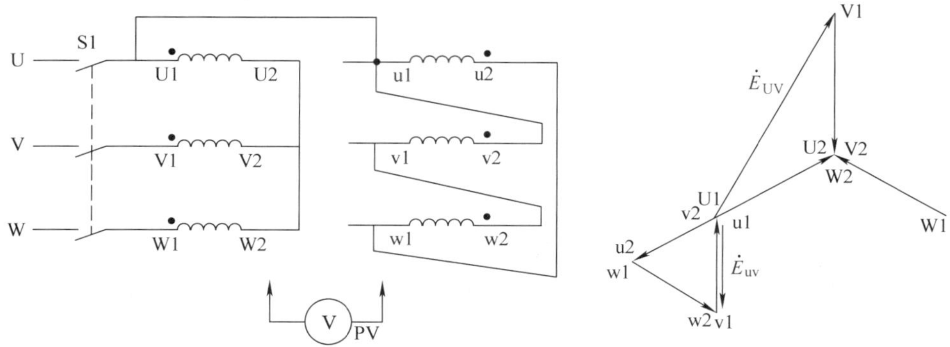

图 2-57　检验三相变压器 Yd5 连接组的电路图和电动势相量图

5. 接线并通电测试三相变压器 Yd5 连接组

与测试 Yd11 连接组一样，按照绘制的电路图接线，接通交流电源后，用万用表测量 U_{U1V1}、U_{u1v1}、U_{V1v1}、U_{W1w1} 及 U_{V1w1} 的电压值，并将结果记录于表 2-15 中。注意万用表的量程，从相量图可知，Yd5 连接组测得的电压值较高。

表 2-15　测试三相变压器 Yd5 连接组

实验数据					计算数据			
U_{U1V1}（V）	U_{u1v1}（V）	U_{V1v1}（V）	U_{W1w1}（V）	U_{V1w1}（V）	$K_L=\frac{U_{U1V1}}{U_{u1v1}}$	U_{V1v1}（V）	U_{W1w1}（V）	U_{V1w1}（V）

根据 Yd5 连接组的电动势相量图可知

$$U_{V1v1}=U_{W1w1}=U_{V1w1}=U_{u1v1}\sqrt{K_L^2+\sqrt{3}K_L+1}$$

若用上式计算出的电压 U_{V1v1}、U_{W1w1}、U_{V1w1} 的数值与实验测得的数值基本相等，则表示绕组连接正确，属 Yd5 连接组。

1. 变压器必须接入可调交流电源，不可直接施加额定电源电压。

2. 在检验三相变压器 Yd 接法的连接组时，特别要注意△接法的正确性，否则有引起短路的危险。可以把△接法的三相绕组先接成开口的△，慢慢升高电压，用电压表测试开口处的电压值，当电压值为零时，就可以确定△接法是正确的。

3. 在任务过程中，应注意电压表量程的选择。特别是在测试 Yy6 和 Yd5 连接组的变压器时，测得的电压值会很高。

4. 每次更改接线时，都要在断电的情况下进行，不允许带电操作。

总结测评

一、总结报告

1. 绘制任务的电路图。
2. 记录任务实施的过程、现象和数据结果。
3. 小结、体会和建议。

二、任务测评（见表 2-16）

表 2-16　任务实施考核评分记录表

序号	考核内容	考核要求	配分	得分
1	任务实施的准备	预习任务的内容	10	
2	仪器、仪表的使用	正确使用万用表、电压表、实验台等设备	10	

续表

序号	考核内容	考核要求	配分	得分
3	变压器的接线	电路绘制正确，接线速度快	20	
4	测试变压器的 Yy 连接组	通电运行一次成功，操作规范，数据测量正确	30	
5	测试变压器的 Yd 连接组	操作规范，数据测量正确	30	
6	合计得分		100	
7	否定项	发生重大责任事故、严重违反教学纪律者得 0 分		

指导教师签名________________　　　　　　　　　　　　日期________________

任务 4　特种变压器的应用

学习目标

1. 了解自耦变压器的特点和应用场合。
2. 熟悉电压互感器和电流互感器的用途及使用注意事项。
3. 了解电焊变压器的性能和结构特点。

任务引入

在一些特殊场合对变压器会有一些特殊要求。将普通变压器的结构和性能做一定改进以适应不同的要求，就形成了特种变压器。电气技术人员在进行电气设备试验时，经常会用到根据自耦变压器原理做成的调压变压器；在测量高电压和大电流时，往往要借助于电压互感器和电流互感器；电焊变压器（即交流电焊机）也是人们常见的电气作业工具，因此，学习特种变压器的相关知识和了解使用注意事项是很有必要的。本任务将主要学习自耦变压器、互感器、电焊变压器的基本结构、工作原理、性能特点和使用注意事项。

相关知识

一、自耦变压器

1. 自耦变压器的特点

普通变压器的一次绕组与二次绕组在电路上是相互独立的，而自耦变压器的一次绕组与二次绕组共用一个绕组，二次绕组是从一次绕组中抽头而来。所以自耦变压器的一次绕组与二次绕组之间不仅有磁的耦合，电路还互相连通，如图 2-58 所示。

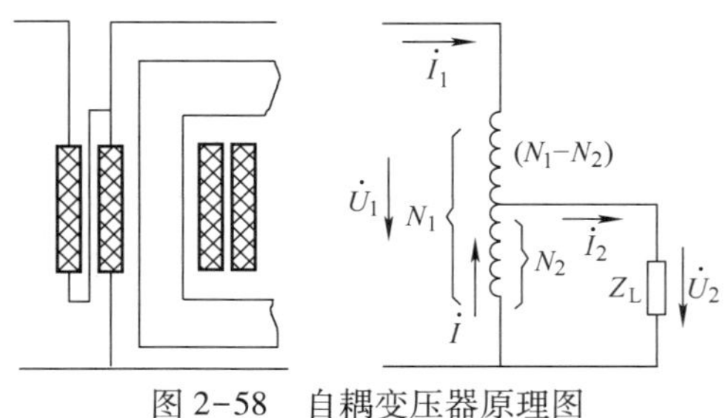

图 2-58　自耦变压器原理图

2. 自耦变压器的电磁关系

自耦变压器是个单绕组变压器，与普通双绕组变压器有着类似的电磁关系。自耦变压器中一次绕组与二次绕组的电压、电动势与磁通的关系分别为：

$$U_1 \approx E_1 = 4.44fN_1\Phi_m$$
$$U_2 \approx E_2 = 4.44fN_2\Phi_m$$

自耦变压器的变比为：

$$K = \frac{E_1}{E_2} = \frac{N_1}{N_2} \approx \frac{U_1}{U_2} \approx \frac{I_2}{I_1}$$

因此，改变绕组的抽头位置，就可以在输出端得到所需的电压。

自耦变压器中的公共绕组是它独有的结构。按照图 2-58 所示的参考方向，公共绕组中的电流 $\dot{I}$ 为二次侧电流与一次侧电流之差：

$$\dot{I} = \dot{I}_2 - \dot{I}_1$$

根据变压器磁势平衡方程式，比较负载与空载时的情况可得：

$$\dot{I}_1(N_1 - N_2) - \dot{I}N_2 = \dot{I}_0 N_1$$

将 $\dot{I} = \dot{I}_2 - \dot{I}_1$ 的关系代入上式，整理后可得：

$$\dot{I}_1 N_1 - \dot{I}_2 N_2 = \dot{I}_0 N_1$$

若忽略空载磁动势，则可得：

$$\dot{I}_1 = \frac{1}{K}\dot{I}_2$$

上式说明，自耦变压器的输入、输出电流和普通双绕组变压器一样，也与匝数成反比，按照图 2-58 所示的参考方向，相位基本一致。

当自耦变压器的变比 K 接近于 1 时，$\dot{I}_2$ 与 $\dot{I}_1$ 相差不大，公共绕组中的电流 $\dot{I}$ 很小。所以，这部分绕组可以用较细的导线绕制，达到节约材料、减小体积、减轻质量的目的。

3. 自耦变压器的功率关系

自耦变压器的电流 $\dot{I}_2 = \dot{I}_1 + \dot{I}$，因此，其输出的视在功率为：

$$S_2 = U_2 I_2 \approx U_2(I_1 + I) = U_2 I_1 + U_2 I$$

从上式可知，自耦变压器的输出功率由两部分组成，其中 U_2I_1 部分是由相互连通的电路直接传递，称为传导功率，这是自耦变压器中特有的；另一部分 U_2I 则是由电磁感应传递，称为电磁功率。自耦变压器的输出功率不是全部通过磁耦合关系从一次侧得到，而是有一部分功率直接从电源得到，这是自耦变压器的特点。

4. 自耦变压器的优缺点

自耦变压器的优点是：与同容量的普通变压器相比，自耦变压器的体积较小，可以节省材料，减少损耗，提高效率。理论分析和实际测试都可以证明：当变比 K 接近 1 时，自耦变压器的优点是显著的；而变比大于 2 时，优点就不明显了。所以实际使用的自耦变压器，其变比一般在 1.2~2 的范围内。

自耦变压器的缺点是：由于一次侧与二次侧的电路直接联系，使高压侧的电气故障会波及低压侧。例如，当高压绕组绝缘损坏时，高电压会直接传到低压绕组；当公共绕组断路时，输入与输出电压是相等的。所以低压侧的电气设备也要具备高压侧的绝缘等级。因此规定自耦变压器不能用作安全照明变压器。

5. 自耦变压器的应用场合

自耦变压器不但可以用来降压，还可以用来升压。

自耦变压器主要用于连接两个电压接近的大电网，用一个体积较小的自耦变压器就可以传递大功率的电能。大容量的交流电动机启动时，用自耦变压器降压可以达到减小启动电流的目的。把自耦变压器绕组的中间抽头做成滑动触头，就可以构成自耦调压器。

6. 单相自耦调压器的使用注意事项

实验室中广泛使用的单相自耦调压器输入电压为 220 V，输出电压可在 0~250 V 之间调节。使用时，要求把输入、输出的公共端 U2 和 u2 接零线，输入接线端 U1 和 U2 接电源，输出接线端 u1 和 u2 接负载，如图 2-59 所示。如果接成图 2-60 所示的形式，即使输出电压为零，输出端对地电压仍是 220 V，操作者不小心碰到公共端 u2 端也会触电。此外，自耦调压器接电源之前，一定要调到零位。

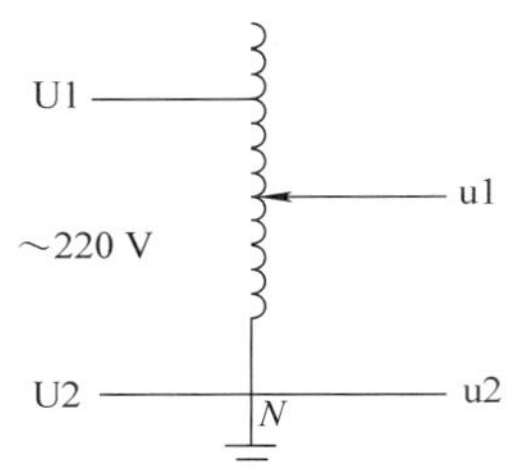

图 2-59　自耦变压器的正确接法

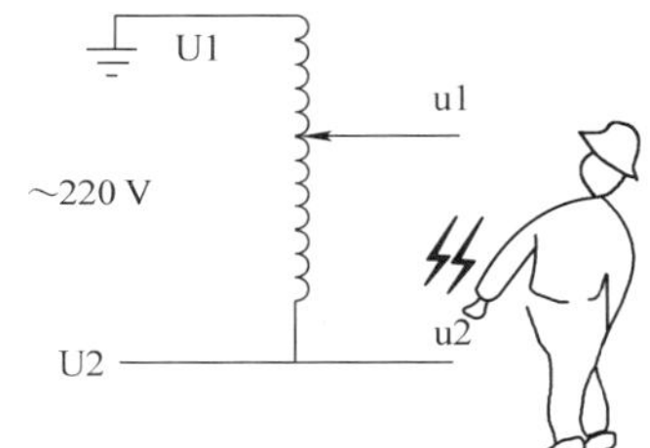

图 2-60　自耦变压器的错误接法

二、仪用互感器（互感器）

专门用于测量的变压器称为仪用互感器，简称互感器。使用互感器测量有许多优点，主要是：可以使测量仪表与高电压或大电流电路隔离，保证仪表和人员的安全；可以扩大仪表的量程，便于测量高电压、大电流；便于测量仪表标准化、小型化；可以减少测量中的能量损耗，提高测量的准确度。因此，在交流电压、电流和电能的测量中，以及各种保护和控制电路中，互感器的应用相当广泛。根据用途不同，互感器可以分为电压互感器和电流互感器两种，下面分别介绍它们的工作原理和使用方法。

1. 电压互感器

电压互感器相当于一台小型的降压变压器。它的一次绕组匝数很多，二次绕组匝数较少。工作时，一次绕组并联在需要测量电压的电路上，二次绕组接在电压表或功率表的电压线圈上。图 2-61 所示是电压互感器的原理接线图。

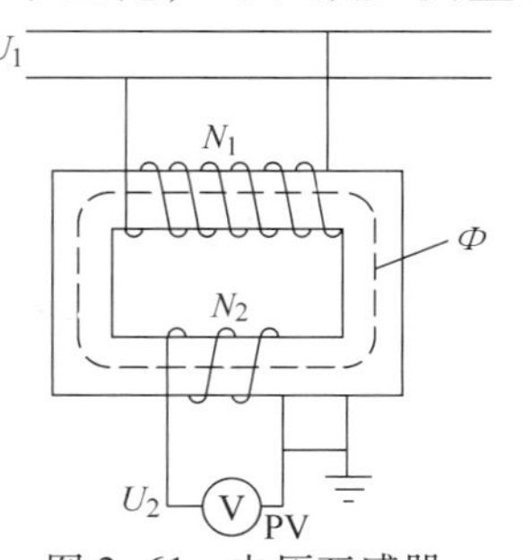

图 2-61　电压互感器原理接线图

由于电压互感器二次绕组接阻抗很大的电压线圈，工作时相当于变压器的空载运行状态。设一次绕组匝数为 N_1，二次绕组匝数为 N_2，可得电压互感器运行时的输入、输出电压关系为：

$$\frac{U_1}{U_2}\approx\frac{N_1}{N_2}=K_u$$

即

$$U_1\approx K_u U_2$$

式中　K_u ——电压互感器的电压变比。

上式说明，电压互感器利用一次绕组匝数 N_1 大于二次绕组匝数 N_2 的关系，可以将高电压 U_1 成正比地转换为低电压 U_2，以便采用低压仪表测量。对于一块常用的电压表，选配一个合适电压变比 K_u 的电压互感器，就可适应测量不同电压的线路。

一般电压互感器二次绕组的额定电压为 100 V，电压变比的范围 $K_u=1\sim5\ 000$。这样，一个 100 V 的电压表，最大的测量范围可到 500 000 V。

电压互感器有两种误差：一为电压变比误差，二为相位角误差。按电压变比相对误差的大小，电压互感器的精度可分为 0.2、0.5、1.0 和 3.0 四个等级。

使用电压互感器时，必须注意下列事项：

（1）电压互感器运行时，二次绕组绝不允许短路。否则短路电流过大，会使电压互感器烧坏。为此在电压互感器的二次侧电路中应串联熔断器，作为短路保护。

（2）电压互感器的铁心和二次绕组的一端必须可靠接地，以保证安全。以防一次侧的高压绕组绝缘损坏时，铁心和二次绕组带高压造成人员触电事故。

（3）电压互感器二次侧所接电压线圈的阻抗值不能过小，否则将使测量精度降低。

2. 电流互感器

测量高压线路里的电流或测量大电流时，通常采用电流互感器。电流互感器一次绕组的匝数很少，只有一匝或几匝，它串联在被测电路中，流过被测电流，如图 2-62 所示。由于电流互感器的负载是仪器仪表的电流线圈，这些线圈的阻抗都很小，所以电流互感器相当于一台小型升压短路运行的变压器。将二次绕组的匝数 N_2 与一次绕组的匝数 N_1 之比称为电流互感器的电流变比 K_i，则有：

$$\frac{I_1}{I_2}\approx\frac{N_2}{N_1}=K_i$$

即

$$I_1\approx K_i I_2$$

上式表明，电流互感器利用一次绕组与二次绕组不同的匝数关系，可将线路上的大电流成正比地变为小电流来测量。即知道电流表的读数 I_2，再乘以电流变比 K_i，就是被测电流 I_1。

一般电流互感器二次绕组的额定电流为 5 A，电流变比的范围 $K_i=1\sim5\ 000$。这样，一个 5 A 的电流表最大的测量范围可到 25 000 A。

由于电流互感器工作时存在励磁电流分量，因此，电流互感器也存在两种误差：电流变比误差和相位角误差。按电流变比相对误差的百分值，电流互感器的精度可分成 0.2、0.5、1.0、3.0 和 10.0 五个等级。

使用电流互感器时，必须注意下列事项：

（1）电流互感器工作时二次绕组不许开路，因为开路时 $I_2=0$，二次绕组会失去去磁作用，一次绕组磁动势 I_1N_1 将全部用来产生磁通，使铁心中磁通密度剧增。这样，一方面铁心损耗剧增，铁心严重过热，有烧坏绕组绝缘的可能；另一方面二次绕组中也会产生很高的电压，有时可达数千伏以上，有击穿绕组绝缘的可能，都会危及测量人员安全。为此，在电流互感器的二次绕组电路中，绝不允许装熔断器。在运行中若要拆换电流表，应先将二次绕组短路后再进行。

（2）二次绕组的一端和铁心必须可靠接地，以免互感器绝缘损坏时一次线路中的高压进入二次侧发生危险。

（3）二次绕组回路串联的电流线圈阻抗值不得超过允许值，以免降低测量精度。

电工常用的钳形电流表实际上就是电流互感器与电流表的组合，如图 2-63 所示。其原理是通过改变二次线圈的匝数，得到不同的测量量程。

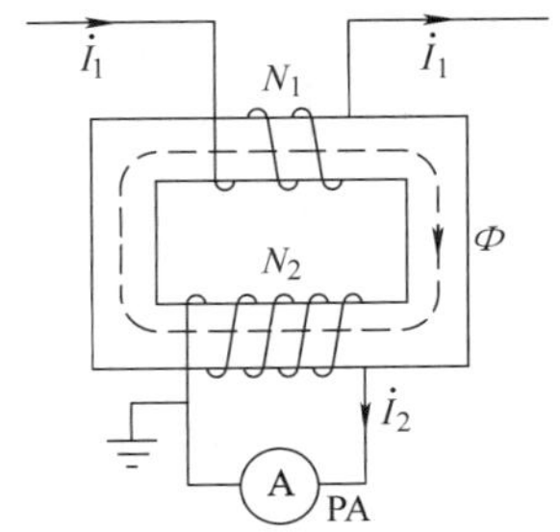

图 2-62　电流互感器原理接线图

图 2-63　钳形电流表

三、电焊变压器

交流电焊机由于结构简单、成本低廉、制造容易、使用和维护方便而得到广泛的应用。它实质上就是一台具有特殊外特性的降压变压器，故又称为电焊变压器。

1. 电焊变压器的性能特点

为了保证焊接的工艺质量，对电焊变压器有以下几方面的技术要求：

（1）空载时，具有 60～75 V 的输出电压 U_{20}，以保证容易起弧。但为了操作者的安全，最高电压一般不得超过 85 V。

（2）负载时，应具有电压迅速下降的外特性，如图 2-64 所示。在额定负载时的输出电压 U_2 约为 30 V。

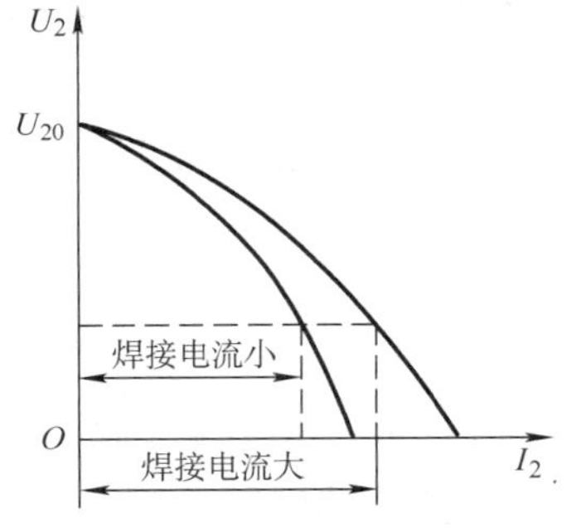

图 2-64　电焊变压器外特性

（3）短路时，其短路电流不应过大。

（4）为了焊接不同的工件和使用不同的电焊条，要求焊接电流能在一定的范围内可调。

2. 电焊变压器的结构

为了满足电焊机使用的工艺要求，电焊变压器必须具有较大的漏电抗，而且可以调节。因此，电焊变压器的结构特点是：一次绕组和二次绕组不是同心地套在一起，而是分装在两个铁心柱上；再用磁分路或串联可变电抗器等方法来调节漏电抗的大小，以获得不同的外特性。常用的电焊变压器按结构不同可分为动铁心磁分路电焊变压器和串联可变电抗器的电焊变压器，如图 2-65 所示。

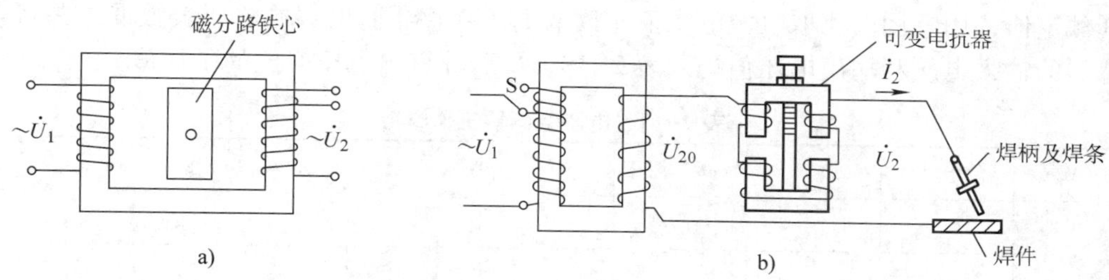

图 2-65 常用电焊变压器结构
a）磁分路电焊变压器 b）串联可变电抗器电焊变压器

（1）磁分路结构电焊变压器 带磁分路结构的电焊变压器，在一次绕组和二次绕组的两个铁心柱之间安装了一个可以移动的磁分路铁心。由于磁分路铁心的存在，增加了变压器中的漏磁通，增大了漏电抗，从而使变压器获得了电压迅速下降的外特性。通过电焊变压器外部的手柄来调节螺杆，使磁分路铁心移进或移出，即漏电抗增大或减小，从而改变焊接电流的大小。另外，还可以通过改变二次绕组抽头的位置调节起弧电压的大小。通常将改变二次绕组抽头位置的方法称为粗调，转动手柄使磁分路铁心移进或移出的方法称为细调。

（2）串联可变电抗器的电焊变压器 串联可变电抗器的电焊变压器，在二次绕组中串联了一个可变电抗器，通过螺杆的调节可以改变可变电抗器的铁心气隙，从而调节焊接电流的大小。可变电抗器的气隙增大时，电抗器的电感量减小，电抗值减小，焊接电流增大；反之，若气隙减小，电抗器的电抗值增大，焊接电流变小。另外，改变一次绕组的接线端头，可以调节起弧电压的大小。通常将改变一次绕组的接线端头的方法称为粗调，转动手柄调节可变电抗器的铁心气隙的方法称为细调。

任务实施

一、任务准备

在学习互感器的使用过程中，需用到表 2-17 所示的工具、仪器和设备。

表 2-17 任务实施需用到的工具、仪器和设备

序号	名称	型号规格	数量
1	单相交流可调电源	0~242 V	1 个
2	电压互感器	500 V/100 V	1 个
3	电压表	500 V	1 块
4	万用表	MF47 型或自选	1 块
5	导线	实验专用	若干

二、测试电压互感器的工作参数

参照图 2-61 连接电压互感器的工作电路，调节单相交流电源，逐渐增加输出电压，直到额定值，用万用表测取电源电压值，读取电压互感器输出端的电压表数据，并将电压互感器的输入电压和输出电压值记入表 2-18，最后计算出电压变比的平均值。

表 2-18　电压互感器工作参数

U_1(V)								
U_2(V)								
K_U								

1. 电压互感器必须接入可调交流电源，不可直接施加电源电压。要在断电的情况下进行接线，绝不允许带电操作。
2. 务必注意电压互感器的二次侧不得短路。
3. 在任务过程中，应注意万用表和电压表量程的选择。

总结测评

一、总结报告

1. 绘制任务的电路图。
2. 记录任务实施的过程、现象和数据结果。
3. 小结、体会和建议。

二、任务测评（见表 2-19）

表 2-19　任务实施考核评分记录表

序号	考核内容	考核要求	配分	得分
1	任务实施的准备	预习任务的内容	10	
2	仪器、仪表的使用	正确使用万用表、电压表、实验台等设备	20	
3	互感器的接线	电路绘制正确，接线速度快	30	
4	测试互感器的工作电压	通电运行一次成功，操作规范，数据测量正确	40	

续表

序号	考核内容	考核要求	配分	得分
5	合计得分		100	
6	否定项	发生重大责任事故、严重违反教学纪律者得0分		

指导教师签名________________　　　　日期________________

任务5　变压器的维护与故障分析处理

学习目标

1. 了解变压器检查、维护的项目和内容。
2. 熟悉变压器常见故障的分析处理方法。

任务引入

为了保证变压器能够安全可靠地运行，在变压器发生异常情况时，必须及时发现事故苗头，做出相应处理，将故障消除在萌芽状态，达到防止严重故障出现的目的。因此，对变压器应该定期巡回检查，严格监视其运行状态，并做好数据记录。变压器一旦出现故障，就需要对故障现象进行分析判断，找出故障点以及产生故障的原因，及时有效地处理各种问题。

相关知识

一、变压器的维护

1. 检查变压器工作时的声音是否正常。变压器的正常声音应是均匀的“嗡嗡”声。如果声音较正常时大，说明变压器过负荷；如果声音尖锐，说明电源电压过高。

2. 检查变压器油的温度是否超过允许值。油浸式变压器上层油的温度一般不应该超过85 ℃，最高不能超过95 ℃。油温过高可能是由变压器过负荷引起的，也可能是变压器内部存在故障。

3. 检查油枕及气体继电器的油位和油色，检查各密封处有无渗油和漏油现象。油面过高，可能是冷却装置运行不正常或变压器内部故障等所引起的；油面过低，则可能有渗油、漏油现象。变压器油正常时应为透明略带浅黄色，如油色变深变暗，则说明油质变坏。

4. 检查瓷套管是否清洁，有无破损裂纹和放电痕迹。检查高低压接头的螺栓是否紧固，有无接触不良和发热现象。

5. 检查防爆膜是否完整无损。检查吸湿器是否畅通，硅胶是否吸湿饱和。

6. 检查接地装置是否正常。

7. 检查冷却、通风装置是否工作正常。

8. 检查变压器及其周围有无影响安全运行的异物（如易燃、易爆物等）和异常现象。

在巡查中发现的异常情况，应记入专用记录本内，重要情况应及时汇报上级，请示处理。

二、变压器常见故障分析处理

变压器在运行过程中，可能会发生各种不同的故障，而造成变压器故障的原因是多方面的，要根据具体情况进行细致分析，并加以恰当处理。变压器常见的故障主要有绕组故障、铁心故障及分接开关、瓷套管故障等。其中，变压器绕组故障最多，占变压器故障的60%~70%。绕组故障主要有匝间（或层间）短路、对地击穿和线圈相间短路等。其次是铁心故障，约占15%，铁心故障主要有铁心片间绝缘损坏、铁心片局部短路或局部熔毁、硅钢片有不正常的响声或噪声等。表2-20列出了变压器常见故障及处理方法。

表2-20 变压器常见故障及处理方法

故障种类	故障现象	故障可能的原因	检查处理方法
绕组短路	（1）变压器异常发热 （2）油温升高 （3）油发出“咝咝”声 （4）一次侧电流增大 （5）高压熔丝熔断 （6）油枕盖有黑烟 （7）气体继电器动作	（1）绕组匝间绝缘老化或损坏 （2）变压器油中含有水分及腐蚀性杂质 （3）外部短路过载等所产生的电磁力使绕组产生机械变形而使绝缘损坏	（1）吊出器身，外观检查 （2）用电桥测量直流电阻 （3）在绕组上施加10%~20%额定电压做空载试验，冒烟处即为短路点 （4）局部修补或更换绕组
绕组开路	（1）断线处有电弧使变压器内有放电声 （2）断线的相没有电流	（1）导线接头焊接不良、出线焊接不良 （2）雷击造成断线 （3）安装瓷套管时引线扭断	（1）用电桥测量三相绕组直流电阻 （2）吊出器身检查找出断线处 （3）重新接线或更换绕组
绕组对地击穿或相间短路	（1）过电流保护装置动作 （2）安全气道爆破、喷油 （3）气体继电器动作 （4）无安全气道与气体继电器的小型变压器油箱变形受损	（1）绝缘因老化而有破裂、折断等严重缺陷 （2）绝缘油受潮，使绝缘能力严重下降 （3）短路时过热造成绕组变形损坏 （4）过电压引起绝缘击穿 （5）引线随导电杆转动造成接地	（1）吊出器身检查 （2）用兆欧表测量绕组对油箱的绝缘电阻 （3）立即停止运行，更换绕组 （4）过滤或更换变压器油 （5）修复或更换导线

续表

故障种类	故障现象	故障可能的原因	检查处理方法
铁心片间绝缘损坏	（1）空载损耗大 （2）高压熔丝熔断 （3）油温升高 （4）油色变深	（1）剧烈振动使片间绝缘损坏 （2）铁心片间绝缘老化或局部损坏 （3）夹紧铁心的穿心螺杆与铁心间绝缘老化造成短路而发热，引起局部熔毁 （4）铁心两点接地形成涡流通路，使铁心局部发热严重	（1）吊出器身，查看铁心及绝缘损坏情况 （2）对熔化不严重的铁心，可将故障部位刮平，再涂上绝缘漆 （3）若烧熔严重，应送修理厂处理；消除多余接地点
铁心松动	铁心片间有异常响声	（1）铁心叠片中有多片或缺片 （2）铁心的紧固件松动 （3）铁心油道内或夹件下有未夹紧的自由端 （4）铁心局部短路或熔毁 （5）铁心片间有杂物或接缝处两边弯曲	（1）吊出器身判断声响或噪声的部位 （2）夹紧夹件或重新叠片
分接开关触头熔化与灼伤	（1）油温升高 （2）高压熔丝熔断 （3）触头表面产生放电声	（1）开关装配不当，造成接触不良 （2）弹簧压力不够	（1）停电后，转换开关，看是否灵活，接触是否良好 （2）调整或更换弹簧
分接开关相间触头放电	（1）高压熔丝熔断 （2）油枕盖冒烟 （3）变压器油发出“咕嘟”声 （4）气体继电器动作，安全气道爆破	（1）过电压引起 （2）变压器油内有水分 （3）螺钉松动，接触不良 （4）变压器有灰尘或受潮	（1）查看电压表，检查是否过电压 （2）过滤或更换变压器油 （3）检查螺钉的紧固状况 （4）清扫及干燥
套管对地击穿	高压熔丝熔断	（1）瓷套管有隐蔽的裂纹或有碰伤 （2）瓷套管表面污物严重	（1）仔细观察判断，处理或更换 （2）清除污物．更换瓷套管
套管间放电	高压熔丝熔断	套管间有杂物	仔细观察判断，处理或更换
气体继电器不动作	发生严重故障时不动作	（1）上下油杯不灵活 （2）干簧接点的通断不正常 （3）干簧接点有粘住现象 （4）接线板及接线柱间绝缘损坏 （5）接线板、放油口、试验顶杆和两端法兰处有漏油现象	（1）检查上下开口杯转动是否灵活 （2）检查触点是否能接通 （3）干簧接点是否粘住 （4）找出故障点，进行修复 （5）检查有无漏油现象并修复
变压器油变质	变压器油色变暗	（1）变压器故障引起油分解 （2）变压器油长期受热氧化严重，油质恶化	（1）观察油的颜色或取油检查，处理或更换 （2）过滤或换油

任务实施

一、任务准备

在学习变压器故障分析处理的过程中，需用到表 2-21 所示的工具、仪器和设备。

表 2-21　任务实施需用到的工具、仪器和设备

序号	名称	型号规格	数量
1	单相交流可调电源	0~242 V	1 个
2	单相变压器	220 V/55 V	1 台
3	兆欧表	500 V	1 只
4	万用表	MF47 型或自选	1 块
5	导线	实验专用	若干

二、检修变压器的常见故障

在图 2-22 所示单相变压器的工作电路中，由一位同学设置若干隐蔽故障，例如交流电源熔断器断开、一次绕组接线端接触不良、二次绕组接线端接触不良、负载电阻接线端接触不良、一次绕组短路、二次绕组短路、绕组对地短路、铁心对地短路等。由另外一位同学根据故障现象判断原因，修复故障，实现变压器的正常运行。两位同学交换角色后，重复一遍。

1. 变压器使用和检修过程中严禁带电作业，务必注意用电安全。
2. 变压器必须接到单相交流调压电源中，不许直接接额定电压。
3. 施加到变压器的电压要逐渐增加，防止发生突然短路事故。
4. 检查变压器的工作电路时，务必注意万用表的挡位和量程。
5. 兆欧表的工作电压较高，务必注意安全。

总结测评

一、总结报告

1. 绘制任务的电路图。

2. 记录任务实施的过程、现象和数据结果。根据故障现象分析判断故障原因，最后必须实现变压器的正常运行。

3. 小结、体会和建议。

二、任务测评（见表 2-22）

表 2-22　任务实施考核评分记录表

序号	考核内容	考核要求	配分	得分
1	任务实施的准备	预习任务的内容	10	
2	仪器、仪表设备的使用	正确使用万用表、转速表、实验台等设备	20	
3	变压器故障的设置	动作快，故障设置正确	30	
4	故障分析和处理能力	故障分析思路正确，修复故障速度快，通电运行一次成功	40	
5	合计得分		100	
6	否定项	发生重大责任事故、严重违反教学纪律者得 0 分		

指导教师签名________________　　日期________________

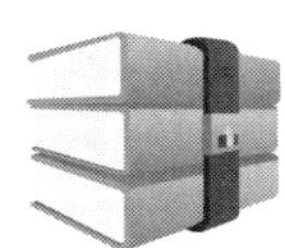

课题三　交流电机的应用

任务1　认识三相异步电动机

学习目标

1. 了解三相异步电动机的特点、用途和分类。
2. 认识三相异步电动机的外形和内部结构，熟悉各部件的作用。
3. 了解三相异步电动机铭牌中型号和额定值的含义，掌握额定值的简单计算。
4. 熟悉三相异步电动机的工作原理。
5. 学会三相异步电动机的检测、接线和简单操作使用。

任务引入

现代各种生产机械都广泛使用电动机来拖动。由于现代电网普遍采用三相交流电，而三相异步电动机又比直流电动机有更好的性价比，因此，三相异步电动机比直流电动机使用得更广泛。三相异步电动机的外形如图3-1所示。在工矿企业的电力拖动生产设备中，三相异步电动机是所有电动机中应用最广泛的一种。据有关资料统计，现在电网

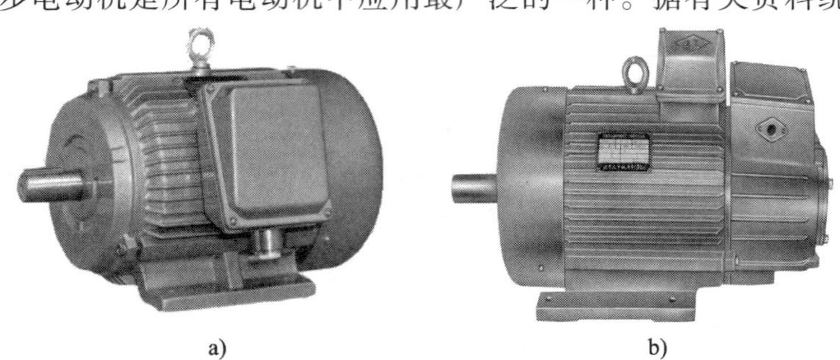

a)　　　　b)

图3-1　三相异步电动机的外形

a）Y系列三相异步电动机　b）YZR系列三相异步电动机

中的电能 2/3 以上是由三相异步电动机消耗的，而且工业越发达，现代化程度越高，其比例也越大。本任务主要介绍常用三相异步电动机的性能特点、基本结构、铭牌数据、工作原理以及额定值的计算方法，并学习三相异步电动机的接线方法和简单操作技能。

相关知识

一、三相异步电动机的特点和用途

三相异步电动机具有结构简单、工作可靠、价格低廉、维护方便、效率较高、体积小、质量轻等一系列优点。与同容量的直流电动机相比，三相异步电动机的质量和价格约为直流电动机的 1/3。三相异步电动机的缺点是功率因数较低，启动和调速性能不如直流电动机。因此，三相异步电动机广泛应用于对调速性能要求不高的场合，特别是在中小企业中，例如普通机床、起重机、生产线、鼓风机、水泵以及各种农副产品的加工机械等，如图 3-2 所示。

a)　b)　c)　d)

图 3-2　三相异步电动机的应用

a）普通车床　b）摇臂钻床　c）生产线　d）万能铣床

二、三相异步电动机的基本结构

三相异步电动机的结构由两个基本部分组成：一是固定不动的部分，称为定子；二是旋转部分，称为转子。在定子和转子之间有一个很小的气隙。图 3-3 所示为三相异步电动机的基本结构，图 3-4 所示为三相异步电动机的各个部件。

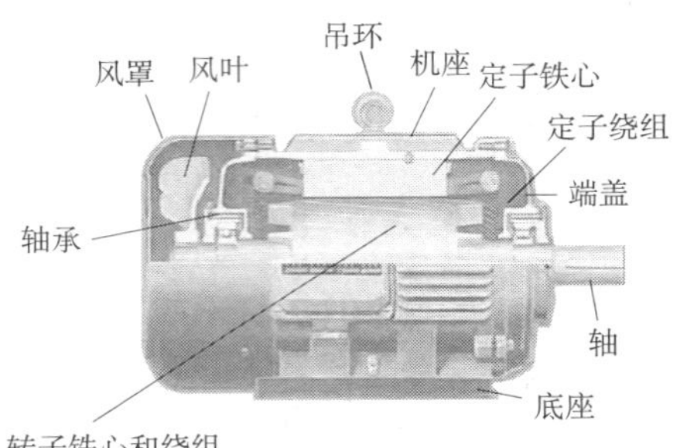

图 3-3　三相异步电动机的基本结构

1. 定子

定子由机座、定子铁心、定子绕组和端盖等组成。

图 3-4　三相异步电动机的各个部件

机座的主要作用是固定和支撑定子铁心。中小型三相异步电动机的机座通常采用铸铁制成，如图 3-5 所示，大中型异步电动机一般采用钢板焊接机座。根据不同的冷却方式和安装方式而采用不同的机座形式。

定子铁心是三相异步电动机磁路的一部分。为了减小涡流损耗和磁滞损耗，定子铁心由 0.5 mm 厚的硅钢片叠压而成，片与片之间涂有绝缘漆，如图 3-6 所示。铁心内圆周上有许多均匀分布的槽，用以放置三组对称定子绕组，中小型异步电动机的定子槽形一般采用半闭口槽。定子铁心固定于机座内。

图 3-5　三相异步电动机的机座

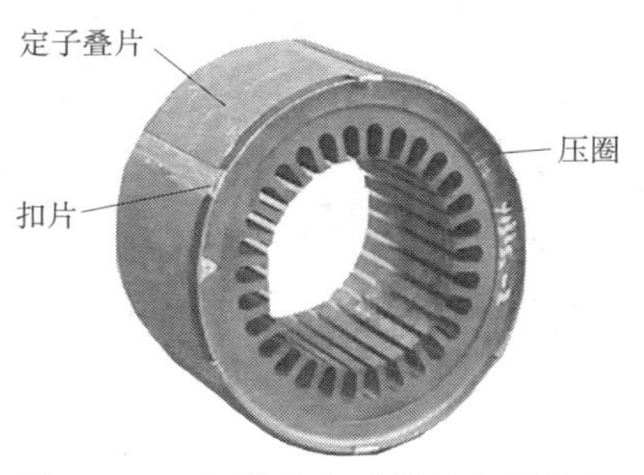

图 3-6　三相异步电动机的定子铁心

定子绕组是由许多线圈按一定的规律连接而成的，是定子中的电路部分。中小型异步电动机的定子绕组一般采用漆包线绕制，共分三组，分布在定子铁心槽内。它们在定子内圆周空间的排列彼此相隔 120°，构成对称的三相绕组，如图 3-7 所示。

图 3-7　三相定子绕组

三相绕组共有六个出线端，通常接在置于电动机外壳上的接线盒中，三个绕组的首端接头分别用 U1、V1、W1 表示，其对应的末端接头分别用 U2、V2、W2 表示。三相定子绕组可以连接成星形或三角形，如图 3-8 所示。

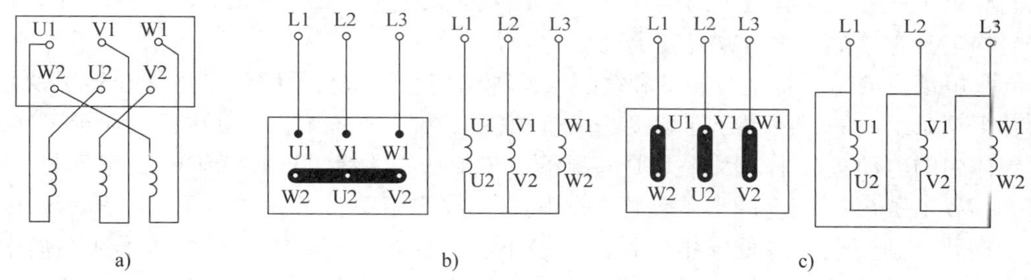

图 3-8　三相定子绕组的接法

a）出线端的排列　b）星形连接　c）三角形连接

定子三相绕组的连接方式（Y 或△）的选择，和普通三相负载一样，需视电源的线电压而定。如果电动机所接电源的线电压等于电动机的额定相电压（每相绕组的额定电压），那么，它的绕组应该接成三角形；如果电源的线电压是电动机额定相电压的 $\sqrt{3}$ 倍，那么，它的绕组就应该接成星形。通常电动机的铭牌上标有符号 Y/△ 和数字 380/220 V，前者表示定子绕组的接法，后者表示对应于不同接法时的绕组的频定电压。

【例 3-1】 电源线电压为 380 V，现有两台电动机，其铭牌数据如下，试选择定子绕组的连接方式。

（1）型号 Y90S-4，功率 1.1 kW，电压 220/380 V，接法△/Y，电流 4.67/2.7 A，转速 1 400 r/min，功率因数 0.79。

（2）型号 Y112M-4，功率 4.0 kW，电压 380/660 V，接法△/Y，电流 8.8/5.1 A，转速 1 440 r/min，功率因数 0.82。

解： Y90S-4 型电动机应接成星形（Y），如图 3-9a 所示。

Y112M-4 型电动机应接成三角形（△），如图 3-9b 所示。

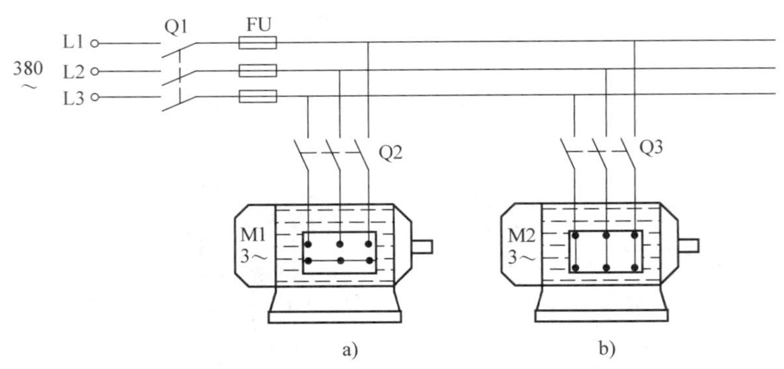

图 3-9　电动机定子绕组的接法

a）星形接法　b）三角形接法

2. 转子

三相异步电动机的转子由转子铁心、转子绕组、转轴、风扇等组成，如图 3-10 所示。

转子铁心为圆柱形，通常由定子铁心冲片剩下的内圆硅钢片叠成，压装在转轴上。转子铁心与定子铁心之间有微小的空气隙，它们共同组成电动机的磁路。转子铁心外圆周上有许多均匀分布的槽，槽内放置转子绕组。

异步电动机的转子绕组有笼型和绕线式两种结构。笼型转子绕组是由嵌在转子铁心槽内的若干铜条组成的，两端分别焊接在两个短接的端环上。由于三相异步电动机工作时，转子导体中的电动势很小，因此无须将铜条与转子铁心绝缘，这种绕组的制作工艺简单。如果去掉铁心，转子绕组的形状就像一个鼠笼，故称笼型转子，如图 3-11a 所示。为了进一步简化制造工艺，降低成本，目前，中小型三相异步电动机大都在转子铁心槽中直接浇铸铝液，铸成笼形绕组，并在端环上铸出许多叶片，作为冷却的风扇，如图 3-11b 所示。

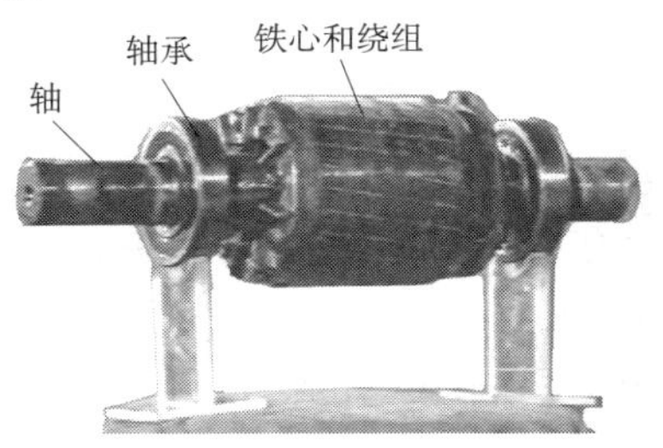

图 3-10　三相异步电动机的笼型转子

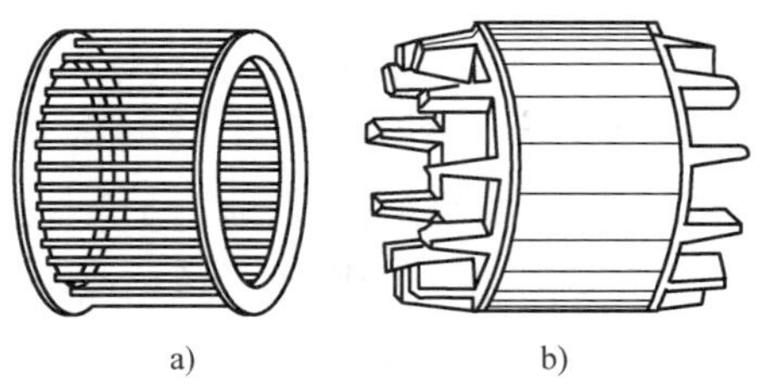

图 3-11　笼型转子绕组

a）铜条转子绕组　b）铸铝转子绕组

绕线式转子的绕组与定子绕组相似，在转子铁心槽内嵌有对称的三相绕组，采用星形连接。三相绕组的三个尾端连接在一起，三个首端分别接到装在转轴上的三个铜制集电环上，通过电刷与外电路的可变电阻器相连接，用于启动或调速，如图 3-12 所示。

绕线转子三相异步电动机由于其结构复杂，价格较高，一般只用于对启动和调速有较高要求的场合，如立式车床、起重机等。

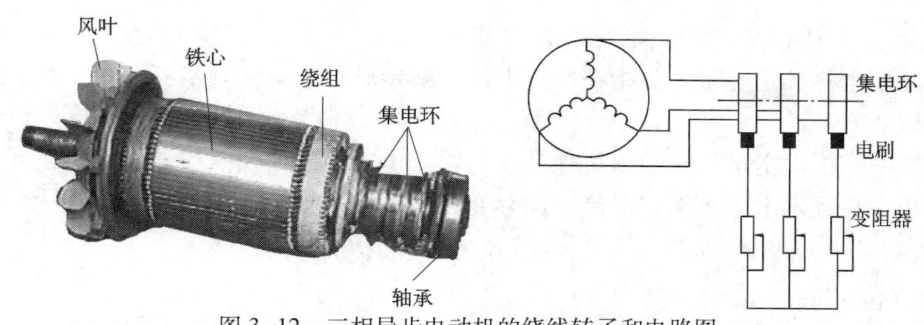

图 3-12　三相异步电动机的绕线转子和电路图

三、三相异步电动机的铭牌

三相异步电动机的机座上都有一块铭牌，上面标有电动机的型号、规格和有关技术数据，如图 3-13 所示。要正确使用电动机，就必须看懂铭牌。现以 Y180M-4 型三相异步电动机为例来说明铭牌上各个数据的含义。

三相异步电动机					
型号	Y180M-4	功率	18.5 kW	电压	380 V
电流	35.9 A	频率	50 Hz	转速	1 470 r/min
接法	△	工作方式	连续	外壳防护等级	IP44
产品编号	××××××	质量	180 kg	绝缘等级	B 级
××电机厂			××××年××月		

图 3-13　三相异步电动机的铭牌

1. 型号

型号是电动机类型、规格的代号。国产三相异步电动机的型号由汉语拼音字母以及国际通用符号和阿拉伯数字组成。下面以 Y180M-4 为例，介绍符号与数字的含义。

Y——一般用途三相笼型转子异步电动机。

180——机座中心高 180 mm。

M——机座长度代号（S——短机座，M——中机座，L——长机座）。

4——磁极数（磁极对数 $p=2$）。

2. 接法

接法是指电动机在额定电压下，三相定子绕组的连接方式，有星形（Y）和三角形（△）。一般功率在 3 kW 及以下的电动机为 Y 接法，4 kW 及以上的电动机为△接法。

3. 额定频率 f_N(Hz)

额定频率是指电动机定子绕组所加交流电源的频率。我国工业用交流电源的标准频率为 50 Hz。

4. 额定电压 U_N(V)

额定电压是指电动机在正常运行时加到定子绕组上的线电压值。

5. 额定电流 I_N(A)

额定电流是指电动机在额定电压下正常运行时定子绕组线电流的有效值。

6. 额定功率 P_N(kW) 和额定效率 η_N

额定功率也称额定容量，是指在额定电压、额定频率、额定负载运行时，电动机轴上输出的机械功率。

额定效率是指额定运行时输出机械功率与输入电功率的比值。

额定功率与额定电压、额定电流之间存在以下关系：

$$P_N=\sqrt{3}U_N I_N \eta_N \cos\varphi$$

7. 额定转速 n_N(r/min)

额定转速是指在额定频率、额定电压和额定输出功率时，电动机每分钟的转数。

8. 绝缘等级

绝缘等级是指电动机定子绕组所用绝缘材料允许的最高温度等级，有 A、E、B、F、H、C 六级。目前一般电动机采用较多的是 E 级和 B 级。

9. 功率因数 $\cos\varphi$

三相异步电动机的功率因数较低，在额定运行时为 0.7~0.9，空载时只有 0.2~0.3，因此，必须正确选择电动机的容量，防止“大马拉小车”，并力求缩短空载运行时间。

10. 工作方式

异步电动机常用的工作方式有三种：

（1）连续工作方式　可按铭牌上规定的额定功率长期连续使用，而温升不会超过允许值，用代号 S1 表示。

（2）短时工作方式　每次只允许在规定时间内按额定功率运行，如果运行时间超过规定时间，则会使电动机过热损坏，用代号 S2 表示。

（3）断续工作方式　电动机以间歇方式运行。如起重机械的驱动，多为此种方式，用代号 S3 表示。

【例 3-2】　一台三相异步电动机 $P_N=10$ kW，$U_N=380$ V，$n_N=1\ 455$ r/min，$\cos\varphi=0.86$，$\eta=0.88$，试计算电动机的额定电流 I_N 和额定转矩 T_N。

解：

$$I_N=\frac{P_N}{\sqrt{3}U_N\eta\cos\varphi}=\frac{10\times10^3}{\sqrt{3}\times380\times0.88\times0.86}\approx20.1\text{ A}$$

$$T_N=9.55\frac{P_N}{n_N}=9.55\times\frac{10\times10^3}{1\ 455}\approx65.6\text{ N}\cdot\text{m}$$

四、三相异步电动机的系列和分类

我国生产的三相异步电动机种类很多，根据不同的场合和用途可以进行针对性的选择。部分常用的 Y 系列三相异步电动机及性能特点，见表 3-1。

表 3-1　三相异步电动机 Y 系列的部分品种

系列品种	性能特点
Y 系列全封闭自扇冷式笼型转子三相异步电动机	具有高效、节能、启动转矩大、性能好、噪声低、振动小、可靠性高、使用维护方便等特点。采用 B 级绝缘，外壳防护等级为 IP44。应用于一般无特殊要求的机械设备，如农业机械、食品机械、风机、水泵、机床、搅拌机、空气压缩机等

续表

系列品种	性能特点
Y2 系列三相异步电动机	在 Y 系列电动机基础上更新设计的新型基本系列电动机，它也是目前国内最为完整的低压笼型转子三相异步电动机。该系列满足了一般用途的需要。Y2 系列三相异步电动机外形美观，高效，节能，噪声和振动小，运行可靠，使用寿命长，绝缘等级提高为 F 级，防护等级提高到 IP54（防尘，防溅水），综合性能指标优于 Y 系列。Y2 系列电动机与国外同类产品先进水平相当
Y3 系列三相异步电动机	具有结构新颖、造型美观、效率高、噪声低、可靠性高等特点，采用冷轧硅钢片为导磁材料，效率符合欧洲 EFF2 标准，性能指标达到目前西门子公司同类产品的水平，已居国际同类产品的先进水平，是 Y2 系列电动机的更新换代产品。外壳防护等级为 IP55
YVF 系列变频调速三相异步电动机	具有过载能力大、机械强度高、调速范围宽、运行稳定的特点，电动机噪声低、振动小，有助于节能和实现自动控制
YD 系列变极调速三相异步电动机	具有性能优良、外形美观、与国外同类产品有较好的互换性等优点。防护等级 IP44，绝缘等级 B。适用于机械、矿山、冶金、纺织、印染、化工、农机等需要分级变速的设备上，也可简化或代替机械传动中的齿轮减速箱
YCT 电磁调速三相异步电动机	它是改变励磁电流的大小来调节输出力矩和转速的一种调速电动机。它应用于恒转矩负载的调速和张力控制的场合，更适合于鼓风机和泵类负载的场合。对于启动力矩高、惯性大的负载有缓冲的作用，同时有防止过载等保护作用。这种调速电动机结构简单，工作可靠，调速均匀平滑，无失控区，使用维护方便
YEJ 系列电磁制动三相异步电动机	其外形及安装尺寸、绝缘等级、使用条件等与 Y 系列电动机相同，具有附加圆盘形直流电磁制动器，适用于要求快速停止、准确定位、往复运转的机械
YB、YB2 系列防爆型三相异步电动机	适用于有爆炸性气体混合物存在的场所
YZR 冶金及起重用三相异步电动机	主要用于驱动各种起重机械和冶金设备中的辅助机械。具有过载能力强、机械强度高、起重力矩大等特点，特别适用于短时或断续周期运行、频繁启动和制动、有过载及有显著振动或冲击的设备
Y-H 系列船用三相异步电动机	适用于在船舶上作为动力驱动各种机械，如泵类、通风机、分离器、液压机械及其他辅助设备
YH 系列高转差率三相异步电动机	具有较高的启动转矩、较小的启动电流、转差率高、机械特性软等特点，适用于驱动飞轮矩较大、有冲击性负荷、启动及反转次数较多的机械设备，如剪床、冲床、锻冶机械及小型起重运输机械等。转子采用小槽、深槽结构及使用电阻系数高的铝合金材料
YEP 系列傍磁制动三相异步电动机	具有制动快、结构紧凑、工艺简单的特点，可使用在起重运输机械、升降工作机械及其他要求迅速和准确停车的场合
YTD 系列电梯用三相异步电动机	它是 6/24、4/16 极双绕组双速电动机。该系列电动机具有结构简单、运行可靠、维护方便等特点，并具有启动转矩高、启动电流小和电机噪声低等优点。适用于为交流客梯、货梯等各种类型电梯提供牵引动力
YLB 立式深井泵用三相异步电动机	该电动机是驱动立式深井泵的专用电动机，安装时将水泵轴与电动机的空心轴通过联轴器相连，采用钩头键连接传动，适用于广大农村及工矿吸取地下水之用
YR 绕线转子三相异步电动机	能在较小的启动电流下，提供较大的启动转矩，并能在转子回路中串接电阻改变其转速，适用于要求启动转矩高及需要小范围调速的装置上

五、三相异步电动机的工作原理

三相异步电动机的工作原理，是基于定子绕组内三相电流所产生的旋转磁场与转子导体内电流的相互作用。

图 3-14a 所示是三相异步电动机的接线图，当三相对称定子绕组接到三相电源上时，绕组内将通过三相对称电流，在空间产生旋转磁场，该磁场沿定子内圆周方向旋转。图 3-14b 所示为具有一对磁极的旋转磁场，设想磁极位于定子铁心内画有阴影线的部分。

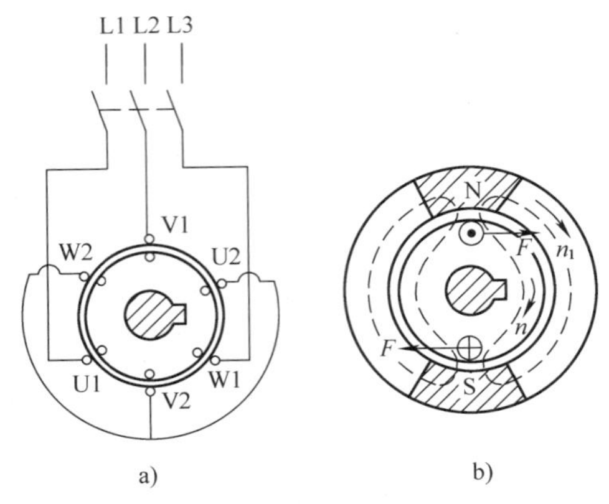

图 3-14　三相异步电动机原理

a）定子绕组的接线　b）工作原理

当磁场旋转时，转子绕组的导体切割磁通将产生感应电动势 e_2，假设磁场沿顺时针方向旋转，则相当于转子导体沿逆时针方向切割磁通，根据右手定则，在 N 极下转子导体中感应电动势的方向由图面指向读者，而在 S 极下转子导体中感应电动势的方向则由读者指向图面。

由于电动势 e_2 的存在，转子绕组中将产生转子电流 i_2。根据左手定则，转子电流与旋转磁场相互作用将产生电磁力 F（假设 i_2 与 e_2 同相位），该力在转子的轴上形成电磁转矩，且转矩的方向与旋转磁场的方向相同，转子受此转矩作用，便按旋转磁场的方向旋转起来。但是，转子的转速 n 比旋转磁场的转速 n_1（称为同步转速）要小，如果两者相等，转子与旋转磁场之间就没有相对运动，转子导体不切割磁通，便不能感应电动势 e_2 和产生电流 i_2，也就没有电磁转矩，转子将不会继续旋转。因此，转子与旋转磁场之间的转速差是保证转子旋转的必要条件。由于转子转速不等于同步转速，所以把这种电动机称为异步电动机，而把转速差（n_1-n）与同步转速 n_1 的比值称为异步电动机的转差率，用 s 表示，即：

$$s=\frac{n_1-n}{n_1}$$

转差率 s 是分析异步电动机工作情况的重要参数。它反映了转子导体切割磁力线的速度占旋转磁场转速的比例关系。转差率越大，转子中的电动势和电流越大，电动机从电源输入的电流和功率也越大。

电动机旋转时，如果轴上带有机械负载，则从转子输出机械能。从物理本质上来分析，异步电动机的运行工作情况与变压器相似，即电能从电源输入定子绕组（一次绕组），通过电磁感应的形式，以旋转磁场作为媒介，传送到转子绕组（二次绕组），而转子中的电能通过电磁力的作用变换成机械能输出。由于在这种电动机中，转子电流的产生和电能的传递是基于电磁感应原理，所以异步电动机又称为感应电动机。通常异步电动机在额定负载时，转子的转速 n_N 接近于 n_1，转差率 s 很小，为 0.015~0.060。

转子导体中的电流 i_2 也是交流电，其大小和频率都与转差率 s 成正比。额定运行时，转子电流的频率很低，$f_2=1\sim3$ Hz。

六、三相异步电动机的旋转磁场

由上可知，要使异步电动机转动起来，就必须有一个旋转磁场。异步电动机的旋转磁场是怎样产生的呢？它的转向和转速是怎样确定的呢？

1. 旋转磁场的产生

当电动机定子绕组通入三相交流电时，各相绕组中的电流都将产生自己的磁场。由于电流随时间变化，它们产生的磁场也将随时间变化，而三相电流产生的总磁场（合成磁场）是在空间旋转的，故称旋转磁场。

为了简便起见，假设每相绕组只有一个线圈，分别嵌在定子内圆周的六个凹槽之中，如图 3-15 所示，图中 U1、V1、W1 和 U2、V2、W2 分别代表各相绕组的首端和末端。

把定子绕组中电流的正方向规定为自各相绕组的首端到它的末端，并取流过 U 相绕组的电流 i_U 作为参考正弦量，即 i_U 的初相位为零，则各相电流的瞬时值可表示为（相序为 U—V—W）：

$$i_U=I_m\sin\omega t$$
$$i_V=I_m\sin(\omega t-120°)$$
$$i_W=I_m\sin(\omega t-240°)$$

三相电流的波形如图 3-16 所示。

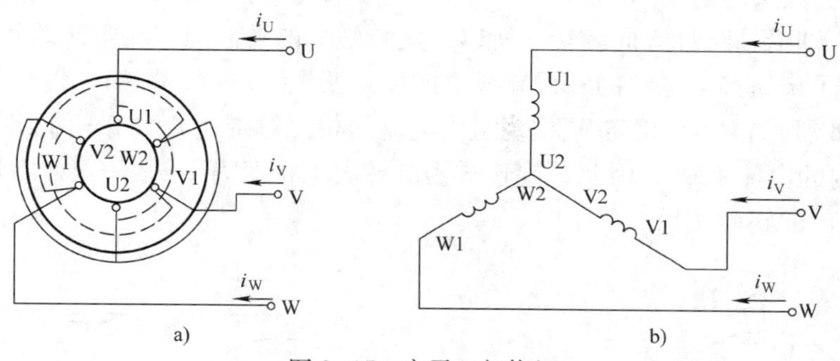

图 3-15　定子三相绕组

a）嵌放情况　b）星形接法接线图

下面分析不同时刻的合成磁场。

（1）在 $t=0$ 时，$i_U=0$；i_V 为负，电流实际方向与正方向相反，即电流从 V2 端流到 V1 端；i_W 为正，电流实际方向与正方向一致，即电流从 W1 端流到 W2 端。按右手螺旋法则确定三相电流产生的合成磁场，如图 3-17a 箭头所示。

（2）在 $t=T/6$ 时，$\omega t=60°$，i_U 为正（电流从 U1 端流到 U2 端）；i_V 为负（电流从 V2 端流到 V1 端）；$i_W=0$。此时的合成磁场，如图 3-17b 所示，合成磁场已从 $t=0$ 瞬间

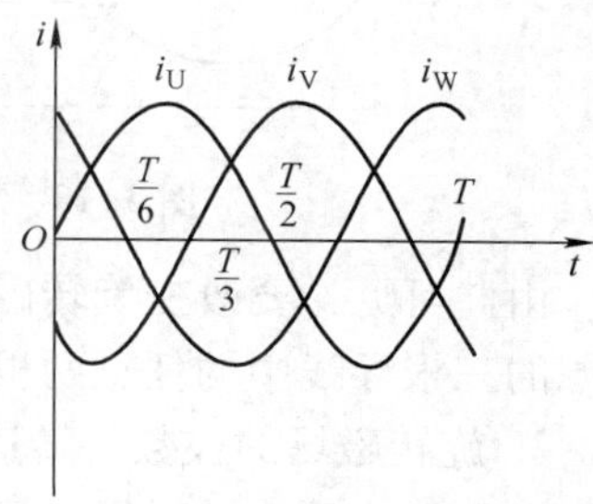

图 3-16　三相电流的波形图

所在位置顺时针方向旋转了 π/3 角度。

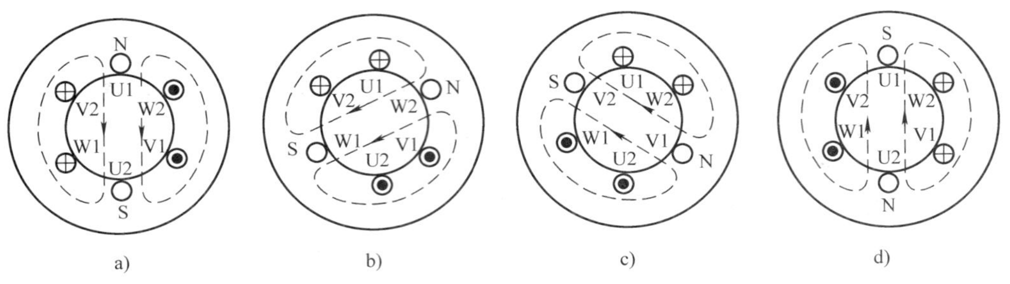

图 3-17　两极旋转磁场

（3）在 $t=T/3$ 时，$\omega t=120°$，i_U 为正；$i_V=0$；i_W 为负。此时的合成磁场，如图 3-17c 所示，合成磁场已从 $t=0$ 瞬间所在位置沿顺时针方向旋转了 120°。

（4）在 $t=T/2$ 时，$\omega t=180°$，$i_U=0$；i_V 为正；i_W 为负。此时的合成磁场，如图 3-17d 所示。合成磁场从 $t=0$ 瞬间所在位置沿顺时针方向旋转了 180°。

由以上分析可以证明：当三相电流随时间不断变化时，合成磁场在空间也不断旋转，这样就产生了旋转磁场。

2. 旋转磁场的转向

由图 3-15 和图 3-16 可知，U 相绕组内的电流，超前于 V 相绕组内的电流 120°，而 V 相绕组内的电流又超前于 W 相绕组内的电流 120°，同时图 3-17 所示旋转磁场的转向也是 U—V—W，即沿顺时针方向旋转。所以，旋转磁场的转向与三相电流的相序一致。

如果将定子绕组接至电源的三根导线中的任意两根线对调，例如，将 V、W 两根线对调，如图 3-18 所示，使 V 相与 W 相绕组中电流的相位对调，此时 U 相绕组内的电流超前于 W 相绕组内的电流 120°，因此，旋转磁场的转向也将变为 U—W—V，沿逆时针方向旋转，即与对调前的转向相反。

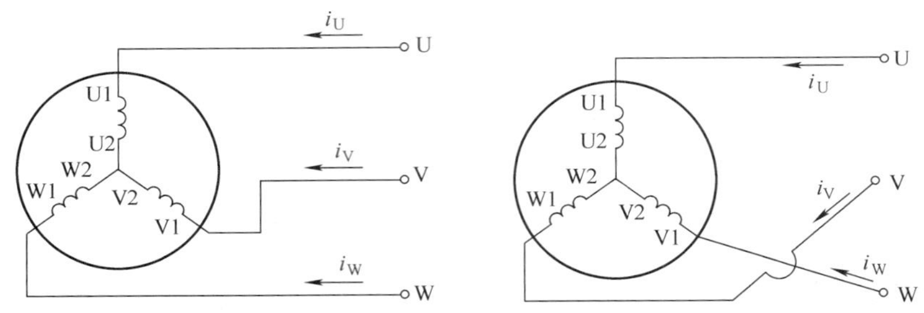

图 3-18　V、W 两根电源线对调改变绕组中心的电流相序

由此可见，要改变旋转磁场的转向（改变电动机的旋转方向），只需把定子绕组接到电源的三根导线中的任意两根对调即可。

3. 旋转磁场的极数与转速

以上讨论的旋转磁场，只有一对磁极，即 $p=1$（磁极对数用 p 表示）。从上述分析可以看出，电流变化一个周期（360°电角度），旋转磁场在空间也旋转了一圈（360°机械角度)，若电源的频率为 f_1，旋转磁场每分钟将旋转 $60f_1$ 圈，以 n_1 表示，即：

$$n_1 = 60f_1$$

如果把定子铁心的槽数增加一倍（变为 12 个槽），制成如图 3-19 所示的三相绕组，其中，每相绕组由两个部分串联组成，再将三相绕组接到三相对称电源，使其通过三相对称电流（图 3-16），便可产生具有两对磁极的旋转磁场。从图 3-20 可以看出，对应于不同时刻，旋转磁场在空间转到不同位置，在这种情况下，电流变化半个周期（180°电角度），旋转磁场在空间只转过了 90°机械角度，即 1/4 圈。电流变化一个周期，旋转磁场在空间只转了 1/2 圈。

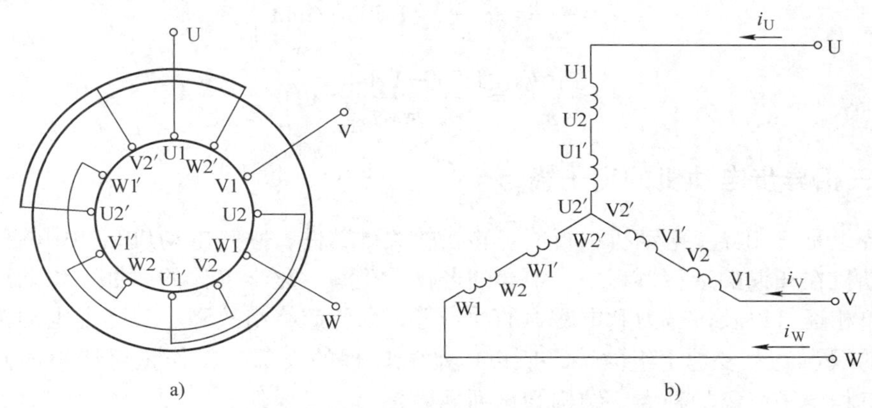

图 3-19 产生四极旋转磁场的定子绕组

a）嵌放情况 b）接线图

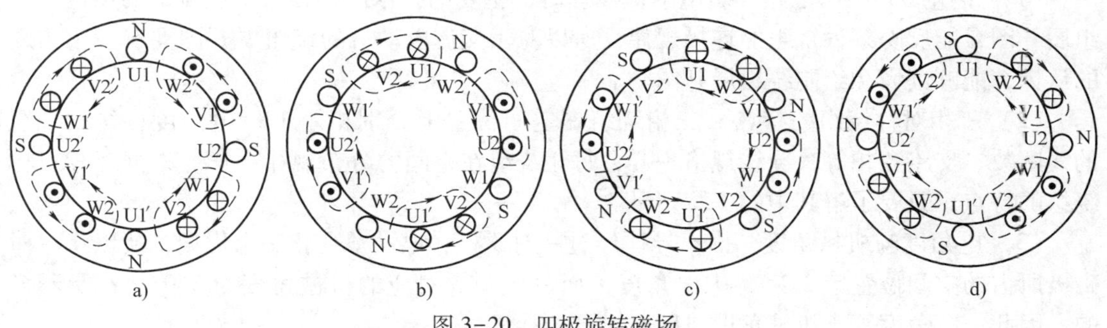

图 3-20 四极旋转磁场

a）$t=0$ b）$t=T/6$ c）$t=T/3$ d）$t=T/2$

由此可知，当旋转磁场具有两对磁极（$p=2$）时，其转速仅为一对磁极时的一半，即每分钟 $60f_1/2$ 转。依次类推，当有 p 对磁极时，其转速为：

$$n_1 = \frac{60f_1}{p}$$

因此，旋转磁场的转速（同步转速）n_1 与电源的频率成正比，而与磁极对数成反比。由于我国标准的工业频率（电源频率）为 50 Hz，因此，对应于 $p=1$、2、3 和 4 时，同步转速分别为 3 000 r/min、1 500 r/min、1 000 r/min 和 750 r/min。

综上所述，三相异步电动机中的磁场具有以下特性：三相对称交流电通入三相对称绕组产生旋转磁场；转向取决于电流的相序，任意调换两根电源线即可改变转向；同步转速 $n_1=\frac{60f_1}{p}$。

实际上，旋转磁场不仅可以由三相交流电获得，任何两相以上的多相对称交流电，流过相应的多相对称绕组，都能产生旋转磁场。

【例 3-3】 一台三相四极异步电动机，额定频率 50 Hz，额定转速 $n_N=1\ 440$ r/min，计算额定转差率 s_N。

解：

$$n_1=\frac{60f_1}{p}=\frac{60\times50}{2}=1\ 500\ \text{r/min}$$

$$s_N=\frac{n_1-n_N}{n_1}=\frac{1\ 500-1\ 440}{1\ 500}=0.04$$

七、三相异步电动机的定子绕组

定子绕组是三相异步电动机进行能量转换的关键部件，它是电动机结构中的核心。三相异步电动机在长期的运行过程中，绝缘的老化、受潮、化学气体的腐蚀、长期过载、低压运行、单相运行以及机械力和电磁力的冲击等，易引起绕组故障。实际上电动机修理工作中遇到的问题，大多是绕组故障，所以电动机修理的大部分工作是对绕组的修理。因此，了解三相定子绕组的种类、结构和排列规律是很有必要的。

1. 三相交流绕组概述

（1）绕组展开图　三相异步电动机修理时，主要的技术工作在于绕组端部的连接。绕组展开图最能反映某种绕组的连接规律，所以对于交流电动机的绕组展开图要有一个清晰的认识，能够读懂和绘制绕组展开图。

（2）三相对称绕组的特点　三相绕组在空间位置上分别相差 120°电角度；每相绕组的线圈数、支路数相等，导线规格一样；每相绕组在空间的分布规律一样。根据三相对称绕组的特点，只要了解其中的一相即可。

（3）电角度与机械角度　由于导体经过一对磁极，电动势变化一个周期，所以将一对磁极所占的空间位置定义为 360°电角度；而一个圆周对应的机械角度为 360°，这是不变的。因此，电角度等于机械角度与磁极对数的乘积：

$$\text{电角度}=p\times\text{机械角度}$$

式中　p——磁极对数。

（4）极距 τ 与节距 y　定子铁心表面每个磁极所占的范围称为极距 τ，一般用槽数表示。若定子槽数用 Z_1 表示，磁极对数用 p 表示，则：

$$\tau=\frac{Z_1}{2p}$$

一个线圈两个有效边在定子铁心表面跨过的槽数称节距 y。为了使一个线圈产生的电动势和电磁转矩最大，应使节距 y 等于或接近于极距 τ。为了节省材料，一般采用 $y<\tau$ 的短距绕组。实践证明，$y\approx0.8\tau$ 时，电动机的性能最佳。

（5）槽距角 α　相邻两槽之间的电角度称为槽距角 α，它表示相邻两槽导体中电动势的相位差：

$$\alpha=\frac{p\times 360^\circ}{Z_1}$$

（6）每极每相槽数 q　若用 m_1 表示定子的相数，则每相绕组在每个磁极下所占有的槽数为：

$$q=\frac{Z_1}{2pm_1}$$

（7）相带　每一个磁极下每相绕组所占的范围称为相带，用电角度表示。一般三相异步电动机都采用 60° 相带。

2. 三相单层绕组

三相单层绕组的线圈数只有槽数的一半，制造方便，故常用于 10 kW 以下的小型三相异步电动机中。单层绕组可分为同心式、链式和交叉式三种。

（1）同心式绕组　以三相二极 24 槽异步电动机为例，说明同心式绕组的排列规律。

槽距角

$$\alpha=\frac{p\times 360^\circ}{Z_1}=\frac{1\times 360^\circ}{24}=15^\circ$$

每极每相槽数

$$q=\frac{Z_1}{2pm_1}=\frac{24}{2\times 1\times 3}=4$$

将定子 24 个槽编号，按照三相对称的原则划分为 6 个相带，见表 3-2。

表 3-2　同心式绕组各相带所属的槽号表

相带	U1	W2	V1	U2	W1	V2
槽号	1 2 3 4	5 6 7 8	9 10 11 12	13 14 15 16	17 18 19 20	21 22 23 24

根据线圈端部连线较短，嵌线方便的原则，将 3 槽和 14 槽中的导体组成一个大线圈，将 4 槽和 13 槽中的导体组成一个小线圈，然后将这两个线圈依电动势方向串联成一个线圈组。再按照上述方法，将 1~16 和 2~15 串联成另一个线圈组。最后将这两个线圈组串联起来构成 U 相绕组，如图 3-21 所示。V 相和 W 相的绕组结构与 U 相一样，位置分别右移 4 槽和 8 槽即可。

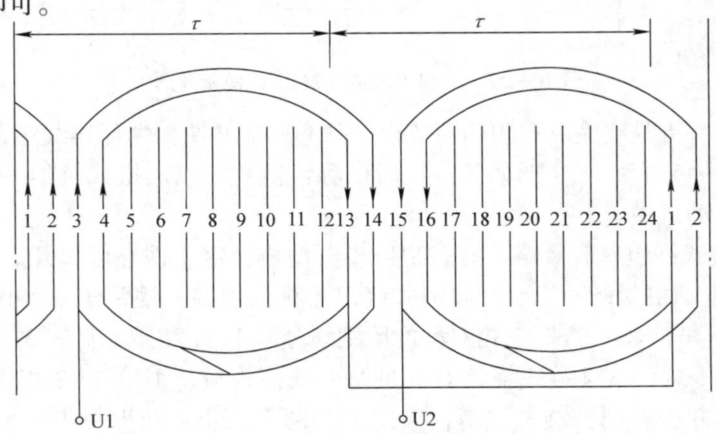

图 3-21　三相单层同心式绕组 U 相展开图

由于这种绕组大、小线圈的中心线重合，因此称为同心式绕组。优点是线圈端部不重叠，嵌线方便，缺点是线圈大小不等，绕线加工不便。同心式绕组一般用于 $q=4$ 的小型二极异步电动机中。

（2）链式绕组　以三相四极 24 槽异步电动机为例，说明链式绕组的排列规律。槽距角 $\alpha=30°$，每极每相槽数 $q=2$。将定子 24 个槽，按照三相对称的原则划分为 12 个相带，见表 3-3。

表 3-3　链式绕组各相带所属的槽号表

极对	相带					
	U1	W2	V1	U2	W1	V2
第一对极	1　2	3　4	5　6	7　8	9　10	11　12
第二对极	13　14	15　16	17　18	19　20	21　22	23　24

根据线圈端部连线较短的原则，将 20～1 槽、2～7 槽、8～13 槽、14～19 槽导体分别连接成线圈，然后将这些线圈按“首首相连，尾尾相接”的方法串联成 U 相绕组，如图 3-22 所示。同理，可确定 V 相和 W 相的绕组结构和位置。

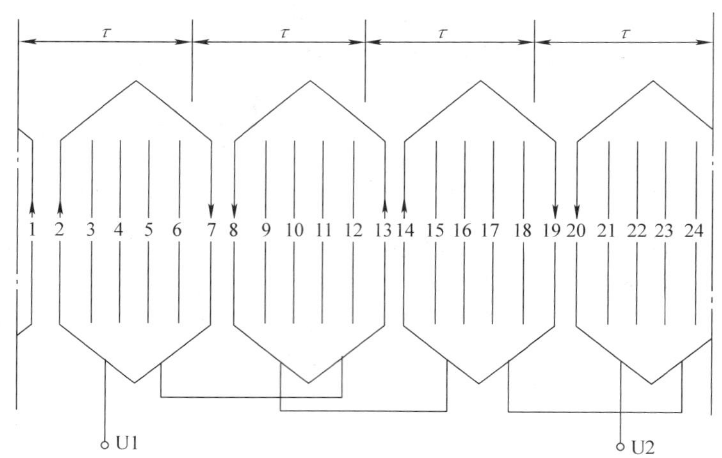

图 3-22　三相单层链式绕组 U 相展开图

链式绕组的特点是线圈具有相同的节距，制造加工方便，端部连线短，从整个三相绕组的展开图看，一环套一环，形如长链，所以称为链式绕组。链式绕组一般用于 $q=2$ 的小型三相异步电动机中。

（3）交叉链式绕组　容量略大的三相异步电动机，定子铁心可以开 36 个槽。以三相四极 36 槽异步电动机为例，说明交叉链式绕组的排列规律。槽距角 $\alpha=20°$，每极每相槽数 $q=3$。将定子 36 个槽，按照三相对称的原则划分为 12 个相带，见表 3-4。

同链式绕组一样，交叉链式绕组 U 相的每一线圈也应从 U1 和 U2 相带各选一根导体来构成，但构成方法有别于链式绕组，采用了“两大一小、两大一小”的交叉布置。即

30～1 槽、12～19 槽连接为两小线圈，其线圈节距为 7。将 2～10 槽、3～11 槽、20～28 槽、21～29 槽连接为四个大线圈，其线圈节距为 8，它们的节距均比极距（$\tau=9$）短，因此，可以节约端部用铜。其 U 相绕组展开图，如图 3-23 所示。

表 3-4　交叉链式绕组各相带所属的槽号表

极对	相带					
	U1	W2	V1	U2	W1	V2
第一对极	1 2 3	4 5 6	7 8 9	10 11 12	13 14 15	16 17 18
第二对极	19 20 21	22 23 24	25 26 27	28 29 30	31 32 33	34 35 36

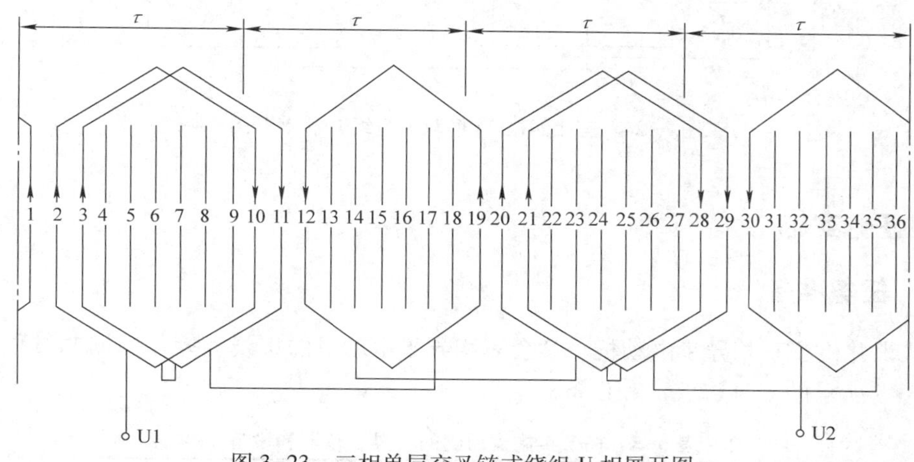

图 3-23　三相单层交叉链式绕组 U 相展开图

交叉链式绕组的特点是线圈节距不等，优点是线圈端部较短，缺点是制造加工较烦琐。一般用于 $q=3$ 的小型异步电动机中。

单层绕组的优点是线圈数少、嵌线方便、不需要层间绝缘、槽利用率高，故小型三相异步电动机的定子绕组多采用这种绕组形式。缺点是磁场和电动势波形中高次谐波影响大，电动机性能较差。因此，大中型三相异步电动机的定子绕组多采用双层绕组。

3. 三相双层绕组

三相双层绕组可分为叠绕组和波绕组两大类。一般 10 kW 以上三相异步电动机的定子绕组采用双层叠绕组，绕线式三相异步电动机的转子绕组采用波绕组。双层绕组的优点是：线圈节距、形状相同，便于制造；可以灵活地选择短距线圈来改善电动势和磁动势波形，节约端部用铜，电动机性能好；可以根据需要组成较多的并联支路数。缺点是线圈多，需层间绝缘，嵌线较困难，线圈组间连线较多，耗铜量较大。

以三相四极 24 槽异步电动机为例，说明双层绕组的展开图。槽距角 $\alpha=30°$，每极每相槽数 $q=2$，$\tau=6$。将定子 24 个槽，按照三相对称的原则划分为 12 个相带，见表 3-3。

为了改善电动势和磁动势波形及节省端接线材料，一般线圈节距为 0.8τ 左右，可以选取节距 $y=5$。图 3-24 所示是三相四极 24 槽双层绕组的 U 相展开图，每相绕组的并联支路数 $a=2$。

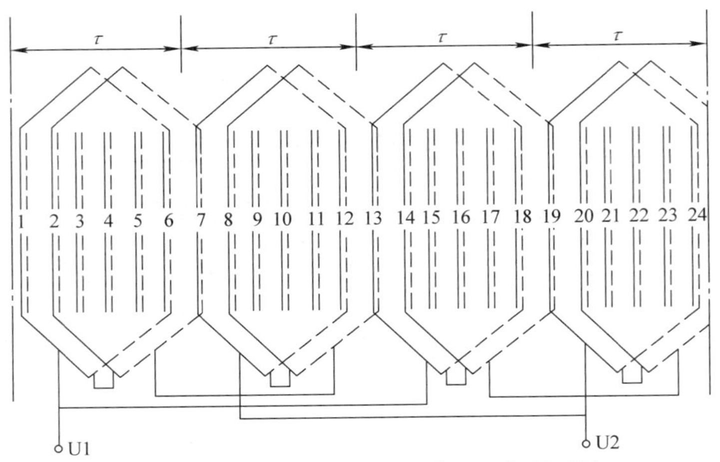

图 3-24　三相四极 24 槽双层绕组 U 相展开图

任务实施

一、任务准备

在认识并检测三相异步电动机、学会三相异步电动机的接线和操作使用的过程中，需用到表 3-5 所示的工具、仪器和设备。

表 3-5　任务实施需用到的工具、仪器和设备

序号	名称	型号规格	数量
1	三相交流可调电源	0~420 V	1 个
2	三相笼型转子异步电动机	100 W	1 台
3	三相电源开关	自选	1 个
4	交流电压表	450 V	1 块
5	交流电流表	5 A	1 块
6	转速表	0~1 800 r/min	1 块
7	万用表	MF47 型或自选	1 块
8	导线	实验专用	若干

二、认识、检测并记录三相异步电动机及相关设备的规格、量程和额定值

本次实训操作需使用如图 3-25 所示的三相调压交流电源、三相笼型转子异步电动机、三相电源开关、交流电压表和转速表等相关设备。三相调压交流电源可以通过旋转手柄调节输出电压的大小，开始实训前应将手柄沿逆时针方向调到最小位置。三相笼型转子异步电动机是实训操作的对象，通电后观察启动、反转的情况以及转速的大小。

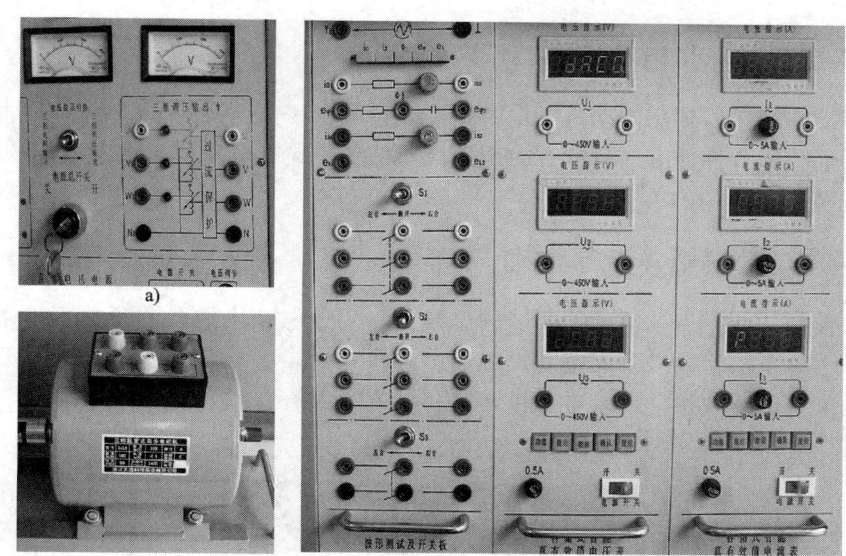

图 3-25　三相异步电动机及相关设备

a）三相交流电源　b）三相异步电动机　c）开关、电压表、电流表

在使用上述设备前，先检测并记录它们的规格、量程和额定值。

（1）三相调压交流电源输出电压 $U=0\sim$______V。

（2）三相笼型转子异步电动机的额定值 $P_N=$______W，$U_N=$______V，接法______，$I_N=$______A，$n_N=$______r/min。

（3）交流电压表的量程 $U=$______V。

（4）交流电流表的量程 $I=$______A。

三、使用万用表检测接线盒中每相绕组的首、末端

（1）同一相绕组的首、末端在接线盒中是否上下对齐？

（2）用万用表电阻 R×1 挡估测每相绕组的电阻值。$R_U=$______Ω，$R_V=$______Ω，$R_W=$______Ω。

四、绘制三相异步电动机的工作电路图

根据三相笼型转子异步电动机的额定值和接法确定电源电压的大小，选择交流电压表和电流表的量程，建议自行设计绘制三相笼型异步电动机的工作电路。

三相异步电动机最简单的工作电路，如图 3-26 所示。

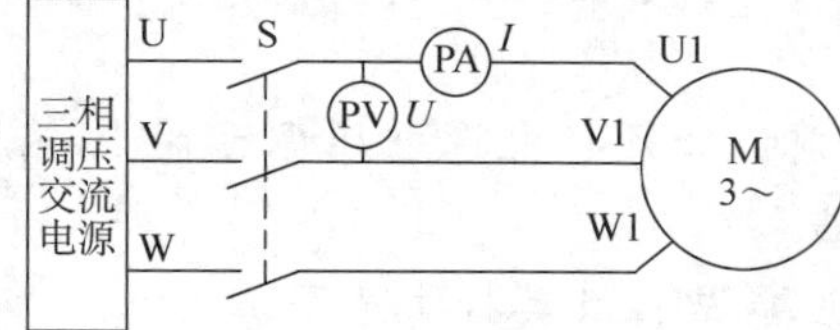

图 3-26　三相异步电动机的简单工作电路

五、连接三相异步电动机的工作电路

按照所绘制的三相异步电动机工作电路接线，如图 3-27 所示。选择适当的仪表量程，将三相交流电源调节手柄沿逆时针方向调到最小位置。检查电动机与测速发电机的联轴器是否可靠连接。

六、通电启动三相异步电动机

经指导教师认可，启动电源控制屏的总开关。闭合电动机的电源开关 S，沿顺时针方向旋转电压调节手柄，慢慢升高电动机电压，观察三相异步电动机是否启动运转。将电源电压调节到额定值，观察并记录电动机转速和电流的数值。

$I=$ ______A；$n=$ ______r/min。

图 3-27　三相异步电动机的接线

七、改变三相电动机的转向

在断开电源开关 S 的条件下，调换电动机接线盒中的任意两根电源线，将电源电压调到最小位置。再闭合电动机的电源开关 S，慢慢升高电源电压，观察三相异步电动机是否反转，转速表指针是否反向偏转，若反偏要及时拨动转速表的方向开关。

1. 任务接线完毕后，必须检查导线是否与联轴器接触，防止电动机启动时拉断电线，出现安全事故。

2. 三相异步电动机启动前，必须将电源电压调至最小。防止电动机启动时出现大电流，对电源和电流表产生冲击。

3. 测量前注意仪表的量程、极性及其接法是否正确。

4. 电动机启动后，若发现振动、噪声过大，要迅速断电，查明原因。

总结测评

一、总结报告

1. 绘制任务的电路图。
2. 记录任务实施的过程、现象和数据结果。
3. 小结、体会和建议。

二、任务测评（见表 3-6）

表 3-6　任务实施考核评分记录表

序号	考核内容	考核要求	配分	得分
1	任务实施的准备	预习任务的内容	10	
2	仪器、仪表的使用	正确使用万用表、转速表、实验台等设备	10	
3	观察和记录电动机等设备的技术数据	记录结果正确，观察速度快	10	
4	三相异步电动机的接线	电路绘制正确，接线速度快	30	
5	操作电动机的启动和反转	通电运行一次成功，操作规范，数据测量正确，电动机反转	40	
6	合计得分		100	
7	否定项	发生重大责任事故、严重违反教学纪律者得 0 分		

指导教师签名________________　　　　日期________________

任务 2　三相异步电动机的运行

学习目标

1. 了解三相异步电动机运行时的电磁关系。
2. 了解三相异步电动机的基本方程和等值电路。
3. 熟悉三相异步电动机的功率关系。
4. 了解三相异步电动机的工作特性。
5. 学习测试三相异步电动机工作特性的方法。

任务引入

三相异步电动机空载运行时，转子的转速接近旋转磁场的转速，转子中的电流接近。转轴上的负载增大后，电动机的转速下降，转差率增大，转子导体与旋转磁场间的相对运动速度加大，转子绕组中的电流增大，从电源输入的电功率也随之增大。电动机带不同负载时，电流、转矩、功率因数、效率等参数均不同，为了高效、经济地利用电动机，需要掌握分析三相异步电动机性能的方法，等值电路就是分析三相异步电动机性能的简单有效工具。三相异步电动机的工作特性是用好电动机的依据。因此，熟悉三相异步电动机的运行性能，掌握常用的测试方法是很有必要的。

相关知识

一、三相异步电动机的空载运行

三相异步电动机的定子、转子之间没有直接的电气联系，它们之间的联系是通过电磁感应关系实现的，这一点和变压器相似。三相异步电动机的定子绕组相当于变压器的一次绕组，转子绕组相当于变压器的二次绕组，因此，对三相异步电动机的运行进行分析，可以仿照分析变压器的方式进行。

1. 空载时的电磁关系

当三相异步电动机的定子绕组接三相对称电源时，定子绕组会通过三相对称交流电流，这个三相对称交流电流将在气隙中形成按正弦规律分布，并以同步转速 n_1 旋转的气隙主磁场（旋转磁场）。这个旋转磁场切割定子、转子绕组，分别在定子、转子绕组内感应出电动势。若转子绕组闭合，则转子电路中就有电流流过，于是在气隙磁场与转子电流的相互作用下，产生了电磁转矩，使转子顺着旋转磁场方向转动。空载时，轴上没有任何机械负载，异步电动机所产生的电磁转矩仅克服摩擦、通风的阻力转矩，数值是很小的。电动机所受阻力转矩很小，其转速 n 接近同步转速，即 $n \approx n_1$，转子与旋转磁场的相对转速接近 0，即 $n_1 - n \approx 0$。在这样的情况下，可以近似认为旋转磁场不切割转子绕组，则转子绕组电动势 $E_{2s} \approx 0$（下标 s 表示转子转动时电动势的大小和频率与转差率有关），转子电流 $I_{2s} \approx 0$。

2. 空载时的电压方程

设空载时，定子每相绕组所加的端电压为 $\dot{U}_1$，相电流为 $\dot{I}_0$，旋转磁场主磁通 $\boldsymbol{\Phi}_m$ 在定子每相绕组中感应的电动势为 $\dot{E}_1$，定子每相绕组的电阻为 r_1，漏电抗为 x_1，类似于变压器空载时的一次侧，参照变压器的正方向，则可以列出三相异步电动机的定子每相电压方程：

$$\dot{U}_1 = -\dot{E}_1 + \dot{I}_0(r_1 + jx_1)$$

与变压器的分析方法相似，可写出：

$$-\dot{E}_1 = \dot{I}_0(r_m + jx_m)$$

式中，$r_m + jx_m = z_m$ 为励磁阻抗，其中，r_m 是反映铁损耗的等效电阻，x_m 是与主磁通 $\boldsymbol{\Phi}_m$ 相对应的励磁电抗。

由于电动机的漏阻抗很小，所以在数值上电压与电动势近似相等：

$$U_1 \approx E_1 = 4.44 f_1 N_1 k_{w1} \boldsymbol{\Phi}_m$$

式中，f_1 是定子交流电源的频率，N_1 是定子每相绕组的串联匝数，k_{w1} 是每相绕组由于短距、分布等原因引起电动势减小的绕组系数。

由上式可知，在三相异步电动机中，若外加电源电压一定，主磁通 Φ_m 的值大体上也一定。而电源电压、频率和线圈匝数的变化都会引起主磁通 Φ_m 变化，影响电动机的性能。

3. 空载时的等值电路

根据式 $\dot{U}_1=-\dot{E}_1+\dot{I}_0(r_1+jx_1)$，即可画出三相异步电动机空载时某一相的等值电路，如图 3-28 所示。由上述分析结果表明，异步电动机空载时的物理现象和电压方程与变压器十分相似。但是，在变压器中不存在机械损耗，主磁通所经过的磁路没有明显的气隙，因此，变压器的空载电流很小，仅为额定电流的 2%～10%；而异步电动机的空载电流则较大，中小型异步电动机的空载电流为额定电流的 20%～50%。

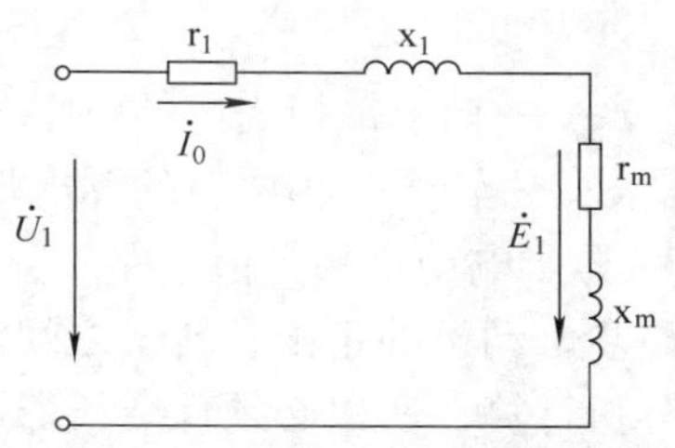

图 3-28　异步电动机空载时的等值电路

二、三相异步电动机的负载运行

1. 定子、转子磁场的关系

电动机负载运行时，其转速 n 低于同步转速 n_1，转向则仍与旋转磁场的转向相同。因此，转子与旋转磁场的相对转速为 $\Delta n=n_1-n=sn_1$，Δn 也就是转子绕组切割气隙旋转磁场的速度。于是在转子绕组中感应出电动势，产生电流，其频率为：

$$f_2=\frac{p\Delta n}{60}=s\frac{pn_1}{60}=sf_1$$

在异步电动机中，无论是笼型转子还是绕线转子，其转子绕组都是一个对称的多相系统，转子绕组中感应电流产生的磁极对数 p_2，与定子的磁极对数 p 始终相等，所以转子合成磁场相对于转子的旋转速度为：

$$n_2=\frac{60f_2}{p}=s\frac{60f_1}{p}=sn_1$$

若定子旋转磁场的转向为顺时针方向，由于 $n<n_1$，所以转子绕组感应电动势或电流的相序也必然按顺时针方向排列。由于旋转磁场的转向取决于绕组中电流的相序，所以转子合成旋转磁场的转向与定子旋转磁场的转向相同，也为顺时针方向，于是转子旋转磁场在空间的旋转速度（相对于定子的速度）为：

$$n_2+n=sn_1+n=n_1$$

也就是说，无论异步电动机的转速如何变化，定子、转子的磁场总是相对静止的。

2. 电压方程

异步电动机带上负载后，定子电流从 $\dot{I}_0$ 增大到 $\dot{I}_1$，可列出三相异步电动机负载时定子每相绕组的电压方程：

$$\dot{U}_1=-\dot{E}_1+\dot{I}_1(r_1+jx_1)$$

与定子绕组的电动势相类似，负载时转子每相绕组感应电动势的大小为：

$$E_{2s}=4.44f_2N_2k_{w2}\Phi_m$$

式中 N_2——转子每相绕组的串联匝数；

k_{w2}——转子的绕组系数。

因为异步电动机的转子电路自成闭路，端电压 $U_2=0$，所以转子的电压方程为：

$$\dot{E}_{2s}=\dot{I}_{2s}(r_2+jx_{2s})$$

式中 r_2——转子每相绕组的电阻；

x_{2s}——转子每相绕组的漏电抗，与转子频率 f_2 有关。

3. 异步电动机的等值电路

异步电动机的定子、转子之间没有电路上的联系，只有磁路上的联系，不便于实际工作的分析计算，所以必须像变压器那样进行等值电路的折算。折算前后要保持定子绕组各电磁量不变，转子的磁动势不变，为了找到异步电动机的等值电路，除了进行转子绕组的折算外，还需要进行转子频率的折算。

（1）转子频率的折算　转子不动时，定子、转子绕组的频率是一样的。因此，可以用一个不动的等效转子去代替实际旋转的转子。转子不动时，转子电流的频率为 f_1，电阻为 r_2，漏电抗为 x_2，转子每相绕组电动势和电流的大小为：

$$E_2=4.44f_1N_2k_{w2}\Phi_m$$

$$I_2=\frac{E_2}{\sqrt{r_2^2+x_2^2}}$$

而实际旋转的转子，其感应电动势的频率和大小为：

$$f_2=sf_1$$

$$E_{2s}=4.44f_2N_2k_{w2}\Phi_m=4.44sf_1N_2k_{w2}\Phi_m=sE_2$$

转子漏电抗为：$x_{2s}=2\pi f_2L_2=2\pi sf_1L_2=sx_2$

转子每相电流的大小为：

$$I_{2s}=\frac{E_{2s}}{\sqrt{r_2^2+x_{2s}^2}}=\frac{sE_2}{\sqrt{r_2^2+(sx_2)^2}}=\frac{E_2}{\sqrt{(\frac{r_2}{s})^2+x_2^2}}=I_2$$

上式表明，只要将转子的实际电阻 r_2 用等效电阻 $\frac{r_2}{s}$ 代替，就可以用不动的转子去代替实际旋转的转子。等效电阻可以分解为：

$$\frac{r_2}{s}=r_2+\frac{1-s}{s}r_2$$

式中，$\frac{1-s}{s}r_2$ 是异步电动机的等效负载电阻，它反映的是异步电动机由机电能量转换产生的机械功率。

异步电动机频率折算后的定、转子电路，如图 3-29 所示。

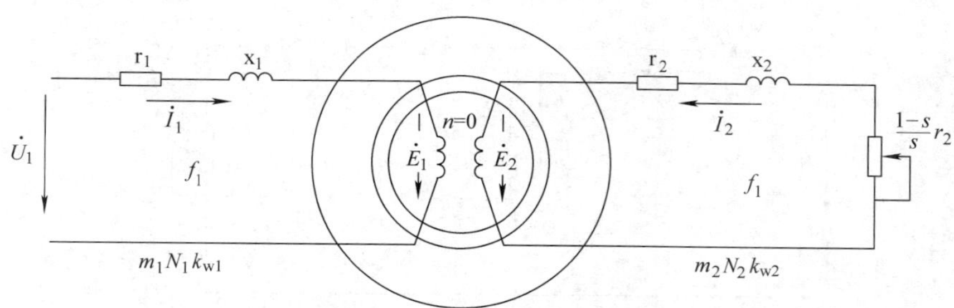

图 3-29　异步电动机频率折算后的定子、转子电路

（2）转子绕组的折算　对异步电动机进行频率折算之后，定子、转子频率不同的问题是解决了，但还不能把定子、转子电路连接起来，因为两个电路的电动势还不相等。与变压器的绕组折算一样，还要用一个相数、匝数以及绕组系数和定子绕组一样的转子绕组去代替相数为 m_2、匝数为 N_2 以及绕组系数为 k_{w2}，并经过频率折算的转子绕组。但仍然要保证折算前后转子对定子的电磁关系不变，即转子的磁动势、转子的各种功率和损耗不变。转子折算后的电磁量均加“′”表示。

经过绕组折算后，转子每相绕组的电动势为：

$$E_2' = E_1 = \frac{N_1 k_{w1}}{N_2 k_{w2}} E_2 = k_e E_2$$

式中　k_e——电压比。

根据磁动势不变的原则，可得折算后的转子电流为：

$$I_2' = \frac{m_2 N_2 k_{w2}}{m_1 N_1 k_{w1}} I_2 = \frac{I_2}{k_i}$$

式中　k_i——电流比。

根据有功功率和无功功率不变的原则，可得折算后的转子电阻和漏电抗为：

$$r'_2 = k_e k_i r_2 \qquad x'_2 = k_e k_i x_2$$

经过频率和绕组折算后，异步电动机的定子、转子电路，如图 3-30 所示。

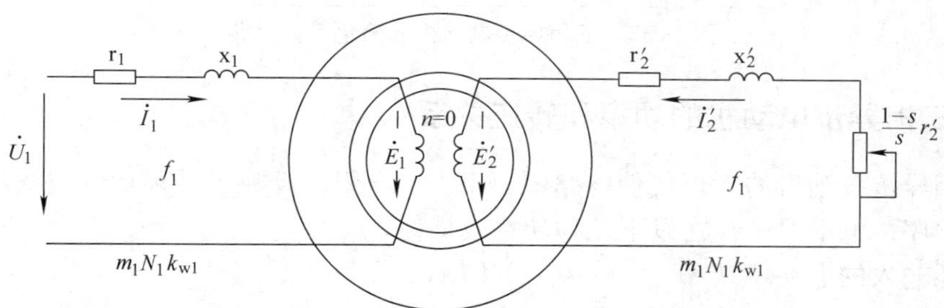

图 3-30　异步电动机频率和绕组折算的定子、转子电路

（3）异步电动机的等值电路　经频率和绕组折算后，异步电动机转子绕组的频率、相数、电动势都与定子绕组一样。从电路中等电位点可直接连接这个角度分析，可以把图 3-30 中 $\dot{E}_1$ 与 $\dot{E}'_2$ 两端设想用导线直接连接起来，而得到如图 3-31 所示的 T 形等值电路。

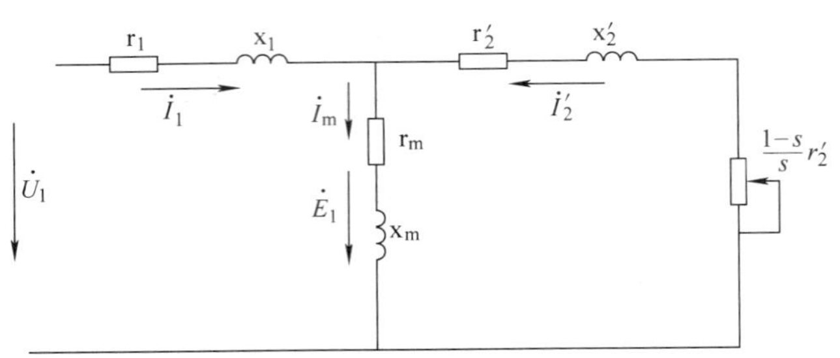

图 3-31　三相异步电动机的T形等值电路

从T形等值电路可以看出，空载运行时：$n \to n_1$，$s \to 0$，$\frac{1-s}{s}r'_2 \to \infty$，相当于转子开路。随着负载增大，$n\downarrow \to s\uparrow \to \frac{1-s}{s}r'_2\downarrow \to I'_2\uparrow \to I_1\uparrow \to P_2\uparrow \to P_1\uparrow$。转子堵转时：$n=0$，$s=1$，$\frac{1-s}{s}r'_2=0$，相当于变压器二次侧短路。因此，当异步电动机接上电源而不转时，就是短路状态，会使电动机电流很大，很快过热而烧坏电动机，这在电动机实验及使用电动机时应多加注意。异步电动机启动瞬间也属于此种情况。

用T形等值电路分析计算异步电动机的工作情况，结果精确，但是交流混联电路的计算很麻烦。由于异步电动机正常工作时，励磁电流较小，因此在近似分析计算时，可以将励磁支路移到左边，得到简化等值电路，如图 3-32 所示。

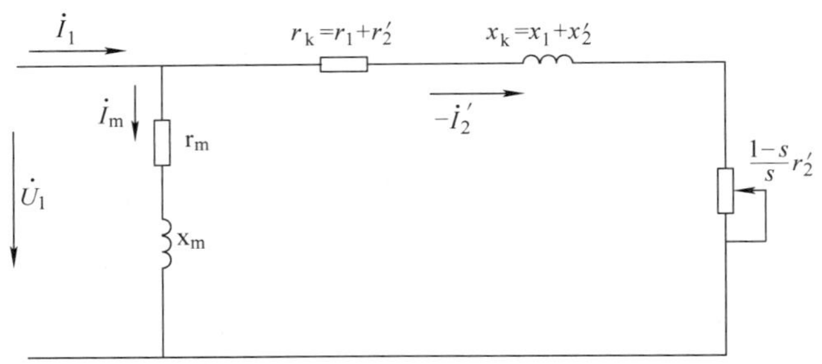

图 3-32　三相异步电动机的简化等值电路

三、三相异步电动机的功率和转矩关系

在三相异步电动机的T形等值电路中，每一个电阻都反映了一种功率或损耗。按照从左到右的顺序，电动机中存在以下几种功率或损耗。

从电源输入的电功率　　$P_1=3U_1I_1\cos\varphi_1$

定子绕组的铜损耗　　$P_{Cu1}=3I_1^2r_1$

定子铁损耗　　$P_{Fe}=3I_m^2r_m$

电源输入的电功率去除定子铜损耗和铁损耗后，便是定子传递给转子回路的电磁功率：

$$P_M=P_1-P_{Cu1}-P_{Fe}$$

从转子电路看，$P_M=3I'^2_2(r'_2+\frac{1-s}{s}r'_2)=3I'^2_2\frac{r'_2}{s}$

转子绕组的铜损耗　　　　　　　　$P_{Cu2}=3I'^2_2r'_2$

电磁功率去除转子绕组上的铜损耗，就是等效负载电阻上的功率，这部分功率实际上是电动机转轴上产生的机械功率，用 P_m 表示。

$$P_m=P_M-P_{Cu2}=3I'^2_2\frac{1-s}{s}r'_2$$

电动机运行时，还存在通风和摩擦等机械损耗 P'_m 以及附加损耗 P_s。在中小型电动机中 $P_s=(1\%\sim3\%)P_N$。转子的机械功率 P_m 减去机械损耗 P'_m 和附加损耗 P_s，才是转轴上真正输出的功率，用 P_2 表示。

$$P_2=P_m-P'_m-P_s$$

可见，异步电动机运行时，从电源输入电功率 P_1 到转轴上输出机械功率的全过程为：

$$P_1=P_{Cu1}+P_{Fe}+P_{Cu2}+P'_m+P_s+P_2$$

用功率流程图表示，如图 3-33 所示。

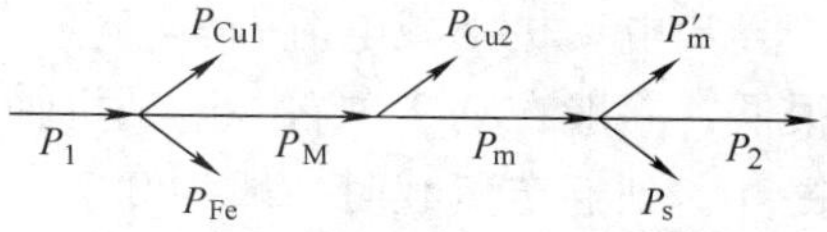

从以上功率关系的定量分析可知，异步电动机运行时电磁功率 P_M、转子铜损耗 P_{Cu2} 和机械功率 P_m 三者之间存在以下关系：

$$P_M:P_{Cu2}:P_m=1:s:(1-s)$$

图 3-33　异步电动机功率流程图

上式表明，当电磁功率一定时，转差率 s 越小，转子铜损耗越小，机械功率越大，效率越高。电动机运行时，若 s 增大，转子铜损耗也增大，电动机易发热，降低效率。

电动机产生的机械功率 P_m 除以轴上的角速度 ω 就是电磁转矩 T，也等于电磁功率 P_M 除以同步角速度 ω_1：

$$T=\frac{P_m}{\omega}=\frac{P_M}{\omega_1}$$

式中，ω 和 ω_1 分别表示电动机转子的角速度和旋转磁场的同步角速度。

电动机产生的电磁转矩 T 扣除空载阻力转矩 T_0 后，就是轴上输出的转矩 T_2。

$$T_2=T-T_0$$

电动机正常运行时，T_0 很小可忽略，输出转矩 T_2 与负载转矩 T_L 相平衡，则有：

$$T\approx T_2=T_L$$

四、三相异步电动机的工作特性

为了正确、合理地使用电动机，提高运行效率，节约能源，应利用电动机的工作特性了解不同负载情况下电动机的运行情况。

在电源电压 U_1 和频率 f_1 为额定值时，电动机的转速 n、定子电流 I_1、功率因数 $\cos\varphi_1$、电磁转矩 T 以及效率 η 与输出功率 P_2 之间的关系，称为电动机的工作特性。即 $U_1=U_N$、

$f_1=f_N$ 时，n、I_1、$\cos\varphi_1$、T、$\eta=f(P_2)$ 的关系。上述关系曲线可以通过直接给异步电动机加负载测得，也可以利用等值电路的参数计算得出。图 3-34 为三相异步电动机的工作特性曲线。

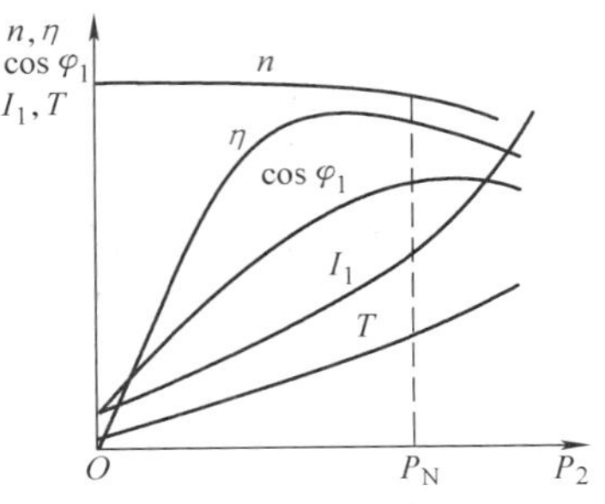

图 3-34　异步电动机的工作特性

1. 转速特性 $n=f(P_2)$

三相异步电动机空载时，转子的转速 n 接近于同步转速 n_1。随着负载的增加，转速 n 要略微降低，这时转子电动势 $E_{2s}=sE_2$ 增大，从而使转子电流 I_{2s} 增大，以产生较大的电磁转矩来平衡负载转矩。因此，随着 P_2 的增加，转子转速 n 下降，转差率 s 增大。转速特性是一条硬特性。

2. 定子电流特性 $I_1=f(P_2)$

异步电动机定子电流 I_1 随输出负载的增大而增大，其原理与变压器一次侧电流随负载增大而增大相似。由于气隙的原因，空载电流 I_0 比变压器大得多，为额定电流的 20%~50%。当 $P_2>P_N$ 时，由于 $\cos\varphi_2$ 降低，I_1 增加更快。

3. 定子功率因数特性 $\cos\varphi_1=f(P_2)$

异步电动机空载电流 I_0 是产生工作磁通的励磁电流，是感性的，所以空载时的功率因数很低，一般在 0.2 左右，电动机轴上带机械负载后，随着输出功率的增大，功率因数逐渐提高，到额定负载时一般为 0.7~0.9。超过额定负载时，由于转差率较大，转子的功率因数下降较多，引起定子电流中的无功分量增大，因此功率因数 $\cos\varphi_1$ 会呈现下降趋势。

4. 电磁转矩特性 $T=f(P_2)$

当电动机空载时，电磁转矩 $T=T_0$，随着负载增加，P_2 增大，由于机械角速度 ω 变化不大，因此，电磁转矩 T 随 P_2 的变化近似为一条直线。

5. 效率特性 $\eta=f(P_2)$

电动机的效率 η 是指其输出机械功率 P_2 与输入电功率 P_1 的比值，即：

$$\eta=\frac{P_2}{P_1}\times100\%=\frac{P_2}{\sqrt{3}U_1I_1\cos\varphi_1}\times100\%=\frac{P_2}{P_2+P_{Cu}+P_{Fe}+P'_m+P_s}\times100\%$$

空载时 $P_2=0$，而 $P_1>0$，故 $\eta=0$；随着负载的增大，η 开始时上升很快，后因铜损耗迅速增大（铁损和机械损耗基本不变），η 反而有所减小，η 的最大值一般出现在额定负载的 80%附近，中小型三相异步电动机的最高效率为 80%~90%。

由图 3-34 可见，三相异步电动机在其额定负载的 70%~100%运行时，其功率因数和效率都比较高，因此，应该合理选用电动机的额定功率，使它运行在满载或接近满载的状态，尽量避免或减少轻载和空载运行的时间。

任务实施

一、任务准备

在测定三相异步电动机的参数、用直接负载法测取三相异步电动机工作特性的过程中，需用到表 3-7 所示的工具、仪器和设备。

表 3-7　任务实施需用到的工具、仪器和设备

序号	名称	型号规格	数量
1	三相交流可调电源	0~420 V	1 个
2	直流励磁电源	220 V	1 个
3	三相笼型转子异步电动机	100 W	1 台
4	校正直流发电机	185 W	1 台
5	功率表	450 V/5 A	2 块
6	交流电压表	300 V	1 块
7	交流电流表	5 A	1 块
8	直流电流表	5 A/1 A	各 1 块
9	励磁调节电阻	900 Ω	2 个
10	负载调节电阻	900 Ω	2 个
11	转速表	0~1 800 r/min	1 块
12	万用表	MF47 型或自选	1 块
13	导线	实验专用	若干

二、绘制并连接三相异步电动机的测试电路

测试三相异步电动机参数和工作特性的参考电路，如图 3-35 所示。电路的接线，如图 3-36 所示。图中三相笼型转子异步电动机 M 的额定值 $P_N = 100$ W，$U_N = 220$ V，△接法，$I_N = 0.5$ A，$n_N = 1\ 420$ r/min。校正直流测功机 MG 按他励直流发电机接线，励磁调节电阻 RP_f 选用 1 800 Ω 的变阻器，负载电阻 R_L 也选用 1 800 Ω 电阻。电流表 PA1、PA2 和 PA3 的量程分别选用 5 A、1 A 和 5 A，电压表的量程选用 300 V，转速表选用1 800 r/min 量程。

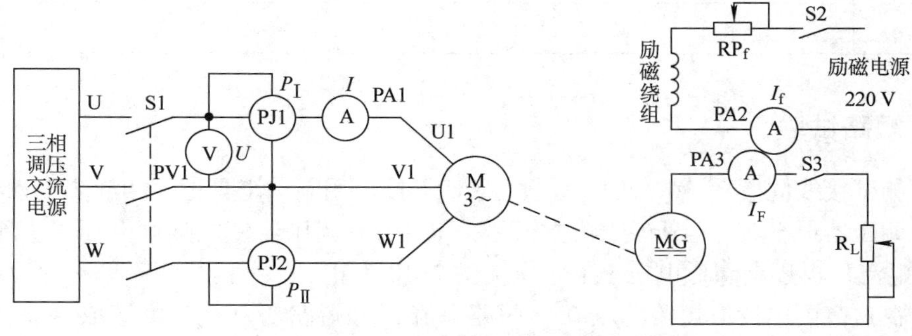

图 3-35　三相异步电动机试验参考电路

图 3-36　三相异步电动机试验接线

三、空载试验

（1）按图 3-36 接线。三相异步电动机绕组为△接法（$U_N=220$ V），直接与测速发电机同轴连接，负载发电机 MG 不接。

（2）把交流调压器调至电压最小位置，接通电源开关 S1，逐渐升高电压，使电动机启动旋转，观察电动机旋转方向。如转向不符合要求，则切断电源，调整相序，使电动机旋转方向符合要求。

（3）保持电动机在额定电压下空载运行数分钟，使机械损耗达到稳定后再进行试验。

（4）由 1.2 倍额定电压开始逐渐降低电压，直至电流显著增大为止。在这范围内读取空载电压 U_0、空载电流 I_0 和空载功率 P_0。共取 5～6 组数据记录于表 3-8 中。

表 3-8　三相异步电动机空载试验

序号	1	2	3	4	5	6
U_0(V)						
I_0(A)						
P_{I}(W)						
P_{II}(W)						
P_0(W)						

四、短路试验

（1）测试接线同图 3-36，负载发电机 MG 不接。用制动工具把三相异步电动机堵住。

（2）调压器退至零，合上交流电源开关 S1，调节调压器使之逐渐升压，直至短路电流为额定电流，再逐渐降低电压至额定电流的 3/10 为止。

（3）在这范围内读取短路电压 U_k、短路电流 I_k 和短路功率 P_k。共读取 5～6 组数据记录于表 3-9 中。

表 3-9　三相异步电动机短路试验

序号	1	2	3	4	5	6
U_k(V)						
I_k(A)						
P_{I}(W)						
P_{II}(W)						
P_k(W)						

五、测取三相异步电动机的工作特性

（1）测试接线同图 3-36，同轴连接负载发电机 MG。RP_f 和 R_L 均调到最大值。

（2）合上交流电源开关 S1，调节调压器使之逐渐升压至额定电压并保持不变。

（3）合上校正过的直流电机的励磁电源开关 S2，调节励磁电流至 100 mA 并保持不变。

（4）闭合负载开关 S3，减小负载电阻 R_L 使三相异步电动机的定子电流逐渐上升，直至电流上升到额定电流。

（5）从该负载开始，逐渐增大负载电阻，直至空载，断开开关 S3，在这范围内读取电动机的定子电流 I_1、输入功率 P_1、转速 n、直流电机的负载电流 I_F 等数据。共读取 6~7 组数据记录于表 3-10 中。

表 3-10　三相异步电动机的工作特性［U_{1N}=220 V（△），I_f=100 mA］

序号	1	2	3	4	5	6	7
I_1(A)							
P_{I}(W)							
P_{II}(W)							
P_1(W)							
n(r/min)							
I_F(A)							
T_2(N·m)							
P_2(W)							

1. 空载试验时三相异步电动机直接与测速发电机同轴连接，负载电机 MG 不接。

2. 短路试验时，用制动工具把三相异步电动机堵住。特别注意慢慢增大电压，短路电流不要超过额定值。

3. 注意各个调节电阻中的电流不能超过允许值。必要时两路并联使用。

总结测评

一、总结报告

1. 绘制任务的电路图。

2. 记录任务实施的过程、现象和数据结果。

（1）由短路试验额定点数据求出每相的短路参数（电压、电流和功率都要化成相值）。

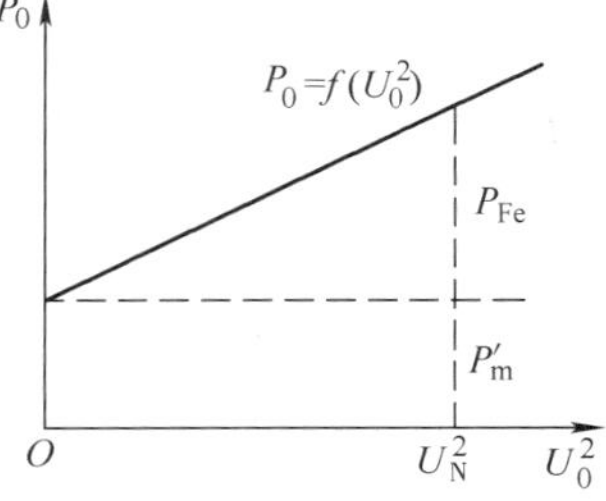

图 3-37　空载损耗曲线

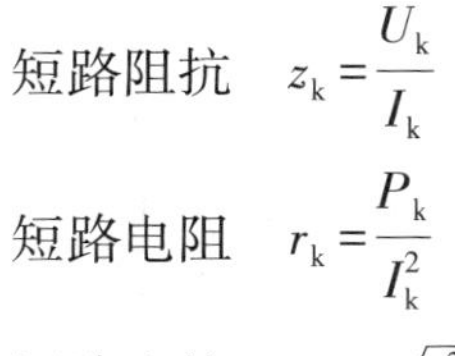

短路阻抗　$z_k=\dfrac{U_k}{I_k}$

短路电阻　$r_k=\dfrac{P_k}{I_k^2}$

短路电抗　$x_k=\sqrt{z_k^2-r_k^2}$

$$r_1\approx r_2=\frac{r_k}{2}\qquad x_1\approx x_2=\frac{x_k}{2}$$

（2）由空载试验额定点数据求出每相励磁回路参数（电压、电流和功率都要化成相值）。

作空载损耗曲线：$P_0=f(U_0{}^2)$，如图 3-37 所示。

空载阻抗　$z_0=\dfrac{U_0}{I_0}$

空载电阻　$r_0=\dfrac{P_0}{I_0^2}$

空载电抗　$x_0=\sqrt{z_0^2-r_0^2}$

励磁电阻　$r_m=\dfrac{P_{Fe}}{I_0^2}$

励磁电抗　$x_m=x_0-x_1$

（3）绘制工作特性曲线 P_1、I_1、n、s、$\eta=f(P_2)$。

电动机输出转矩 T_2 可根据 I_F 值查表得到：$P_2=0.105T_2n$。

3. 小结、体会和建议。

二、任务测评（见表 3-11）

表 3-11　任务实施考核评分记录表

序号	考核内容	考核要求	配分	得分
1	任务实施的准备	预习任务的内容	10	
2	仪器、仪表、电机的使用	正确使用电压表、功率表、实验台等设备	10	

续表

序号	考核内容	考核要求	配分	得分
3	三相异步电动机的接线	电路绘制正确、简洁，接线速度快，通电运行一次成功	30	
4	测取空载、短路和工作特性试验的数据	操作规范、正确，观察速度快，记录结果正确	30	
5	最后试验结果的合理性	结果合理、正确	20	
6	合计得分		100	
7	否定项	发生重大责任事故、严重违反教学纪律者得 0 分		

指导教师签名________________　　日期________________

任务 3　三相异步电动机的调速

学习目标

1. 了解三相异步电动机的机械特性。
2. 熟悉三相异步电动机的调速方法。
3. 学会进行三相异步电动机的调速。

任务引入

三相异步电动机的机械特性是其性能的重要反映，只有熟悉三相异步电动机固有机械特性和人为机械特性的特点，才能用好电动机。虽然三相异步电动机的调速性能不如直流电动机，但是它的调速方法还是很多的，分别适用于某些特定的场合。随着变频调速技术的发展，三相异步电动机的调速性能得到了极大的改善。熟悉三相异步电动机的各种调速方法，并能正确使用，在电气技术人员的实际工作中具有非常重要的意义。

相关知识

一、三相异步电动机的机械特性

1. 电磁转矩的物理表达式

异步电动机的电磁转矩 T 是由转子电流的有功分量 $I_2\cos\varphi_2$ 与旋转磁场的主磁通 Φ 相互作用产生的。根据理论分析，电磁转矩 T 可用下式确定：

$$T=C_T\Phi I_2\cos\varphi_2$$

式中　T——电动机的电磁转矩，N · m；

C_T——与电动机结构有关的转矩常数；

Φ——旋转磁场的每极磁通［量］，Wb；

I_2——转子电流的有效值，A；

$\cos\varphi_2$——转子电路的功率因数（感性）。

2. 三相异步电动机的转矩特性

从异步电动机的 T 形等值电路和转子每相电流的计算公式可知，转子电流 I_2 和 $\cos\varphi_2$ 都与转差率 s 有关。

$$I_2=\frac{sE_2}{\sqrt{r_2^2+(sx_2)^2}}$$

$$\cos\varphi_2=\frac{r_2}{\sqrt{r_2^2+(sx_2)^2}}$$

上式描述了转子电流 I_2 和功率因数 $\cos\varphi_2$ 随转差率 s 变化的关系，可用图 3-38 所示的曲线表示。在转差率 s 从 0 开始增大的过程中，当 s 较小时，$r_2\gg sx_2$，可以忽略 sx_2，I_2 与 s 成正比变化，$\cos\varphi_2\to1.0$；当 s 较大时，$r_2<sx_2$，sx_2 起主要作用，I_2 随 s 增大越来越不明显，而 $\cos\varphi_2$ 与 s 成反比变化。

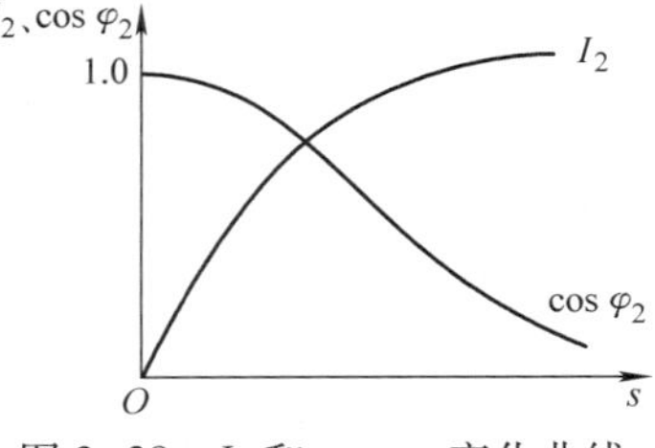

图 3-38　I_2 和 $\cos\varphi_2$ 变化曲线

T 与 s 的关系曲线，如图 3-39 所示。s 较小时，T 与 s 成正比；s 较大时，T 与 s 成反比。$T=f(s)$ 的关系曲线，通常称为异步电动机的转矩特性。

由于磁通 Φ 与电源电压 U_1 成正比，而转子电流 I_2 又是切割磁通 Φ 产生的，所以电磁转矩 T 与 U_1^2 成正比。电源电压的变化对电动机工作情况影响很大，电压过高或过低都会使电动机性能变差，甚至烧坏电动机。

由转矩特性可以看出，当 $s=0$，即 $n=n_1$ 时，$T=0$，这是理想空载运行；随着 s 的增大，转速降低，转子导体切割旋转磁场加快，转子电流 I_2 增大，功率因数 $\cos\varphi_2$ 保持较大值，T 开始增大。但到达最大值 T_m 以后，随着 s 的增大，虽然 I_2 略有增大，但是功率因数 $\cos\varphi_2$ 快速降低，因此 T 反而减小。最大转矩 T_m 也称临界转矩，对应于 T_m 的 s_m 称为临界转差率。

3. 三相异步电动机的机械特性

在实际应用中，需要了解异步电动机在电源电压和频率一定时，转速 n 与电磁转矩 T 的关系。由转矩特性 $T=f(s)$ 和式 $s=\frac{n_1-n}{n_1}$ 转换得到的 $n=f(T)$ 曲线，称为三相异步电动机的机械特性曲线，如图 3-40 所示。用它来分析电动机的运行情况更为方便。

在机械特性曲线上值得注意的是两个区和三个转矩值。

以最大转矩 T_m 为界，分为两个区，上部为稳定区，下部为不稳定区。当电动机驱动恒转矩负载，工作在稳定区内某一点时，电磁转矩与负载转矩相平衡而保持匀速转动。如负载转矩变化，电磁转矩将自动适应，随之变化达到新的平衡而稳定运行。当电动机工作在不稳定区时，电磁转矩将不能自动适应负载转矩的变化，因而不能稳定运行。

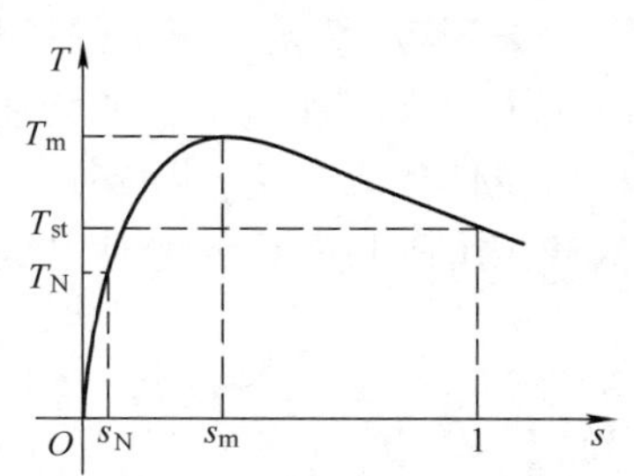

图 3-39　三相异步电动机的转矩特性

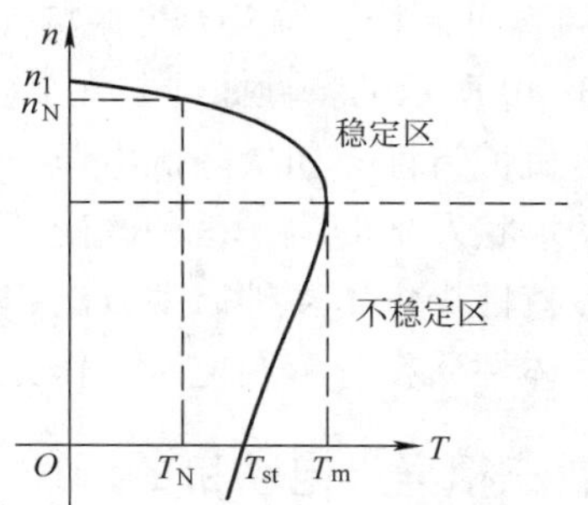

图 3-40　三相异步电动机的机械特性

三个转矩是额定转矩 T_N、最大转矩 T_m 和启动转矩 T_{st}。

（1）额定转矩 T_N　电动机在额定电压下，驱动额定负载，以额定转速运行，输出额定功率时的电磁转矩称为额定转矩。忽略空载转矩时，就等于额定输出转矩，用 T_N 表示。

$$T_N = 9\ 550\frac{P_N}{n_N}$$

式中　P_N——电动机的额定功率，kW；

n_N——电动机的额定转速，r/min；

T_N——电动机的额定转矩，N·m。

（2）最大转矩 T_m　在机械特性曲线上，电磁转矩的最大值称为最大转矩，它是稳定区与不稳定区的分界点。电动机正常运行时，最大负载转矩不可超过最大转矩，否则电动机将带不动，转速越来越低，发生所谓的“闷车”现象，此时电动机电流会升高到额定电流的 5~7 倍，使电动机过热，甚至烧坏。为此要将额定转矩 T_N 选得比最大转矩 T_m 小，使电动机能有较大的短时过载运行能力。通常用最大转矩 T_m 与额定转矩 T_N 的比值 λ_m 来表示过载能力，即 $\lambda_m = T_m/T_N$。一般三相异步电动机的过载能力 $\lambda_m = 1.8 \sim 2.2$。

理论分析和实际测试都可以证明，最大转矩 T_m 和临界转差率 s_m 具有以下特点：

1）T_m 与 U_1^2 成正比，s_m 与 U_1 无关。电源电压的变化对电动机的工作影响很大。

2）T_m 与 f_1^2 成反比，电动机变频时要注意对电磁转矩的影响。

3）T_m 与 r_2 无关，s_m 与 r_2 成正比。改变转子电阻可以改变转差率和转速。

（3）启动转矩 T_{st}　电动机在接通电源启动的最初瞬间，$n=0$，$s=1$ 时的转矩称为启动转矩，用 T_{st} 表示。启动时，要求启动转矩 T_{st} 大于负载转矩 T_L，此时电动机的工作点会沿着 $n=f(T)$ 曲线上升，电磁转矩增大，转速 n 越来越高，很快越过最大转矩 T_m，然后随着 n 的增高，T 又逐渐减小，直到 $T=T_L$ 时，电动机以某一转速稳定运行。可见，只要 $T_{st}>T_L$，电动机一经启动，便迅速进入稳定区运行。

当 $T_{st}<T_L$ 时，则电动机无法启动，出现堵转现象，电动机的电流达到最大，造成电动机过热。此时应立即切断电源，减轻负载或排除故障后再重新启动。

异步电动机的启动能力常用启动转矩与额定转矩的比值 $\lambda_{st} = T_{st}/T_N$ 来表示。一般笼型转子异步电动机的启动能力 $\lambda_{st} = 1.3 \sim 2.2$。

4. 固有机械特性与人为机械特性

图 3-40 所示的特性曲线是在额定电压、额定频率、转子绕组短接情况下的机械特性，称为固有机械特性。如果降低电压、改变频率或转子电路中串入附加电阻，就会使机械特性曲线的形状发生变化。这种改变了电动机参数后的机械特性称为人为机械特性。不同的人为机械特性提供了多种启动方法和调速方法，为灵活使用电动机提供了方便。人为机械特性的具体性质在分析调速时再作介绍。

二、三相异步电动机的调速

调速是指在电动机负载不变的情况下，人为地改变电动机的转速。异步电动机的转速公式如下：

$$n=n_1(1-s)=\frac{60f_1}{p}(1-s)$$

从上式可以看出，异步电动机的调速方法可以分为以下三大类：

（1）改变定子绕组的磁极对数 p——变极调速。

（2）改变供电电源的频率 f_1——变频调速。

（3）改变电动机的转差率 s——变转差率调速。其方法有改变电压调速、绕线式异步电动机转子串电阻调速和串级调速。

1. 变极调速

在电源频率不变的条件下，改变异步电动机定子绕组的接线，可以改变磁极对数，从而得到不同的转速。由于磁极对数 p 只能成倍地变化，所以这种调速方法不能实现无级调速。

三相异步电动机定子绕组改变磁极对数的原理，如图 3-41 所示。以单绕组双速电动机为例，对变极调速的原理进行分析。为简便起见，图中将一个线圈组集中起来用一个线圈代表。单绕组双速电动机的定子每相绕组由两个相等圈数的“半绕组”组成。图 3-41a 中两个“半绕组”串联，其电流方向相同；图 3-41b 中两个“半绕组”并联，其电流方向相反。它们分别代表两种磁极对数，即 $2p=4$ 与 $2p=2$。由此可见，改变磁极对数的关键在于使定子每相绕组中一半绕组内的电流改变方向。即改变半相绕组的电流方向，使磁极对数减少一半，从而使转速上升一倍，这就是变极调速的调速原理。

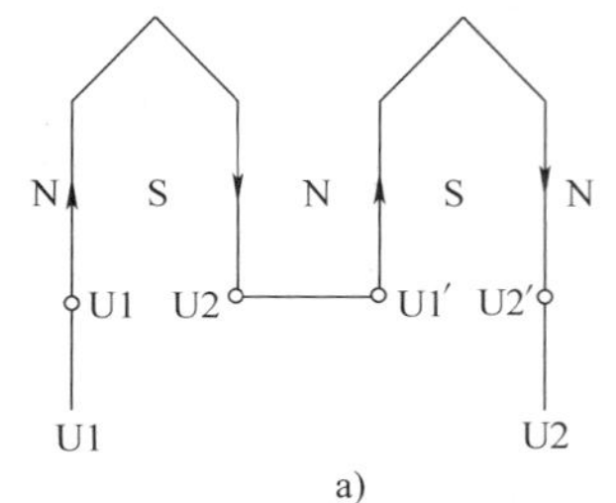

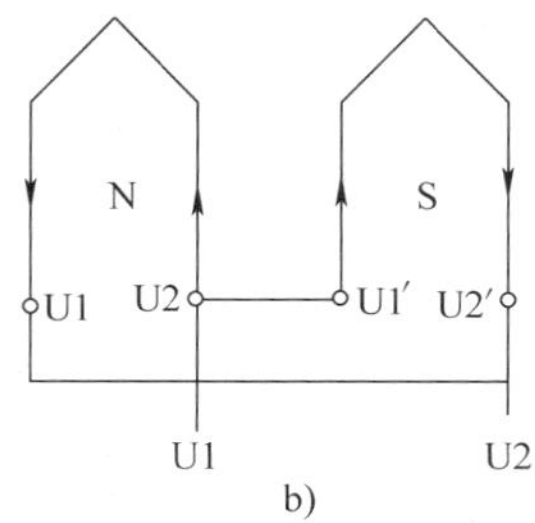

图 3-41 变极调速的原理

a）串联 $2p=4$ b）并联 $2p=2$

若在定子上装两套独立绕组，各自具有所需的磁极对数，两套独立绕组中每套又可以有不同的连接。这样就可以分别得到双速、三速或四速等电动机，通称为多速电动机。

多速电动机中典型的变极方法有两种。一种是Y/YY，如图3-42a所示，即每相绕组由串联改成并联，则磁极对数减少了一半，故 $n_{YY}=2n_{Y}$。另一种是△/YY，如图3-42b所示，将定子绕组由△改接成YY时，磁极对数也减少了一半，即 $n_{YY}=2n_{\triangle}$。国产YD系列双速电动机所采用的变极方法是△/YY接法，允许输出的功率近似不变，属恒功率调速方式。

另外，由于磁极对数的改变，不仅使转速发生了改变，而且三相定子绕组排列的相序也改变了。假设高速时三相绕组空间位置为0°→120°→240°，那么低速时磁极对数增加一倍，三相绕组空间位置变成了0°→240°→480°（120°）。为了使变极前后维持原来的转向不变，就必须在变极的同时，改变三相绕组接线的相序，如图3-42所示，将V和W互换一下，这是设计变极调速电动机控制线路时应注意的一个问题。

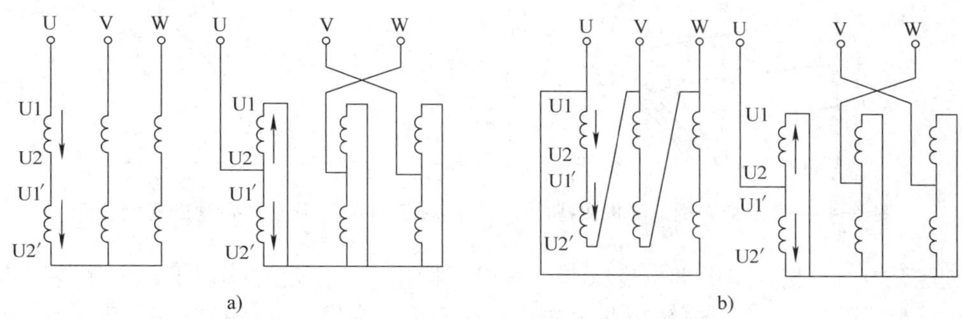

图3-42　单绕组双速电动机的极对数变换

a）Y/YY　b）△/YY

多速电动机启动时宜先接成低速，然后再换接为高速，这样可获得较大的启动转矩。

2. 变频调速

由于三相异步电动机的同步转速 n_1 与电源频率 f_1 成正比，因此，改变三相异步电动机的电源频率，可以实现平滑的调速。额定频率称为基频，变频调速时，可以从基频向上调，也可以从基频向下调。

（1）从基频向下变频调速　在进行变频调速时，为了保证电动机的电磁转矩不变，就要保证电动机内旋转磁场的磁通量不变。异步电动机的相电压 $U_1 \approx E_1 = 4.44 f_1 N_1 k_{w1} \Phi_m$，如果降低电源频率时，还保持电源电压为额定值，则随着 f_1 下降，气隙每极磁通 Φ_m 增加。电动机磁路本来就处于临界饱和状态，Φ_m 再增加就会使磁路过饱和，励磁电流急剧增加，这是不能允许的。因此，降低电源频率时，必须同时降低电源电压，使 U_1/f_1 的比值保持不变，从而使气隙磁通基本不变。通常把上述变频调速方法称作变压变频（VVVF）调速，是目前最常见的变频方法。

变压变频调速时的机械特性，如图3-43所示，其运行段是一组基本平行的曲线。其中虚线部分是保持 E_1/f_1 为常数，恒磁通调速时 T_m 为常数的机械特性，以示比较。显然

VVVF 调速时的机械特性不如 E_1/f_1 为常数时的机械特性，特别是低频低速时的机械特性变差了。保持 U_1/f_1 为常数的降低频率调速近似为恒转矩调速方式。

（2）从基频向上变频调速　从额定频率往上升时，由于绝缘等级和目前变频技术上存在的问题，无法升高电压，因此，电源电压只能保持额定值不变。升高频率向上调速时，频率越高，磁通 Φ_m 越小，是一种降低磁通升速的方法，类似直流电动机弱磁调速的情况。把这种变频调速方法称作恒压变频（CVVF）调速。

恒压变频升高电源频率的机械特性，如图 3-44 所示。其运行段也是一组基本平行的曲线。保持 U_1 为常数的恒压升频调速近似为恒功率调速方式。

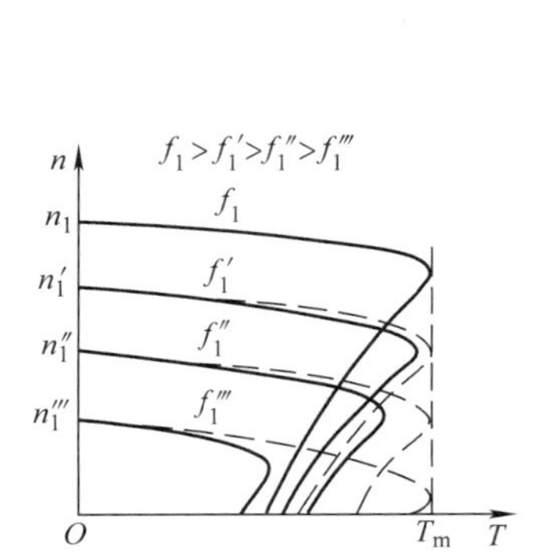

图 3-43　变压变频调速的机械特性

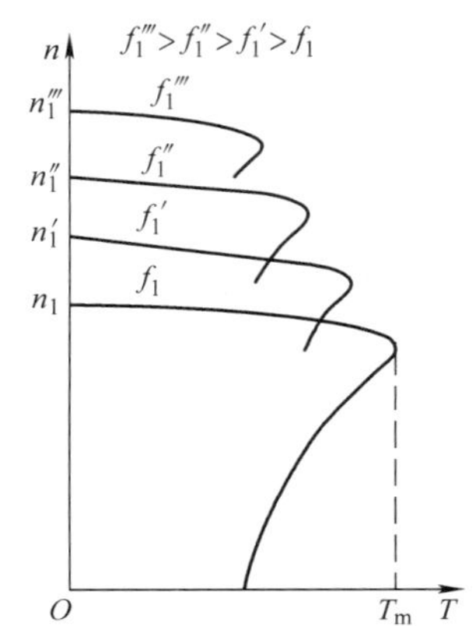

图 3-44　恒压变频调速的机械特性

综上所述，三相异步电动机变频调速有以下特点：在额定频率以下，电压与频率成正比减小，Φ_m 基本不变，属恒转矩调速方式；在额定频率以上，频率升高电压不变，Φ_m 减小，属恒功率调速方式；调速范围大，平滑性好，机械特性硬，效率高，可以实现无级调速。

三相异步电动机进行变频调速时，需要一套专用的变频设备，例如采用图 3-45 所示的变频调速装置，它由整流器和逆变器组成。整流器先将 50 Hz 的交流电变换为直流电，再由逆变器变换为频率可调且 U_1/f_1 比值保持不变的三相交流电，供给三相笼型转子异步电动机。连续改变电源频率可以实现大范围的无级调速，而且电动机机械特性的硬度基本不变。这是一种比较理想的调速方法，近年来发展很快，已经在很多领域内获得广泛的应用，如轧钢机、纺织机、球磨机、鼓风机、水泵、电梯、自动化生产线等设备。

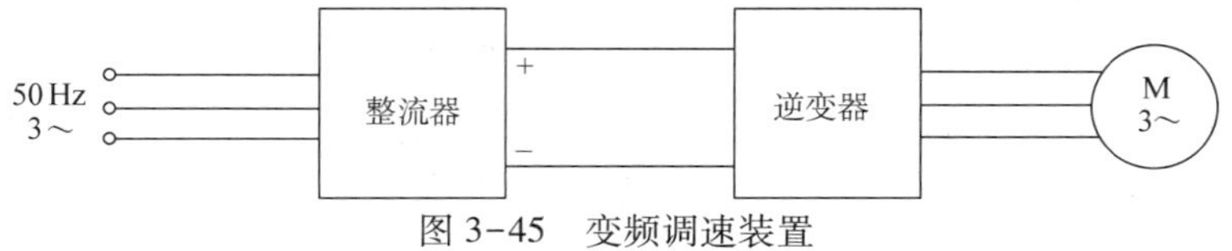

图 3-45　变频调速装置

3. 变转差率调速

变转差率调速是在不改变同步转速 n_1 的条件下进行调速。

（1）绕线转子异步电动机转子串电阻调速　绕线转子异步电动机工作时，如果在转子回路中串入电阻，改变电阻的大小，即可调速。转子串电阻调速的机械特性，如图 3-46 所示。设负载转矩为 T_L，当转子电路的电阻为 R_a 时，电动机稳定运行在 A 点，转速为 n_a；若 T_L 不变，转子电路电阻增大为 R_b，则电动机机械特性变软，工作点由 A 点移至 B 点，于是转速降低为 n_b，转子电路串接的电阻越大，则转速越低。

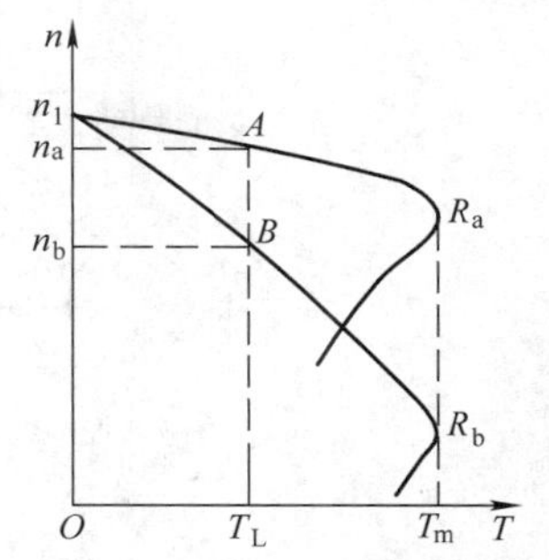

图 3-46　转子串电阻的机械特性

转子串电阻调速的优点是设备简单，成本低，缺点是低速时机械特性软，转速不稳定，电能浪费多，电动机的效率低，轻载时调速效果差。主要用于恒转矩负载中，如起重运输设备。

转子串电阻调速存在的问题，可以通过使用晶闸管串级调速系统得到解决。原来在转子电阻中消耗的电能，先整流为直流电，再逆变为交流电送回电源。一方面能够节能，另一方面能提高机械特性的硬度。

（2）绕线转子异步电动机转子串电动势调速——串级调速　转子串电阻调速在低速时，机械特性软，电能浪费多。如果将转子所串电阻的电压降用同频率的附加电动势来代替，就能达到回收电能、提高效率的目的，这就是串级调速。

串级调速可以将异步电动机转子回路调速时无法利用的功率回馈电网，因此效率高。因为附加电动势连续可调，所以它能实现无级平滑调速，低速时机械特性也比较硬。特别是晶闸管低同步串级调速系统，技术难度小，性能比较完善。它具有控制电压低、控制功率小、结构简单、节能效率高的特点，在高压大中型电动机节能调速方面具有突出的优越性。

传统的串级调速系统是在电动机转子回路中串入等效电动势，通过改变装置中逆变器的逆变角来改变等效电动势的大小实现调速，同时将转子的转差功率反馈回电网而达到高效节能的目的，如图 3-47 所示。

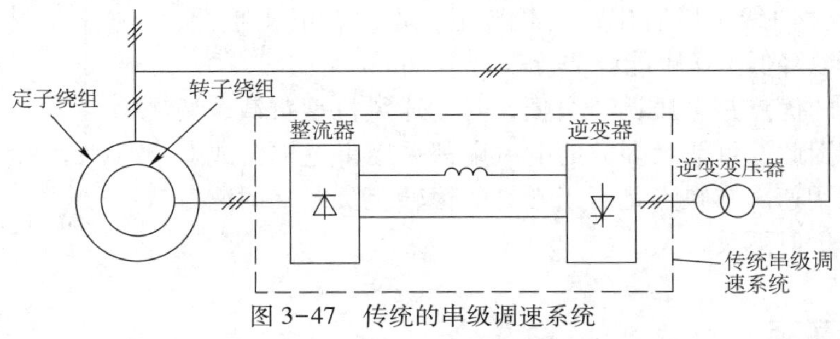

图 3-47　传统的串级调速系统

现代串级调速技术则是以固定逆变器的逆变角，通过高频 PWM 调制控制大功率电子开关的开通与关断时间，改变串入转子回路的等效电动势大小实现调速，并将转差功率经逆变变压器反馈回电网达到高效节能的目的。特点是控制电路简单，功率因数高，如图 3-48 所示。

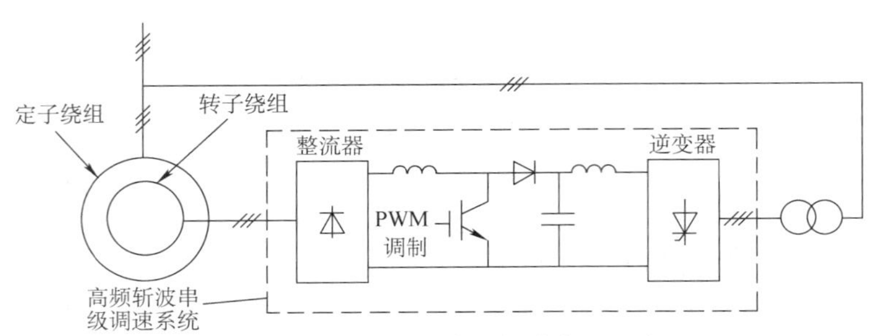

图 3-48　外反馈式高频斩波串级调速

在定子绕组槽内嵌入一个反馈绕组代替逆变变压器，将转差功率经该绕组反馈回电网，构成内反馈式高频斩波串级调速系统，使系统结构更趋简单高效，如图 3-49 所示。

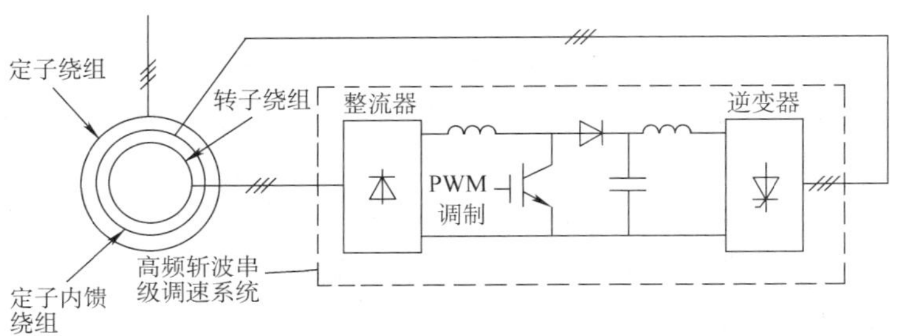

图 3-49　内反馈式高频斩波串级调速

在调速节能产品的低压小容量电动机系统中，变频调速装置得到了较为广泛的应用和认可，而在高压大容量调速系统中，变频调速器的成本很高，体积较大，高频斩波串级调速系统具有优良的性价比，适合于大中型风机、水泵调速节能运行，其节能效果显著。因此，广泛应用于水厂、电厂、钢铁厂、化工厂、水泥厂、造纸厂、石油输送、矿井通风等场合。

（3）降低电源电压调速　三相异步电动机的同步转速 n_1 与电压无关，而最大转矩与电源电压的平方成正比，因此，降压时的人为机械特性，如图 3-50 所示。

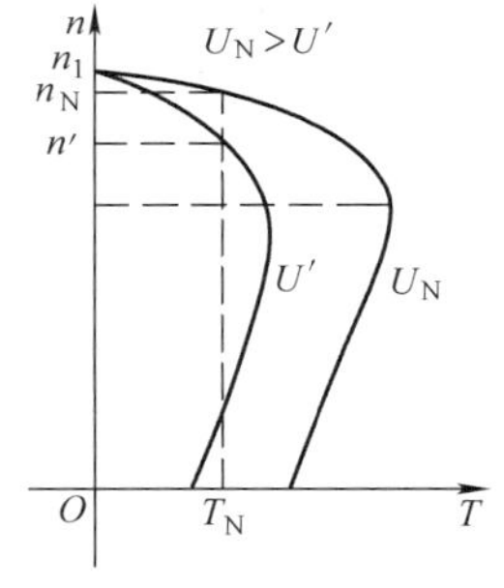

图 3-50　降压的机械特性

从机械特性曲线可以看出，负载转矩一定时，电压越低，转速越低。所以降低电压也能调节转速。

降压调速的优点是电压调节方便，对于通风机型负载，调速范围较大。因此，目前大多数的电风扇都采用串电抗器或双向晶闸管降压调速。其缺点是对于常见的恒转矩负载，调速范围很小，实用价值不大。

任务实施

一、任务准备

在进行三相异步电动机的转子串电阻调速、降压调速的过程中，需用到表 3-12 所示的工具、仪器和设备。

表 3-12　任务实施需用到的工具、仪器和设备

序号	名称	型号规格	数量
1	三相交流可调电源	0~420 V	1 个
2	三相绕线转子异步电动机	120 W	1 台
3	校正过的直流发电机	185 W	1 台
4	交流电压表	450 V	1 块
5	三相可变电阻	15 Ω	1 套
6	转速表	0~1 800 r/min	1 块
7	万用表	MF47 型或自选	1 块
8	导线	实验专用	若干

二、绘制三相异步电动机调速的工作电路图

选用三相绕线转子异步电动机，额定值为 120 W，220 V，Y 接法，0.6 A，1 380 r/min。根据额定值选用电压表、转速表的量程。三相异步电动机转子串电阻调速和降压调速的参考电路，如图 3-51 所示。

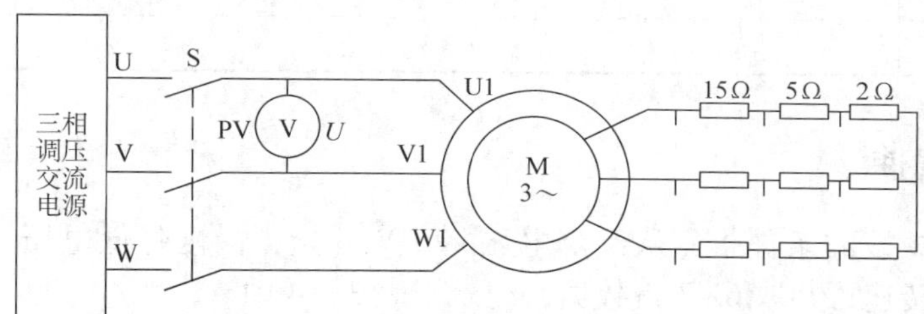

图 3-51　三相异步电动机调速的工作电路

三、连接三相异步电动机调速的工作电路

按照所绘制的三相异步电动机工作电路接线。电路的接线，如图 3-52 所示。校正过的直流电机不接线，用它的空载阻力作为负载。三相交流电源调节手柄逆时针方向调到最小位置，三相可变电阻器调到阻值最大位置。检查三相异步电动机、直流电机与测速发电机的联轴器是否连接可靠。

四、通电启动三相异步电动机

经指导教师认可，启动电源控制屏的总开关。闭合电动机的电源开关 S，顺时针方向旋转电压调节手柄，启动电动机。如果转向不对，则断电后改变相序再启动，慢慢升高电动机电压，直到 220 V 额定值。

五、转子串电阻调速

在保持额定电压 220 V 不变的条件下，分段减小转子串入的电阻值（每相电阻分别为

0 Ω、2 Ω、5 Ω、15 Ω)，测出相应的转速，记录于表 3-13 中。

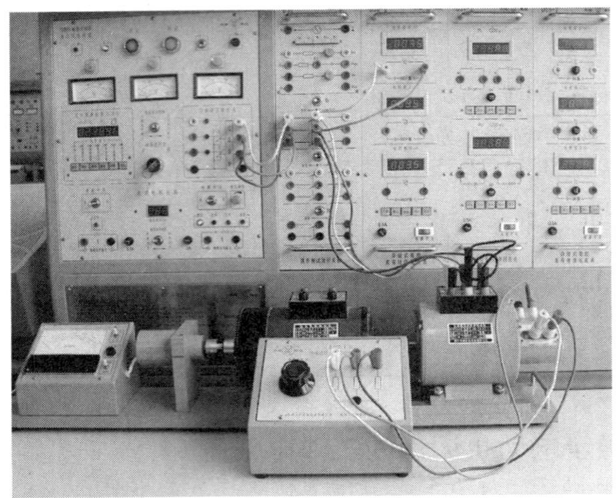

图 3-52　三相异步电动机调速电路的接线

表 3-13　转子串电阻调速（U=220 V）

R_2(Ω)	15	5	2	0
n(r/min)				

六、降压调速

在转子绕组短接的条件下，从额定电压 220 V 开始，慢慢降低电压，直到电动机停转，测出相应的转速，共取 6~7 组数据，记录于表 3-14 中。

表 3-14　降压调速

U(V)							
n(r/min)							

提示

1. 三相异步电动机启动前，必须将电源电压调至最小，转子串入的电阻值最大。
2. 三相异步电动机启动时，要观察电动机的转向，应符合要求。
3. 每相转子绕组都必须串入相应的电阻。

总结测评

一、总结报告

1. 绘制任务的电路图。

2. 记录任务实施的过程、现象和数据结果。绘制转子串电阻和定子降压的调速特性 $n=f(R_2)$，$n=f(U)$。

二、任务测评（见表 3-15）

表 3-15　任务实施考核评分记录表

序号	考核内容	考核要求	配分	得分
1	任务实施的准备	预习任务的内容	10	
2	仪器、仪表的使用	正确使用万用表、转速表、实验台等设备	10	
3	三相异步电动机的接线	电路绘制正确，接线速度快	30	
4	调速的操作过程	通电运行一次成功，操作规范，数据测量正确	50	
5	合计得分		100	
6	否定项	发生重大责任事故、严重违反教学纪律者得 0 分		

指导教师签名________________　　日期________________

任务 4　三相异步电动机的启动、反转和制动

学习目标

1. 了解三相异步电动机启动时存在的问题。
2. 熟悉三相异步电动机常用的启动方法。
3. 了解三相异步电动机的反转方法。
4. 了解三相异步电动机的制动方法。
5. 学会三相异步电动机常用启动、反转和制动方法的操作使用。

任务引入

三相异步电动机启动时与直流电动机一样，启动电流大，对电源有较大的冲击，因此，容量较大的电动机不允许直接启动。需要在三相异步电动机的各种启动方法中选择一种对电源、对负载最合适的方法。三相异步电动机驱动的生产机械，经常要改变运动方向，如电梯的上下、刨床的来回运动，这就需要电动机能快速地正反转。某些生产机械除了需要电动机提供驱动力矩外，还要三相异步电动机在必要时提供制动力矩，以便迅速反转、停车或限制转速；例如起重机下放重物时，机床反向运动开始时，都需要电动机进行制动。因此，掌握三相异步电动机启动、反转和制动的知识及技能，对电气技术人员是很重要的。

相关知识

一、三相异步电动机的启动

三相异步电动机的启动就是把三相定子绕组与电源接通，使电动机的转子由静止加速到一定转速进行稳定运行的过程。

异步电动机在启动瞬间，其转速 $n=0$，转差率 $s=1$，转子电流达到最大值，这时定子电流也达到最大值，为额定电流的 5~7 倍。由电磁转矩公式 $T=C_T\Phi I_2\cos\varphi_2$ 可知，虽然异步电动机的启动电流很大，但是启动时转子电路的功率因数很低，故启动转矩并不大，一般笼型转子异步电动机的启动能力 λ_{st} 只有 1.3~2.2。

三相异步电动机启动电流很大，在输电线路上造成的电压降也大，可能会影响同一电网中其他负载的正常工作，例如，使其他电动机的转矩减小，转速降低，甚至造成堵转，或使日光灯熄灭等。电动机启动转矩不大，则启动时间较长，或不能在满载情况下启动。由于三相异步电动机存在启动电流很大而启动转矩不大的问题，所以必须采取一些措施来减小启动电流，增大启动转矩。

三相异步电动机常用的启动方法有以下几种：

1. 全压启动

用开关将额定电压直接加到定子绕组上使电动机启动，就是全压启动，又称直接启动。图 3-53 所示是用电源开关 QS 全压启动的电路。

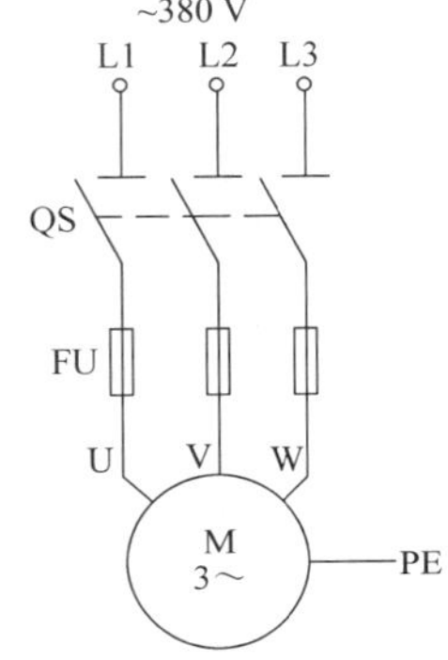

图 3-53　全压启动电路

全压启动的优点是设备简单，操作方便，启动时间短。只要电网的容量允许，应尽量采用全压启动。容量在 10 kW 以下的三相异步电动机一般都采用全压启动。

一台三相异步电动机是否允许全压启动，各地电力部门都有各自的规定，例如表 3-16 是某地电力部门的规定，可供参考。

表 3-16　三相笼型转子异步电动机全压启动参考数据

供电方式	启动情况	电网允许电压降	电动机额定功率允许占供电变压器额定容量的比值
动力与照明混合	经常启动	2%	4%
	不经常启动	4%	8%
动力专用		10%	20%

此外也可用经验公式来确定，若满足下面的公式，则电动机可以全压启动。

$$\frac{\text{全压启动电流（A）}}{\text{额定电流（A）}} \leqslant \frac{3}{4}+\frac{\text{变压器总容量（kVA）}}{4\times\text{电动机功率（kW）}}$$

2. 三相笼型转子异步电动机减压启动

如果三相笼型转子异步电动机的额定功率超出了允许全压启动的范围，则应采用减压启动。所谓减压启动，是借助启动设备将电源电压适当降低后再加到定子绕组上进行启动，待电动机转速升高后，再使电压恢复到额定值，转入正常运行。

减压启动时，由于电压降低，电动机每极磁通量减小，故转子电动势、电流以及定子电流均减小，避免了对电网冲击而引起的电压显著下降。但由于电磁转矩与定子相电压的平方成正比，因此，减压启动时的启动转矩将大大减小，一般只能在电动机空载或轻载的情况下启动，启动完毕后再加上机械负载。

目前常用的减压启动方法有三种：

（1）定子串接电抗器启动　三相笼型转子异步电动机启动时在定子电路中串入电抗器，这样可以降低定子电压，限制启动电流。在转速接近额定值后，将电抗器切除，使电动机在额定电压下开始正常运行。

定子回路串电阻启动，也属于减压启动，但由于外接启动电阻上有较大的功率损耗，所以经济性较差，一般不用。

（2）Y-△启动　如果三相笼型转子异步电动机正常工作时，其定子绕组是△接法，那么启动时为了减小启动电流，可将其改为Y接法，等电动机转速上升后，再恢复△接法。

三相笼型转子异步电动机Y-△启动的电路，如图3-54所示，启动时先合上电源开关QS，同时将三相倒顺开关Q扳到启动位置（Y），此时定子绕组接成Y形，各相绕组承受的电压为额定电压的$1/\sqrt{3}$。待电动机转速升高后，再把开关Q迅速扳到运行位置（△），使定子绕组恢复为△接法，于是每相绕组加上额定电压，电动机进入正常运行。

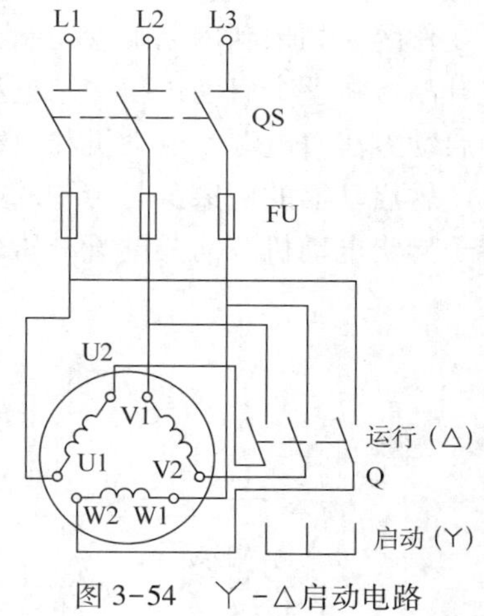

图3-54　Y-△启动电路

设定子每相绕组的阻抗为$|Z|$，电源线电压为U_1，△接法时全压启动的线电流为$I_{st\triangle}$，Y接法时减压启动的线电流为I_{stY}，则有：

$$\frac{I_{stY}}{I_{st\triangle}}=\frac{\dfrac{U_1}{\sqrt{3}\,|Z|}}{\sqrt{3}\dfrac{U_1}{|Z|}}=\frac{1}{3}$$

可见，Y-△启动时的启动电流是△接法全压启动电流的1/3。由于电磁转矩与定子绕组相电压的平方成正比，所以Y-△启动时的启动转矩也减小为全压启动时的1/3。

Y-△启动设备简单，工作可靠，但只适用于正常工作时△接法的电动机。为此，Y系列三相笼型转子异步电动机额定功率在4 kW及以上的定子绕组均设计成△接法。

（3）自耦变压器减压启动　自耦变压器减压启动的电路如图3-55所示。三相自耦变压器接成丫形，用一个六刀双掷转换开关 Q 来控制自耦变压器接入或脱离电路。启动时把开关 Q 扳到启动位置，使三相交流电源接入自耦变压器的一次侧，电动机的定子绕组接到自耦变压器的二次侧，这时电动机定子绕组的电压低于额定电压，因而减小了启动电流。待电动机转速升高后，把开关 Q 从启动位置迅速扳到运行位置，让定子绕组直接与电源相接，而自耦变压器则与电路脱开。

自耦变压器减压启动时，电动机定子电压为全压启动电压的 $1/K$（K 为自耦变压器的变比），定子电流（即自耦变压器二次侧电流）也降低为全压启动时的 $1/K$，而自耦变压器一次侧的电流降低为全压启动时的 $1/K^2$；由于电磁转矩与外加电压的平方成正比，故启动转矩也降低为全压启动时的 $1/K^2$。

启动用的自耦变压器专用设备称为启动补偿器，它通常有两至三个抽头，可输出不同的电压供用户选用，例如分别输出电源电压的 80%、60% 和 40%。自耦变压器减压启动的优点是启动电压可根据需要选择，使用灵活，可适用于不同的负载，但设备较笨重，成本高。

3. 三相笼型转子异步电动机晶闸管减压软启动

上述常用的减压启动方法，在启动过程中，加在电动机定子绕组上的电压都是有级跳跃变化的。如果利用晶闸管控制交流电每个周期导通时间的长短，使交流电压从零开始慢慢升高，将整个启动过程中的电流自动控制在一个合适的数值，例如两倍的额定电流。这种启动方法对电源、电动机和负载几乎没有冲击，因此称为软启动。现在国内已经有专业生产软启动器的厂家，与传统的减压启动方法相比有较高的性价比。图 3-56 是三相笼型转子异步电动机双向晶闸管减压软启动的电路原理图。

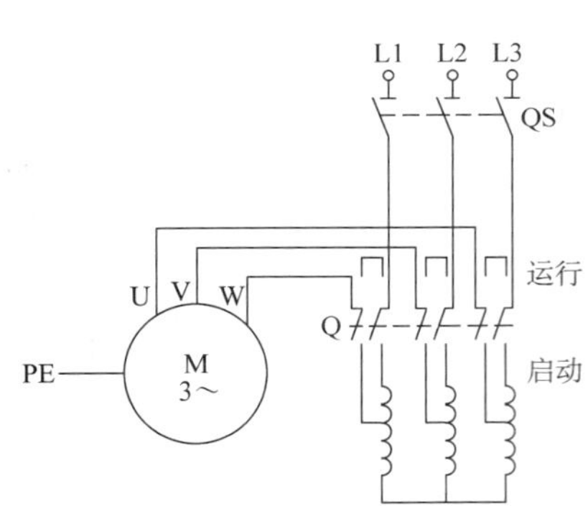

图 3-55　自耦变压器减压启动

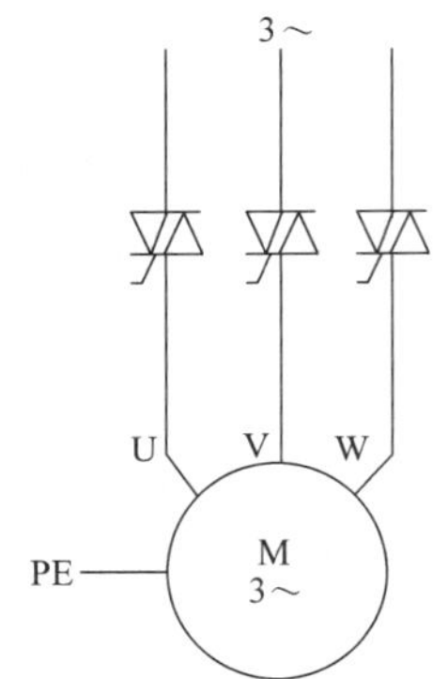

图 3-56　晶闸管软启动电路

4. 三相笼型转子异步电动机变频启动

具有变频调速装置的三相笼型转子异步电动机，常采用减压变频启动方法。启动时，给三相异步电动机定子绕组加低压低频的交流电，随着转速的上升，逐渐提高电源的电压和频率，直至达到额定值。整个启动过程可自动控制在最佳的运行状态，电动机可以按照设定的启动电流、启动转矩、启动时间以及启动加速度自动运行，是三相异步电动机最理想的启动方法，适合于各种场合。但前提条件是必须有一个专门配套的变频电源。随着电力电子技术的发展，这种启动方法会用得越来越多。

5. 绕线转子异步电动机转子串电阻启动

笼型转子异步电动机的转子绕组是短接的，因此无法改变其参数来改善启动性能。对于既要限制启动电流，又要重载启动的场合，不得不采用绕线转子异步电动机。

绕线转子异步电动机转子串电阻启动的电路，如图 3-57 所示。启动时在转子电路中串入三相对称电阻，启动后，随着转速的上升，逐渐切除启动电阻，直到转子绕组短接。采用这种方法启动时，转子电路电阻增加，转子电流 I_2 虽然减小，但是 $\cos\varphi_2$ 提高，启动转矩反而会增大。这是一种比较理想的启动方法，既能减小启动电流，又能增大启动转矩，因此适合于重载启动的场合，如起重机械等。其缺点是绕线转子异步电动机价格昂贵，启动设备笨重，启动过程电能浪费多。电阻段数较少时，启动过程转矩波动大；电阻段数较多时，控制线路复杂，所以一般只设计为 2~4 段。

6. 绕线转子异步电动机转子串频敏变阻器启动

为了改进转子串电阻启动过程中电阻级数有限，电流和转矩波动大的缺点，可以改用转子串频敏变阻器启动。频敏变阻器的结构是一个三相铁心线圈，其铁心不用硅钢片叠成，而是用 30~50 mm 厚的钢板叠成，铁损耗很大。铁心中的涡流损耗和磁滞损耗都随频率而变化，其等效电阻和线圈的电抗都与频率有关，因此称为频敏变阻器。它与绕线转子异步电动机的转子绕组相接，如图 3-58 所示。其工作原理如下：

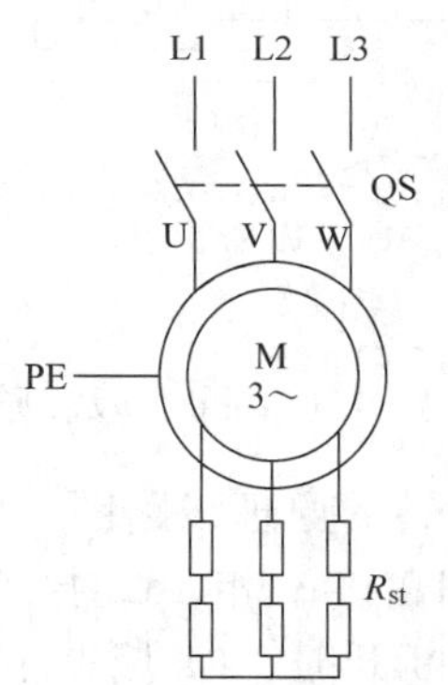

图 3-57　转子串电阻启动

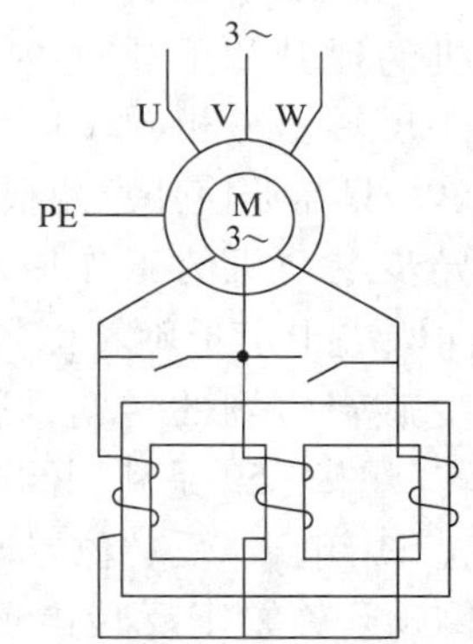

图 3-58　转子串频敏变阻器启动

启动时，转差率 $s=1$，频率 $f_2=f_1=50$ Hz，此时频敏变阻器的铁心损耗大，等效电阻也大，既限制了启动电流，提高了功率因数，又增大了启动转矩。随着转速 n 的上升，转差率 s 下降，转子频率 f_2 减小，铁损耗和等效电阻也随之减小，相当于逐渐切除转子电路串入的电阻。启动结束时，$n=n_N$，$f_2=s_N f_1=1\sim3$ Hz，此时频敏变阻器基本不起作用，可以用开关短接转子绕组，切除频敏变阻器。频敏变阻器结构简单，运行可靠，启动过程自动完成。但与转子串电阻启动相比，由于频敏变阻器中电抗的影响，在同样的启动电流下，启动转矩略小。

7. 深槽式和双笼型异步电动机

将转子串频敏变阻器启动的原理应用于三相笼型转子异步电动机，就形成了启动性能较好的深槽式和双笼型异步电动机。这两种特殊的笼型转子异步电动机，利用交流电流的集肤效应，使电动机刚开始启动时，由于转子频率f_2较高，转子电流集中在导体表面，等效转子电阻大，启动电流小，启动转矩大。而正常工作时，转子频率f_2较低，性能与普通笼型转子异步电动机差不多。具体的结构和参数可以参阅电机学的相关书籍。

对于上面所介绍的三相异步电动机的各种启动方法，可根据电动机容量的大小和负载的轻重大致分为四种情况，分别选用不同的启动方法，见表 3-17。大容量电动机的主要问题是减小启动电流，重载时的主要问题是增大启动转矩。

表 3-17　三相异步电动机的各种启动方法

电动机容量 / 负载大小	小容量	大容量
轻载	全压启动	减压启动
重载	特殊的笼型转子异步电动机	转子串电阻或频敏变阻器

二、三相异步电动机的反转

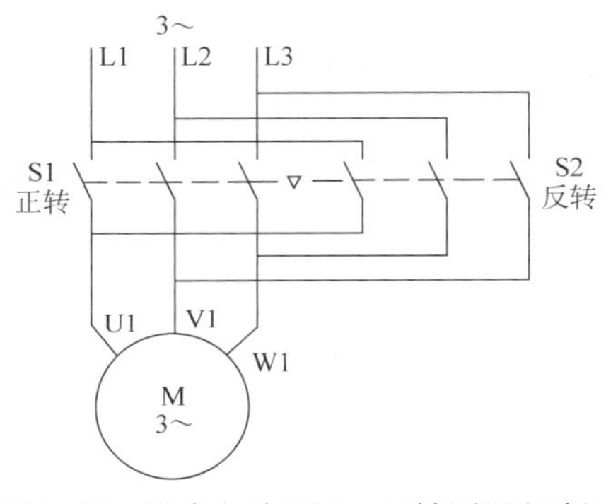

图 3-59　异步电动机正、反转原理电路图

三相异步电动机驱动的生产机械，往往需要改变运动方向，如电梯的上下、刨床的来回运动、起重机的提升和下放重物，都需要电动机能快速地正反转。三相异步电动机改变转向的方法很简单，只需调换任意两根电源线即可。

从三相异步电动机的工作原理可知，电动机的旋转方向取决于定子旋转磁场的旋转方向。因此只要改变旋转磁场的转向，就能使三相异步电动机反转。图 3-59 是利用倒顺开关来实现电动机正反转的原理线路图。当倒顺开关置于正转位置 S1 闭合，反转位置 S2 断开时，L1 接 U 相，L2 接 V 相，L3 接 W 相，电动机正转。当倒顺开关置于反转位置 S2 闭合，正转位置 S1 断开时，L1 接 U 相，L2 接 W 相，L3 接 V 相，将电动机 V 相和 W 相绕组与电源的接线互换，则旋转磁场反向，电动机跟着反转。

三、三相异步电动机的制动

制动就是刹车。当电动机断电后，由于电动机及生产机械存在惯性，要经过一段时间才能停转。为了提高生产效率及安全性，必须对电动机进行制动。

制动的方法有机械制动和电气制动两类。

机械制动通常利用电磁抱闸制动器来实现。电动机启动时，电磁抱闸线圈同时通电，电磁铁吸合，使抱闸松开；电动机断电时，抱闸线圈同时断电，电磁铁释放，在弹簧作用下，抱闸把电动机转子紧紧抱住，实现制动。起重机常用这种方法制动。

电气制动就是在电动机转子中产生一个与转动方向相反的电磁转矩，使电动机迅速停止转动。常用的电气制动方法有以下几种：

1. 反接制动

反接制动分为电源反接制动和倒拉反接制动两种。

（1）电源反接制动　运行过程中的电动机脱离电源后，立即把与电源连接的三根导线中的任意两根对调一下，再接入电动机，使旋转磁场反转，而转子由于惯性仍沿原方向转动，因而产生的电磁转矩方向与电动机转动方向相反，电动机因制动转矩的作用迅速停转，如图 3-60 所示。电源反接制动的机械特性，如图 3-61 所示，制动前，电动机工作在图 3-61 中曲线 1 的 a 点。电源反接制动时，旋转磁场的转速 $n_1<0$，转子的转速 $n>0$，相应的转差率 $s>1$，且电磁转矩 $T<0$，机械特性如图 3-61 中曲线 2 所示。制动时，由于机械惯性，转速瞬时不变，工作点由图 3-61 中曲线 1 的 a 点转移至曲线 2 的 b 点，并很快减速，到达 c 点时 $n=0$，当转速接近于零时，要利用控制电器将三相电源及时切断，并用抱闸刹车，否则电动机将反转。电源反接制动刚开始时的电流比全压启动的电流还要大得多，为了减小制动电流，常在三相定子回路中串入电阻或电抗器。对于绕线转子异步电动机可在转子回路串入制动电阻，其特性如图 3-61 中曲线 3 所示，制动过程同上。

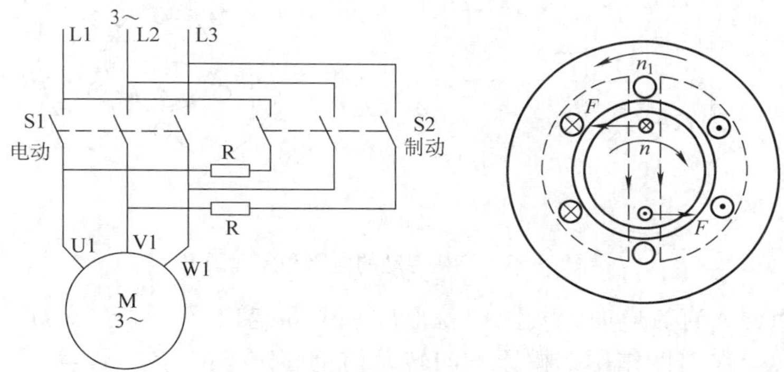

图 3-60　电源反接制动的电路和原理图

反接制动的优点是制动电路比较简单，制动转矩较大，停机迅速，但制动瞬间电流较大，电能消耗也较大，机械冲击强烈，易损坏传动部件，这种制动一般用于要求迅速反转的场合。

（2）倒拉反接制动　绕线转子异步电动机驱动位势负载（即重力负载），并在转子回路串入大电阻的时候，就可能工作在倒拉反接制动状态，其机械特性如图 3-62 所示。当异步电动机提升重物时，其工作点为曲线 1 上的 a 点。如果在转子回路串入大电阻，机械特性变为斜率很大的曲线 2，因机械惯性，工作点由 a 点转移至 b 点，此时的电磁转矩小于负载转矩，转速下降。当电动机减速至 $n=0$ 时，电磁转矩仍小于负载转矩，在位势负载的作用下，使电动机反转，直至电磁转矩等于负载转矩，电动机才稳定运行于 c 点。由于这时的转速是由重物倒拉引起的，所以称为倒拉反接制动，其转差率 $s>1$，与电源反接制动一样。绕线转子异步电动机倒拉反接制动状态，常用于起重机低速下放重物。

2. 能耗制动

能耗制动的方法是将运行着的异步电动机的定子绕组从三相交流电源上断开，立即接到直流电源上，如图 3-63 所示。

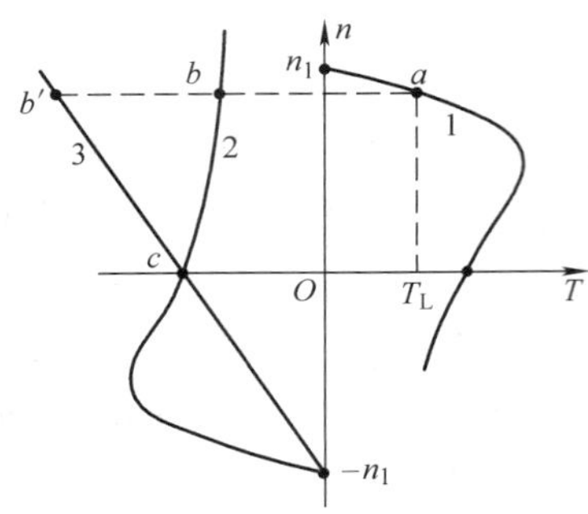

图 3-61　电源反接制动的机械特性

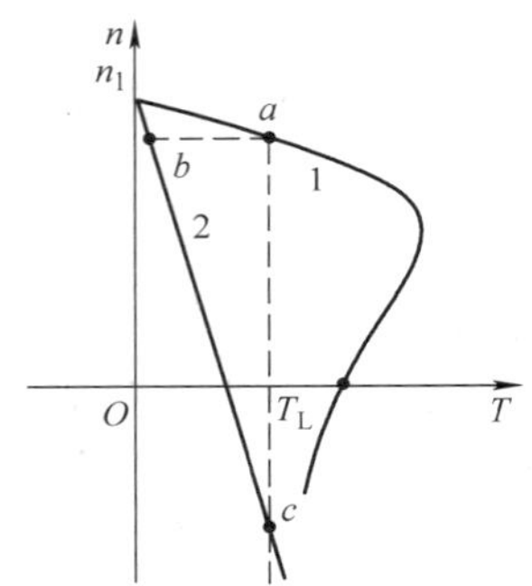

图 3-62　倒拉反接制动的机械特性

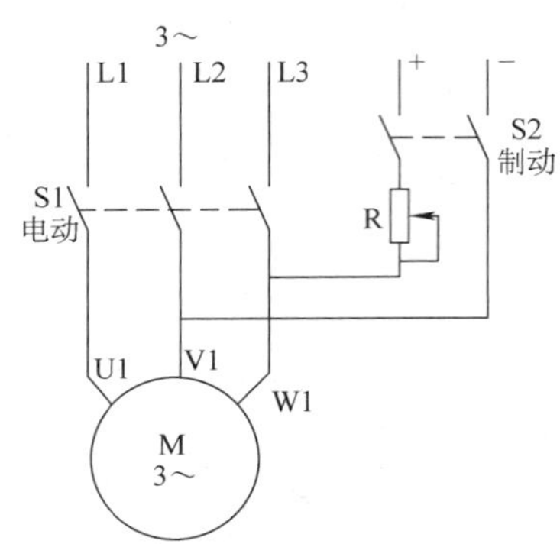

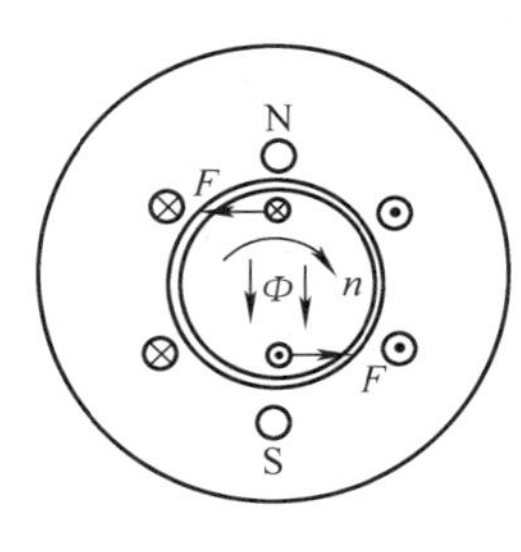

图 3-63　能耗制动的电路和原理图

当定子绕组通入直流电时，气隙中就形成一个固定的磁场，由于转子在惯性作用下按原方向转动切割固定磁场，产生一个与转子旋转方向相反的电磁转矩，使电动机迅速停转。停转后，转子与磁场相对静止，制动转矩随之消失。能耗制动的机械特性，如图 3-64 所示，电动机正向运行时工作在固有机械特性曲线 1 上的 a 点。定子绕组改接直流电源后，因电磁转矩与转速反向，因而能耗制动时机械特性位于第二象限，如图 3-64 中曲线 2 所示。电机运行点也转移至 b 点，并从 b 点顺着曲线 2 减速到 O 点。

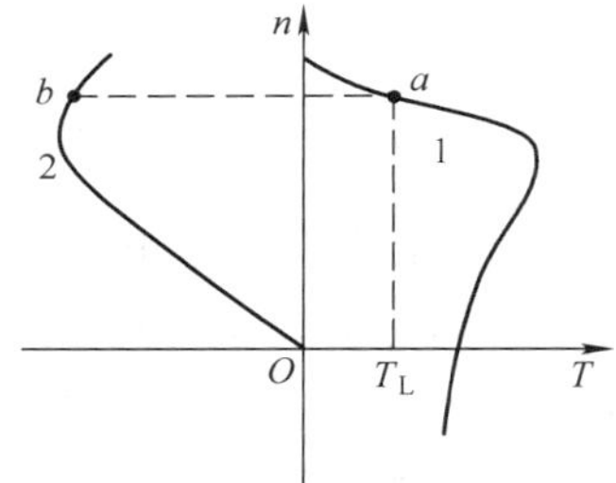

图 3-64　能耗制动的机械特性

这种制动方法是把转子的动能转换为电能，在转子电路中以热能形式迅速消耗掉，故称为能耗制动。其优点是制动能量消耗小，制动平稳，虽然需要直流电源，但很容易从交流电源整流获得。这种制动方法一般用于要求迅速平稳停车的场合。

3. 回馈制动

回馈制动又称再生制动或发电制动，主要用在起重设备中。例如，当起重机下放重物时，因重力的作用，电动机的转速 n 超过旋转磁场的转速 n_1，转子中感应电动势、电流和电磁转矩的方向都发生了变化，电动机转入发电运行状态，将重物的势能转换为电能，再回送到电网，所以称为回馈制动或发电制动。

任务实施

一、任务准备

在进行三相异步电动机Y-△启动、转子串电阻启动、能耗制动、反接制动的过程中，需用到表3-18所示的工具、仪器和设备。

表3-18　任务实施需用到的工具、仪器和设备

序号	名称	型号规格	数量
1	三相交流可调电源	0~420 V	1个
2	直流励磁电源	220 V	1个
3	三相笼型转子异步电动机	100 W	1台
4	三相绕线转子异步电动机	120 W	1台
5	交流电压表	450 V	1块
6	交流电流表	5 A	1块
7	直流电流表	5 A	1块
8	三相可变电阻	15 Ω	1套
9	励磁调节电阻	900 Ω	2个
10	转速表	0~1 800 r/min	1块
11	万用表	MF47型或自选	1块
12	导线	实验专用	若干

二、绘制并连接三相笼型转子异步电动机Y-△启动的工作电路

三相笼型转子异步电动机Y-△启动的参考电路，如图3-65所示。按照所绘制的电路图连接三相电源、三相笼型转子异步电动机、三相倒顺开关、电压表、电流表等。电路的接线，如图3-66所示。三相异步电动机直接与测速发电机连接，注意电流表的量程不能过小。

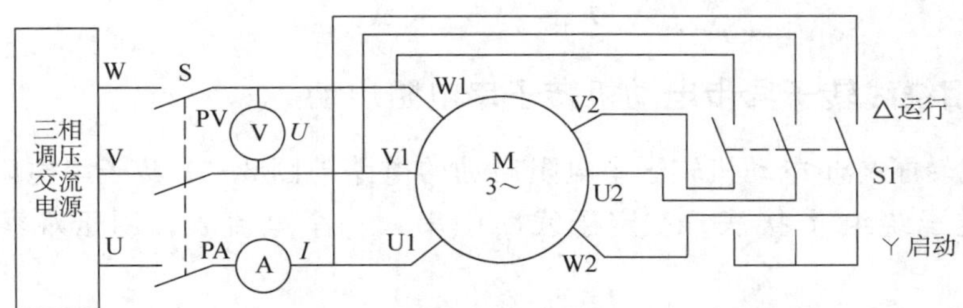

图3-65　三相笼型转子异步电动机Y-△启动工作电路

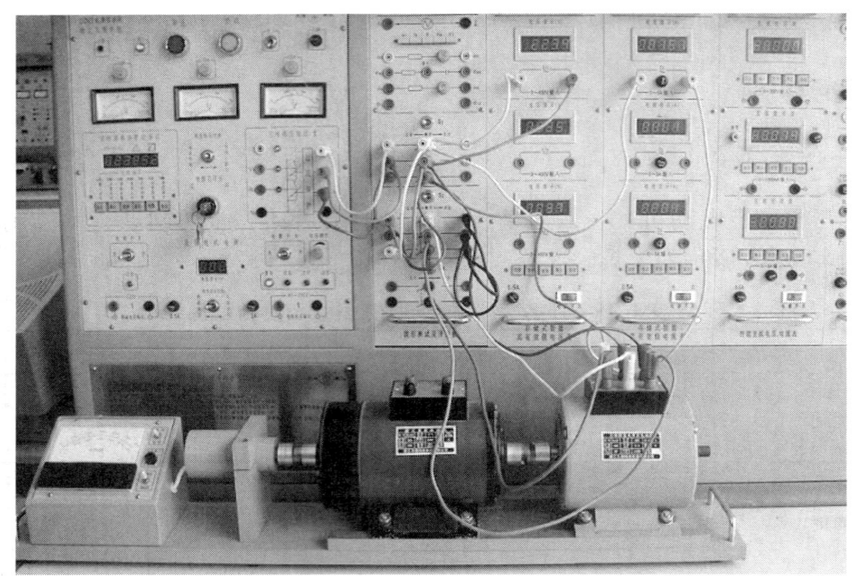

图 3-66　三相笼型转子异步电动机丫-△启动的接线

三、操作并观察三相笼型转子异步电动机全压启动的过程

将交流电源调到最小输出位置，断开倒顺开关 S1，闭合电源开关 S。调节交流电源输出为额定电压 220 V。先断开电源开关 S，将倒顺开关 S1 合向△运行位置，再闭合电源开关 S，观察三相笼型转子异步电动机直接启动电流的大小，记下启动过程电流表的最大读数。

$$I_{\triangle st}=\_\_\_\_\_\_\_\_\mathrm{A}$$

四、操作并观察三相笼型转子异步电动机丫-△启动的过程

在交流电源输出为 220 V 额定电压的条件下，先断开倒顺开关 S1，闭合电源开关 S。再把倒顺开关 S1 合向丫启动位置，实现减压启动，记下启动过程电流表的最大读数。待转速升高后，将倒顺开关 S1 迅速合向△运行位置，整个启动过程结束。观察启动开始及丫-△转换瞬间电流表的读数，与直接启动作定性比较。

$$I_{Yst}=\_\_\_\_\_\_\_\_\mathrm{A}$$

五、三相绕线转子异步电动机转子串电阻启动

三相绕线转子异步电动机转子串电阻启动的电路与图 3-51 转子串电阻调速的电路基本相同，定子绕组丫接法，在定子线路中串入一个电流表，用于观察启动电流的大小。

将电源电压调到额定值 220 V，调节三相可变电阻至不同数值，观察启动电流的大小，将数值记录到表 3-19 中。

表 3-19　三相绕线转子异步电动机转子串电阻启动

R_{st}(Ω)	15	5	2	0
I_{st}(A)				

六、绘制并连接三相笼型转子异步电动机能耗制动的工作电路

三相笼型转子异步电动机能耗制动的参考电路，如图 3-67 所示。按照所绘制的电路图连接三相交流电源、直流励磁电源、三相异步电动机、三相倒顺开关、电压表、电流表等。电路的接线，如图 3-68 所示。三相异步电动机直接与测速发电机连接。励磁调节电阻 R 选用两路串联 1 800 Ω 的变阻器。

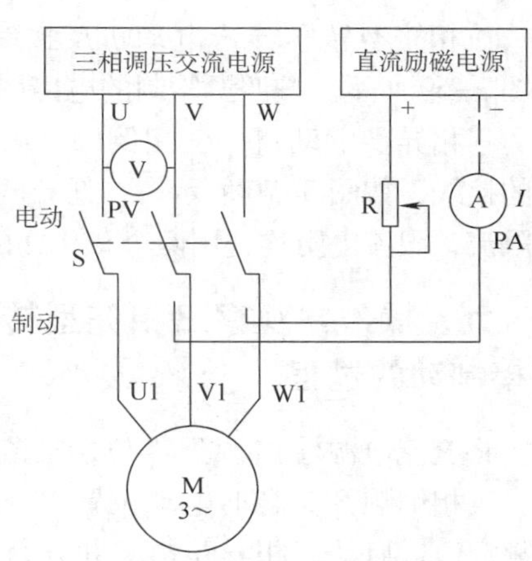

图 3-67　能耗制动的工作电路

七、操作并观察三相笼型转子异步电动机能耗制动的过程

将交流电源输出调到零位，励磁调节电阻 R 调到最大。三相倒顺开关合向电动位置，升高三相交流电压至额定值，启动三相异步电动机，待转速稳定后，断开三相倒顺开关 S，观察并记录电动机自由停车的时间，记入表 3-20 中。

图 3-68　三相笼型异步电动机能耗制动的接线

表 3-20　三相笼型转子异步电动机能耗制动

I(A)	0	$0.2I_N$	$0.5I_N$	I_N
t(s)				

将三相倒顺开关 S 合向制动位置，调节励磁电阻 R 使励磁电流 $I=0.2I_N$。重新将三相倒顺开关 S 合向电动位置启动三相异步电动机，待转速稳定后，迅速将三相倒顺开关 S 合向制动位置，观察并记录电动机停车的时间。对于励磁电流为 $0.5I_N$ 和 I_N，重复测试并记录电动机停车的时间，记入表 3-20 中。

八、绘制并连接三相笼型转子异步电动机反接制动的工作电路

三相笼型转子异步电动机反接制动的参考电路，如图 3-69 所示。按照所绘制的电路图连接三相交流电源、三相异步电动机、三相倒顺开关、电压表等。电路的接线，如图 3-70 所示。在任意两相中串入电阻实现限流，限流电阻均选用两个 900 Ω 的变阻器并联。

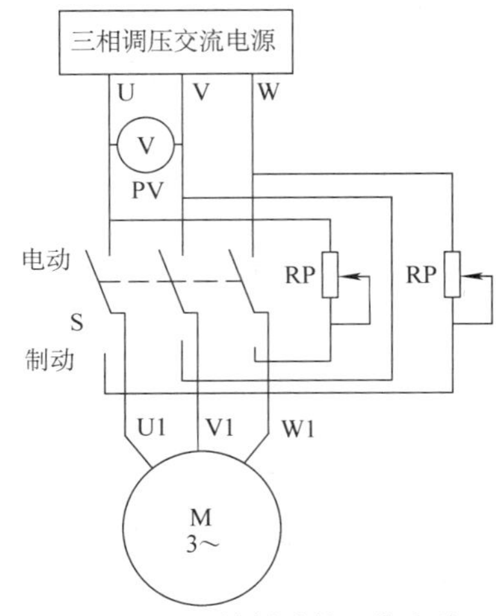

图 3-69　反接制动的工作电路

九、操作并观察三相笼型转子异步电动机反接制动的过程

将交流电源输出调到零位，限流电阻 RP 调到最大。三相倒顺开关合向电动位置，升高三相交流电压至额定值，启动三相异步电动机，待转速稳定后，将三相倒顺开关 S 迅速合向制动位置，观察并记录电动机从制动到停车的时间，记入表 3-21 中。注意电动机会反向启动。限流电阻 RP 调到不同位置重新测几次。

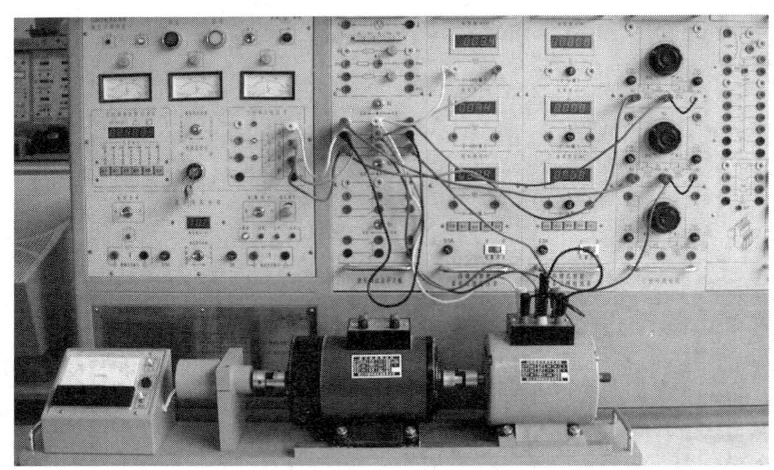
图 3-70　三相笼型异步电动机反接制动的接线

表 3-21　三相笼型转子异步电动机反接制动

R	100%	50%	20%
t(s)			

比较三相异步电动机自由停车、能耗制动、反接制动时间的长短。

1. 三相笼型转子异步电动机正常工作为△接法，三相绕线转子异步电动机正常工作为丫接法。三相异步电动机直接与测速发电机同轴连接。

2. 测量三相异步电动机启动电流时要注意电流表的量程不能过小。

3. 观察启动过程中电流表的最大读数，而不是稳定时的空载电流。

4. 重复测量三相异步电动机的启动电流时，要等电动机停转后再启动。

5. 反接制动速度较快，电动机会反转，观察要仔细。

总结测评

一、总结报告

1. 绘制任务的电路图。
2. 记录任务实施的过程、现象和数据结果。

二、任务测评（见表 3-22）

表 3-22　任务实施考核评分记录表

序号	考核内容	考核要求	配分	得分
1	任务实施的准备	预习任务的内容	10	
2	仪器、仪表的使用	正确使用万用表、转速表、实验台等设备	10	
3	三相异步电动机的启动	电路绘制正确，接线速度快，通电运行一次成功，操作规范	30	
4	三相异步电动机的制动	电路绘制正确，接线速度快，通电运行一次成功，操作规范	30	
5	最后实验结果的合理性	结果正确、合理	20	
6	合计得分		100	
7	否定项	发生重大责任事故、严重违反教学纪律者得 0 分		

指导教师签名＿＿＿＿＿＿＿　　　　日期＿＿＿＿＿＿＿

任务5　三相异步电动机的使用、维护和检修

学习目标

1. 了解三相异步电动机启动前的准备工作和启动时的注意事项。
2. 熟悉三相异步电动机运行中的监视项目。
3. 熟悉三相异步电动机的定期检修内容。
4. 了解三相异步电动机的常见故障以及处理方法。

任务引入

三相异步电动机是目前工矿企业主要的动力装置，为了保证设备长期、安全、经济、可靠地工作，对三相异步电动机进行定期维护及检修非常必要，这对提高生产效率和预防事故发生有非常重要的意义。电动机平时应注意保持清洁，存放于通风干燥处以防止受潮，定期检查工作状态，分析判断各种故障情况，并及时进行处理。

相关知识

一、三相异步电动机启动前的准备

对新安装或久未运行的电动机，在通电使用之前必须先做下列检查，以验证电动机能否通电运行。

1. 安装检查

要求电动机装配灵活、螺栓拧紧、轴承运行无阻碍、联轴器中心无偏移等。

2. 绝缘电阻检查

要求用兆欧表检查电动机的绝缘电阻，包括三相相间绝缘电阻和三相绕组对地绝缘电阻，测得的冷态绝缘电阻一般不小于10 MΩ。

3. 电源检查

一般当电源电压波动超出额定值的-5%或10%时，应改善电源条件后投入运行。

4. 启动、保护措施检查

要求启动设备接线正确（全压启动的中小型三相异步电动机除外），电动机所配熔丝的规格合适，外壳接地良好。在以上各项检查无误后，方可合闸启动。

二、启动时的注意事项

1. 合闸后，若电动机不运转，应迅速、果断地拉闸，以免烧坏电动机。

2. 电动机启动后，应注意观察，若有异常情况，应立即停机。待查明故障并排除后，才能重新合闸启动。

3. 三相笼型转子异步电动机采用全压启动时，短时间内连续启动的次数不宜过于频繁。对功率较大的电动机要随时注意电动机的温升。

4. 三相绕线转子异步电动机启动前，应注意检查启动电阻是否接入。接通电源后，随着电动机转速的上升逐渐切除启动电阻。

5. 几台电动机由同一台变压器供电时，不能同时启动，应从大到小逐台启动。

三、电动机运行中的监视

对运行中的电动机应经常检查外壳有无裂纹，螺钉是否脱落或松动，电动机有无异响或振动等。监视时，要特别注意电动机有无冒烟和异味出现，若闻到焦煳味或看到冒烟，必须立即停机检查处理。

对轴承部位，要注意温度和声音。温度升高，响声异常，则可能是轴承缺油或磨损。

用联轴器传动的电动机，如果中心校正不好，会在运行中发出响声，并伴随电动机振动和联轴器螺栓胶垫迅速磨损。这时应重新校正中心线。用带传动的电动机，应注意带不应过松否则会导致打滑，也不能过紧否则会导致电动机轴承过热。

在发生以下严重故障情况时，应立即停机处理：

1. 人员触电。

2. 电动机冒烟。

3. 电动机剧烈振动。

4. 电动机轴承发热严重。

5. 电动机转速迅速下降，温度迅速升高。

四、三相异步电动机的定期维修

三相异步电动机定期维修是消除故障隐患，防止故障发生的重要措施。电动机维修分月维修和年维修，俗称小修和大修。前者不拆开电动机，后者需把电动机全部拆开。

1. 定期小修

定期小修是对电动机的一般清理和检查，应经常进行。小修内容包括：

（1）清擦电动机外壳，除掉运行中积累的污垢。

（2）测量电动机绝缘电阻，测量后注意重新接好线，拧紧接线螺钉。

（3）检查电动机端盖、地脚螺钉是否紧固。

（4）检查电动机接地线是否可靠。

（5）检查电动机与负载机械间的传动装置是否良好。

（6）拆下轴承盖，检查润滑介质是否变脏、用尽，及时加油或换油。处理完毕后注意上好端盖及紧固螺钉。

（7）检查电动机的附属启动和保护设备是否完好。

2. 定期大修

三相异步电动机的定期大修应结合负载机械的大修进行。大修时，拆开电动机进行以下项目的检查修理：

（1）检查电动机各部件有无机械损伤，若有则应做相应修复。

（2）对拆开的电动机和启动设备进行清理，清除所有油泥、污垢。清理中注意观察绕组绝缘状况。若绝缘为暗褐色，说明绝缘已经老化，对这种绝缘状态要特别注意，不要使它脱落。若发现有脱落现象就要进行局部绝缘修复和刷漆。

（3）拆下轴承，浸在汽油或柴油中彻底清洗。把轴承架与钢珠间残留的油脂及污垢洗掉后，用干净的汽（柴）油清洗一遍。清洗后的轴承应转动灵活，不松动。若轴承表面粗糙，说明润滑油不合格；若轴承表面变色（发蓝），则说明已经退火。根据检查结果，对润滑油或轴承进行更换，并消除故障隐患（如清除润滑油中的砂、铁屑等杂物，正确安装电动机等）。

轴承重新安装时，润滑油应从一侧加入，直至润滑油占轴承内容积的 1/3~2/3 即可，润滑油加得太满会发热流出。润滑油可采用钙基润滑脂或钠基润滑脂。

（4）检查定子绕组是否存在故障。使用兆欧表测绕组绝缘电阻可判断绕组绝缘是否受潮或短路，若有故障则应进行相应处理。

（5）检查定子、转子铁心有无磨损或变形，若观察到有磨损处或发亮点，说明可能存在定子、转子铁心相擦，应使用锉刀或刮刀把亮点刮低，若有变形应做相应修复。

（6）在进行以上各项修理、检查后，对电动机进行重新装配、安装。

（7）安装完毕的电动机，应进行启动前检查，符合要求方可带负载运行。

五、三相异步电动机的常见故障及处理方法

电动机的故障，有机械故障和电气故障两个方面。三相笼型转子异步电动机是所有电动机中工作最可靠、最耐用的电动机。它的转子电路发生故障的机会较低，定子电路发生故障的机会较高，但不外乎断路和短路两种情况。下面把三相异步电动机常见的故障和检查处理方法列于表 3-23 中，供参考。

表 3-23　三相异步电动机的常见故障和检查处理方法

故障	可能的原因	检查和处理方法
不能启动	（1）电源线路有断开处	（1）检查电源是否有电，熔丝是否烧断，电源开关接触是否良好，电动机接线板上的接线头是否松脱
	（2）定子绕组中有断路处	（2）在断开电源的情况下，用万用表检查定子绕组有无断路处
	（3）绕线式转子及其外部电路有断路处	（3）用万用表检查转子绕组及其外部电路，并检查各连接点的接触是否紧密

续表

故障	可能的原因	检查和处理方法
电源接通后，电动机尚未启动，熔丝即烧断	（1）定子电路中有一相对地短路 （2）熔丝过细 （3）应该丫连接的电动机错接成△ （4）绕线式电动机的启动变阻器手柄放在运行位置	（1）接通开关熔丝立即烧断，大多是接地或短路故障，可用兆欧表检查 （2）改用较大额定电流的熔丝 （3）改正接法 （4）把启动变阻器的手柄旋转至启动位置
空载运行正常，加上负载后转速即降低或停转	（1）应该△接法的电动机错接成丫 （2）电动机的电压过低 （3）转子铜条有断裂处 （4）负载太大	（1）改正接法 （2）恢复电动机的电压到额定值 （3）取出转子修理 （4）适当减轻负载
电动机运行时有较大的嗡嗡声，且电流超过额定值较多	（1）定子绕组有一相断路 （2）定子绕组有短路处	（1）检查电动机的熔丝，是否有一相断开 （2）断开电源，用兆欧表检查
电动机有不正常的振动和响声	（1）电动机的地基不平 （2）电动机的联轴器松动 （3）轴承磨损松动，造成定转子相擦	（1）改善电动机的安装情况 （2）停车检查，拧紧螺钉 （3）更换轴承
电动机的温度过高	（1）电动机过载 （2）电动机通风不好 （3）电源电压过高或过低 （4）定子绕组中有短路 （5）电动机单相运行 （6）定子、转子铁心相擦	（1）适当减小负载 （2）电动机的风扇是否脱落，通风孔道有否堵塞，电动机附近是否堆放有杂物，影响空气对流通畅 （3）改善电动机的电压 （4）（5）（6）可参看上面的处理方法
轴承温度过高	（1）带过紧 （2）滚动轴承的轴承室中严重缺少润滑油 （3）油质太差	（1）适当调整带的松紧程度 （2）拆下轴承盖，加黄油到 2/3 油室 （3）调换好的润滑油脂
电动机外壳带电	（1）接地不良或接地电阻太大 （2）绕组受潮 （3）绝缘损坏，引线碰壳	（1）按规定接好地线，排除接地不良故障 （2）进行烘干处理 （3）浸漆修补绝缘，重接引线

任务实施

一、任务准备

在学习三相异步电动机的使用、维护和检修过程中，需用到表 3-24 所示的工具、仪器和设备。

表 3-24　任务实施需用到的工具、仪器和设备

序号	名称	型号规格	数量
1	三相交流可调电源	0~420 V	1 个
2	三相笼型转子异步电动机	100 W	1 台
3	三相绕线转子异步电动机	120 W	1 台
4	交流电压表	450 V	1 块
5	交流电流表	5 A	1 块
6	三相可变电阻	15 Ω	1 套
7	兆欧表	500 V	1 块
8	转速表	0~1 800 r/min	1 块
9	万用表	MF47 型或自选	1 块
10	导线	实验专用	若干

二、检查三相异步电动机的状况

在使用三相异步电动机之前，需要借助万用表、兆欧表等仪表工具检查电动机的各方面情况，将检查情况填入表 3-25 中，以判断该电动机是否可以正常使用。

表 3-25　三相异步电动机的检查

序号	检查内容	是否正常
1	安装接线牢固，转子转动灵活	
2	绕组对机壳绝缘电阻、绕组相间绝缘电阻大于 10 MΩ	
3	电源电压在额定电压的±10%以内	
4	开关、熔断器、接触器、热继电器的参数与电动机配套	

三、检修三相异步电动机的常见故障

在图 3-51 三相异步电动机调速的工作电路中，由一位同学设置若干隐蔽故障，例如电源线开路，转子电路开路，熔断器开路，熔断器熔丝过细，定子绕组缺相，电源电压过低，定子绕组接法错误、绕组与机壳短接等。由另外一位同学根据故障现象判断原因，修复故障，实现三相异步电动机的正常运行。两位同学交换角色后，再重复一遍。

1. 三相异步电动机的使用和检修过程中严禁带电作业，务必注意用电安全。
2. 注意兆欧表的工作电压很高，务必防止人员触电。
3. 电动机故障运行时间不可过长，防止烧坏电动机。
4. 检查三相异步电动机的工作电路时，务必注意万用表的挡位和量程。

5. 在修复故障前，一定要征得设置故障同学的认可，才能操作。

总结测评

一、总结报告

1. 绘制任务的电路图。

2. 记录任务实施的过程、现象和数据结果。重点关注操作步骤是否规范，分析故障现象和判断故障原因是否正确，最后是否实现了三相异步电动机的正常运行。

3. 小结、体会和建议。

二、任务测评（见表 3-26）

表 3-26　任务实施考核评分记录表

序号	考核内容	考核要求	配分	得分
1	任务实施的准备	预习任务的内容	10	
2	仪器、仪表设备的使用	正确使用万用表、兆欧表、转速表、实验台等设备	20	
3	三相异步电动机的检查	操作步骤符合规范	20	
4	三相异步电动机故障的设置	动作快，故障设置正确	20	
5	故障分析和处理能力	故障分析思路正确，修复故障速度快，通电运行一次成功	30	
6	合计得分		100	
7	否定项	发生重大责任事故、严重违反教学纪律者得 0 分		

指导教师签名________________　　　　日期________________

任务 6　单相异步电动机的应用

学习目标

1. 了解单相异步电动机的特点和用途。
2. 掌握单相异步电动机的工作原理和机械特性。
3. 熟悉单相异步电动机的类型、启动方法和应用场合。
4. 学会单相异步电动机的接线和操作使用。

任务引入

单相异步电动机是指用单相交流电源供电的异步电动机。单相异步电动机具有结构简单、成本低廉、噪声小、使用方便、运行可靠等优点，因此广泛应用于工业、农业、医疗和家用电器制造等领域，最常见的有电风扇、洗衣机、电冰箱、空调等，如图 3–71 所示。但是单相异步电动机与同容量的三相异步电动机相比，体积较大，运行性能较差，因此，单相异步电动机一般只制成小容量电动机，功率从几瓦到几千瓦。由于单相异步电动机在家用电器中的应用特别广泛，与人们的生活密切相关，所以电气自动化技术人员必须了解单相异步电动机的结构、特点和分类，掌握单相异步电动机的工作原理，熟悉单相异步电动机的操作使用技能。

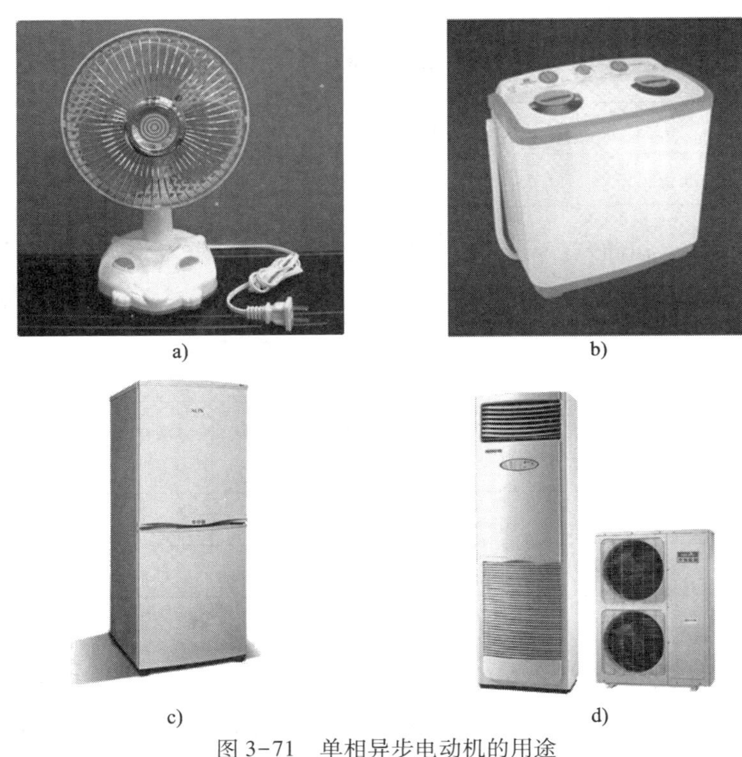

a)　b)　c)　d)

图 3–71　单相异步电动机的用途

a）电风扇　b）洗衣机　c）电冰箱　d）空调

相关知识

一、单相异步电动机的工作原理和机械特性

当单相正弦交流电通入定子单相绕组时，在绕组轴线方向上会产生一个大小和方向交变的磁场，如图 3–72 所示。这种磁场的空间位置不变，其磁感应强度 B 的幅值在时

间上随交变电流按正弦规律变化，具有脉动特性，因此称为脉动磁场，如图 3-73a 所示。可见，单相异步电动机中的磁场是一个脉动磁场，不同于三相异步电动机中的旋转磁场。

为了便于分析，可以将这个脉动磁场分解为大小相等、方向相反的两个旋转磁场，如图 3-73b 所示。它们分别在转子中感应出大小相等、方向相反的电动势和电流。

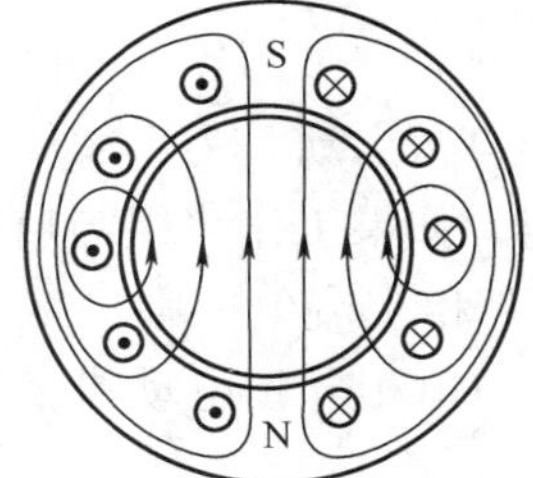

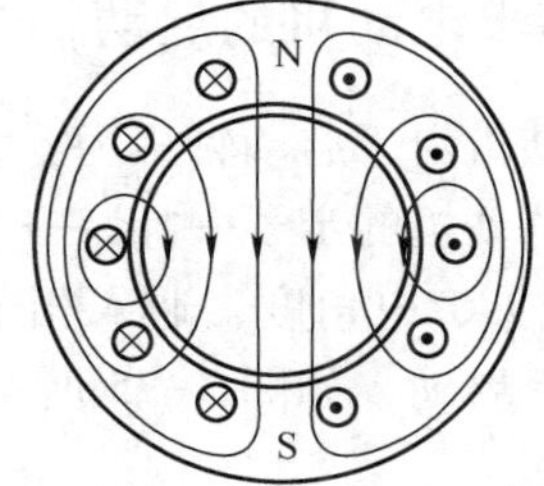

图 3-72　单相交变磁场

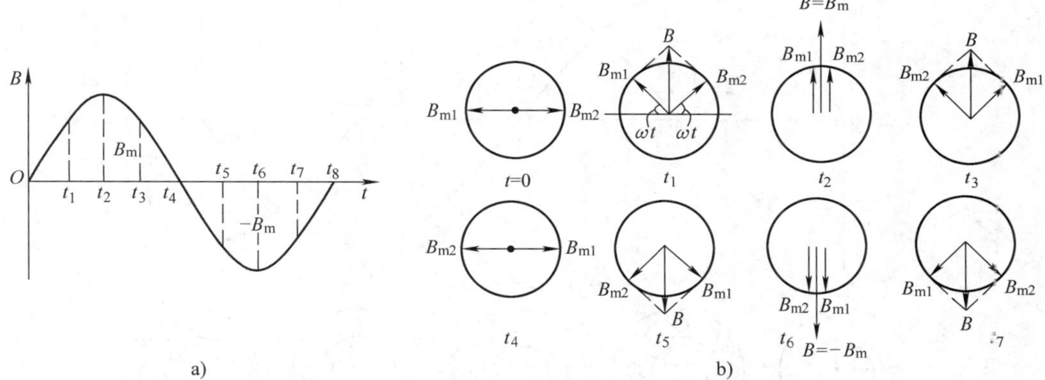

图 3-73　脉动磁场分解成两个方向相反的旋转磁场

a）交变脉动磁场　b）脉动磁场的分解

两个旋转磁场作用于笼型转子的导体中将产生两个方向相反的电磁转矩 T^+和 T^-，合成后得到单相异步电动机的机械特性，如图 3-74 所示。图中，T^+为正向转矩，由旋转磁场 B_{m1} 产生；T^-为反向转矩，由反向旋转磁场 B_{m2} 产生，而 $T=T^++T^-$ 为单相异步电动机的合成转矩。

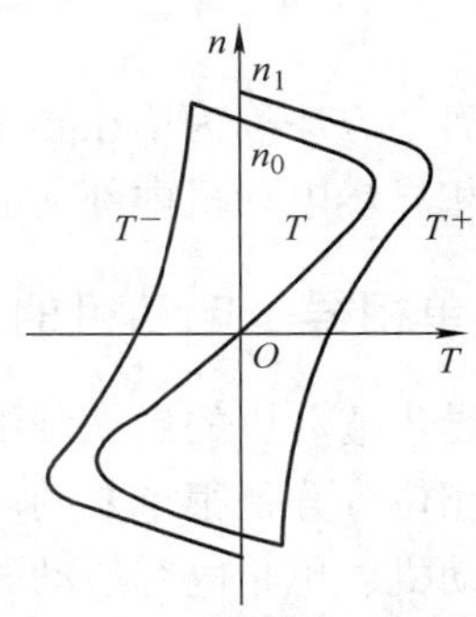

图 3-74　单相异步电动机的机械特性

从图 3-74 可知，单相异步电动机一相绕组通电的机械特性有如下特点：

1. 当 $n=0$ 时，$|T^+|=|T^-|$，合成转矩 $T=0$。即单相异步电动机的启动转矩为零，不能自行启动。

2. 当 $n>0$ 时，$T>0$；$n<0$ 时，$T<0$。即电动机的转向取决于初速度的方向。当外力给

转子一个正向的初速度后，就会继续正向旋转；而外力给转子一个反向的初速度时，电动机就会反转。

3. 由于转子中存在着方向相反的两个电磁转矩，因此理想空载转速 n_0 小于旋转磁场的转速 n_1。与同容量的三相异步电动机相比，单相异步电动机额定转速略低，过载能力、效率和功率因数也较低。

二、单相异步电动机的启动

单相异步电动机由于启动转矩为零，所以不能自行启动。为了解决单相异步电动机的启动问题，可在电动机的定子中加装一个启动绕组。如果工作绕组与启动绕组对称，即匝数相等，空间互差 90°电角度，通入相位差 90°的两相交流电，则可在气隙中产生旋转磁场，转子就能自行启动，如图 3-75 所示。转动后的单相异步电动机，断开启动绕组后仍可继续工作。

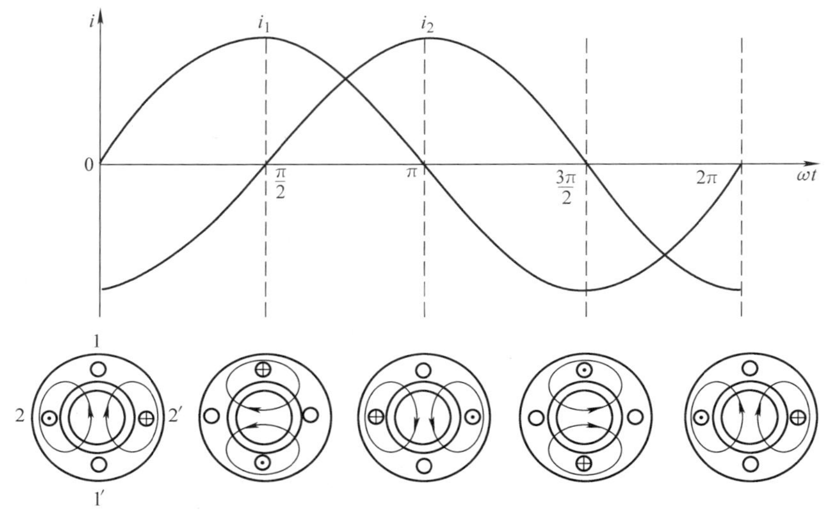

图 3-75　两相绕组产生的旋转磁场

上述启动方法称为单相异步电动机的分相启动，即把单相交流电裂变为两相交流电，从而在单相异步电动机内部建立一个旋转磁场。

三、单相异步电动机的分类

单相异步电动机的启动绕组和工作绕组由同一单相交流电源供电，如何把这两个绕组中电流的相位分开是很重要的。单相异步电动机根据分相的方法不同，可分为单相电阻启动异步电动机、单相电容启动异步电动机、单相电容运行异步电动机、单相电容启动与运行异步电动机以及单相罩极电动机等。

1. 单相电阻启动异步电动机

图 3-76 是单相电阻启动异步电动机的原理图。单相电阻启动异步电动机的启动绕组匝数少，导线细；工作绕组匝数多，导线粗。两个绕组并联在同一交流电源时，会流过不

同相位的电流，启动绕组电流 $\dot{I}_2$ 超前于工作绕组电流 $\dot{I}_1$ 一个电角度，从而产生旋转磁场，获得启动转矩。当转速上升后，自动断开启动绕组，实行单相运行。单相电阻启动异步电动机常用于电冰箱的压缩机中。为了增大启动绕组电流 $\dot{I}_2$ 与工作绕组电流 $\dot{I}_1$ 的相位差，启动绕组在绕制时，往往会反绕若干匝数，以便减少有效匝数，达到减小电抗、增大电阻的目的。修理电动机时要特别注意这种情况，否则无法启动。

2. 单相电容启动异步电动机

如果在启动绕组中串入一个电容器，就构成了单相电容启动异步电动机，图 3-77 是它的原理线路图。由于电容器的作用，启动绕组中的电流 $\dot{I}_2$ 超前于工作绕组电流 $\dot{I}_2$ 一定的相位差。当电容量合适时，可使相位差接近 90°，这样可使电动机在启动时获得最佳的旋转磁场。所以这种单相异步电动机的启动转矩较大，启动电流较小，启动性能最好，适用于各种满载启动的机械，如小型空气压缩机、木工机械等，在部分电冰箱压缩机中也有采用。

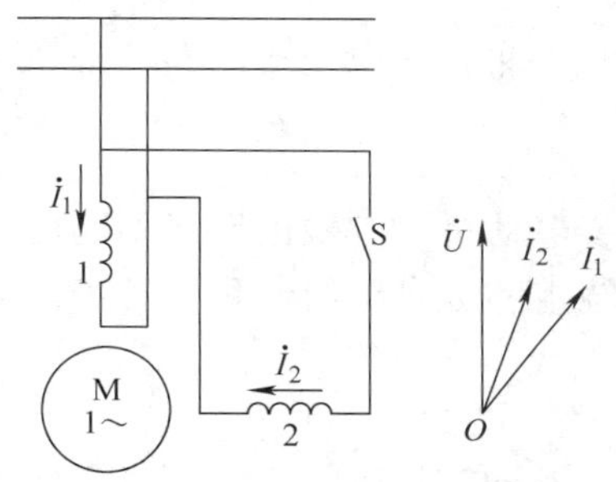

图 3-76 单相电阻启动异步电动机

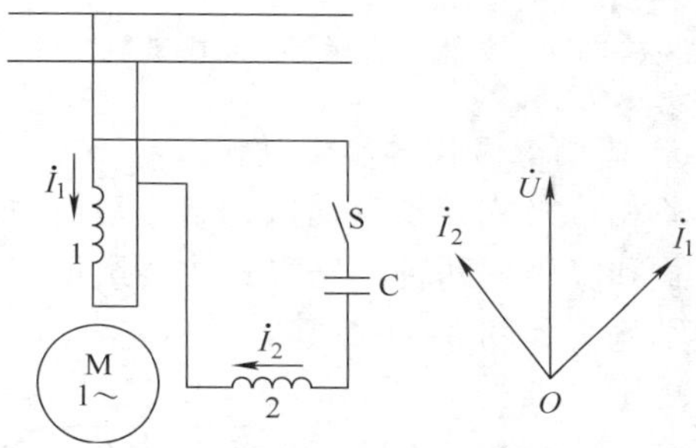

图 3-77 单相电容启动异步电动机

上述两种电动机在启动过程接近结束时，离心开关 S 自动断开启动绕组，只留下工作绕组继续通电，工作在单相运行状态。由于启动绕组工作时间短，所以按短时工作制设计，线径较细，不能长期通电工作。

3. 单相电容运行异步电动机

将单相电容启动异步电动机中的启动开关去掉，并将启动绕组的导线加粗，由短时工作方式变成长期运行方式，就组成了单相电容运行异步电动机，如图 3-78 所示。这时的启动绕组和电容器不仅在启动时起作用，运行时也起作用，这样可以提高电动机的功率因数和效率，所以这种电动机的工作性能最好。

单相电容运行异步电动机的电容器容量是根据运行性能确定的，一般容量较小，所以启动性能不如单相电容启动异步电动机好。但是由于这种电动机不要启动开关，结构简单，价格低，工作可靠，运行性能好，所以广泛应用于电风扇、洗衣机等单相用电设备中。

4. 单相电容启动与运行异步电动机

为了使单相异步电动机获得好的启动性能，应该在启动绕组中串入一个大容量的电容器，但要获得好的运行性能却只需要串入一个小容量的电容器。为了两者兼顾，可在启动绕组的回路中串入两个并联电容器，其中容量较大的电容器串联一个启动开关。图 3-79

所示是单相电容启动与运行异步电动机的接线原理图，启动时，两个电容器同时作用，电容量较大，电动机有较好的启动性能。当转速上升到一定程度时，开关 S 自动断开，只保留一个小电容器参与运行，确保运行时有较好的性能。由此可见，单相电容启动与运行异步电动机，虽然结构复杂、成本较高，但各种性能是最好的，所以适用于空调、小型空气压缩机等功率较大的设备中。

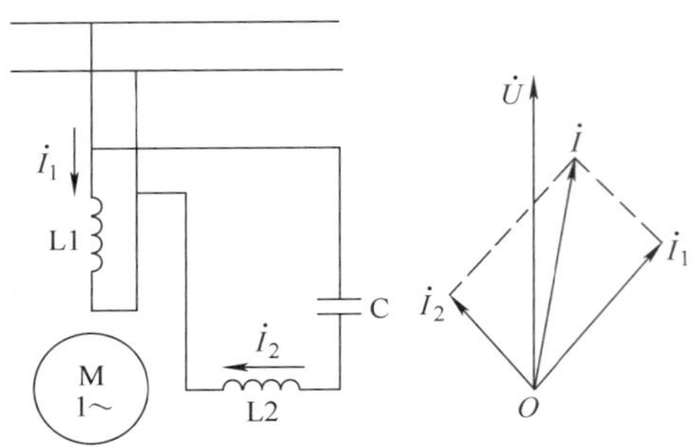

图 3-78 单相电容运行异步电动机

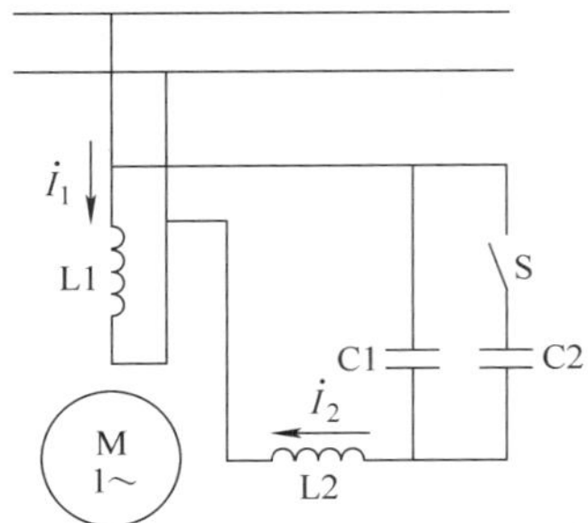

图 3-79 单相电容启动与运行异步电动机

5. 单相罩极式异步电动机

单相罩极式异步电动机是结构最简单的一种单相异步电动机。按磁极形式不同可分为凸极式和隐极式两种。凸极式按绕组形式又可分为集中绕组和分布绕组两种，转子都采用笼型结构，如图 3-80 所示。

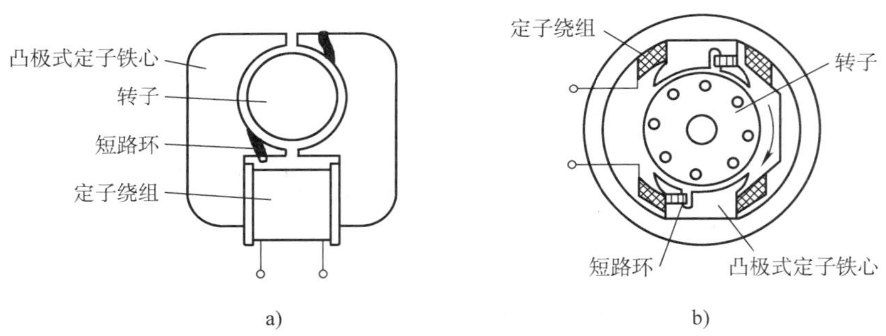

图 3-80 单相罩极式异步电动机的结构

a）凸极式集中绕组罩极电动机 b）凸极式分布绕组罩极电动机

单相罩极式异步电动机在每个磁极的 1/4~1/3 处开有小槽，将磁极分成两部分。在极面较小的那部分磁极上套装铜制短路环，就好像把这部分磁极罩起来一样，所以称为罩极式电动机。

当罩极式电动机的定子绕组通入单相交流电后，在气隙中会形成一个连续移动的磁场，使笼型转子受力而旋转。在交流电上升过程中，磁通量增加，根据楞次定律，短路环中产生感应电动势和电流，阻止磁通进入短路环，这时的磁通主要集中在磁极的未罩部分，如图 3-81 中的电流时刻①和磁通方向①所示。交流电达最大值时，电流和磁通量基本不变，短路环中的电动势和电流很小，基本上不起作用，磁通在整个磁极中均匀分布，如图 3-81 中的电流时刻②和磁通方向②所示。交流电下降过程中，磁通量减少，根据楞次定律，短路环中的电动势和电流阻止磁通量减少，使每个磁极中的磁通集中在被罩部分，如图 3-81 中的电流时刻③和磁通方向③所示。交流电改变方向后，磁通同样由磁极的未罩部分向被罩部分移动。这样转子就跟着磁场移动的方向转动起来。

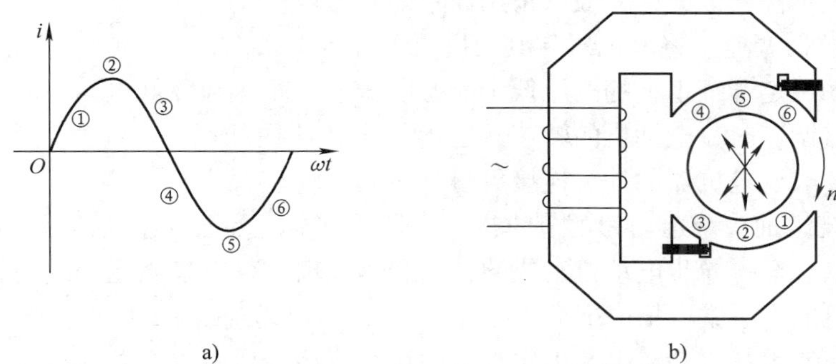

图 3-81 单相罩极式异步电动机的工作原理
a）单相交流电流 b）罩极电动机的磁场

罩极式电动机的主要优点是结构简单，制造方便，成本低，便于自动化流水线生产。主要缺点是启动性能和运行性能都较差，转向只能由未罩部分向被罩部分旋转。主要用于小功率空载启动的场合，如微型电风扇、仪器仪表的散热风扇和电吹风等。

四、单相异步电动机的反转与调速

1. 单相异步电动机的反转

要使单相异步电动机反转必须使旋转磁场反转，从图 3-75 两相旋转磁场的原理图中可以看出，有两种方法可以改变单相异步电动机的转向。

（1）将工作绕组或启动绕组的首末端对调　因为单相异步电动机的转向是由工作绕组与启动绕组产生磁场的相位差决定的，一般情况下，启动绕组中的电流超前于工作绕组的电流，从而启动绕组产生的磁场也超前于工作绕组，所以旋转磁场是由启动绕组的轴线转向工作绕组的轴线。如果把其中一个绕组反接，等于是把这个绕组的磁场相位改变 180°，若原来启动绕组的磁场超前工作绕组 90°，则改接后变成滞后 90°，所以旋转磁场的方向也随之改变，转子跟着反转。这种方法一般用于不需要频繁反转的场合。

（2）将电容器从一个绕组改接到另一个绕组　在单相电容运行异步电动机中，若两相绕组做成完全对称，即匝数相等，空间相位相差 90°电角度，则串联电容器绕组中的电流超前于电压，而不串联电容器的那相绕组中的电流落后于电压。旋转磁场的转向由串联电容器的绕组转向不串联电容器的绕组。电容器的位置改接后，旋转磁场和转子的转向自然跟着改变。用这种方法改变转向，由于电路比较简单，所以多用于需要频繁正反转的场合。洗衣机中常用的正反转控制电路，如图 3-82 所示。

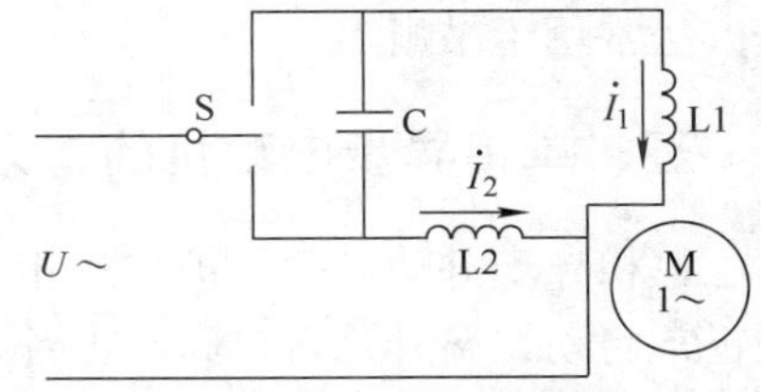

图 3-82 洗衣机正反转控制电路

单相罩极式电动机和带有离心开关的电动机，一般不能改变转向。

2. 单相异步电动机的调速

单相异步电动机与三相异步电动机一样，转速的调节也比较困难。如果采用变频调速则设备复杂，成本高。因此，一般只采用简单的降压调速。

（1）串电抗器调速　将电抗器与电动机定子绕组串联，利用电流在电抗器上产生的压降，使加到电动机定子绕组上的电压低于电源电压，从而达到降低电动机转速的目的。因此，用串电抗器调速时，电动机的转速只能由额定转速往低调。图 3-83 为吊扇串电抗器调速的电路图，改变电抗器的抽头连接可得到不同的转速。

（2）定子绕组抽头调速　为了节约材料、降低成本，可把调速电抗器与定子绕组做成一体。由单相电容运行异步电动机组成的台扇和落地扇，普遍采用定子绕组抽头调速的方法。这种电动机的定子铁心槽中嵌放有工作绕组 L1、启动绕组 L2 和调速绕组 L3，通过调速开关改变调速绕组与启动绕组及工作绕组的接线方法，从而改变电动机内部旋转磁场的强弱，实现调速的目的。图 3-84 是台扇抽头调速的原理图。

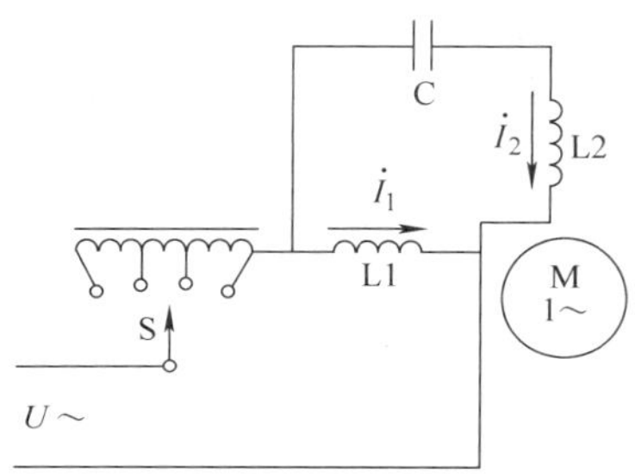

图 3-83　串电抗器调速

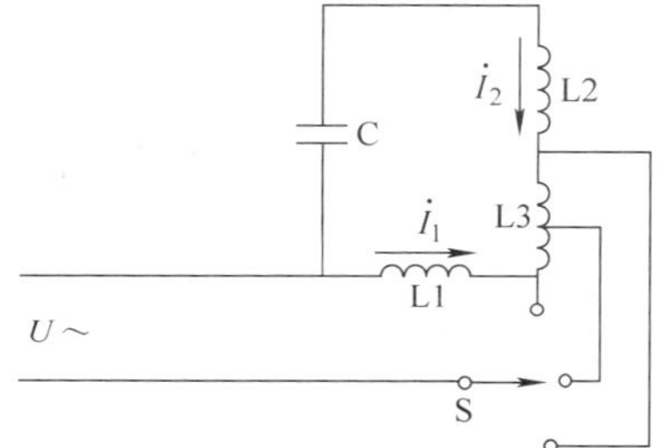

图 3-84　定子绕组抽头调速

这种调速方法的优点是不需要电抗器、节省材料、耗电少。缺点是绕组嵌线和接线比较复杂，电动机与调速开关之间的连线较多，所以不适合于吊扇。

（3）双向晶闸管调速　如果去掉电抗器，又不想增加定子绕组的复杂程度，单相异步电动机还可采用双向晶闸管调速。调速时，旋转控制线路中的带开关电位器就能改变双向晶闸管的控制角，使电动机得到不同的电压，达到调速的目的，如图 3-85 所示。这种调速方法可以实现无级调速，控制简单，效率较高。缺点是电压波形差，存在电磁干扰。目前这种调速方法常用于吊扇上。

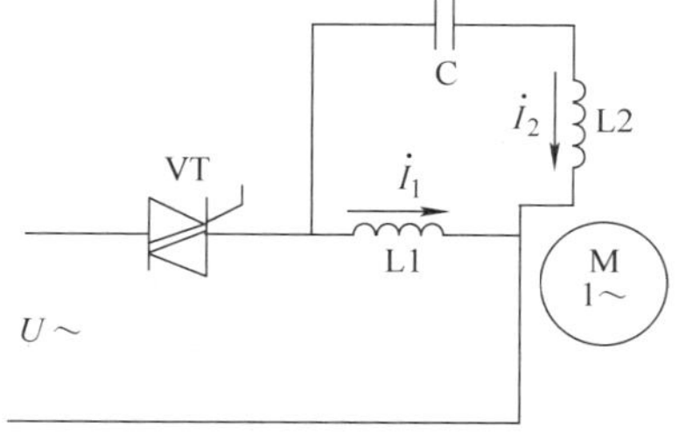

图 3-85　双向晶闸管调速

五、单相异步电动机的常见故障与处理

单相异步电动机的维护与三相异步电动机相似，要经常注意电动机转速是否正常，能否正常启动，温升是否过高，声音是否正常，振动是否过大，有无焦煳味等。

单相异步电动机的常见故障及处理方法，见表 3-27。

表 3-27 单相异步电动机的常见故障及处理方法

故障现象	可能的故障原因	处理方法
无法启动	（1）电源电压不正常 （2）定子绕组断路 （3）电容器损坏 （4）离心开关触点接触不良 （5）转子卡阻 （6）过载	（1）检查电源电压是否过低 （2）用万用表检查定子绕组是否完好，接线是否良好 （3）用万用表检查电容器的好坏 （4）修理或更换 （5）检查轴承是否灵活，定转子是否相碰，传动机构是否受阻 （6）检查所带负载是否正常
启动缓慢，转速过低	（1）电源电压偏低 （2）绕组匝间短路 （3）电容器击穿或容量减小 （4）电动机负载过重	（1）找出原因提高电源电压 （2）修理或更换绕组 （3）更换电容器 （4）检查轴承及负载情况
电动机过热	（1）绕组短路或接地 （2）工作绕组与启动绕组相互接错 （3）离心开关触点无法断开，启动绕组长期运行	（1）找出故障，修理或更换 （2）调换接法 （3）修理或更换离心开关
电动机噪声和振动过大	（1）绕组短路或接地 （2）轴承损坏或缺润滑油 （3）定子与转子的气隙中有杂物 （4）电风扇风叶变形	（1）找出故障点，修理或更换 （2）更换轴承或加润滑油 （3）清除杂物 （4）修理或更换

任务实施

一、任务准备

在测试单相异步电动机的机械特性，学习单相异步电动机的启动方法、调速方法的过程中，需用到表 3-28 所示的工具、仪器和设备。

表 3-28 任务实施需用到的工具、仪器和设备

序号	名称	型号规格	数量
1	三相交流可调电源	0~420 V	1 个
2	直流励磁电源	220 V	1 个
3	单相电阻启动异步电动机	90 W	1 台
4	单相电容启动异步电动机	90 W	1 台
5	校正直流电机	185 W	1 台
6	直流电压表	300 V	1 块
7	直流电流表	5 A/1 A	各 1 块
8	交流电压表	450 V	1 块

续表

序号	名称	型号规格	数量
9	可变电阻	900 Ω	4 个
10	转速表	0~1 800 r/min	1 块
11	万用表	MF47 型或自选	1 块
12	导线	实验专用	若干

二、绘制并连接单相电阻启动异步电动机的工作电路

单相电阻启动异步电动机启动、调速的参考电路，如图 3-86 所示。电路的接线，如图 3-87 所示。图中单相电阻启动异步电动机的额定功率 $P_N=90$ W，额定电压 $U_N=220$ V，额定电流 $I_N=1.45$ A，额定转速 $n_N=1\ 400$ r/min。校正直流电机 MG 与以前的实训相同，励磁调节电阻 RP_f 和负载电阻 R_L 均选用 1 800 Ω 的变阻器。电流表 PA1 和 PA2 的量程分别选用 5 A 和 1 A，转速表的量程选用 1 800 r/min。接好线后，检查联轴器是否连接良好。

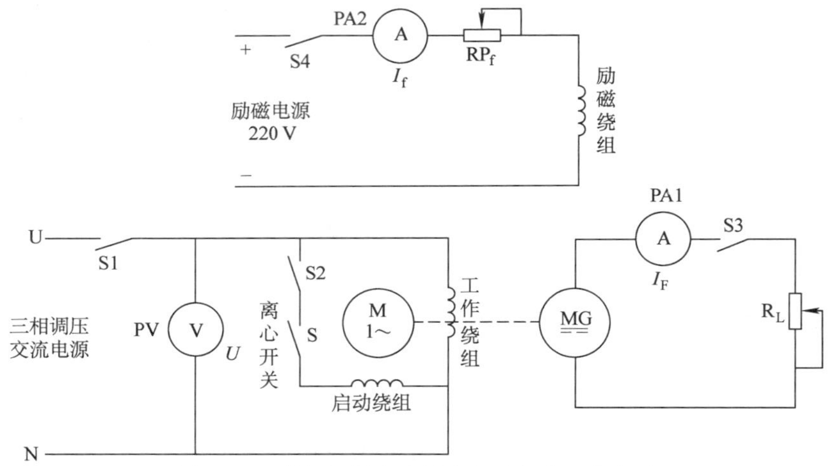

图 3-86　单相电阻启动异步电动机的工作电路

图 3-87　单相电阻启动异步电动机工作电路的接线

三、单相电阻启动异步电动机的启动

1. 将校正直流电机 MG 的磁场调节电阻 RP_f 和负载电阻 R_L 均调至最大值，断开开关 S1、S2、S3 和 S4，三相调压交流电源输出调到最小值。

2. 接通交流电源开关 S1，逐渐升高电压，直至 70%额定电压即 $U=150$ V 左右，观察电动机是否转动，如果不能启动，立即断开电源开关 S1。

3. 闭合开关 S2 后，接通电源开关 S1，再逐渐升高电压，记下开始转动的电压 U_S。继续升高电压，直至额定电压 $U_N=220$ V。

四、单相电阻启动异步电动机的降压调速

单相电阻启动异步电动机正常启动后，断开启动绕组开关 S2，实现单相运行，从额定电压开始，慢慢降低交流电源电压，观察转速表的数值，直到电动机停转为止，测取 4~6 组数据记入表 3-29 中。

表 3-29　单相电阻启动异步电动机降压调速

U(V)	220					
n(r/min)						

五、测定单相电阻启动异步电动机的机械特性

1. 再次正常启动电动机后，不断开启动绕组开关 S2，保持交流电源电压 $U_N=220$ V 基本不变。接通直流励磁电源开关 S4，调节励磁电流 $I_f=100$ mA，观察电动机的转速，记入表 3-30 中。

2. 闭合负载开关 S3，逐渐减小负载电阻 R_L 的阻值，增大电动机的负载，转速将慢慢降低，观察电动机的转速和校正直流电机 MG 的负载电流 I_F，直至听到离心开关动作，转速回升为止，测取 4~6 组数据记入表 3-30 中。

表 3-30　单相电阻启动异步电动机的机械特性（$U_N=220$ V，$I_f=100$ mA）

I_F(A)	0					
n(r/min)						

六、绘制并连接单相电容启动异步电动机的工作电路

参照图 3-86 的工作电路，只需把单相电阻启动异步电动机换成单相电容启动异步电动机，在启动绕组中串入一个 35 μF 的电容器即可，其他设备和接线均不变。

七、单相电容启动异步电动机的启动

1. 断开开关 S2、S3 和 S4，三相调压交流电源输出调到最小值。接通电源开关 S1，逐渐升高电压，直至 $U=150$ V 左右，观察电动机是否转动，如果不能启动，立即断开电源

开关S1。

2. 闭合开关S2后，接通电源开关S1，再逐渐升高电压，记下开始转动的电压U_S。与单相电阻启动异步电动机相比，始动电压U_S是否相等？为什么？

1. 每次启动单相电动机前，都要将励磁调节电阻RP_f和负载电阻R_L调至最大值，三相调压交流电源输出调到最小值，断开开关S3和S4。

2. 测试单相电动机的启动性能时，在开关S2断开的条件下，不能长时间通电。

3. 由于启动绕组是按照短时工作制设计，线径较细，所以电动机不能长时间工作在离心开关闭合的低速状态。

总结测评

一、总结报告

1. 绘制任务的电路图。

2. 记录任务实施的过程、现象和数据结果。只有一相绕组通电的单相异步电动机能否启动？分析比较电阻启动与电容启动单相异步电动机的始动电压有什么区别。画出单相异步电动机的调速特性曲线$n=f(U)$。画出单相异步电动机的机械特性曲线$n=f(I_F)$。

3. 小结、体会和建议。

二、任务测评（见表3-31）

表3-31 任务实施考核评分记录表

序号	考核内容	考核要求	配分	得分
1	任务实施的准备	预习任务的内容	10	
2	仪器、仪表的使用	正确使用万用表、转速表、实验台等设备	10	
3	单相异步电动机的接线	电路绘制正确，接线速度快	30	
4	操作电动机的启动	通电运行一次成功，操作规范	20	
5	电动机的调速和机械特性	操作规范，数据测量正确	30	
6	合计得分		100	
7	否定项	发生重大责任事故、严重违反教学纪律者得0分		

指导教师签名________________ 日期________________

任务7 三相同步电机的应用

学习目标

1. 了解三相同步电机的特点和用途。
2. 了解三相同步发电机的工作原理和运行性能。
3. 熟悉三相同步电动机的运行性能和启动方法。

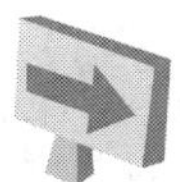

任务引入

转子的转速始终与定子旋转磁场的转速相同的交流电机称作同步电机。火力发电厂和水力发电站中的发电机一般都采用三相同步发电机，如图3-88所示；而同步电动机主要用于大容量、恒转速的电力驱动设备中，如图3-89所示。虽然同步电机在工矿企业中的应用没有三相异步电动机那么广泛，但是电气技术人员必须对它的结构特点、性能用途和使用方法有一定的了解。

图3-88 三相同步发电机

图3-89 三相同步电动机

相关知识

一、同步电机的分类和用途

同步电机按照转子结构的不同可以分为凸极式和隐极式两大类，如图3-90所示。

同步电机按照用途不同可分为发电机、电动机和调相机三大类。

1. 发电机

同步发电机有以下四种。

（1）汽轮发电机　以汽轮机或燃气轮机等高速动力机械作为原动机，通常转速为3 000 r/min或1 500 r/min，如图3-88所示。

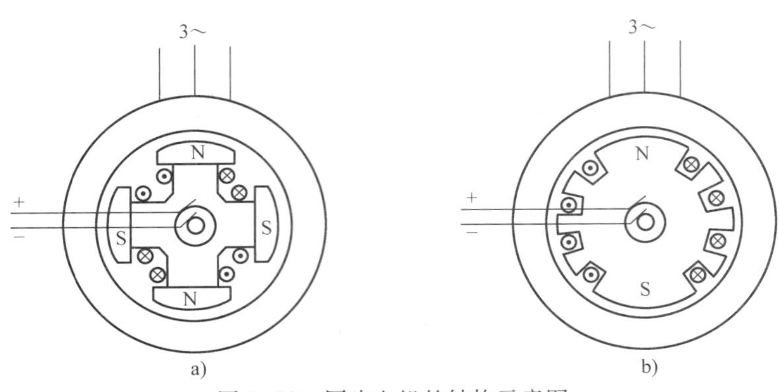

图 3-90　同步电机的结构示意图

a）凸极式　b）隐极式

（2）水轮发电机　以水轮机作为原动机，发电机体积较大，转速较低，通常转速为 50~1 500 r/min，如图 3-91 所示。

（3）柴（汽）油发电机　以柴（汽）油机作为原动机，功率较小，发电成本较高，转速 250~3 000 r/min，容量从几千瓦到数千千瓦，如图 3-92 所示。

图 3-91　水轮发电机

图 3-92　柴（汽）油发电机

（4）中频发电机　频率范围 100~10 000 Hz，功率 2~1 000 kW。

2. 电动机

若交流电网的频率恒定，则同步电动机的转速也为恒定值，不受负载变动的影响，其机械特性如图 3-93 所示。同步电动机的功率因数可通过改变励磁电流来调节，励磁电流较大时，可以改善电网的功率因数。

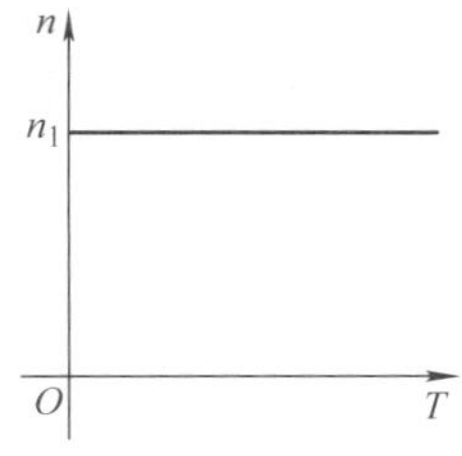

图 3-93　同步电动机的机械特性

3. 调相机

同步电动机不带机械负载，专门用于调节功率因数时称为调相机。它通过改变励磁电流来改善电网的功率因数。

二、同步电机的基本结构

同步电机与异步电动机在定子结构上没有什么区别。不同之处仅在于转子结构，凸极式与隐极式同步电机的转子具有明显不同的结构特点。

凸极式同步电机的转子有明显的磁极，磁极上套有通以直流电流的励磁绕组，如图 3-94 所示。凸极式同步电机的气隙不均匀，用于转速较低的同步电机中。水轮发电机和柴油发电机多为凸极式。

隐极式同步电机的转子为圆柱体，没有明显的磁极，转子铁心具有良好的导磁性能和较高的机械强度，在转子表面开有嵌入励磁绕组的槽，如图 3-95 所示。隐极式同步电机的气隙是均匀的，用于转速较高的同步电机中。汽轮发电机大多是隐极式。

图 3-94 凸极式同步电机的转子

图 3-95 隐极式同步电机的转子

同步电机的励磁电流是由电刷和集电环引入励磁绕组的，励磁电流由一台同轴的直流发电机供给，也可用交流电整流后供给。

三、同步电机的工作原理

同步电机也是一种可逆电机，既可以作为电动机运行，又可以作为发电机运行。

同步电机作为电动机运行时，当定子三相对称绕组通入频率为 f_1 的三相交流电时，将产生旋转磁场，其转速为同步转速 $n_1=\frac{60f_1}{p}$，旋转方向取决于三相电流的相序。转子绕组通入直流励磁电流后，将产生相对于转子静止的恒定磁场。定子与转子具有相同的磁极对数，根据磁极异性相吸原理，定子、转子的磁场之间就会产生电磁转矩，使转子跟随旋转磁场一起同步转动。也就是说，转子转动的速度与旋转磁场的速度相同，即 $n=n_1$，所以称为同步电动机。同步电动机运行中，即使空载时，轴上也存在一定的阻力，因此，转子的磁极轴线总要滞后于定子旋转磁场的磁极轴线一个很小的角度 θ，这个角度 θ 称为功率角或功角。同步电动机展开图可以用图 3-96 表示。负载增大时，θ 角也变大，电磁转矩随之增大，电动机仍然保持同步工作状态。当然，负载若超过异性磁极的最大吸引力，转子就无法正常运转，会出现“失步”现象。

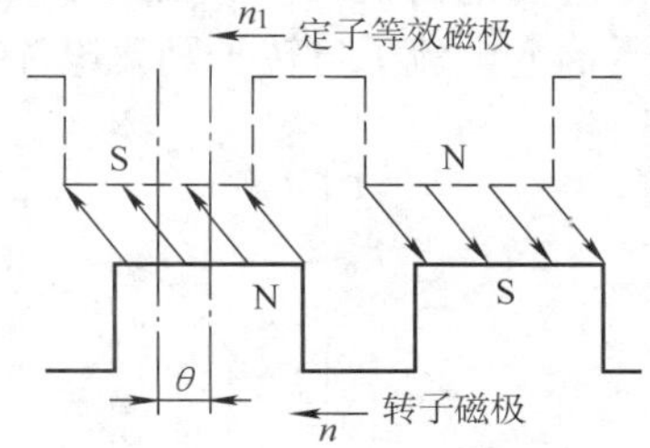

图 3-96 功率角 θ 示意图

同步电机作为发电机运行时，当励磁绕组通入直流电后，转子立即建立恒定磁场。用原动机驱动转子以同步转速 n_1 旋转时，定子三相对称绕组切割转子磁场产生三相对称交流感应电动势，其频率为 $f_1=\frac{60n_1}{p}$。将原动机输入的机械能转化为电能，输出到用电器。

四、同步电动机的功角、矩角特性

同步电动机接在电网上运行时，当功率角 θ 变化，电磁功率 P_M 和电磁转矩 T 也随之发生变化。因此，功率角 θ 是同步电动机的一个重要参数。在励磁电流和电网电压均恒定时，电磁功率 P_M 和电磁转矩 T 与功率角 θ 的正弦值成正比，$P_M=f(\theta)$ 的关系称为同步电动机的功角特性，其数学表达式（隐极式）为：

$$P_M=\frac{3E_0U}{X_C}\sin\theta$$

式中　E_0——定子绕组的感应电动势；

U——定子绕组的相电压；

X_C——定子绕组的等效电抗，也称同步电抗。

将上式两边同除以角速度 ω，即可得到电磁转矩的表达式为：

$$T=\frac{3E_0U}{\omega X_C}\sin\theta$$

上式称为同步电动机的矩角特性。

功角特性 $P_M=f(\theta)$ 和矩角特性 $T=f(\theta)$ 的曲线，如图 3-97 所示。

同步电动机额定运行时，$\theta_N=20°\sim30°$。当 $\theta=90°$ 时，$P_M=P_m$，$T=T_m$，均达到最大值；当 $\theta>90°$ 时，会出现“失步”现象，同步电动机无法正常工作。同步电动机中最大电磁转矩与额定电磁转矩的比值称为过载能力 λ，即：

$$\lambda=\frac{T_m}{T_N}=\frac{1}{\sin\theta_N}$$

由于 $\theta_N=20°\sim30°$，因此 $\lambda=2\sim3$，在过载能力范围内，电动机有足够的能力不致“失步”。

五、同步电动机的 V 形曲线

同步电动机的 V 形曲线，是指电网电压、频率恒定，电动机输出功率不变的条件下，定子输入电流 I 与转子励磁电流 I_f 之间的关系曲线，即 $I=f(I_f)$，如图 3-98 所示。

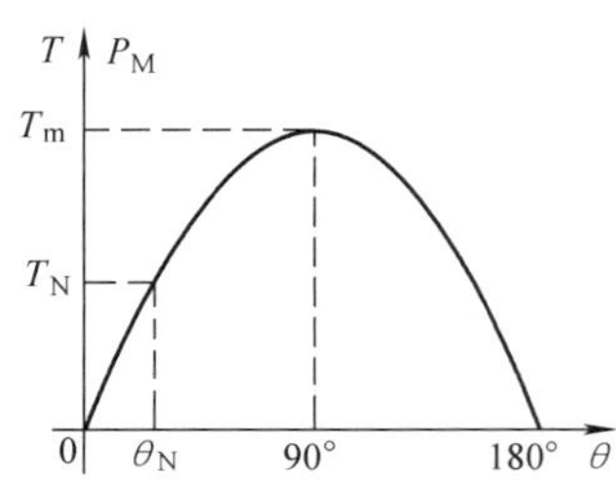

图 3-97　隐极式同步电动机的功角特性和矩角特性

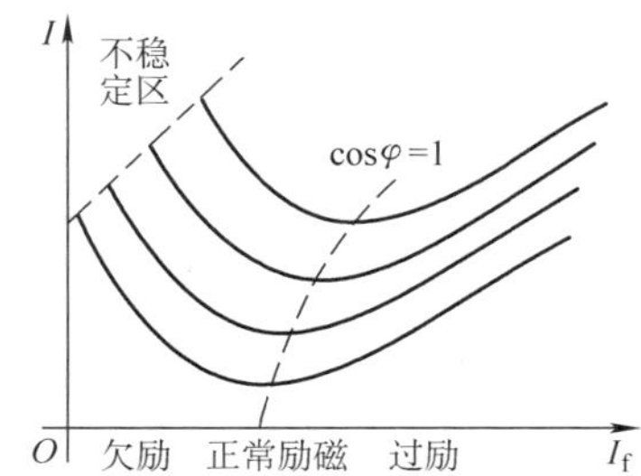

图 3-98　同步电动机的 V 形曲线

当转子励磁电流 I_f 较小时，定子输入电流 I 中包含大量用于产生磁场的无功分量，功率因数是滞后的，称作欠励状态。当转子励磁电流 I_f 合适时，定子电流 I 全部用于产生电磁功率和电磁转矩，此时功率因数 $\cos\varphi=1$，定子电流最小，称作正常励磁状态。而励磁电流 I_f 过大时，转子磁场过强，定子电流 I 中包含一些用于削弱磁场的无功分量，因此功率因数是超前的，此时称为过励状态。同步电动机欠励或过励越严重，定子电流越大。

当电动机的负载增大时，在相同的励磁电流条件下，定子电流增大，对应的 V 形曲线向右上方移动。

同步电动机负载不变，减小励磁电流时，由于转子磁场的削弱，对应的功率角 θ 则增大，过载能力降低。这样，在某一负载下，励磁电流减小到一定程度时，θ 角大于 90°，隐极式同步电动机就不能同步运行了。

由于电网上的负载大多是感性的，因此，同步电动机工作在过励状态时，可以提高功率因数，这是同步电动机的最大优点。所以为了改善电网的功率因数和提高电机的过载能力，同步电动机的额定功率因数为 1~0.8（超前）。

六、同步电动机的启动

同步电动机定子绕组通入三相对称交流电后，立即产生旋转磁场；而转子励磁绕组通入直流电后产生恒定磁场，转子由于惯性不能立即转动。从同步电动机定子、转子磁极的展开图（见图 3-96）可以看出：定子中的 N 极一会儿在转子 S 极的前面，一会儿在转子 S 极的后面，在转子中产生一个交变的电磁转矩，平均转矩为零，所以同步电动机不能自行启动。

三相同步电动机的启动方法通常有以下几种：

1. 辅助启动法

用异步电动机或其他动力机械（如柴油机等），把转子加速至接近同步转速后脱开，再通入定子三相交流电和转子励磁电流，将电动机牵入同步。

2. 异步启动法

在转子磁极的表面装一套笼型绕组，利用异步电动机的启动原理使电动机加速至接近同步转速，再给转子励磁绕组通入直流电，依靠同步转矩把转子牵入同步。这种启动方法可以采用降压来减小启动电流，在传统的同步电动机中应用较普遍。

3. 变频启动法

利用变频器使加在同步电动机定子绕组上的电压和频率从零开始连续增大，这样可以让旋转磁场的转速从零平滑地上升到额定同步转速。在启动的整个过程中，转子的转速始终与定子旋转磁场的转速同步。随着电力电子技术的日趋成熟和大功率变频器应用的普及，这种启动方法应用得越来越多。

任务8 电动机的选用

学习目标

1. 了解电动机选用的意义。
2. 掌握电动机选用的基本原则。
3. 熟悉电动机选用的主要内容。

任务引入

电动机在电流种类、结构形式、容量大小、转速快慢、性能特点等方面各不相同。在电力拖动系统中，为了使电动机能够安全可靠、经济合理地运行，必须选用适合于生产机械的电动机。选好用好每一台电动机，是电气技术人员的基本义务和责任，因此必须掌握正确选用电动机的基本原则和具体方法。

相关知识

一、电动机选用的基本原则

合理选用电动机的基本原则有以下几方面：

1. 电动机的机械特性与生产机械的负载特性相匹配。即电动机能够满足生产机械在转速稳定性方面的要求，有一定的调速范围，具有良好的启动、制动性能。

2. 电动机在工作过程中，其功率和转矩能得到充分利用。

3. 电动机的结构形式应满足安装要求和适合周围的工作环境。如防止灰尘、水滴进入电动机内部；防止绕组绝缘受有害气体的腐蚀；在有爆炸危险的环境中采用防爆结构等。

4. 在满足生产机械工作性能要求的条件下，尽可能选用结构简单、工作可靠、维护方便、价格低廉的电动机，即性价比高的电动机。

二、电动机选用的主要内容

电动机的选用主要包括电动机额定功率（即额定容量）的选择、电动机种类和结构形式的选择、电动机额定电压和额定转速的选择，其中以电动机额定功率的选择最为重要。

1. 电动机额定功率的选择

正确合理地选择电动机的额定功率是很重要的。如果电动机的额定功率选得过小，电动机将过载运行，导致温度超过允许值，缩短电动机的使用寿命甚至烧坏电动机；如果选得过大，电动机将长期工作在欠载状态下，效率和功率因数较低，电动机的容量得不到充分利用，设备投资大，运行费用高，很不经济。

确定电动机额定功率的基本依据是：电动机运行中的实际最高温度不超过绝缘材料允许的最高温度，这是保证电动机长期安全运行的必要条件。但在实际分析时，往往考虑的是电动机绝缘材料的温升，即电动机温度与周围环境温度之差。电动机的额定功率是按照周围环境温度为 40 ℃设计的，因此，电动机铭牌上所标的温升就是绝缘材料的最高允许温度与 40 ℃之差，也称额定温升。不同等级绝缘材料的最高允许温度和允许温升，见表 3-32。

表 3-32　各级绝缘材料的最高允许温度和允许温升　　℃

绝缘等级	A	E	B	F	H	C
最高允许温度	105	120	130	155	180	>180
允许温升	65	80	90	115	140	>140

电动机实际运行时周围环境的温度不可能正好是 40 ℃。为了充分利用电动机，可以对电动机的使用功率进行修正，不同环境温度下电动机使用功率的修正值，见表 3-33。

表 3-33　不同环境温度下电动机使用功率的修正值

环境温度	≤30 ℃	35 ℃	40 ℃	45 ℃	50 ℃	55 ℃
功率增减的百分数	+8%	+5%	0	−5%	−12.5%	−25%

在选择电动机的额定功率时，除了考虑电动机的发热之外还要考虑负载所需的启动、过载能力。如果电动机的启动、过载能力不够，则不得不增大额定功率。

电动机运行时，负载持续时间的长短对电动机的发热情况影响很大。电动机的工作方式可分为连续工作制、短时工作制和周期性断续工作制三种。

（1）连续工作制电动机额定功率的选择　电动机连续工作，持续时间很长，其温升可达规定的稳定值。属于此类负载的生产机械有水泵、鼓风机、造纸机、机床等。

连续工作制电动机的负载可分为恒定负载和变化负载两类。恒定负载下电动机额定功率的选择比较简单，只要电动机的额定功率等于或略大于生产机械所需的功率即可。对于变化负载下电动机额定功率的选择，如果按照最大负载来选择额定功率，电动机将不能被充分利用，而按照最小负载来选择，电动机又有超过允许温升的危险。因此，电动机功率应该在最大负载和最小负载之间适当选择，以使电动机得到充分利用，而又不致过载。通常按照平均负载功率的 1.1～1.6 倍来选择额定功率，大负载所占时间较长时取较大的数值。

（2）短时工作制电动机额定功率的选择　短时工作制方式下，电动机的工作时间较短，在工作时间内实际达到的温度低于稳定值。而停车时间相对较长，电动机可降低到接近周围环境的温度。属于此类负载的生产机械有机床的夹紧装置、水闸闸门的启闭机、吊桥的升降机、某些冶金辅助机械等。

为了满足上述生产机械短时工作方式的需要，电机厂专门制造了一些具有较大过载能力的短时工作制电动机，其标准工作时间有 15 min、30 min、60 min 和 90 min 四种。因此，若电动机的实际工作时间与标准工作时间接近，则只要按对应工作时间，选择电动机的额定功率等于或略大于负载功率即可。

实际电机产品中，短时工作制的电动机较少，故可选用连续工作制的电动机。连续工作制电动机采取短时工作制方式运行时，应该输出比额定功率大的功率才能充分利用电动机，选择的依据是：短时工作时间内达到的温升等于长期工作时的稳定温升。如果实际工作时间很短，电动机的功率较小，则应按照启动、过载能力来选用电动机的额定功率。

（3）周期性断续工作制电动机额定功率的选择　周期性断续工作制电动机的工作时间与停止时间轮流交替，两段时间都很短。在任何一个周期的工作时间内，温升来不及达到稳定值就停机；而在停止期间，温度也来不及降低到周围的环境温度。属于此类负载的生产机械有电梯、起重机等。

电机厂专门设计生产了周期性断续工作制的电动机，这种电动机具有转子细长、惯性小、启动和过载能力强、机械强度好、绝缘等级高等特点。在这种工作制下选择电动机的功率，首先要计算实际的负载持续率。所谓负载持续率是指负载工作时间与整个周期之比，国产周期性断续工作制电动机的负载持续率有 15%、25%、40%和 60%四种，同时规定每个工作周期的时间不大于 10 min。周期性断续工作制电动机额定功率的选择方法与连续工作制变化负载下的功率选择相类似。需要指出的是，当负载持续率小于 10%时，按短时工作制处理；当负载持续率大于 70%时，按连续工作制处理。

2. 电动机种类的选择

为生产机械选择电动机的种类，首先要考虑的是电动机的性能是否满足生产机械的要求。在这个前提下，优先选用结构简单、价格便宜、运行可靠、维护方便的电动机。

（1）优先选用三相异步电动机　三相异步电动机又可分为笼型转子和绕线转子两大类。三相笼型转子异步电动机结构简单、价格便宜、运行可靠、维修方便，被广泛应用于各种机床、水泵、通风机等生产机械上。对启动转矩要求较大的生产机械，如某些纺织机械、空气压缩机、带运输机等，可选用具有高启动转矩的深槽式或双笼型异步电动机。对需要有级调速的生产机械，如某些机床和电梯等，可选用多速异步电动机。对启动、制动比较频繁，要求启动、制动转矩较大的场合，则宜采用三相绕线转子异步电动机，如起重机、矿井提升机等。随着变频调速技术的发展，三相笼型转子异步电动机的应用更广泛，越来越多地使用在对启动、调速性能要求较高的生产机械上。

（2）直流电动机的调速性能优异，对于要求在大范围内平滑调速和需要准确位置控制的生产机械，宜采用直流电动机。如高精度的数控机床、龙门刨床、可逆轧钢机、造纸机、矿井卷扬机等，可选用他励或并励直流电动机；对于要求启动转矩大、机械特性软的生产机械，如电车、重型起重机等，则选用串励直流电动机。

（3）对于驱动功率大、转速恒定、需要补偿电网功率因数的场合，宜选用交流同步电动机，例如大功率水泵、鼓风机、空气压缩机、球磨机等。

3. 电动机结构形式的选择

电动机按其安装方式不同可分为卧式和立式两种。由于立式电动机的价格较贵，所以一般情况下应选用卧式电动机。只有当需要简化传动装置时，如深井水泵和钻床等，才使用立式电动机。

电动机按轴伸端个数的不同可分为单轴伸和双轴伸两种。一般情况下，选用单轴伸电动机；特殊情况下才选用双轴伸电动机。例如，需要安装测速发电机或同时拖动两台生产机械时，必须选用双轴伸电动机。

电动机按防护形式的等级不同可分为开启式、防护式、封闭式和防爆式四种。开启式电动机价格便宜，散热性好，但灰尘、铁屑、水滴等容易进入电动机内部，影响电动机的正常工作，因此，只能用在干燥、清洁的环境中。防护式电动机的通风孔在机壳的下部，通风冷却条件较好，并能防止水滴、铁屑等杂物落进电动机内部，但不能防止潮气和灰尘侵入，因此只能用于比较干燥、灰尘不多、无腐蚀性气体和爆炸性气体的环境中。封闭式电动机可用于潮湿、尘土多的环境中，潜水泵电动机则采用密封性能很好的密闭式电动机。防爆式电动机可用于有易燃、易爆气体的危险环境中，如煤气站、油库及矿井等场所。

4. 电动机额定电压的选择

选择电动机的额定电压要与现场供电电网的电压等级相符，否则不能正常工作。

一般车间低压电网的电压为 380 V，因此，中小型交流电动机的额定电压一般为 380 V。通常有 220/380 V 和 380/660 V 两种。大型交流电动机根据供电电压可选用额定电压为 3 kV、6 kV 或 10 kV 的高压电动机。

直流电动机的额定电压一般为 110 V、220 V、440 V 等，最常用的直流电压等级为 220 V。目前使用的直流电动机一般由大功率晶闸管整流装置供电，选择电动机的额定电压时，要与供电电网的交流电压及不同形式的整流电路相配合。当直流电动机的容量较小时，采用单相桥式整流电路供电，若相电压为 220 V，则电动机的额定电压应选用 160 V。当直流电动机的容量较大时，采用三相桥式整流电路供电，若线电压为 380 V，则电动机的额定电压应选用 440 V，并且采用改进的 Z3 型直流电动机。

5. 电动机额定转速的选择

电动机额定转速的选择是否合理，将直接影响电动机的价格、效率、体积及生产机械的生产率等各项技术指标和经济指标。对于额定功率相同的电动机，转速越高，电动机的体积越小、质量越轻、价格越低，因而选用高速电动机是比较经济的。但是当生产机械的转速一定且较低时，电动机的转速越高，传动机构的传动比就越大，传动机构越复杂。因此，选择电动机的额定转速时，必须兼顾电动机机械和电气两方面的性能综合考虑。通常，电动机的额定转速在 750~1 500 r/min 比较合适。

综合以上分析可知，选用电动机时，应从额定功率、额定电压、额定转速、种类和形式等几方面综合考虑，在电动机性能满足生产机械要求的条件下，力求设备投资少、电能消耗少，维护费用低，做到既经济又合理。

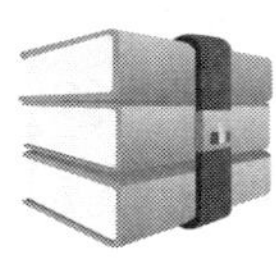

课题四　特种电机的应用

随着现代科学技术的迅猛发展，在自动控制系统和电气传动系统中除了使用一般的交直流电机以外，还有用作检测、放大、执行和计算等功能的各种各样的特种电机。与传统电机相比，在工作原理、结构、性能或设计方法上有较大差异的电机都属于特种电机。

特种电机综合了电机、计算机、控制理论、新材料等多项高新技术，应用于军事、航空航天、工农业生产、日常生活的各个方面，部分应用设备如图 4-1 所示。

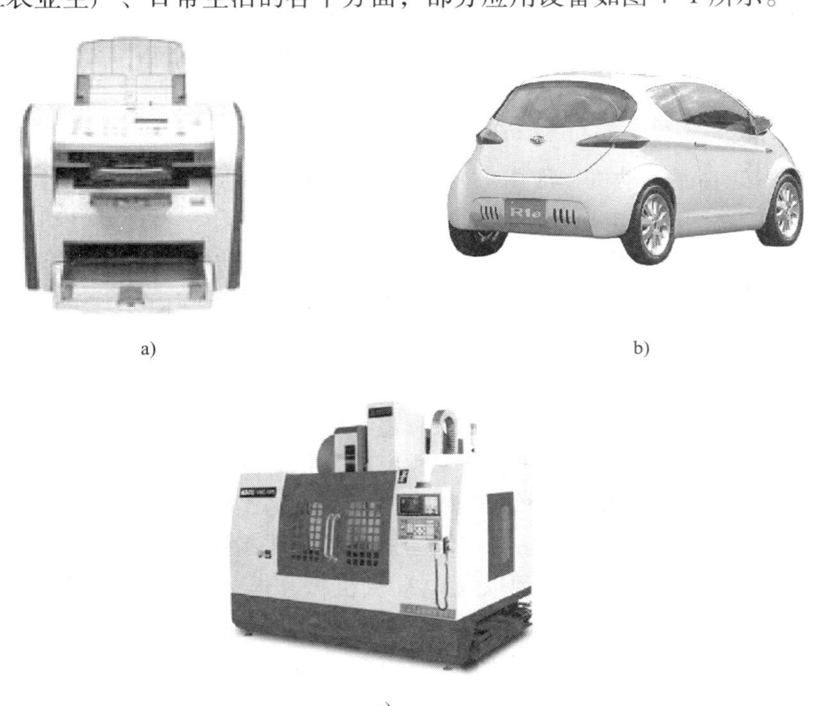

图 4-1　特种电机的应用
a）办公一体机　b）电动汽车　c）数控加工中心

1. 电气传动领域

工农业生产的各个部门都离不开电气传动系统，在要求速度控制和位置控制的场合，特种电机的应用越来越广泛。例如伺服电机、步进电机、开关磁阻电机、无刷直流电机、测速电机等，被广泛应用于数控机床、自动生产线、机器人等设备中。

2. 交通运输领域

在高档汽车中，大量使用永磁直流电机、无刷直流电机等。作为21世纪绿色交通工具的电动车辆，其驱动使用的电机主要是无刷直流电动机、开关磁阻电动机、永磁同步电动机等。此外，直线电机广泛应用于磁悬浮列车、地铁的驱动。

3. 信息处理领域

信息处理领域配套的微电机全世界年需求量约15亿台（套），这类电机绝大部分是精密永磁无刷电动机、精密步进电动机。

4. 家用电器领域

信息时代的家电产品对为其配套的电机提出了高效率、低噪声、低振动、低价格、可调速和智能化的要求。无刷直流电动机、开关磁阻电动机等新兴的机电一体化产品正逐步替代传统的单相异步电动机。

5. 特种用途

主要是各种飞行器、探测器、自动化武器装备、医疗设备等使用的电机。

现代特种电机的发展呈现机电一体化、高性能化、小型化的趋势。

目前已生产使用的特种电机种类很多，本课题重点介绍几种常用的特种电机，讨论其基本结构、工作原理、特点和用途等。

任务1　伺服电动机的应用

学习目标

1. 了解伺服电动机的特点、用途和分类。
2. 认识伺服电动机的外形和内部结构，熟悉各部件的作用。
3. 熟悉伺服电动机的基本工作原理和主要运行性能。
4. 学会合理选用伺服电动机。
5. 了解典型伺服控制系统的组成。
6. 熟悉交流伺服电动机的操作使用方法。

任务引入

伺服电动机也称执行电动机，在自动控制系统中作为执行元件，其作用是将输入的控制电压信号转换为转轴的角速度或角位移输出。伺服电动机与一般的旋转电动机不一样，旋转电动机侧重于机电能量的变换，而伺服电动机则侧重于控制特性的高精度和快响应。自动控制系统对伺服电动机的基本要求有以下几个方面：

（1）尽可能高的快速响应性能。即转子的转动惯量小，转矩惯量比大。

（2）良好的低速平稳性，无“自转现象”。即控制电压为零时，电动机迅速自动停转。

（3）尽可能大的调速范围。

（4）具有线性的机械特性和调节特性。

（5）过载能力强。

自动化设备中的伺服系统可分为直流伺服系统和交流伺服系统两大类。20 世纪 70 年代以来，力矩电动机、印制绕组电动机、无槽电动机、大惯量宽调速电动机等性能良好的现代直流伺服电动机，以及现代三相交流永磁伺服电动机、交流异步伺服电动机等被相继研制出来。直流伺服电动机和交流伺服电动机的外形，如图 4-2 所示。

a)

b)

图 4-2　伺服电动机

a）直流伺服电动机　b）交流伺服电动机和驱动器

从伺服电动机的应用情况看，由于直流伺服电动机能在大范围内实现精密的速度和位置控制，所以，在系统性能要求高的场合多使用直流伺服系统。与直流伺服电动机相比，现代交流伺服电动机具有无刷、高可靠性、散热好、转动惯量小、能工作于高压状态等优点。近年来，交流伺服系统逐渐受到重视并得到广泛使用，有逐步取代直流伺服系统的趋势。熟悉伺服电动机及其驱动控制技术，对从事电气自动化尤其是精密数控技术的电气技术人员具有非常重要的意义。

相关知识

一、直流伺服电动机

直流伺服电动机是专门为控制系统特别是伺服系统设计和制造的一种电动机，它的转子运动受输入信号控制，能做出快速反应。早期的直流伺服电动机，其工作原理、结构和基本特性与普通直流电动机相比没有大的区别，称为传统（普通）型直流伺服电动机。

为了适应控制系统的需要，直流伺服电动机的类型也在不断发展。目前应用的直流伺服电动机除了传统型的直流伺服电动机外，还有低惯量型的无槽电机、盘形电机和空心杯电机，以及宽调速直流伺服电动机等。

1. 直流伺服电动机的分类、特点和用途

（1）传统型直流伺服电动机　这种伺服电动机的结构与普通直流电动机基本相同。但为了满足控制系统的要求，在结构和性能上做了一些改进，其特点是：

1）采用细长的电枢结构以降低转动惯量。其惯量是普通直流电动机的1/3~1/2。

2）具有优良的换向性能。在大电流的冲击下仍能确保良好的换向状态，因此，具有较大的瞬时电流和瞬时转矩。

3）机械强度高，能够承受巨大加速度造成的冲击力。

4）电刷安放在几何中性面上，以确保正、反转特性对称。

传统型直流伺服电动机的励磁方式有永磁式和电磁式两种。目前，我国生产的SY系列就属于永磁式结构，SZ系列则属于电磁式结构。

（2）无槽电枢直流伺服电动机　这种电动机的电枢铁心上没有槽，电枢绕组直接均匀排列在光滑的铁心表面上，用环氧树脂固化并与铁心黏结成一个整体，如图4-3所示。这种结构冷却效果较好，但气隙较大。由于这种电动机不存在电枢齿磁通的饱和限制，因此可提高磁通密度和电磁转矩，可减小电枢直径，形状细长不受嵌线限制，可减小转动惯量。绕组在铁心表面，磁阻大，所以电感量小，换向性能好，瞬时电流可达额定电流的10倍左右。与通常的直流电动机相比，无槽电枢直流伺服电动机机电时间常数小，输出功率较大，是性能良好的伺服电动机，已应用于中小型电动机中，功率从几十瓦到几千瓦，已有定型产品。这类小惯量高速电动机也存在一些缺点，例如，由于转速很高，往往需要减速器；气隙较大，效率低；惯量小，热容量也较小，过载时间不能太长；为了解决散热问题，多用强迫风冷，因而体积、质量、噪声都较大。

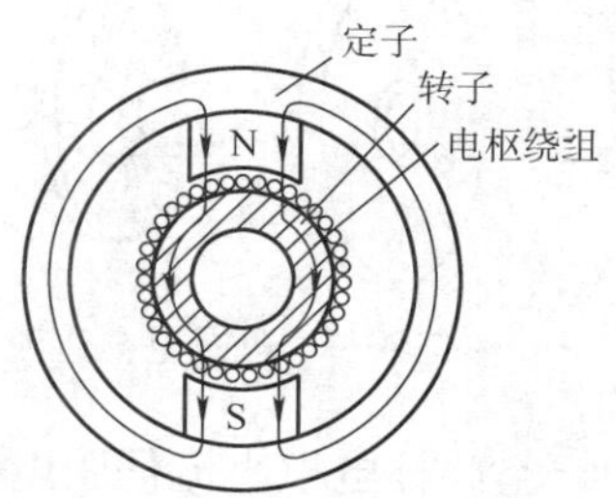

图4-3　无槽伺服电动机

无槽电枢直流伺服电动机是一种大功率直流伺服电动机，主要用于需要快速动作、功率较大的伺服系统中，如雷达天线的驱动，自动火炮、导弹发射架驱动，计算机外围设备及数控机床等。我国生产的无槽电枢直流伺服电动机有SWC系列、GZ系列等。

（3）盘式电枢直流伺服电动机　这种电动机的定子是由永久磁铁和前后磁轭所组成，转子为圆盘形，如图4-4所示。电动机的气隙就在圆盘的两边。转子圆盘的厚度一般为1.5~2 mm，上面有电枢绕组。大部分盘式电枢属于印制绕组，采用与印制电路相类似的工艺制成。它可以是单片双面的，也可以是多片重叠的。绕组导体兼作换向器，电刷直接在导体上滑动。盘形电枢绕组中的电流是沿径向流过圆盘表面，并与轴向磁通相互作用产生转矩，绕组的径向段为有效部分。由于转子无铁心和专用换向器，因此惯量小，换向条件好。与通常的直流电动机相比，其性能特点是：

1）电枢绕组全部在气隙中，散热良好，能承受较大的峰值电流（约5倍于满载电流）。

2）电枢由非磁性材料制成，质量轻而且电抗小，加上换向片数多，所以换向性能良好，转矩波动小。

3）电枢转动惯量小，响应快，机电时间常数小，为10~15 ms，属于中低惯量伺服电动机。

4）输出功率一般在1 kW以内。我国生产的印制绕组直流伺服电动机产品有SN系列，应用在启动、制动、反转频繁和低速的直流伺服系统中。

（4）空心杯电枢直流伺服电动机　这种电动机的电枢绕组是编织成薄壁圆筒状后用环氧树脂粘接成形，也有的采用印制绕组。空心杯电枢直接装在电动机轴上，在内外定子间的气隙中旋转，其结构如图 4-5 所示。由于转子无铁心，故惯量和电感均大为减小，是低惯量电动机中性能最好的一种。但有的杯形转子只有一端受支撑，机械强度较差，故输出功率不能太大。此种电动机输出功率为零点几瓦到几千瓦。

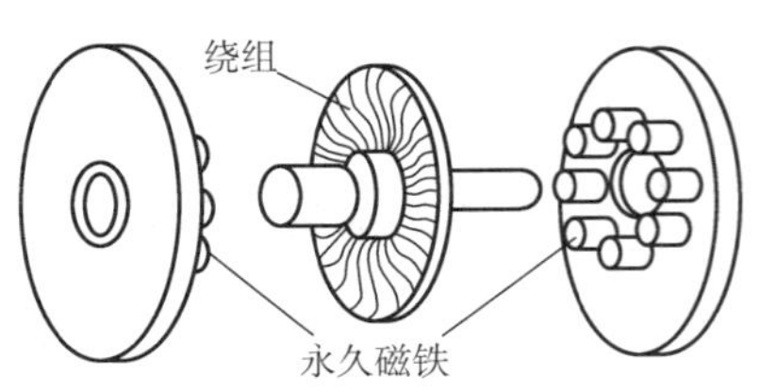

图 4-4　盘式电枢直流伺服电动机

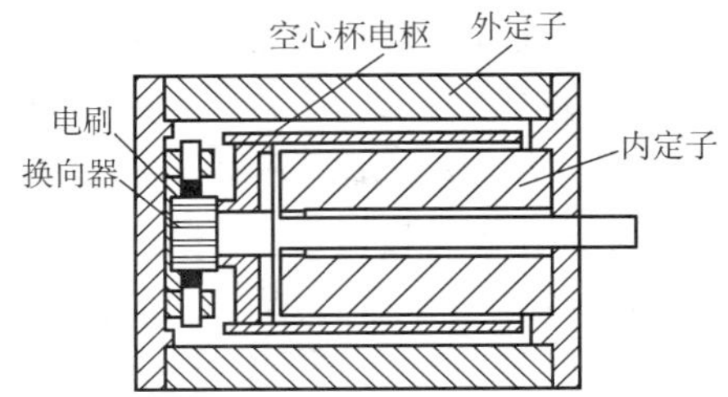

图 4-5　空心杯电枢直流伺服电动机

空心杯电枢直流伺服电动机的性能特点是：超低转动惯量，由于转子无铁心，且壁薄而细长，其转动惯量很小，启动时间可达 1 ms 以下；灵敏度高，快速性好，速度调节方便，其始动电压在 100 mV 以下，可完成每秒钟 250 次启动与停止的循环；损耗小，效率高，因转子中无磁滞和涡流损耗，故其效率可达 80%或更高；转矩波动小，低速运转平稳，噪声很小；换向性能好，由于电枢电感很小，几乎不产生火花，因此大大提高了使用寿命。

国产的空心杯电枢直流伺服电动机产品有 SYK 系列，多用于高精度的伺服系统及测量装置等设备中，如电视摄像机、X-Y 函数记录仪、数控机床等机电一体化设备中。

（5）低速大扭矩宽调速电动机　宽调速直流伺服电动机（又称大惯量电动机）是在小惯量电动机和力矩电动机的基础上发展起来的电动机，主要用于数控机床的伺服系统，也可用于其他闭环控制系统中作为执行元件。

宽调速直流伺服电动机分为电磁式和永磁式两种。电磁式的特点是励磁大小可以调整，便于安装补偿绕组和换向极，使电动机的换向性能得到改善，并且成本低。永磁式一般没有换向极和补偿绕组，换向性能受到限制，但它不需要励磁功率，因而效率高。永磁式的应用比电磁式多，一般采用铁氧体作为磁极以降低成本。如图 4-6 所示为宽调速伺服电动机的磁路结构。磁路采用主磁极和侧磁极的组合结构，以便充分利用空间，增加铁氧体的用量。

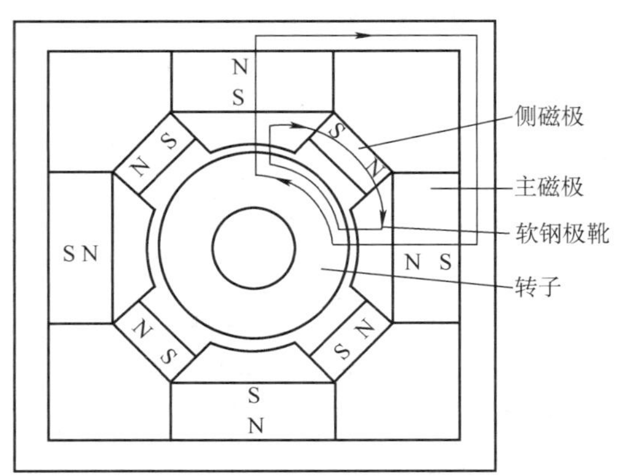

图 4-6　宽调速伺服电动机

同时用软钢极靴将主、侧磁极的磁通汇集于极靴下的气隙中，增加气隙磁密。电动机采用较多的磁极对数，增加转子的槽数和换向片数，以提高过载能力，降低转矩波动，增大调速范围，使电动机在很低的转速下仍能平稳运行。

宽调速直流伺服电动机具有如下特点：

1）高的转矩转动惯量比，从而提供了极高的加速度和快速响应。

2）高的热容量，使电动机在自然冷却全封闭的条件下，仍能长时间过载工作。

3）电动机所具有的高转矩和低速特性使得它与机床丝杠很容易直接耦合。

4）精心选择电刷的材料，且电刷的接触面积大，使得电动机有良好的换向性能。

5）电动机采用耐高温的 H 级绝缘材料，具有足够的机械强度，以保证可靠性。

6）采用能承受重载的轴和轴承，使得电动机在加、减速和低速时能承受大转矩。

总之，宽调速直流伺服电动机具有许多优点，近年来，在高精度数控机床和工业机器人伺服系统中获得了越来越广泛的应用。

2. 直流伺服电动机的工作原理

直流伺服电动机的工作原理与普通小型他励直流电动机相同，其转速由信号电压控制。信号电压若加在电枢绕组两端，称为电枢控制；若加在励磁绕组两端，则称为磁场控制。由于电枢控制的直流伺服电动机具有机械特性线性度好、精度高、响应速度快等优点，所以在工程上多采用电枢控制方式。直流伺服电动机的机械特性方程式与他励直流电动机一样：

$$n=\frac{U}{C_e\Phi}-\frac{R_a}{C_eC_T\Phi^2}T=n_0-\beta T$$

采用电枢控制时，U 为控制信号电压，Φ 为常数。图 4-7a 为电枢控制式直流伺服电动机的电路原理图，当电枢电压（即信号电压）U 改变时，可得一组平行的机械特性，如图 4-7b 所示。从机械特性可以看出，负载转矩一定即电磁转矩一定时，转速与控制信号电压成正比。当控制信号电压消失时，电动机工作在能耗制动状态，能迅速停转。对应不同的负载转矩，电动机开始转动的电压也不等。显然，负载转矩越大，始动电压也越大。低于始动电压的区间，电动机转不起来，称为失灵区或死区。

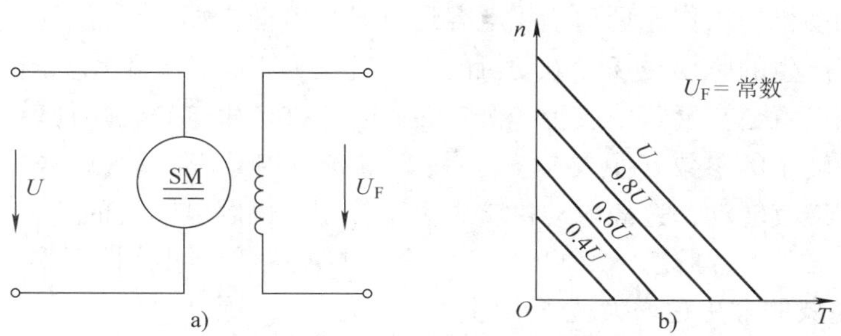

图 4-7　直流伺服电动机的电路与机械特性

a）电枢控制电路原理图　b）电枢控制机械特性

直流伺服电动机的优点是具有线性的机械特性，启动转矩大，调速范围大。缺点是电刷与换向器之间的火花会产生电磁干扰，需要定期更换电刷，维护换向器。

二、交流伺服电动机

长期以来，在调速性能要求较高的场合，一直占据主导地位的是直流调速系统。但直流电动机存在一些固有的缺点，如电刷和换向器易磨损，换向器换向时会产生火花，结构复杂，制造成本高等。而交流电动机，特别是笼型转子异步电动机则没有上述缺点。传统的交流伺服电动机是指两相伺服电动机，有笼形转子和杯形转子两种，只是考虑到伺服技术的特点，要进行特殊的设计，其转子转动惯量较直流电动机小，动态响应好。

1. 传统的交流伺服电动机

传统交流伺服电动机的结构与电容运行单相异步电动机相似。定子槽中装有励磁绕组F和控制绕组C，两个绕组的轴线在空间互差90°电角度，励磁绕组与交流电源 U_F 相连接，控制绕组接输入信号 U_C，如图4-8所示。

交流伺服电动机的转子通常制作成笼形，但转子导体的电阻比一般的异步电动机大得多，因此其启动电流较小而启动转矩较大。为了使伺服电动机对输入信号有较高的灵敏度，必须尽量减小转子的转动惯量，所以转子一般做得细而长。近年来，为了进一步提高伺服电动机的快速反应性，采用如图4-9所示的空心杯形转子。杯形转子的优点是转子非常轻，转动惯量很小，能非常迅速和灵敏地启动、调速和停止，缺点是气隙较大，因此空载励磁电流大，功率因数和效率较低。

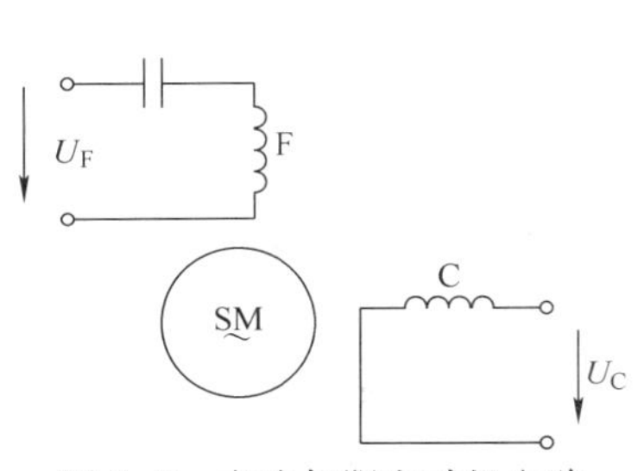

图4-8　交流伺服电动机电路

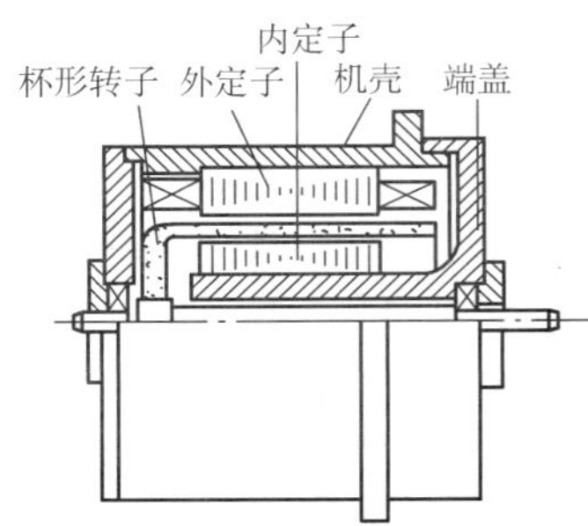

图4-9　空心杯形转子交流伺服电动机

交流伺服电动机的工作原理与单相电容运行异步电动机相似。没有控制信号时，气隙中只有励磁绕组产生的脉动磁场，电动机的电磁转矩为零，转子不动。若在控制绕组中施加一个控制信号，就会在气隙中产生一个旋转磁场，并产生电磁转矩使转子沿旋转磁场的方向转动。如果转子的参数（主要是 R_2）设计得与单相异步电动机一样，则当控制信号消失后，电动机继续转动，这样电动机就失去了控制，伺服电动机的这种失控而继续旋转的现象称为“自转”。“自转”现象显然不符合伺服电动机的可控性要求，必须加以克服。克服“自转”现象的方法是增大转子电阻。

从单相异步电动机的工作原理可知，当励磁绕组单独通电时，其机械特性由正向旋转磁场产生的正向机械特性 $n=f(T^+)$ 和反向旋转磁场产生的反向机械特性 $n=f(T^-)$ 叠加而成，当转子电阻足够大时，正反向机械特性的临界转差率均大于1，如图4-10所示。其合成机械特性 $n=f(T)$ 在第Ⅱ、第Ⅳ象限，电磁转矩是制动性质的，相当于能耗制动。因此，当控制信号消失后，只有励磁绕组单独通电时，不论原来是正转还是反转，都会受到制动转矩的作用，使电动机迅速停转。

控制绕组中加不同的信号电压时，气隙中会产生椭圆形旋转磁场，甚至圆形旋转磁场，从而得到不同的转速。

交流伺服电动机的励磁绕组与控制绕组通常都设计成对称的，当控制信号电压 U_C 与励磁电压 U_F 也对称时，两相绕组产生圆形旋转磁场，电动机转速最高。如果控制信号电压 U_C 与励磁电压 U_F 的幅值不等或相位差不是90°电角度，则产生椭圆形的旋转磁场。所以改变控制电压 U_C 的大小和相位就可以改变旋转磁场的性能，从而控制伺服电动机的转矩和转速，具体的控制方法有三种：

（1）幅值控制　保持控制信号电压 U_C 的相位不变，始终与励磁电压 U_F 相差90°电角度，改变 U_C 的幅值来控制伺服电动机的转速。

通常用信号系数 α 来反映控制信号电压 U_C 的大小。

$$\alpha=\frac{U_C}{U_F}$$

显然，α 从 0→1 变化时，气隙磁场从脉动磁场→椭圆形旋转磁场→圆形旋转磁场变化，电动机的转速越来越高。

交流伺服电动机采用幅值控制时，不同信号系数 α 的机械特性，如图 4-11 所示。当电磁转矩 T 一定时，α 越大，转速 n 越高；当转速 n 一定时，α 越大，对应的电磁转矩 T 越大。

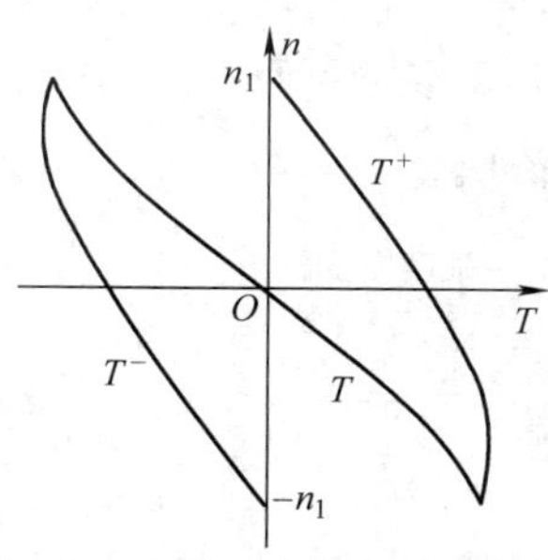

图 4-10　克服“自转”的机械特性

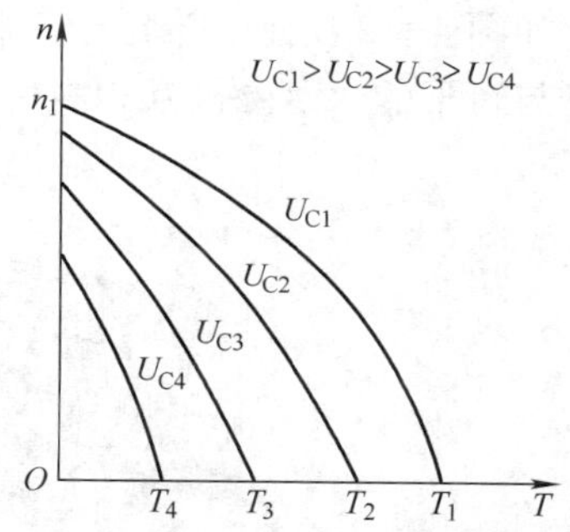

图 4-11　幅值控制的机械特性

（2）相位控制　保持控制信号电压 U_C 的幅值不变，通过移相器改变与 U_F 的相位差来控制电动机的转速。设 $U_C=U_F$，相位差为 β，显然当 $\beta=0$ 时，气隙磁场为脉动磁场，当 $\beta=90°$ 电角度时，气隙磁场为圆形旋转磁场。所以相位控制时的信号系数为：

$$\alpha=\sin\beta$$

相位控制时的机械特性与幅值控制相似，但线性度要好一些。

（3）幅相控制　同时改变控制信号电压 U_C 的幅值和相位，使信号系数 α 发生变化，从而控制电动机的转速。此时的信号系数为：

$$\alpha=\frac{U_C}{U_F}\sin\beta$$

幅相控制的机械特性也与幅值控制时相似，但线性度要差一些。由于幅相控制不需要专门的移相设备，电路最简单，所以实际应用较多。

无论哪种控制方式，只要将控制信号电压的相位改变180°电角度（反相），即可改变交流伺服电动机的转向。

2. 交流永磁伺服电动机

现代交流伺服系统是一种新型高性能的机电一体化装置，包括电动机本体和驱动控制器。控制器中多采用单片机、DSP 或专用集成电路芯片，控制技术复杂。

现代的交流伺服电动机有三相交流永磁伺服电动机和三相交流异步伺服电动机两种。前者由于效率和体积方面的优势，已成为伺服技术的主流。按照不同的驱动方式，即根据电动机绕组中的电流波形，把交流永磁伺服电动机分为永磁方波伺服电动机和永磁正弦波伺服电动机。方波电流驱动的交流伺服电动机实际上就是无刷直流电动机，国外一般称为 BLDCM。永磁正弦波伺服电动机一般称作 PMSM。永磁方波伺服电动机的工作原理与三相桥式驱动的无刷直流电动机相似，因此在无刷直流电动机的内容中介绍。下面主要介绍正弦波电流驱动的交流伺服电动机。

（1）交流永磁伺服电动机本体　交流永磁伺服电动机本体主要由转子和定子两部分组成，转子上装有特殊形状的永磁体，用以产生恒定磁场；定子铁心上的三相绕组，接在驱动控制器的逆变器三相输出部分，用来产生旋转磁场。永磁式的优点是结构简单、运行可靠、功率因数和效率较高；缺点是体积大、启动特性欠佳。

交流永磁伺服电动机是一台机组，由永磁同步电动机、转子位置传感器、速度传感器等组成，如图 4-12 所示。当定子三相绕组通正弦交流电后，就产生一个旋转磁场，定子旋转磁场与转子的永磁磁极互相吸引，带着转子一起以同步转速旋转。

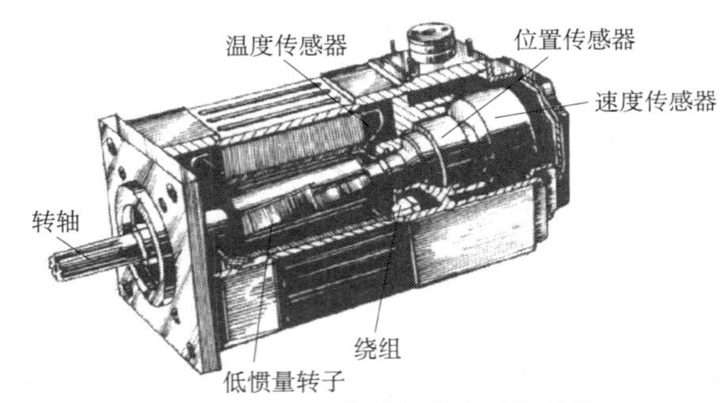

图 4-12　交流永磁伺服电动机结构

（2）传感器　为了控制转子的转向和转速，必须有转子位置检测器。为了检测电动机的实际运行速度，需要加装速度传感器。位置检测器和速度传感器一起安装在电动机转轴的非负载端。实际上，检测电动机转子的旋转速度和磁极位置可由一个传感器来实现，以便减小电动机的尺寸，并简化控制和安装。

（3）伺服驱动器　现代伺服驱动器的控制单元均采用全数字化结构，可实现高精度、快速的电流幅值控制和相位控制。它根据控制信号的大小，将所需的电压与频率可调的三相正弦交流电加到伺服电动机的定子绕组中，达到控制电动机转速和转矩的目的。

3. 交流永磁伺服电动机的选用

永磁方波交流伺服系统，对转子位置传感器的要求较低，一般采用霍尔元件，结构简单，系统成本低。但是定子磁场非连续旋转，力矩波动大，在满足性能要求时，宜优先选用方波驱动方式。

永磁正弦波交流伺服系统，电动机低速平稳性好，力矩波动小，可以获得很宽的调速范围，适用于速度精度或位置精度要求很高的数控机床、机器人等场合。

4. 交流伺服系统实例介绍

松下 MINAS 系列全数字化交流伺服系统是 20 世纪 90 年代初期投入批量化生产的全新数字化交流伺服系统。该系统响应快、精度高，是目前体积最小、质量最轻的交流伺服系统产品之一。该产品已经广泛应用于数控机床、机器人、轻工机械、纺织机械、医疗器械、自动化生产线、半导体生产线等各种需要精确调速、定位及运动轨迹控制的场合。图 4-13 是 MINAS 交流伺服系统的示意图。

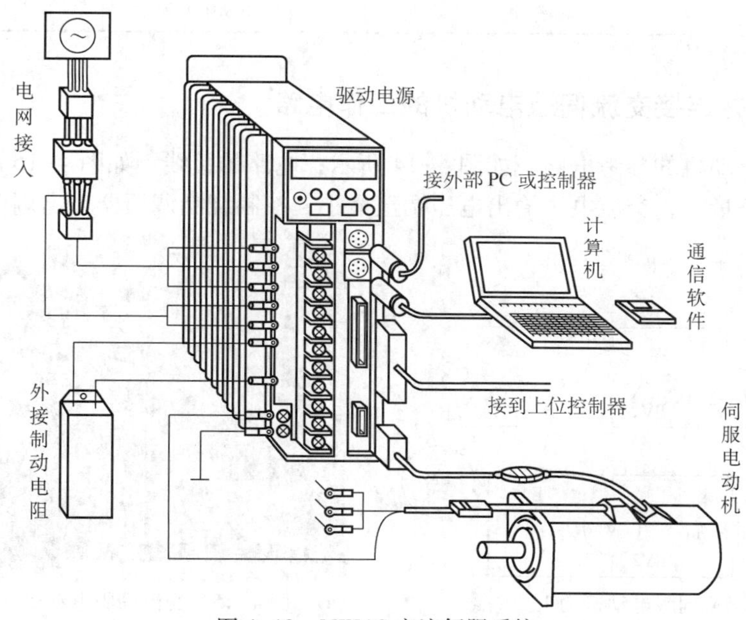

图 4-13　MINAS 交流伺服系统

MINAS 交流伺服系统的额定功率为 0.03~5 kW，最大转矩为 0.28~47.6 N·m，最高转速为 2 000~5 000 r/min。传感器采用 2 500 p/r（每转脉冲数）的光电增量码盘或 17 位型（2^{17}）绝对值码盘。系统控制模式有位置控制、速度控制、转矩控制、位置/速度控制、位置/转矩控制、速度/转矩控制、全闭环七种，位置和速度控制精度高。系统可以直接受个人计算机的控制，并通过输出电缆驱动交流伺服电动机，电动机的转动情况通过同轴电缆反馈到控制系统，使设备系统的整体控制十分方便。

任务实施

一、任务准备

在学习交流伺服电动机的接线、测试交流伺服电动机性能的过程中，需用到表 4-1 所示的工具、仪器和设备。

表 4-1　任务实施需用到的工具、仪器和设备

序号	名称	型号规格	数量
1	三相交流可调电源	0~420 V	1 个
2	交流伺服电动机	实验专用	1 台
3	变压器	127 V/220 V	1 台
4	调压器	220 V/0~250 V	1 台
5	交流电压表	300 V	2 块
6	转速表	0~1 800 r/min	1 块
7	万用表	MF47 型或自选	1 块
8	导线	实验专用	若干

二、绘制并连接交流伺服电动机的工作电路

交流伺服电动机的参考电路，如图 4-14 所示；电路的接线，如图 4-15 所示。交流电压表选用 300 V 量程，交流电源输出电压调至最小，控制绕制调压器输出调至最小。

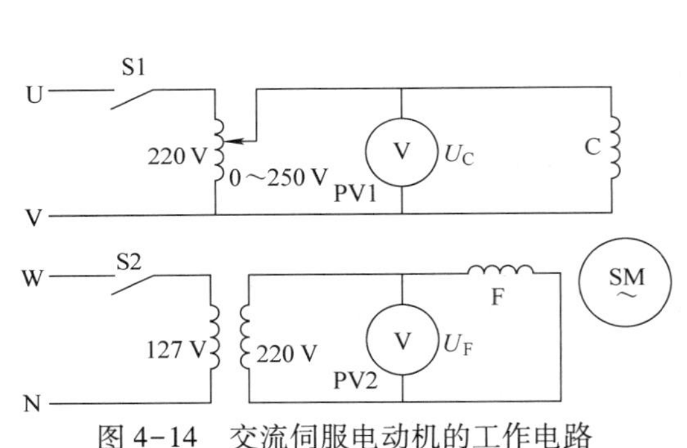

图 4-14　交流伺服电动机的工作电路

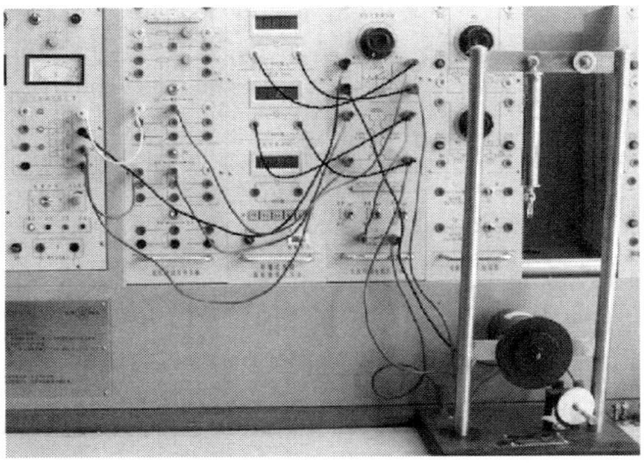

图 4-15　交流伺服电动机的实训接线

三、通电测试交流伺服电动机的工作性能

1. 接通励磁电源开关 S2，升高交流电源输出电压使励磁电压 $U_F=220$ V。接通控制电源开关 S1，慢慢升高控制电压 U_C，注意观察并记录交流伺服电动机的始动电压。

$U_{st}=$________V

2. 继续升高交流伺服电动机的控制电压和转速，直至 $U_C=220$ V。

3. 逐渐减小控制电压使电动机减速，用手持式转速表测量交流伺服电动机对应于不同控制电压时的转速，记录对应的电压和转速，测取 7~8 组数据，记录于表 4-2 中。

4. 测试结果经指导教师确认后，依次断开开关 S2 和 S1。

表 4-2　交流伺服电动机的调速特性

U(V)								
n(r/min)								

1. 控制绕组的调压器接到 U、V 相，引入线电压 U_{UV}，励磁绕组的变压器接到 W 相，引入相电压 U_W，这样才能使 U_F 与 U_C 相位差 90°。

2. 测试过程中注意变压器和电动机的电压不能调得过高，以防事故。

总结测评

一、总结报告

1. 绘制任务的电路图。
2. 记录任务实施的过程、现象和数据结果。画出交流伺服电动机的调速特性曲线$n=f(U)$。
3. 小结、体会和建议。

二、任务测评（见表 4–3）

表 4–3 任务实施考核评分记录表

序号	考核内容	考核要求	配分	得分
1	任务实施的准备	预习任务的内容	10	
2	仪器、仪表的使用	正确使用万用表、转速表、实验台等设备	10	
3	交流伺服电动机的接线	电路绘制正确，接线速度快	30	
4	交流伺服电动机的操作	通电运行一次成功，操作规范	20	
5	测取调速特性 $n=f(U)$	操作规范，数据测量正确	30	
6	合计得分		100	
7	否定项	发生重大责任事故、严重违反教学纪律者得 0 分		

指导教师签名________ 日期________

任务 2 测速发电机的应用

学习目标

1. 了解测速发电机的作用和应用场合。
2. 熟悉直流测速发电机的基本结构和工作原理。
3. 熟悉交流测速发电机的基本结构和性能特点。

4. 学会操作使用直流测速发电机。
5. 熟悉测速发电机的性能参数。

任务引入

图 4-16　测速发电机

测速发电机是一种反映转速信号的电器元件，它的作用是将输入的机械转速变换成电压信号输出。测速发电机的外形结构，如图 4-16 所示。在自动控制系统中测速发电机主要用作测速元件、阻尼元件（或校正元件）、解算元件和角加速度信号元件等。自动控制系统对测速发电机的要求是：

（1）输出电压要与转速呈线性关系。

（2）正、反转的特性一致。

（3）输出特性的灵敏度高。

（4）发电机的转动惯量小。

测速发电机可分为直流测速发电机和交流测速发电机两类，但近年来也出现了采用新原理、新结构研制的霍尔效应测速发电机等。本任务主要通过测试永磁式直流测速发电机的输出特性，学习测速发电机的工作原理、性能特点，熟悉测速发电机的参数。

相关知识

一、直流测速发电机

1. 直流测速发电机的基本结构

直流测速发电机的结构与普通小型直流发电机相同，按励磁方式可分为他励式和永磁式两种。永磁式测速发电机结构简单，不需励磁电源，因此应用较为广泛。

2. 直流测速发电机的工作原理

直流测速发电机的工作原理与一般直流发电机没有区别，其原理如图 4-17 所示。在恒定磁场中，主磁极产生的磁通 Φ 基本不变，电枢以转速 n 旋转时，电枢中的导体切割磁通 Φ，于是就在电刷间产生感应电动势 E，其大小与转速成正比，其计算公式如下：

$$E=C_e\Phi n=C_1 n$$

当测速发电机接上负载 R_L 时，输出电压为：

$$U=E-I_aR_a=E-\frac{U}{R_L}R_a$$

$$U=\frac{R_L}{R_a+R_L}E=\frac{R_LC_1}{R_a+R_L}n=C_2n$$

由上式可知：直流测速发电机的输出电压与转速成正比，转向改变将引起输出电压极性的改变。

空载时，$R_L\to\infty$，$U=E$，输出特性 $U=f(n)$ 的关系为一条直线。带上负载后，R_L 越小，输出特性的斜率越小。在 R_L 较小或转速过高时，I_a 较大，电枢电流的去磁作用使输出电压下降，从而破坏了输出特性 $U=f(n)$ 的线性关系，如图 4-18 所示。在测速发电机的技术数据中，提供了最小负载电阻和最高转速的限制，使用时必须加以注意。

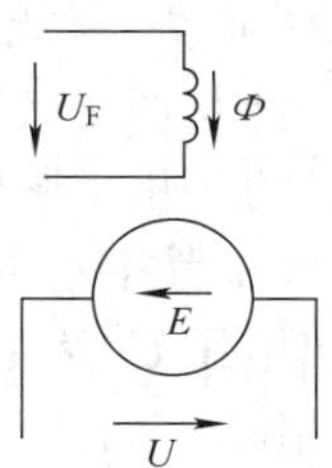

图 4-17　直流测速发电机工作原理

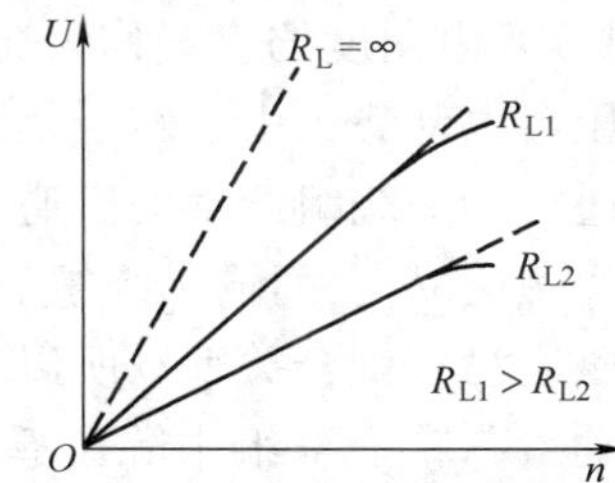

图 4-18　直流测速发电机的输出特性

实际的直流测速发电机一定存在某种程度的非线性误差，CYD 系列永磁式低速直流测速发电机的线性误差为 0.5%～1%，较精密的直流测速发电机要求线性误差达到 0.1%～0.25%。测速发电机产生误差的原因很多，主要有电枢反应、延迟换向、电刷与换向器的连接电阻和连接电压、换向纹波、火花和电磁干扰等。

直流测速发电机由于存在电刷和换向器，难免会出现火花，所以有电磁干扰现象。电刷容易磨损，需定期更换，维护工作量大，工作可靠性差。这些缺点使得直流测速发电机的应用和发展受到限制。近年来，无刷直流测速发电机的发展，改善了它的性能，提高了可靠性，使直流测速发电机又获得了广泛的应用。

二、交流测速发电机

交流测速发电机有异步式和同步式两类，应用较为广泛的是交流异步测速发电机。

1. 交流异步测速发电机的基本结构

在自动控制系统中，目前应用的异步测速发电机主要是空心杯形转子异步测速发电机。其结构与杯形转子交流伺服电动机相似，转子是一个薄壁非磁性杯（杯厚为 0.2～0.3 mm），通常由高电阻率的硅锰青铜或铝锌青铜制成，如图 4-19 所示。定子的两相绕组在空间位置上互差 90°电角度，其中一相作为励磁绕组，外加恒频恒压的交流电源 U_1；另一相作为输出绕组，其两端的电压即为测速发电机的输出电压 U_2，如图 4-20 所示。

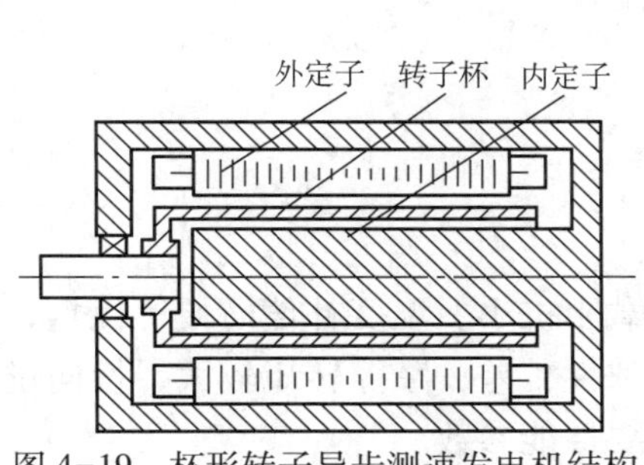

图 4-19　杯形转子异步测速发电机结构

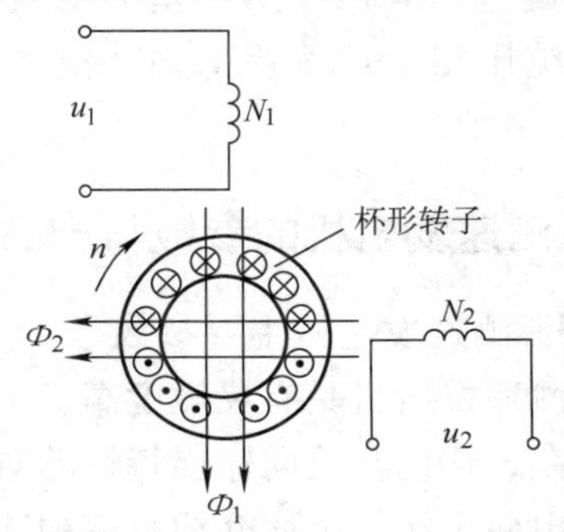

图 4-20　异步测速发电机工作原理

2. 交流异步测速发电机工作原理

如图 4-20 所示，当测速发电机的励磁绕组 N_1 外加电压 U_1 时，便有电流 I_1 流过，在电机气隙中沿励磁绕组轴线产生交变频率为 f_1 的脉动磁通 Φ_1，将 Φ_1 所在的直线称为直轴，与 Φ_1 成 90° 电角度的直线称为交轴。转子不动时，脉动磁通 Φ_1 只能在空心杯形转子中感应出变压器电动势。由于转子是闭合的，这一变压器电动势将产生转子电流。此电流所产生的磁通与励磁绕组产生的磁通在同一轴线上，阻碍 Φ_1 的变化，所以合成磁通仍为沿直轴方向的磁通 Φ_1。而输出绕组的轴线与励磁绕组轴线空间位置相差 90° 电角度，它与直轴方向的磁通没有耦合关系，所以不产生感应电动势，输出电压 U_2 为零。

转子转动后，转子绕组中除了感应出变压器电动势外，由于转子导体切割磁通 Φ_1，因此转子绕组中还感应出旋转电动势 E_r，其有效值与 Φ_1 的大小及转速 n 成正比：

$$E_r \propto \Phi_1 n$$

由于 Φ_1 按频率 f_1 交变，所以 E_r 也按频率 f_1 交变。在 E_r 的作用下，转子中将有电流 I_r 流过。按给定的转子转动方向，用右手定则可判定杯形转子中电流 I_r 的方向（见图 4-20）。由 I_r 所产生的磁通 Φ_2 也是交变的，Φ_2 的大小与 I_r，也就是与 E_r 的大小成正比。而 Φ_2 的轴线与输出绕组轴线（交轴）重合，由于 Φ_2 作用在交轴，因而在定子的输出绕组中感应出变压器电动势 E_2，其频率仍为 f_1，而有效值与 Φ_2 成正比。由上述电磁关系可得：

$$U_2 \approx E_2 \propto \Phi_2 \propto I_r \propto E_r \propto \Phi_1 n$$

$$f_2 = f_1$$

综合上述分析可知：交流测速发电机的输出电压 U_2 与转速 n 成正比；输出频率 f_2 等于励磁电源频率 f_1；转向改变时，输出电压的相位变化 180° 电角度。

交流异步测速发电机的输出特性，如图 4-21 所示，它与转速大小、负载阻抗的大小及负载的性质有关。当负载阻抗值足够大时，实际输出特性接近于理想空载输出，输出电压及其相位角受负载变化影响很小，如图 4-21 中曲线 1 所示。一般工作状态下，负载性质的差异影响输出电压的大小和相位角，如图 4-21 中曲线 2 所示。阻容负载有利于减少输出电压值的偏差，但相位角偏差会增大；感性负载下可使输出电压相位角偏差得到补偿，但电压值偏差增大。

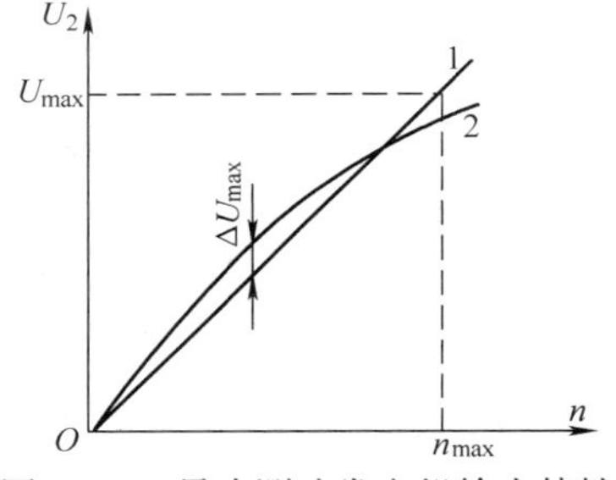

图 4-21　异步测速发电机输出特性

三、测速发电机的参数与产品

1. 直流测速发电机主要参数

直流测速发电机具有灵敏度高、可适用的负载阻抗小、温度补偿简便等优点，但结构与维护复杂，正向与反向输出特性的对称性和一致性稍差，摩擦转矩较大，换向过程会产生一定的电磁干扰。下面介绍直流测速发电机主要性能参数。

（1）最大线性转速范围（n_{max}）　保证特性的线性误差小于规定数值时的最高工作

转速。

（2）比电动势（$\Delta U/\Delta n$）　也称为灵敏度，是指直流测速发电机在额定励磁条件下单位转速对应的输出电压值。

（3）线性误差（δ_x）　规定工作转速范围内的实际输出电压与理想输出电压的最大差值占最大理想输出电压的百分数。

（4）最小负载电阻（R_{min}）　保证输出特性在允许误差范围内的最小负载电阻值。

（5）特性的不对称度（k）　直流测速发电机的正反向特性在相同转速下输出电压的差值占两输出电压平均值的百分数。

（6）纹波系数　输出电压交流分量的有效值与输出电压直流分量的百分比。

2. 交流异步测速发电机的主要参数

交流测速发电机具有结构简单、运行可靠、特性稳定且对称性好、摩擦转矩小等优点，但与直流测速发电机相比，其缺点也比较突出，主要表现为：特性受负载大小及其性质影响较大，存在相位误差和剩余电压，灵敏度较低等。下面介绍交流异步测速发电机的主要参数。

（1）最大线性转速范围（n_{max}）。

（2）输出电压斜率（即灵敏度）。

（3）线性误差（δ_x）。

（4）相位误差　在规定的工作转速范围内，输出电压与励磁电压最大的超前或滞后相位差的绝对值之和。

（5）剩余电压　异步测速发电机在额定励磁条件下，转子静止时输出的电压值。

（6）励磁电压、电流、频率和功率　交流异步测速发电机为了减小误差，通常采用中频电源供电，增大同步转速，减小相对误差。

3. 测速发电机的产品

常用的国产测速发电机有 CYD、CYN 系列永磁式直流测速发电机，ZCF 系列电磁式直流测速发电机，CK 系列交流异步测速发电机。CYD 系列发电机除了具有一般永磁直流测速发电机的优点外，还具有结构简单、耦合度好、输出比电动势高、反应快、线性误差小、可靠性好的优点，可广泛应用于惯性导航的稳定平台、雷达天线驱动系统、跟踪系统等。CYN 系列发电机采用钕铁硼永磁材料作磁极，发电机性能稳定，体积小，对称性、线性度、灵敏度优良，纹波系数小，是电梯控制系统、自动控制系统和计算解答装置中的理想元件。ZCF 系列为封闭式他励直流测速发电机，线性误差小，运行较可靠，广泛用作测速反馈元件。CK 系列交流测速发电机采用 400 Hz 交流励磁，励磁功率小，特性对称性强，线性度好，剩余电压小。

四、测速发电机的应用

测速发电机主要应用于速度伺服、位置伺服和计算解答三类控制系统。

1. 速度伺服控制系统

测速元件是速度闭环控制系统中的关键元件。为了扩大调速范围，改善低速平稳性，要求测速元件低速输出稳定，纹波小，线性度好。对于模拟量测速元件，通常采用直流测速发电机，它已被广泛应用于速度伺服系统中。尽管它存在由于气隙和温度变化以及电刷的磨损等原因而引起的输出斜率改变等问题，但它具有在宽广的范围内提供速度信号的能力等优点。因此，直流测速发电机仍是速度伺服控制系统中的主要反馈元件。

速度闭环控制系统中的测速发电机要求输出斜率大，线性误差小，剩余电压低。

2. 位置伺服控制系统

位置伺服控制系统又称随动控制系统。模拟式随动系统中测速发电机也是转速反馈元件，但其作用不同于上述速度控制系统。转速反馈是用于位置的微分反馈的校正，相当于起到速度阻尼的作用。作校正元件用时，应着重考虑其比电动势要大，对线性误差不宜提出过分的要求，一般可允许 $\delta_x>0.5\%$。

位置伺服系统使用的测速发电机要求输出斜率小，线性误差小，剩余电压可稍大。

3. 控制系统的积分运算

测速发电机作计算元件使用时，应着重考虑其线性误差要小，电压稳定性要好，线性误差一般要求 $\delta_x\leqslant0.05\%\sim0.1\%$。对积分用测速发电机要求误差低、温度影响小。计算解答控制系统是采用高精度测速发电机的模拟系统。在计算解答系统中，要求测速发电机误差小、剩余电压低，永磁式直流测速发电机是无法满足要求的，而交流异步测速发电机的线性误差、剩余电压等方面能达到较高的要求。为了满足上述的精度要求，交流异步测速发电机往往带有温度补偿及剩余电压补偿电路。

任务实施

一、任务准备

在学习测速发电机的电路接线、了解直流测速发电机的性能参数、测试直流测速发电机的输出特性过程中，需用到表 4-4 所示的工具、仪器和设备。

表 4-4 任务实施需用到的工具、仪器和设备

序号	名称	型号规格	数量
1	直流励磁电源	220 V	1 个
2	直流可调电枢电源	40~230 V	1 个
3	永磁式直流测速发电机	实验专用	1 台
4	校正直流电机	185 W	1 台
5	直流电压表	100 V	1 块
6	可调电阻器	90 Ω	2 个
7	可调电阻器	900 Ω	8 个
8	转速表	0~3 600 r/min	1 块
9	万用表	MF47 型或自选	1 块
10	导线	实验专用	若干

二、绘制并连接直流测速发电机的工作电路

测试直流测速发电机输出特性的实训参考电路，如图 4-22 所示；电路的接线，如图 4-23 所示。校正直流电机 MG 按照他励直流电动机方式工作，RP_f 选用 1 800 Ω 阻值，RP_a 选用 180 Ω 阻值，R_L 选用 5 400 Ω 阻值，按图接线。并把 RP_f 调至最小，RP_a 和 R_L 调至最大，直流电压表选用 100 V 挡，电枢电源输出电压调至最小，开关 S3 断开。

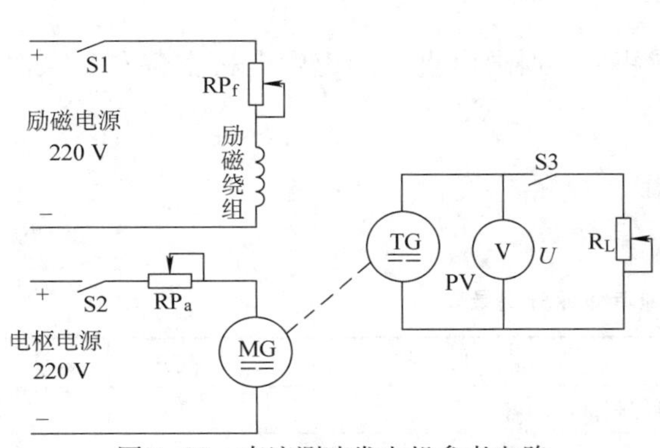

图 4-22　直流测速发电机参考电路

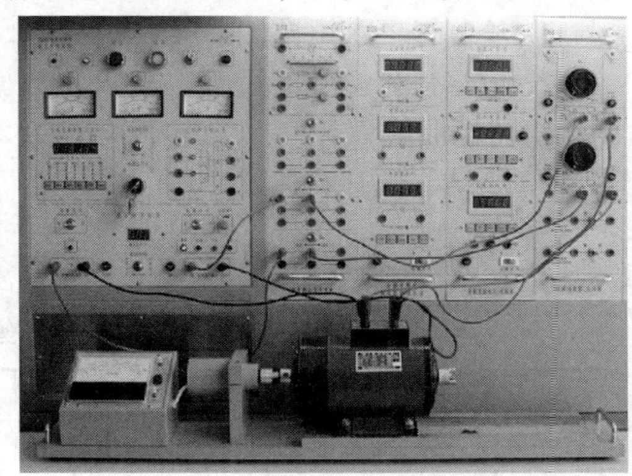

图 4-23　直流测速发电机实训接线

三、通电测试直流测速发电机的输出特性

1. 先接通励磁电源开关 S1，再接通电枢电源开关 S2，直流电动机 M 启动后，将 RP_a 调至最小，升高电枢电源输出电压并适当减小励磁电阻 RP_f 使转速达到 2 000 r/min。然后减小电枢电源输出电压并调节 RP_a，使电动机逐渐减速。记录对应的转速和输出电压，测取 7~8 组数据，记录于表 4-5 中。

2. 闭合开关 S3，重复上面步骤，记录 7~8 组数据于表 4-6 中。

3. 测试结果经指导教师确认后，依次断开开关 S3、S2 和 S1。

表 4-5　直流测速发电机空载输出特性

n(r/min)								
U(V)								

表 4-6　直流测速发电机负载输出特性

n(r/min)								
U(V)								

1. 直流电动机工作前必须先加励磁，否则电动机会“飞车”，所以接通开关的顺序是 S1→S2→S3；断开开关的顺序是 S3→S2→S1。

2. 启动直流电动机前，必须串入足够的电枢回路电阻，否则系统会自动保护。

总结测评

一、总结报告

1. 绘制任务的电路图。
2. 记录任务实施的过程、现象和数据结果。分别画出直流测速发电机空载和负载时的输出特性曲线 $U=f(n)$。
3. 小结、体会和建议。

二、任务测评（见表 4–7）

表 4–7　任务实施考核评分记录表

序号	考核内容	考核要求	配分	得分
1	任务实施的准备	预习任务的内容	10	
2	仪器、仪表的使用	正确使用万用表、转速表、实验台等设备	10	
3	直流测速发电机的接线	电路绘制正确，接线速度快	30	
4	直流测速发电机操作运行	通电运行一次成功，操作规范	20	
5	测取输出特性 $U=f(n)$	操作规范，数据测量正确	30	
6	合计得分		100	
7	否定项	发生重大责任事故、严重违反教学纪律者得 0 分		

指导教师签名______________　　　　日期______________

任务 3　步进电动机的应用

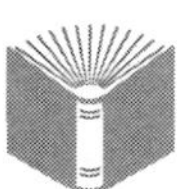

学习目标

1. 了解步进电动机的作用和用途。
2. 熟悉步进电动机的结构和工作原理。
3. 了解步进电动机的特性参数和驱动电路。
4. 学会步进电动机的使用方法。

任务引入

步进电动机是一种由电脉冲控制的特殊同步电动机，其作用是将电脉冲信号变换为相应的角位移或线位移。因此，步进电动机又称为脉冲电动机。步进电动机可以实现信号变换，是自动控制系统和数字控制系统中广泛应用的执行元件。例如，在数控机床、打印机、绘图仪、机器人控制、石英钟表等场合都有应用。部分步进电动机的外形，如图 4-24 所示。

图 4-24　步进电动机

步进电动机的角位移或线位移与脉冲数成正比，其转速 n 或线速度 v 与脉冲频率 f 成正比。在负载能力范围内，这些关系不因电源电压、负载大小以及环境条件的波动而变化。步进电动机可以在很宽的范围内通过改变脉冲频率来调速；能够快速启动、反转和制动。它能直接将数字脉冲信号转换为角位移，很适合采用微型计算机控制。本任务通过完成步进电动机的运行与基本特性的测定，来了解步进电动机的工作原理，熟悉步进电动机的性能参数，掌握步进电动机的使用方法。

相关知识

一、步进电动机的分类

步进电动机的结构形式和分类方法有很多。按励磁方式分类，可将步进电动机分为永磁式、混合式和反应式三类。步进电动机还可按定子、转子结构分成单段式和多段式；按控制绕组的相数分为两相、三相、四相、五相或更多相数；按输出转矩大小，步进电动机又可分为伺服式步进电动机和功率步进电动机，前者输出转矩不大于 0.1 N · m 量级，后者输出转矩为 10 N · m 量级。目前，用于数控机床驱动的步进电动机主要有反应式步进电动机和混合式步进电动机。

二、反应式步进电动机的工作原理

反应式步进电动机又称为磁阻式步进电动机，它的定子、转子磁路均由软磁材料制成，只有定子上有绕组并称为控制绕组，它是利用转子上不同路径的磁阻不同而产生磁阻转矩（反应转矩）使转子转动的。图 4-25 所示为一台三相反应式步进电动机的工作原理。它的定子上有六个磁极，每个磁极上都装有控制绕组，每两个相对的磁极组成一相。转子是四个均匀分布的齿，上面没有绕组。三相控制绕组的电路，如图 4-26 所示。当 A 相绕组通电时，因磁通总是沿着磁阻最小的路径闭合，将使转子齿 1、3 与定子磁极 A、

A′对齐，如图 4-25a 所示。A 相断电，B 相绕组通电，转子将在空间转过 30°，使转子齿 2、4 与定子磁极 B、B′对齐，如图 4-25b 所示。如果再使 B 相断电，C 相绕组通电，转子又将在空间转过 30°，使转子齿 1、3 与定子磁极 C、C′对齐，如图 4-25c 所示。如此循环往复，并按 A→B→C→A 的顺序通电，电动机便按一定的方向转动。电动机的转速直接取决于绕组通电的频率。若按 A→C→B→A 的顺序通电，则电动机反转。

步进电动机定子控制绕组从一种通电状态切换到另一种通电状态叫作一“拍”，此时转子在空间所转过的角度称为步距角，用 θ_s 表示。上述通电方式称为三相单三拍工作方式，“三相”是指定子共有三相绕组；“单”是指每次通电时只有一相控制绕组导通；“三拍”是指控制绕组的通电状态经过三次切换后完成一个循环，第四次通电就重复第一次的情况。在这种通电方式下，步进电动机的步距角 $\theta_s=30°$。

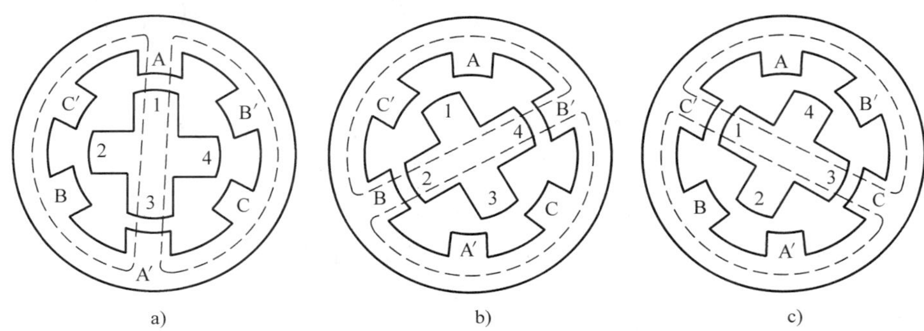

图 4-25　反应式步进电动机的工作原理

a）A 相通电　b）B 相通电　c）C 相通电

由上述分析可知，定子绕组通电一个循环，转子转过一个齿。因此，步进电动机的步距角 θ_s 与转子齿数 z_R 和通电循环拍数 N 的关系为：

$$\theta_s=\frac{360°}{z_R N}$$

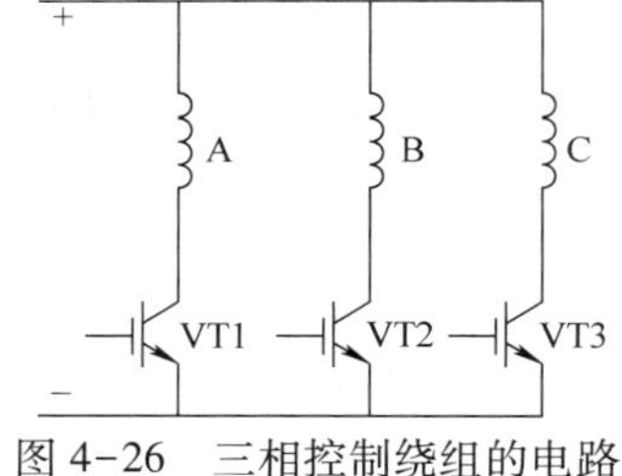

图 4-26　三相控制绕组的电路

若步进电动机通电的脉冲频率为 f，则步进电动机的转速 n 为：

$$n=\frac{60f\theta_s}{360°}=\frac{60f}{z_R N}$$

以上是齿状转子步进电动机的工作情况。如果是永磁转子，则各相绕组轮流导通时也会产生同样的步进动作。

三、步进电动机的工作方式

1. 三相单三拍工作方式

图 4-25 中的定子三相控制绕组按 A→B→C→A…的顺序不断接通和断开，每一相都“单独”进行励磁，因此称为三相单三拍。

步进电动机三相单三拍工作时，各相通电的电压和电流波形，如图 4-27 所示。其中电压波形是方波，而电流波形则由两段指数曲线组成。

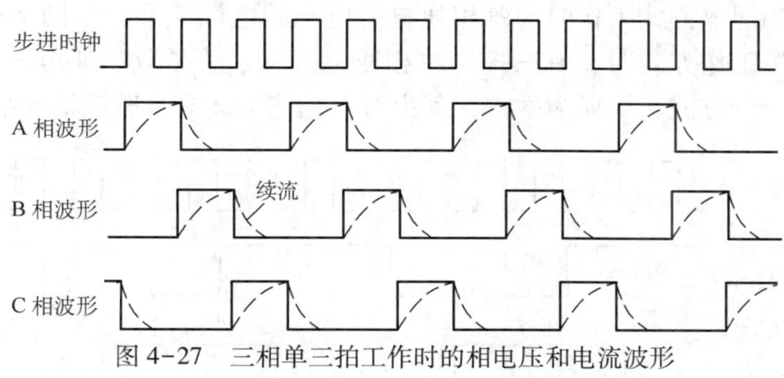

图 4-27　三相单三拍工作时的相电压和电流波形

2. 三相单双六拍工作方式

三相单双六拍的通电顺序为 A→AB→B→BC→C→CA→A…，或为 A→AC→C→CB→B→BA→A…。采用这种通电方式，定子三相绕组需经过六次切换才能完成一个循环，故称为六拍，并且在通电时，有时是单个绕组接通，有时又为两个绕组同时接通，因此称为三相单双六拍。

采用三相单双六拍通电方式时，步进电动机的步距角与单三拍工作时的情况有所不同，如图 4-28 所示。

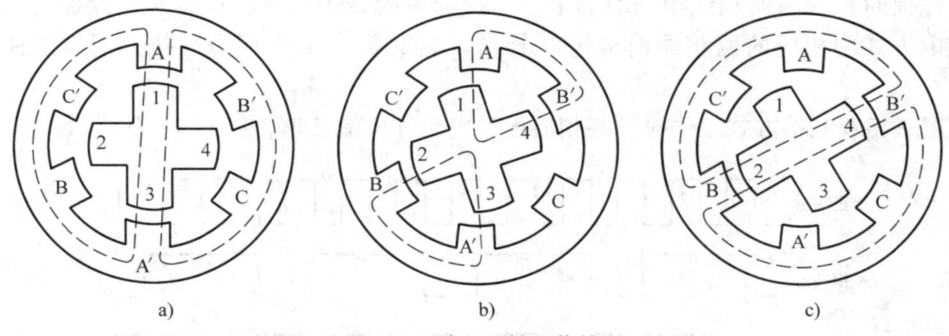

图 4-28　单双六拍工作情况

a）A 相通电　b）A、B 相通电　c）B 相通电

当 A 相绕组通电时，与单三拍运行的情况相同，转子齿 1、3 与定子磁极 A、A′对齐。如图 4-28a 所示。当 A、B 相绕组同时通电时，转子齿 2、4 又将在定子磁极 B、B′的吸引下使转子沿逆时针方向转动，直至转子齿 1、3 与定子磁极 A、A′之间的作用力被转子齿 2、4 与定子磁极 B、B′之间的作用力平衡为止，如图 4-28b 所示。当断开 A 相绕组而只有 B 相绕组接通电源时，转子将继续沿逆时针方向转过一个角度，使转子齿 2、4 与定子磁极 B、B′对齐，如图 4-28c 所示。若继续按 BC→C→CA→A…的顺序通电，那么步进电动机将按逆时针方向继续转动；如果通电顺序改为 A→AC→C→CB→B→BA→A…时，电动机将按顺时针方向转动。

在单三拍通电方式中，步进电动机的步距角 $\theta_s = 30°$。采用单双六拍通电后，步进电动机由 A 相绕组单独通电到 B 相绕组单独通电，中间还要经过 A、B 两相同时通电状态，步进电动机的步距角比单三拍通电方式减少一半，$\theta_s = 15°$。

采用单双六拍通电方式工作时，各相通电的电压和电流波形，如图 4-29 所示。可以看出，在单双六拍工作方式时，有三拍是单相通电，有三拍是双相通电；对任一相来说，它的电压波形是一个方波，周期为六拍，其中有三拍连续通电，有三拍连续断电。

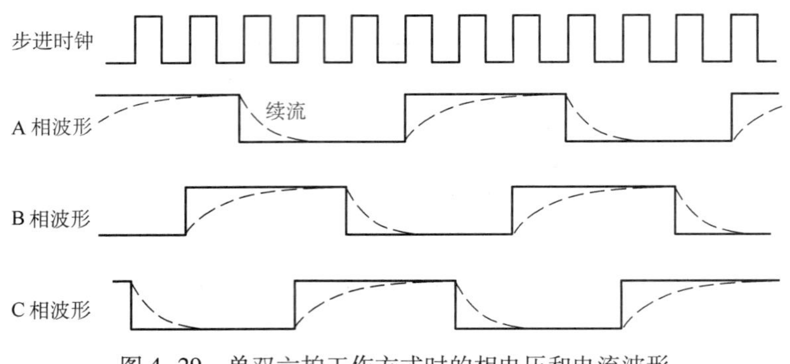

图 4-29　单双六拍工作方式时的相电压和电流波形

3. 三相双三拍工作方式

除了单三拍和单双六拍通电方式外，三相步进电动机还有双三拍通电方式。双三拍的通电顺序为 AB→BC→CA→AB…或 AC→CB→BA→AC…。当采用三相双三拍通电方式时，任何时刻都有两相绕组同时通电，每次通电时转子的平衡位置和磁路路径与单双六拍通电方式中相应的两相同时通电时相同。它的每一个循环是三拍，所以步距角也是 30°。

采用三相双三拍方式工作时，各相通电的电压和电流波形，如图 4-30 所示。

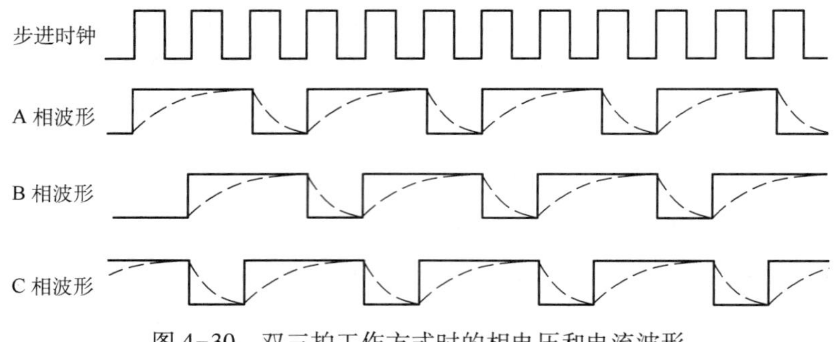

图 4-30　双三拍工作方式时的相电压和电流波形

由图 4-30 可见，每一拍都有两相通电，每一相通电时间都持续两拍。所以，双三拍通电的时间长，消耗的电功率大，当然，获得的电磁转矩也大。双三拍通电方式还有一个优点是不易失步，有利于步进电动机在低频区工作。

步进电动机可以做成两相、三相，也可以做成四相、五相或更多。其拍数等于相数或相数的两倍。步进电动机的拍数和齿数越多，步距角 θ_s 越小，精度越高，在脉冲频率一定时，转速也越低。但供电电源和电动机结构也越复杂，成本越高，所以一般最多为六相。

四、小步距角步进电动机

上述这种简单结构的反应式步进电动机的步距角较大，如在数控机床中应用就会使加工工件的精度不高。实际采用的是小步距角的步进电动机，图 4-31 所示的结构是最常见的一种小步距角三相反应式步进电动机。它的定子上有 6 个极，上面装有绕组并接成 A、B、C 三相。转子上均匀分布着 40 个齿，定子每个磁极上也各有 5 个齿，定子、转子的齿宽和齿距都相同。当 A 相绕组通电时，电动机中产生沿 A 极轴线方向的磁场，因磁通要按磁阻最小的路径闭合，使转子受到反应转矩的作用而转动，直到转子齿和定子 A 极上的齿对齐为止。因转子上共有 40 个齿，每个齿的齿距应为 360°/40＝9°，而每个定子磁极的极距为 360°/6＝60°，所以每一个极距所占的齿距数不是整数。

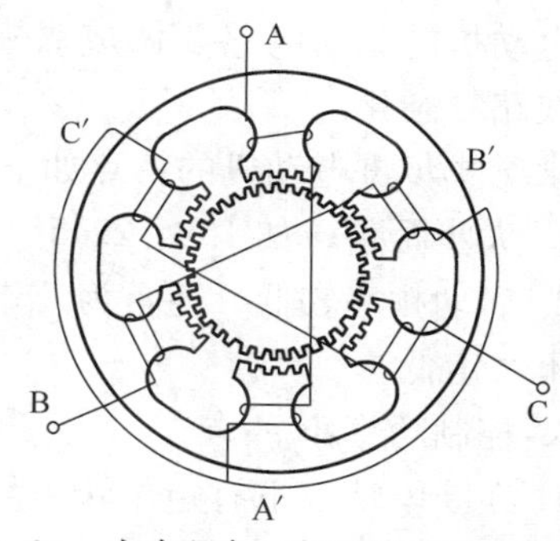

图 4-31 小步距角三相反应式步进电动机

图 4-32 所示为小步距角三相反应式步进电动机定子、转子展开图。其中定子有 6 个磁极，转子有 40 个齿。当 A 磁极下的定子、转子齿对齐时，B 磁极和 C 磁极下的齿就分别与转子齿错开三分之一的转子齿距。

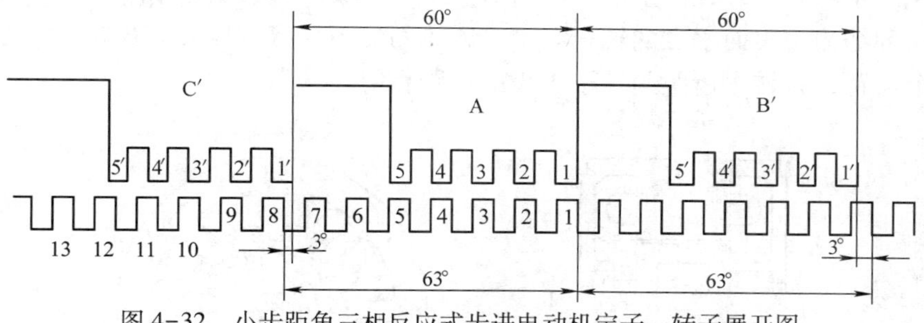

图 4-32 小步距角三相反应式步进电动机定子、转子展开图

反应式步进电动机的转子齿数 z_R 基本上由步距角的要求所决定。但是为了能实现上述“自动错位”，转子的齿数就必须满足一定条件，而不能为任意数值。若用 m 表示相数，则当定子的相邻磁极属于不同相时，在某一极下若定子与转子的齿对齐时，则要求在相邻磁极下的定子与转子之间错开 $1/m$ 齿距。

由图 4-32 可以看出，从 A 相通电转换为 B 相通电，转子转过 3°；若采用三相单双六拍通电方式运行，每一脉冲仅转动 1.5°。

五、永磁式步进电动机

永磁式步进电动机的结构，如图 4-33 所示。定子为两相集中绕组（AO、BO），每相为两对磁极；转子磁极也是两对。

从图中不难看出，当定子绕组按 A→B→(－A)→(－B)→A…的顺序轮流通以直流电时，转子将沿顺时针方向转动。此处，(－A)、(－B) 分别表示对 A 相和 B 相绕组反向通电。每次通电使转子在空间转过 45°角，即步距角为 45°。

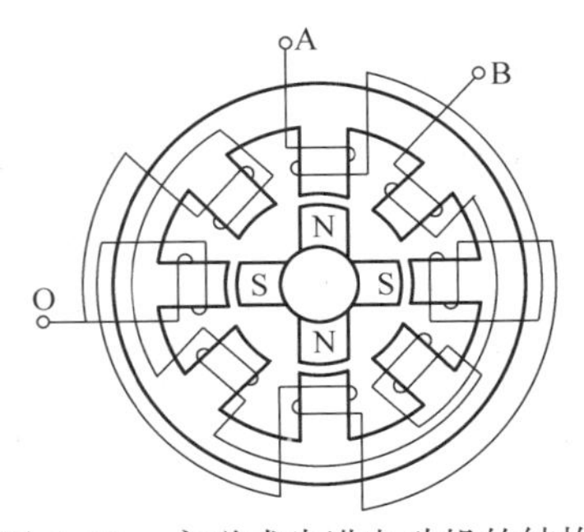

图 4-33　永磁式步进电动机的结构

与反应式步进电动机不同，永磁式步进电动机要求电源供给正、负脉冲，否则不能连续旋转。一般永磁式步进电动机的驱动电路要做成双极性驱动，这使供电电源的线路复杂化。

永磁式步进电动机的特点如下：

1. 大步距角，如 15°、22. 5°、30°、45°、90°等。
2. 启动频率较低，通常为几十赫兹到几百赫兹（但转速不一定低）。
3. 控制功率小。
4. 在断电情况下有定位转矩。

六、感应子式步进电动机

感应子式步进电动机因转子中磁铁与极齿同时存在，所以称为混合型，其典型结构，如图 4-34 所示。它的定子铁心与反应式步进电动机相同，即分成若干大磁极，每个磁极上有小齿及控制绕组；定子控制绕组与永磁式步进电动机相同，也是两相集中绕组，每相为两对磁极，按 A→B→(-A)→(-B)→A…的顺序轮流通以正、负电脉冲；转子中间为环形轴向磁化的永磁体，外径面上的一侧为 N 极，另一侧为 S 极，互相错开 1/2 步距，呈多极。所以这种结构与表面永磁的转子等价。磁体两端各套有一段开有齿槽的铁心，两段铁心错开半个齿距，且转子齿距与定子小齿的齿距相等。

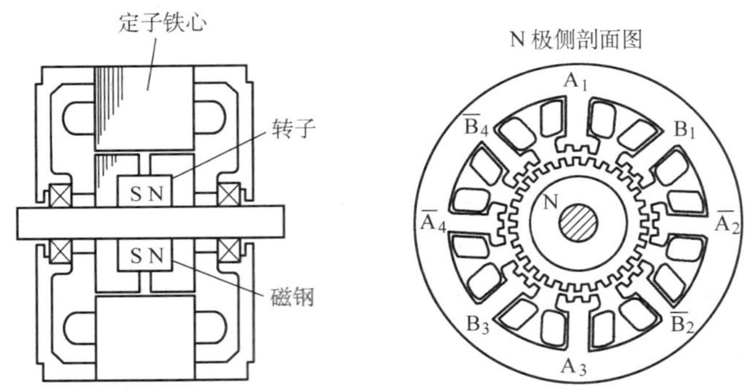

图 4-34　混合型两相步进电动机的结构

由于定子同一个极的两端极性相同，转子两端极性相反，且错开半个齿距，所以当转子偏离平衡位置时，两端作用转矩的方向是一致的。当定子各相绕组按顺序通以直流脉冲时，转子每次将转过一个步距角。这种电动机可以像反应式步进电动机那样做成小步距角，并有较高的启动频率，同时它又具有控制功率小、输出转矩大、加速度高的优点。所以，经常被用于要求高分辨率且高精度的办公自动化设备和工业自动化设备中。

七、步进电动机的特性和参数

1. 步距角

步进电动机接收一个脉冲，转子所转过的空间角度称为步距角。步距角与相数、转子表面的齿数和励磁控制方式有关。

2. 静态步距角误差

空载时，以单脉冲输入，实际的步距角与理论的步距角之间的差值称为静态步距角误差。静态步距角误差小，表示步进电动机精度高。

3. 启动频率（突跳频率）

启动频率是指步进电动机由静止状态不失步地启动到稳速所允许的最高输入脉冲频率。这是表明步进电动机所允许的最高启动加速度。负载的惯性越大，启动频率就越低。

4. 动态输出转矩—频率特性

动态输出转矩—频率特性简称矩—频特性，是电动机连续运行时输出转矩与输入脉冲频率之间的关系，输出转矩（称为动态转矩）随频率 f 的增加而下降。因此，电动机工作时应根据该特性确定其某一负载时的最高工作频率。

5. 工作频率

步进电动机的最高工作频率大于其启动频率。这是因为步进电动机从静止启动时，需要克服惯性，而启动后，缓慢地提高脉冲频率，电动机就可以不失步地连续工作。

6. 电气参数

（1）额定电流　电动机不动时每一相绕组允许通过的电流称为额定电流。

（2）额定电压　是指驱动电源供给的电压，一般不等于加在绕组两端的电压。

八、步进电动机的控制系统

图 4-35 所示为一个完整的步进电动机控制系统框图。由运动控制器给出的输入指令是输入时钟 CK 和方向指令 DIR。它们在脉冲分配器中经逻辑组合转换成各相通断的时序逻辑信号。导通程序逻辑信号送至功率驱动级，转换成其内部功率晶体管开关的基极（或栅极）驱动信号。功率驱动级除包括功率晶体管开关及其驱动电路外，可能还包括一些电流反馈控制和限流、限压、过热保护等电路。目前，集成化的步进电动机控制电路有多种类型，但其控制系统的基本构成框图是相同的。

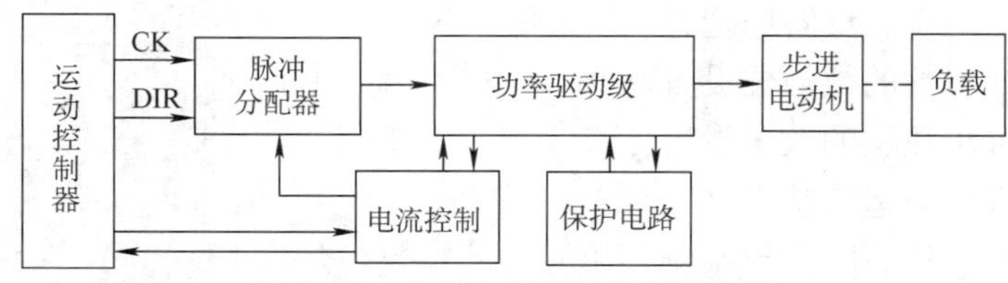

图 4-35　步进电动机控制系统框图

运动控制器通常由微型计算机构成，它不但要完成位置控制，而且要设置好加速和减速过程的频率变化（即速度和加速度变化），以防止失步。脉冲分配器可设定多种不同的指令电流值，使步进电动机可实现整步、半步、1/4 步、微步距控制。微步距控制技术（又称为细分技术）是步进电动机开环控制的最新技术之一，利用计算机数字处理技术和 D/A 转换控制技术，将步进电动机一个整步均分为若干个更细的微步。每个微步距可能是原来基本步距的几十分之一，甚至是数百分之一。微步距技术使步进电动机步距细化，振动、噪声和转矩波动问题得到很大改善，运转更为平稳，使步进电动机在高级控制系统中获得更大的竞争力。

任务实施

一、任务准备

在学习步进电动机驱动电源的接线，熟悉步进电动机的使用方法，测试步进电动机基本特性的过程中，需用到表 4-8 所列的工具、仪器和设备。

表 4-8　任务实施需用到的工具、仪器和设备

序号	名称	型号规格	数量
1	步进电动机控制箱	实验专用	1 台
2	三相反应式步进电动机	实验专用	1 台
3	万用表	MF47 型或自选	1 块
4	导线	实验专用	若干

二、熟悉步进电动机控制箱面板中的控制键盘

实验专用步进电动机控制箱的外形，如图 4-36 所示；实验用三相反应式步进电动机的外形，如图 4-37 所示。控制箱面板中各控制键的功能如下：

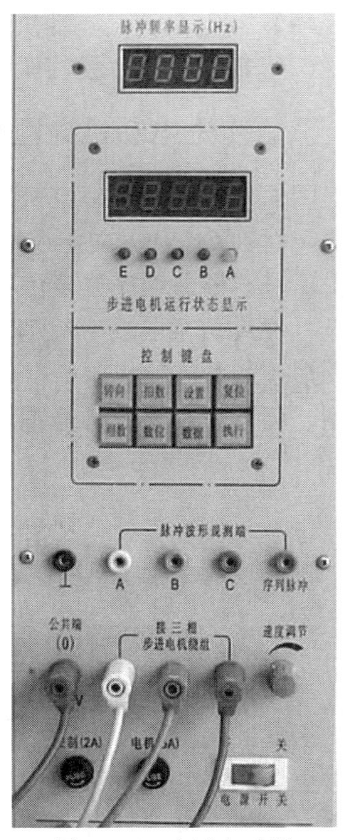

图 4-36　步进电动机控制箱的外形

设置键：手动单步运行方式和连续运行各方式的选择。

拍数键：单三拍、双三拍、三相六拍等运行方式的选择。

相数键：电动机相数（三相、四相、五相）的选择。

转向键：电动机正、反转的选择。

数位键：预置步数的数据位设置。

数据键：预置步数位的数据设置。

执行键：执行当前运行状态。

复位键：由于意外原因导致系统死机时按此键复位。

三、步进电动机控制系统的试运行

开启电源开关，面板上的三位数字频率计将显示“000”；由六位 LED 数码管组成的步进电动机运行状态显示器自动进入“9999→8888→7777→6666→5555→4444→3333→2222→1111→0000”动态自检过程，而后停显在系统的初态“┤.3”。

暂不接步进电动机绕组，开启电源进入系统初态后，即可进入试运行操作。先用设置键设置成手动单步运行方式，按执行键后观察显示情况；再设置成连续运行方式，观察按下执行键后的显示情况；最后转动速度调节旋钮，观察脉冲和运行状态的显示情况。

四、步进电动机的单步运行

将步进电动机绕组与控制箱面板的输出端相连接，设置成手动单步运行方式，按执行键后观察步进电动机的动作情况。

五、步进电动机的连续运行

控制系统设置为连续运行状态，按执行键，步进电动机连续运转后，转动速度调节旋钮使频率升高，观察步进电动机的转速与电脉冲频率的关系。

图 4-37 三相反应式步进电动机的外形

六、空载突跳频率的测定

步进电动机连续运转后，调节速度调节旋钮使频率提高至某频率（自动指示当前频率）。按设置键让步进电动机停转，再重新启动电动机（按执行键），观察电动机能否正常运行，如正常，则继续提高频率，直至电动机不失步启动的最高频率，则该频率为步进电动机的空载突跳频率。

$$f_{st} = \_\_\_\_\_\_ \text{Hz}$$

七、空载最高连续工作频率的测定

步进电动机空载连续运转后缓慢调节速度调节旋钮使频率提高，仔细观察电动机是否失步，如不失步，则再缓慢提高频率，直至电机能连续运转的最高频率，则该频率为步进电机空载最高连续工作频率。

$$f_0 = \_\_\_\_\_\_ \text{Hz}$$

总结测评

一、总结报告

1. 绘制任务的电气原理框图。
2. 记录任务实施的过程、现象和数据结果。
3. 小结、体会和建议。

二、任务测评（见表 4-9）

表 4-9　任务实施考核评分记录表

序号	考核内容	考核要求	配分	得分
1	任务实施的准备	预习任务的内容	10	
2	仪器、仪表的使用	正确使用实验台等设备	10	
3	控制系统试运行	接线正确，操作规范	30	
4	基本特性的测定	操作规范，结果正确	50	
5	合计得分		100	
6	否定项	发生重大责任事故、严重违反教学纪律者得 0 分		

指导教师签名________________　　　　　　　　　　　　　　　　　　　　日期________________

任务 4　无刷直流电动机的应用

学习目标

1. 了解无刷直流电动机的结构与组成。
2. 熟悉三相无刷直流电动机系统的工作原理。
3. 了解无刷直流电动机的典型应用。

任务引入

无刷直流电动机利用电子换向器取代传统的机械电刷和换向器，不仅保留了直流电动机的优点，而且还具有交流电动机结构简单、运行可靠、维护方便的优点，使它一经出现就以极快的速度发展和普及。目前，无刷直流电动机已广泛应用于计算机外围设备、办公自动化设备、家电产品、音像设备、汽车、数控机床、机器人、医疗设备等领域。无刷直流电动机是一种结构简单，驱动技术复杂的机电一体化新型电动机，其外形如图 4-38 所示。熟悉无刷直流电动机的组成、基本工作原理，了解其典型应用实例是电气技术人员必须做到的。

图 4-38　无刷直流电动机的外形

相关知识

一、无刷直流电动机的结构和组成

无刷直流电动机具有非常优越的线性机械特性、宽广的调速范围、平滑的调速性能、大的启动转矩、简单的控制电路、可靠性高以及噪声低等优点，被广泛地应用在各种驱动装置和伺服系统中。以往由于采用电刷—换向器结构的直流电动机，以机械方式进行换向，造成结构复杂、制造及维修成本高、可靠性差、火花、噪声等一系列问题，限制了其应用范围。那么，能不能既保持直流电动机的优良特性，又去掉机械式换向装置呢？随着电子技术、功率元件技术和高性能磁性材料制造技术的飞速发展，无刷直流电动机使这种想法成为了现实。

1. 无刷直流电动机的组成

无刷直流电动机是一种典型的机电一体化产品，它由电动机本体、逆变器、位置检测器和控制器组成，如图 4-39 所示。其中，位置检测器检测转子磁极的位置信号，控制器对转子位置信号进行逻辑处理并产生相应的开关信号，开关信号以一定的顺序触发逆变器中的功率开关器件，将电源功率以一定的逻辑关系分配给电动机定子各相绕组，使电动机产生持续不断的转矩。

2. 无刷直流电动机的基本结构

（1）电动机本体　无刷直流电动机的电动机本体由定子与转子两大部分组成。转子用永磁材料制成，构成一定极对数的永磁磁极。定子由绕组和铁心组成，定子铁心由硅钢片叠成，其圆周上均匀分布的槽中嵌入多相电枢绕组。电动机本体的结构与一般的直流电动机相反，转子是磁极，定子是电枢绕组。无刷直流电动机有内、外两种形式的转子结构。

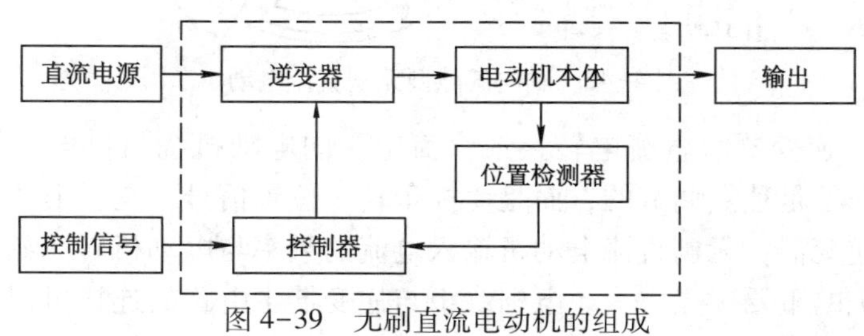

图 4-39　无刷直流电动机的组成

图 4-40 所示为内转子型无刷直流电动机。内转子型电动机的转动惯量比外转子型要小，定子绕组放在电动机的外侧，散热性能好。所以，应用于频繁启动的场合。

图 4-41 所示为外转子型无刷直流电动机。外转子型电动机因转子的转动惯量大，对恒速运行有利，但启动、停止时间长。由于外转子结构磁铁可做得大些，容易实现多极结构；另外，也可以制作轴向厚度薄的电动机。从特性上看，容易实现低速大转矩。在电动自行车驱动中常常采用外转子结构，将无刷直流电动机装在轮毂内，直接驱动车辆。

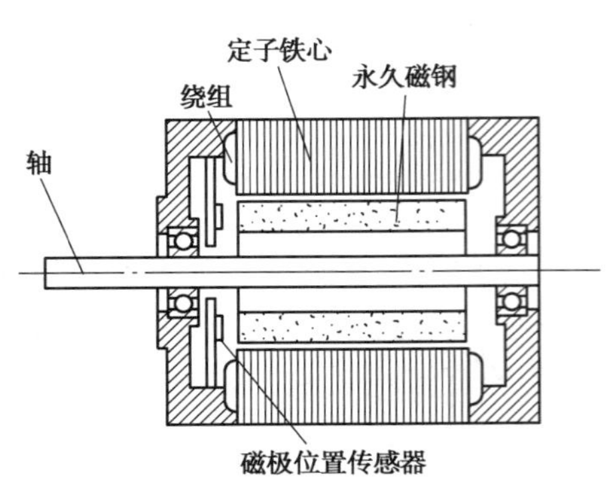

图 4-40　内转子型无刷直流电动机

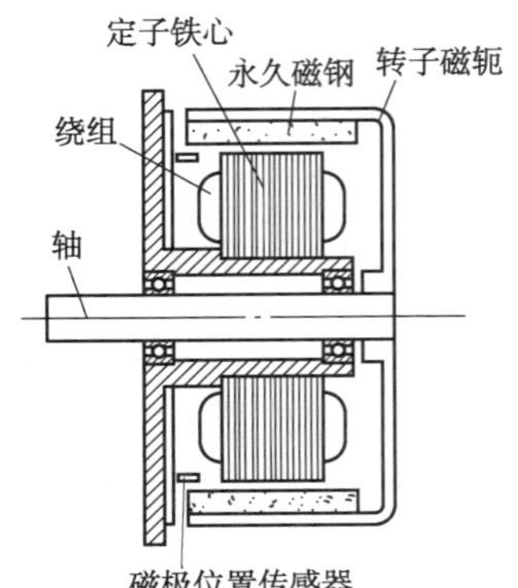

图 4-41　外转子型无刷直流电动机

图 4-42 所示为轴向气隙型无刷直流电动机。这种电动机可以实现轴向厚度较薄的扁平结构。轴向气隙型平板状的电枢磁轭与圆板状的磁铁在轴向留有气隙，绕组以平面状配置在气隙内。在需要转矩脉动小、恒速性好的场合用得较多，如 AV（音频 · 视频）设备中的电动机等。用蚀刻等工艺制造平面印制线圈的小型轴向气隙电动机也进入了实用阶段。

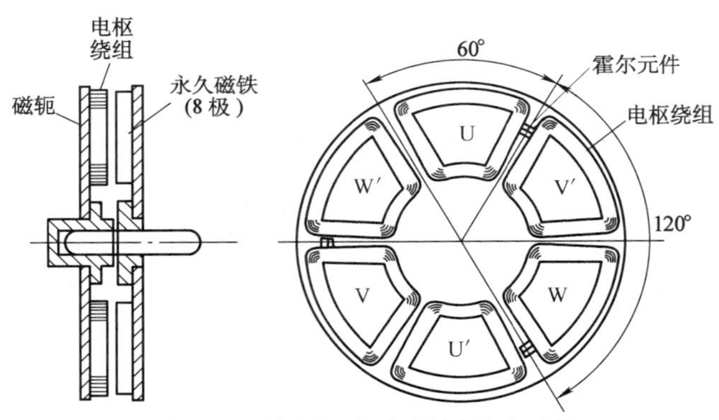

图 4-42　轴向气隙型无刷直流电动机

（2）逆变器　逆变器将直流电转换成交流电，向电动机绕组供电。与一般逆变器不同，它的输出频率不是独立调节的，而是受控于转子位置信号，是一个“自控式逆变器”。由于采用自控式逆变器，无刷直流电动机输入电流的频率与电动机转速始终保持同步，这是无刷直流电动机的重要优点之一。电枢绕组与逆变器主电路的连接可以采用多种不同的形式，图 4-43a 所示为一个绕组配置一个开关管，电枢绕组只允许单方向通电，属于半桥型主电路；图 4-43b 所示为在电源的正、负极都配置开关管，电枢绕组允许双向通电，属于全桥型主电路。目前，以星形连接三相全桥型主电路应用最多。

（3）位置检测器　位置检测器是一种无机械接触的检测转子磁极相对于定子绕组的位置信号的装置，为逆变器提供正确的换相信息。位置检测方式包括有位置传感器检测和无位置传感器检测两种。

转子位置传感器的种类包括磁敏式、电磁式、光电式、接近开关以及编码器等。常见

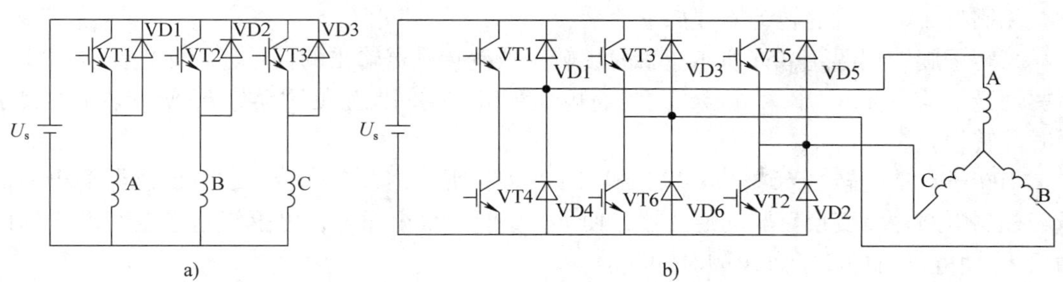

图 4-43 电枢绕组与逆变器主电路

a）三相半桥型主电路 b）星形连接三相全桥型主电路

的磁敏式位置检测器由霍尔元件或霍尔集成电路构成。霍尔位置检测器由于结构简单、性能可靠、成本低，是目前在无刷直流电动机上应用最多的一种位置检测器。

无位置传感器的转子位置检测是通过检测和计算与转子位置有关的物理量间接地获得转子位置信息，主要有反电动势检测法、续流二极管工作状态检测法、定子三次谐波检测法和瞬时电压方程法等。

（4）控制器 控制器是无刷直流电动机正常运行并实现各种调速伺服功能的指挥中心，它主要完成以下功能：对转子位置检测器输出的信号、正反转和停车信号进行逻辑综合，为驱动电路提供控制信号，实现电动机的正反转及停车；对电动机进行速度和电流的调节，使系统具有较好的动态和静态性能；实现短路、过流、过压和欠压等故障保护功能。控制器的主要形式有分立元件加少量集成电路构成的模拟控制系统、基于专用集成电路的控制系统、数/模混合控制系统和全数字控制系统。

二、无刷直流电动机的基本工作原理

下面以图 4-44 所示的三相星形全桥式主电路来说明无刷直流电动机系统的工作原理。位置传感器与电动机本体同轴，控制电路对位置信号进行逻辑变换后产生驱动信号，驱动信号经驱动电路隔离放大后控制逆变器的功率开关管，使电动机的各相绕组按一定的顺序工作。

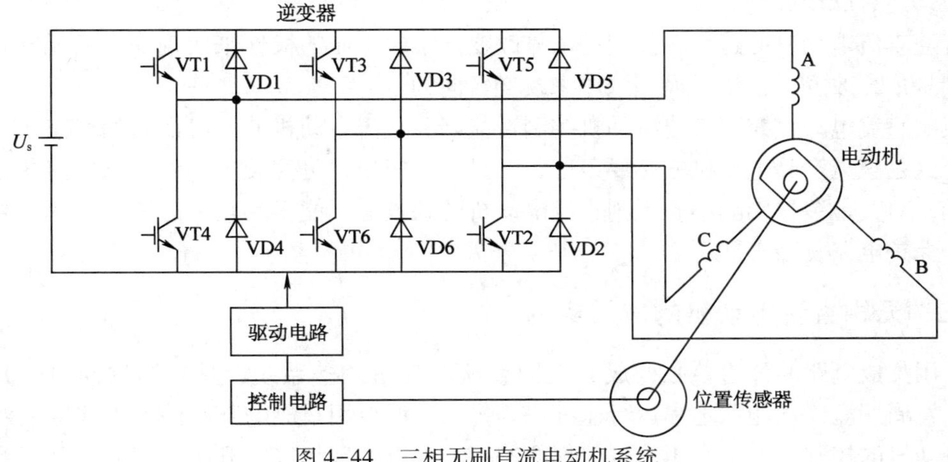

图 4-44 三相无刷直流电动机系统

无刷直流电动机的转动原理如下：

当转子旋转到图 4-45a 所示位置时，转子位置传感器输出的信号经控制电路逻辑变换后驱动逆变器，使 A、B 两相绕组通电，电枢绕组在空间产生的磁动势 F_a 使电动机的转子顺时针转动。

当转子在空间转过 60° 电角度，到达图 4-45b 所示位置时，转子位置传感器输出的信号经控制电路逻辑变换后驱动逆变器，使 A、C 两相绕组通电，电枢绕组在空间产生的磁动势 F_a 使电动机的转子继续顺时针转动。

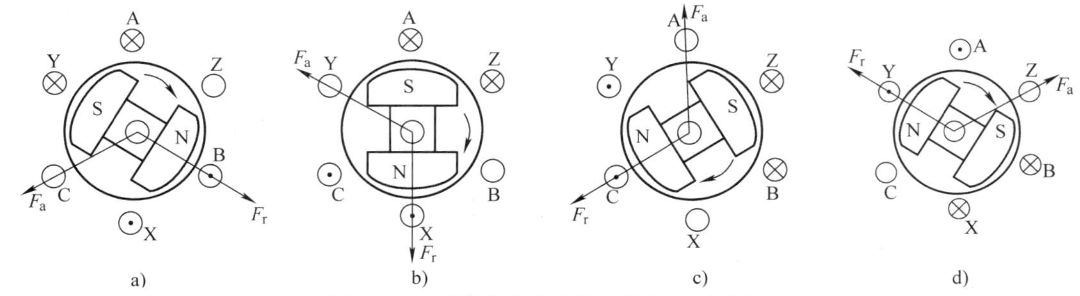

图 4-45　无刷直流电动机工作原理示意图

a）A、B 相通电　b）A、C 相通电　c）B、C 相通电　d）B、A 相通电

转子在空间每转过 60° 电角度，逆变器开关就发生一次切换，定子绕组就进行一次换流，定子合成磁场就发生一次跃变。转子始终受到顺时针方向的电磁转矩作用，沿顺时针方向连续旋转。每一个循环过程电动机有六种电磁状态，每一状态有两相导通。无刷直流电动机的这种工作方式称为两相导通星形三相六状态，这是无刷直流电动机最常用的一种工作方式。

由于定子合成磁动势每隔 1/6 周期跳跃前进一步，转子磁极上的永磁磁动势却是随着转子连续旋转的，这两个磁动势之间平均速度相等，保持“同步”，但是瞬时速度却是有差别的，两者之间的相对位置是时刻变化的。所以，它们相互作用下产生的转矩除了平均转矩外，还有脉动分量。

普通直流电动机的正反转控制是依靠改变定子端电压的极性来实现的，而无刷直流电动机则是依靠改变电枢绕组换相顺序来改变转向的。

无刷直流电动机兼有直流电动机控制性能好和交流电动机使用寿命长的优点。一是免维护，这是家电产品电动机的必要条件；二是小型轻量，可使装置小型化与紧凑化；三是噪声低，对其他装置影响小。无刷直流电动机的缺点是不能得到较大的输出功率、响应速度慢、保护电路复杂等。

三、无刷直流电动机的应用实例

采用集成电路芯片为核心构成的无刷直流电动机调速系统，具有结构简单、调试方便、开发周期短、性能稳定和运行速度快等优点。但专用集成电路以硬件方式完成对无刷直流电动机的控制，不具有用户可编程的特点，难以实现将来的升级。因此，基于专用集成电路的控制系统适用于动作程序简单、实时性要求高的场合。

图 4-46 所示的 MC33034P 是 Motorola 公司的第二代无刷直流电动机控制集成电路。外接功率开关器件后，可用来控制三相（全桥或半桥）、两相和四相无刷直流电动机，还可以用作有刷直流电动机的控制。加上一片 MC33039 电子测速器做 F/V 转换，引入测速反馈后，可构成闭环速度调节系统。输出驱动接口加三片 IR2103 及加大逆变桥功率后常用于电动自行车无刷电动机的驱动电路。

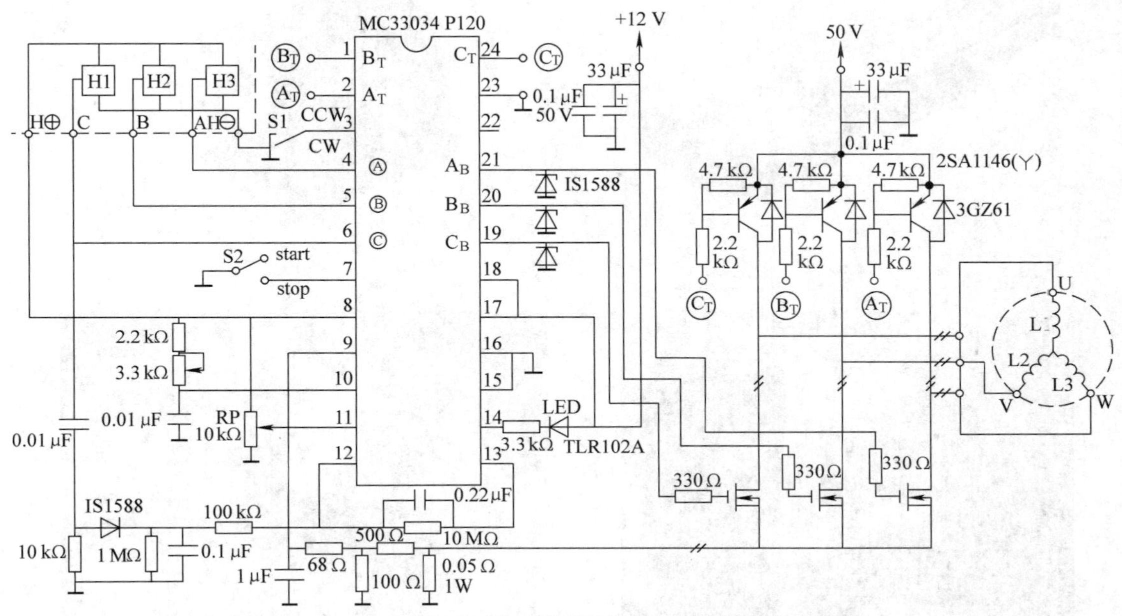

图 4-46　MC33034P 型三相无刷直流电动机控制集成电路

任务 5　直线电动机的应用

学习目标

1. 了解直线感应电动机的用途、结构、分类和基本工作原理。
2. 了解音圈电动机、框架式永磁直线直流电动机的特点与应用。
3. 了解永磁式直线无刷直流电动机的原理、结构与优点。
4. 了解直线电动机的实际应用。

任务引入

直线电动机直接实现直线运动，从而消除了旋转电动机由旋转运动到直线运动的中间机构，使精度提高、结构简化。在铁路运输上，直线感应电动机可以用于 400~500 km/h

的超高速列车。在生产线上，各种传送带已开始采用直线电动机来驱动。在现代机床加工设备中，采用直线电动机直接驱动与定位。在仪器、仪表系统中，直线电动机作为驱动、指示和测量的应用更加广泛，如快速记录仪、X—Y 绘图仪、磁头定位系统、光驱中轨迹的聚集与跟踪等。直线电动机的应用已经进入运输行业、工业自动化、办公自动化、医疗设备和家庭自动化等许多领域。部分直线电动机及其应用，如图 4-47 所示。

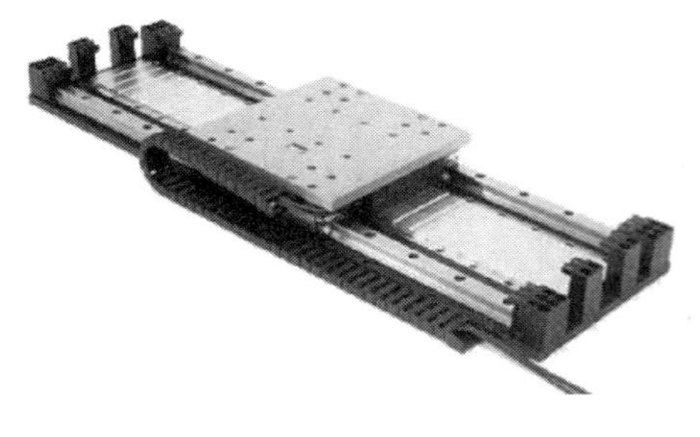

a)

b)

c)

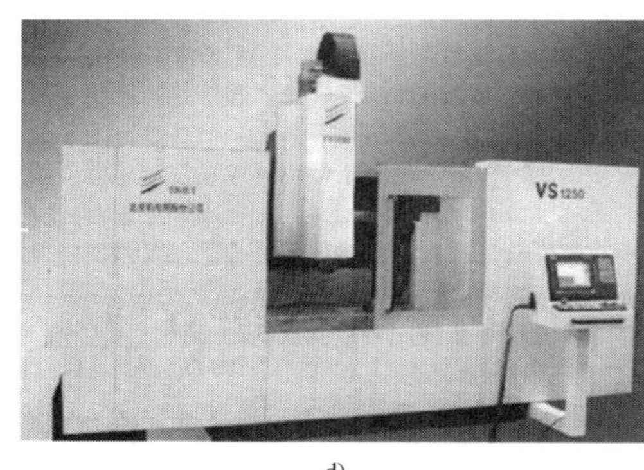

d)

图 4-47　直线电动机及其应用

a）平板型直线电动机　b）圆筒直线电动机

c）直线感应电动机超高速列车　d）直线电动机驱动的加工中心

直线电动机与旋转电动机在原理上相同。本任务以直线感应电动机和直线直流电动机为例，介绍直线电动机的特点、原理、主要结构形式和实际应用案例。

一、直线感应电动机

1. 结构与分类

直线电动机是一种做直线运动的电动机。它可以看成是从旋转电动机演化而来的，如图 4-48 所示。从原理上讲，每种旋转电动机都有与之相对应的直线电动机。直线电动机也分异步、同步、步进、有刷直流、无刷直流等各种类型。直线电动机按工作原理不同可分为直线感应电动机、直线直流电动机、直线无刷直流电动机、直线步进电动机等。

旋转电动机的定子和转子分别对应直线电动机的初级和次级。直线电动机的运动部分既可以是初级，也可以是次级。按初级运动还是次级运动可以把直线电动机分为动初级和动次级两种。为了在运动过程中始终保持初级和次级耦合，初级侧或次级侧中的一侧必须做得较长。直线感应电动机常见的形式有平板形和圆筒形两种，如图 4-49 所示。

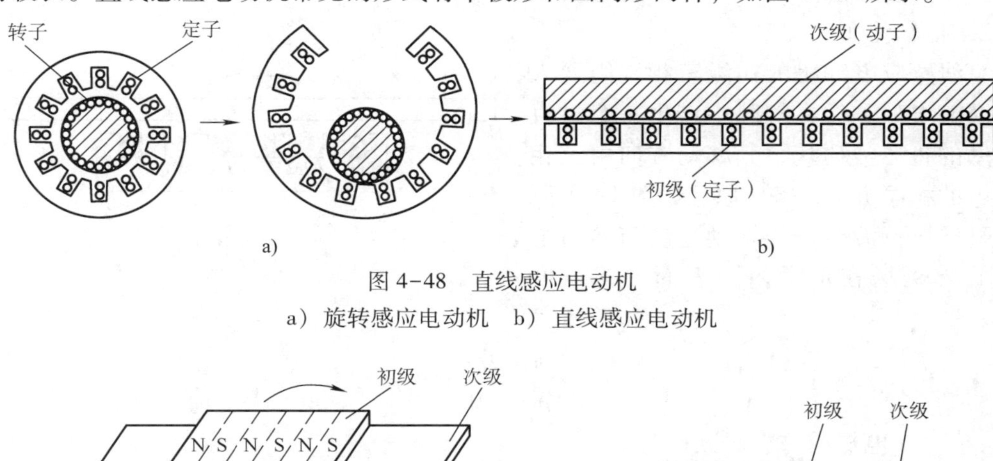

图 4-48　直线感应电动机

a）旋转感应电动机　b）直线感应电动机

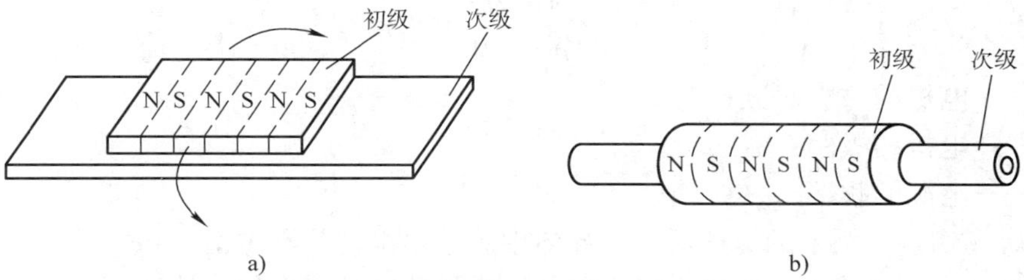

图 4-49　直线感应电动机

a）平板形　b）圆筒形

在直线电动机的制造中，既可以是初级短、次级长，也可以是初级长、次级短。前者称为短初级，后者称为短次级。由于短初级的制造成本、运行费用均比短次级低得多，因此，除特殊场合外，一般均采用短初级结构。仅在一边安放初级，这种结构形式的直线电动机称为单边型直线电动机。单边平板形直线感应电动机工作时对次级存在着较大的电磁拉力，而双边平板形则可消除对次级的电磁拉力，有利于电动机的工作。短初级直线感应电动机的结构，如图 4-50 所示。

平板形直线感应电动机的次级形式较多。最常用的是带状软钢板或直接用角钢、丁字钢、工字钢等来作为次级。平板形直线感应电动机的功率较大，多用在工业生产的传送带和铁路运输上。

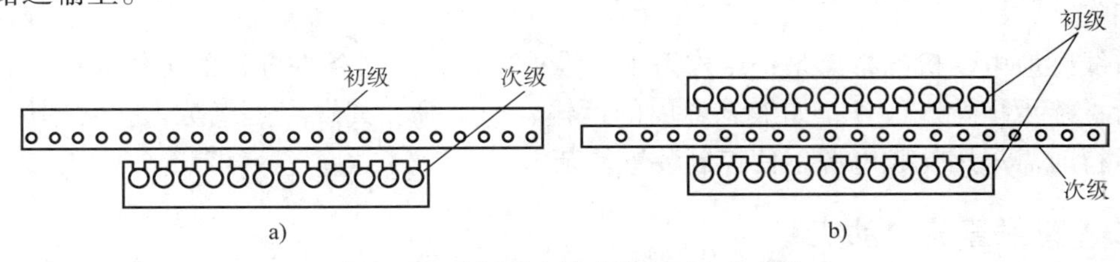

图 4-50　平板形直线感应电动机的结构

a）单边短初级　b）双边短初级

圆筒形结构的优点是没有绕组端部，不存在横向边缘效应，次级的支撑也比较方便。

缺点是铁心必须沿圆周叠片，才能减小交变磁通在铁心中感应产生的涡流，这在工艺上比较复杂；散热条件也比较差。圆筒形直线感应电动机功率较小，它的行程也相对小些，一般只有 0.5~2.0 m。

2. 工作原理

直线感应电动机的初级三相绕组通入三相交流电后，会在气隙中产生一个沿直线移动的正弦波磁场，其移动方向由三相交流电的相序决定，工作原理如图 4-51 所示。显然该行波磁场的移动速度与普通电动机旋转磁场在定子内圆表面的线速度相等。

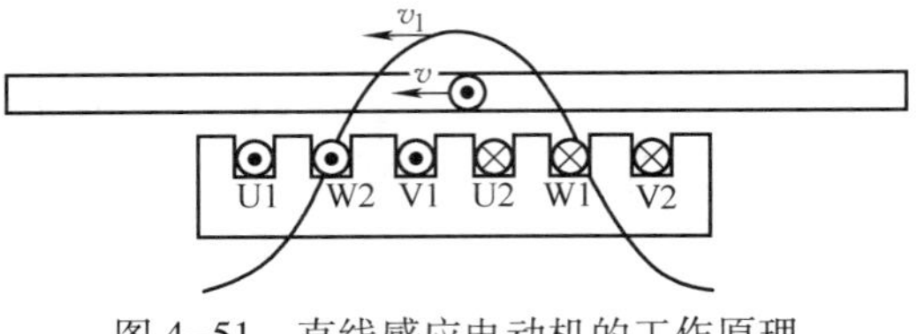

图 4-51　直线感应电动机的工作原理

$$v_1=\frac{60f_1}{p}\times\frac{2p\tau}{60}=2f_1\tau$$

式中　p——电机的磁极对数；

τ——电机的极距；

f_1——电源的频率。

行波磁场切割次级上的导体后，在导体中感应出电动势和电流，该电流与气隙磁场作用，在次级中产生电磁力，驱动次级沿着行波磁场移动的方向做直线运行，或者利用反作用力驱动初级朝相反的方向运动。设次级移动的速度为 v，电动机的滑差率为 s，则：

$$s=\frac{v_1-v}{v_1}$$

$$v=v_1(1-s)$$

直线异步电动机的速度与电源的频率成正比，所以，改变电源频率即可改变电动机的速度。如果改变直线电动机初级绕组的通电相序，即可改变电动机的运行方向。因此，直线电动机可实现往返直线运动。在电动运行状态下，s 的数值在 0~1 之间变化。

3. 用途及特点

直线感应电动机主要应用于各种直线运动的动力驱动系统中，如精密数控机床、加工中心、电磁锤、高速冲压设备、传送带自动搬运装置、带锯、直线打桩机以及高速列车、电动门等。

直线感应电动机的特点是：结构简单，维护方便；散热条件好，额定值高；适宜于高速运行；能承担特殊任务，如液态金属的运输、加工等。其缺点是气隙大，功率因数低，低速运行时需采用低频电源，使控制装置复杂。

二、直线直流电动机

直线直流电动机分为永磁式直线直流电动机和永磁式直线无刷直流电动机。

1. 永磁式直线直流电动机

永磁式直线直流电动机主要有音圈电动机和框架式永磁直线直流电动机。

(1) 音圈电动机　图 4-52 所示为可动线圈型直线电动机的一种，在磁钢产生的气隙磁场内放入线圈，磁场与流过线圈的电流相互作用产生电磁力，效率较高。因为这种结构与电动式扬声器的音频线圈部分相似，所以称为音频线圈电动机。音圈的一部分（指长音圈外磁式）或全部（指短音圈内磁式）处于永久磁铁发出的恒定磁场中，音圈绕组通入电流，就会产生推动音圈移动的电磁力。电磁力的大小与方向取决于通入音圈的电流的大小和极性。

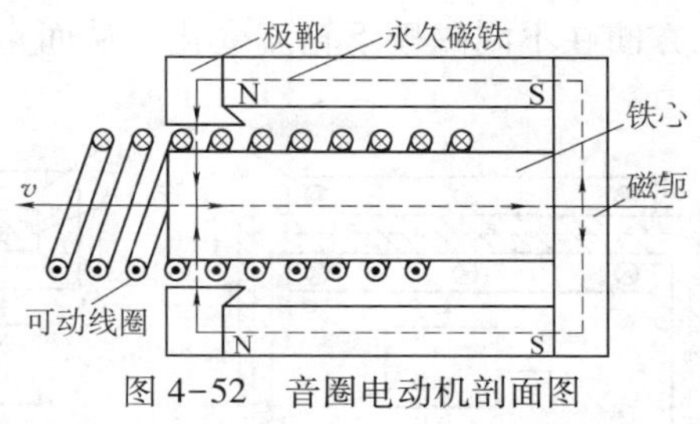

图 4-52　音圈电动机剖面图

由于音圈式直线直流电动机的磁场均匀，仅线圈移动（内铁心不动），所以质量轻、惯量小，因此这种电动机的响应频率很高。磁盘存储器中用转臂式音圈电动机控制磁头，使速度和位置精度大为提高，从而提高了磁盘存储器的容量和工作速度，如图 4-53 所示。

(2) 框架式永磁直线直流电动机　框架式永磁直线直流电动机可以做成动铁型，也可以做成动圈型。动圈型结构如图 4-54 所示，在软铁架两端装有极性同向放置的两块永久磁铁，通电线圈可在滑道上做直线运动。这种结构具有体积小、成本低和效率高等优点。动圈型结构因为只有线圈的动作，所以具有成本低、效率高、体积小、惯性小、响应快速的优点，但必须有给可动部分送电用的引线，这在耐用性方面多少有些不利。对此，可把永久磁铁做成可动部分，线圈绕在一个软铁框架上，线圈的长度要包括整个行程，成为可动磁铁型直线直流电动机，如图 4-55 所示。这种情况下，不再是单极结构，而是多极，线圈也是两组。

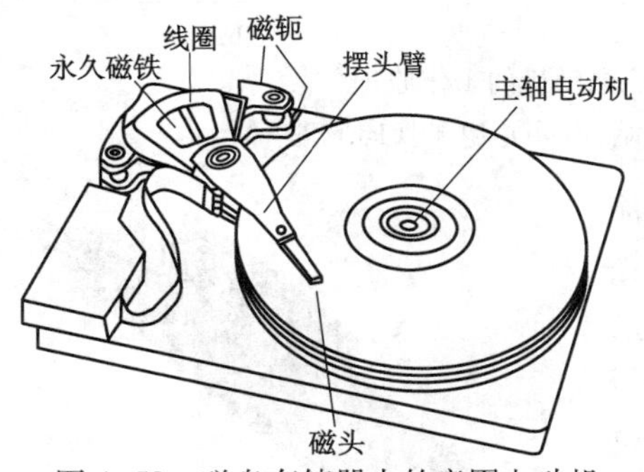

图 4-53　磁盘存储器中的音圈电动机

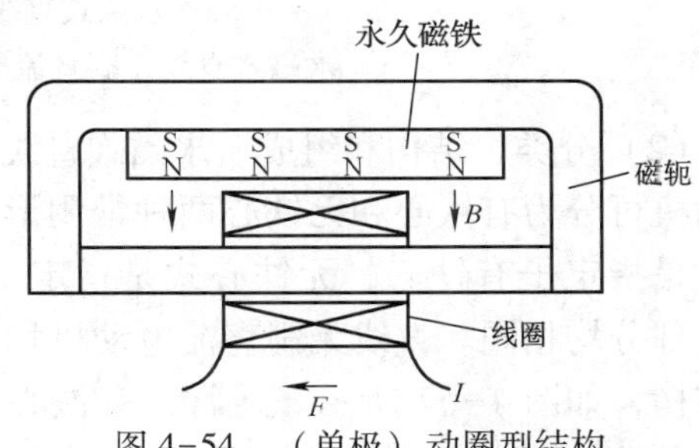

图 4-54　（单极）动圈型结构

2. 永磁式直线无刷直流电动机

(1) 工作原理　永磁式直线无刷直流电动机是从旋转无刷直流电动机演变而来的，其工作原理，如图 4-56 所示。永磁式直线无刷直流电动机的推力是由定子中的电枢电流和动子的永磁磁场相互作用产生的。由于电子换向的作用，使电枢绕组的电流轮流变化，在动子中产生恒定方向的推力。

为了实现电子换向，永磁式直线无刷直流电动机除了电枢和永磁磁场之外，还需要位置传感器。当传感元件 a、b、c（见图 4-56a）不断发出位置信号时，电枢绕组通过的电流方向在不同磁极下轮流变化，从而实现电子换向。

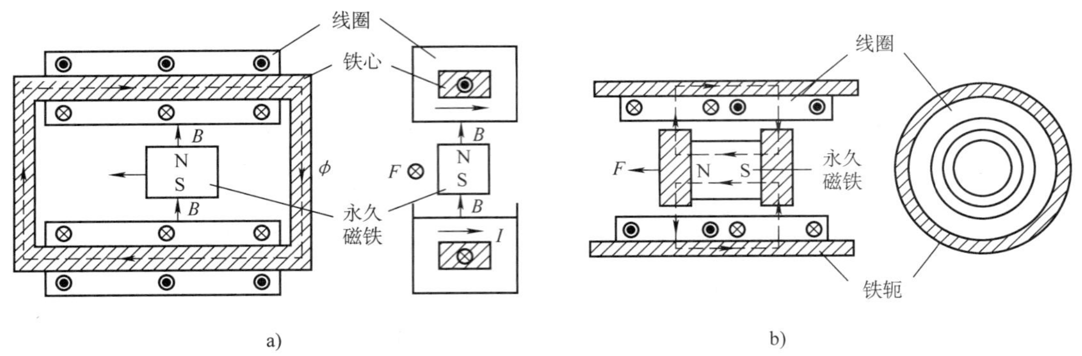

图 4-55　可动磁铁型直线直流电动机

a）铁心磁路闭合型　b）旋转对称型

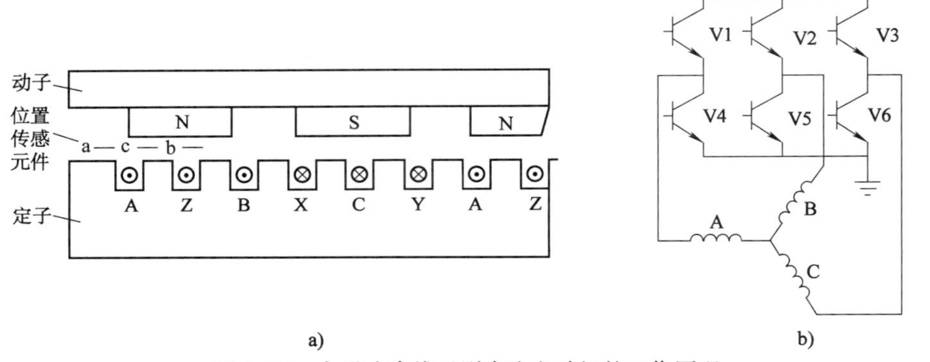

图 4-56　永磁式直线无刷直流电动机的工作原理

a）永磁式直线无刷直流电动机的结构　b）电子换向原理

（2）分类、结构和组成　永磁式直线无刷直流电动机可分为有铁心和无铁心两种常用形式。有铁心式是指定子有铁心，无铁心式是指定子无铁心，其余部分均相同。直线无刷直流电动机均做成平板形结构，如图 4-57 所示。通常，有铁心式电动机采用单边式结构，无铁心式电动机采用双边式结构。直线无刷直流电动机由电动机本体和电子线路组成。电动机本体包括定子和动子两个部分。定子由电枢和位置传感器组成，动子由永磁磁极组成。直线无刷直流电动机的电子线路与旋转式无刷直流电动机的电子线路相同。

图 4-57　平板形直线无刷直流电动机

（3）性能　高性能的永磁式直线无刷直流电动机已经批量生产，下面简要介绍其性能特点。

1）调速范围宽　电动机没有任何机械传动限制，运行速度变化范围超乎想象，且运行速度稳定。

2）高动态特性　电动机的动态特性与其承受加速能力有关。永磁式直线无刷直流电动机的运行加速度可以达到几个甚至几十个重力加速度，小功率电动机高达 65g，大、中功率电动机一般为 3~5g。上述数据不仅其他类型直线电动机无法达到，旋转式电动机就更难以达到。永磁式直线无刷直流电动机具有如此高的加速度，其运行速度也很高。

3）运行平稳，定位精度高　永磁式直线无刷直流电动机的定子和动子采用无铁心或有铁心两种形式，两者均可消除齿槽效应，电动机运行很平稳。采用反馈闭环系统后，系统的定位很精确，一般伺服控制用电动机的定位精度可达 0.5 μm。

4）维护方便，可靠性高，耐用性好　永磁式直线无刷直流电动机不存在摩擦接触，具有运行可靠、维护方便、耐用性好等优点。

三、直线电动机应用实例——直线电动机驱动的龙门架构系统

1. 系统的组成

图 4-58 所示为直线电动机驱动的龙门架构系统。它由三台 LMC 系列无铁心式三相直线直流无刷电动机、三台 LDMS6 系列驱动器、高精度测量系统、主控计算机及 PCI4P 四轴运动控制卡、24 V 电源适配器等组成。广泛应用于液晶等离子平面显示器加工业、半导体集成电路板业、PCB 电路板生产检测业、激光加工机械等领域。

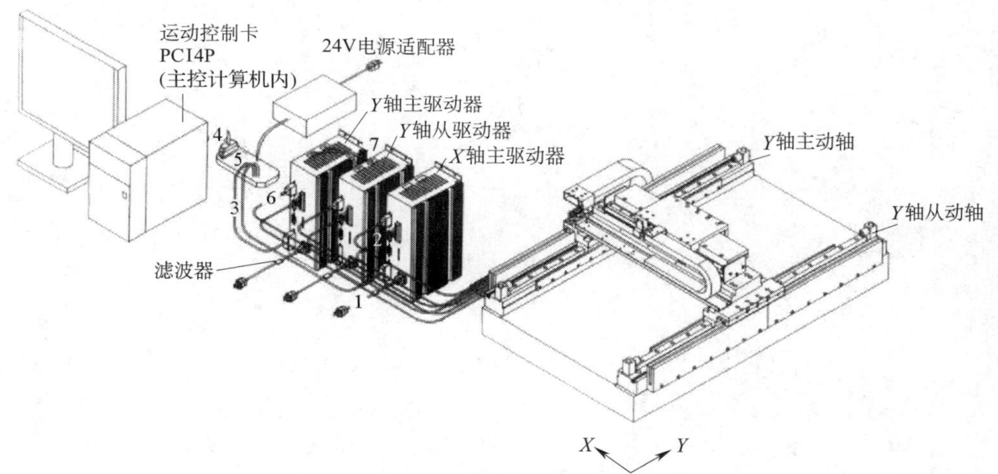

图 4-58　直线电动机驱动的龙门架构系统

1—驱动器电源线×3　2—直线电动机驱动器×3　3—数据线×2（驱动器端）　4—数据线×1（控制器端）　5—数据端子盒×1　6—编码器信号线×3　7—LINK IN/OUT 信号线×2

2. 主要部件性能介绍

LMC 系列无铁心式三相永磁直线无刷电动机的特点如下：

（1）质量轻，特别适宜平滑的扫描运动，加速度高。

（2）体积小，运动平滑，空载加速度达 6~7g、最大推力可达 2 400 N。

（3）运动平稳，速度波动小，高度低，无磨耗，使用寿命长。由于直线电动机龙门架

构属于高精度定位系统，结构上一定要有位置反馈系统来提供整体控制上的换相以及定位精度，因此，一般需要借助光学尺才可能达到功能需求。1micron 的数字式光学尺应用最为普遍，当然也可以选择 0. 1micron 的数字式光学尺。

LMDS6 系列驱动器适用于三相伺服电动机，以具备高性能浮点运算的 DSP－TMS320C32 芯片设计的伺服控制卡，其伺服回路更新时间极快，可在 96 μs 内完成。采用闭环控制，通过数据线与计算机相连，可方便调整参数，使电动机获得最佳性能。

PCI4P 四轴运动控制卡采用 DDA 技术，输出增量形式的脉冲信号给电动机驱动器。最大可支持四轴定位，也可提供轴间的内插功能。人机界面良好。MCCL 运动函数库支持直线、圆弧等运动功能。数据端子盒 PCI4P－TB 提供更方便的数据线和 I/O 接线。

课题五　三相异步电动机基本控制线路的安装与调试

任务1　三相异步电动机启停控制线路的安装与调试

学习目标

1. 熟悉三相异步电动机启停控制线路的组成。
2. 掌握开关、按钮、熔断器、热继电器、交流接触器等常用低压电器的作用、符号、选用和接线方法。
3. 熟悉电气控制线路的接线和使用方法。

任务引入

日常生活中电风扇、洗衣机等家用电器的运转，工业生产中车床、钻床、起重机等各种生产机械的运转都是由电动机来驱动的，部分应用如图5-1所示。显然，不同机械，其工作性质和加工工艺不同，使得它们对电动机的控制要求也不同。要使电动机按照工作生产的要求正常、安全地运转，必须配备一定的电器，组成一定的控制线路，才能达到控制目的。本任务通过安装与调试三相异步电动机启停控制线路，来熟悉低压电器的结构、符号、用途和选用方法，掌握电气控制线路的绘制、接线和规范的使用方法。

图5-2所示为三相异步电动机启动、停止的简单控制线路。仔细观察一下，认识这些低压电器。

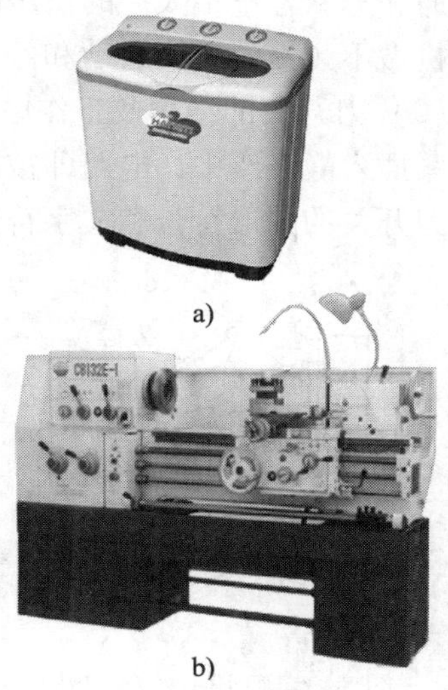

a)

b)

图5-1　家用电器和机床

a）洗衣机　b）C6132型车末

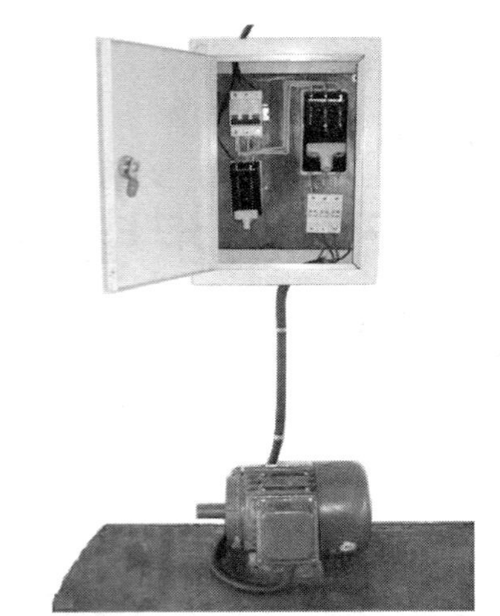
图 5-2　三相异步电动机的简单控制线路

相关知识

一、常用低压电器

低压电器通常是指在交流 1 200 V 及以下或直流 1 500 V 及以下电路中，起通断、控制、保护和调节作用的电气设备。其主要作用是接通或断开电路中的电流，因此，“开”和“关”是低压电器最基本和最典型的功能。

1. 刀开关

（1）刀开关的用途　刀开关是一种结构简单且应用广泛的手控电器，一般用来不频繁地接通和分断容量不太大的低压供电线路，也可作为电源的隔离开关，并可对小容量异步电动机做不频繁的全压启动和停止的控制。

（2）刀开关的结构及工作原理　如图 5-3 所示为刀开关的典型结构。推动手柄使触刀紧紧插入静夹座中，电路即被接通。

刀开关的图形符号和文字符号，如图 5-4 所示。

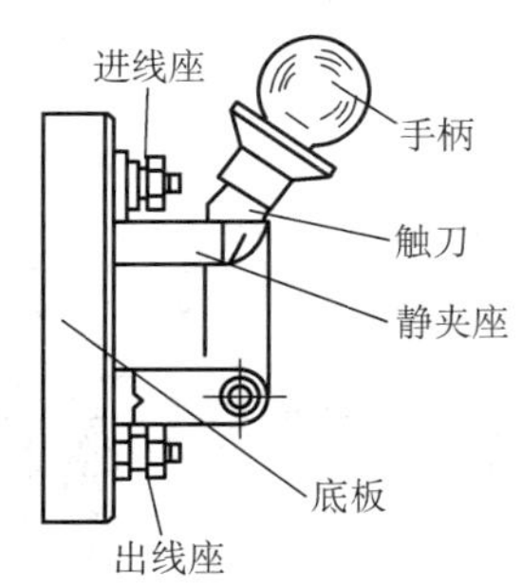

图 5-3　刀开关的典型结构

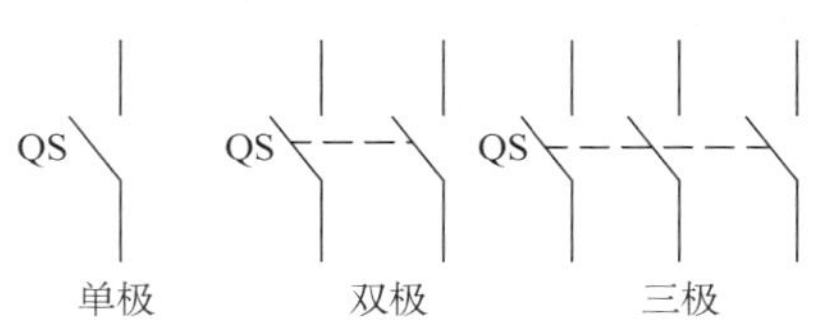

图 5-4　刀开关的图形符号和文字符号

（3）刀开关的种类　刀开关的种类很多。按刀的极数可分为单极、双极和三极；按刀的转换方向可分为 HD（单投）系列和 HS（双投）系列。

为了使刀开关分断时加快分断速度，有利于灭弧，在刀开关的基础上加装速断装置，再与熔断器组合就形成了封闭式负荷开关，俗称铁壳开关，其常用型号有 HH4 系列。

刀开关加装简易灭弧罩和熔丝就形成开启式负荷开关，俗称瓷底胶盖刀开关，其常用型号有 HK 系列，如图 5-5 所示。这种开关结构简单，价格低廉，常用作照明电路的电源开关，也可用来控制 5.5 kW 以下异步电动机的启动和停止。

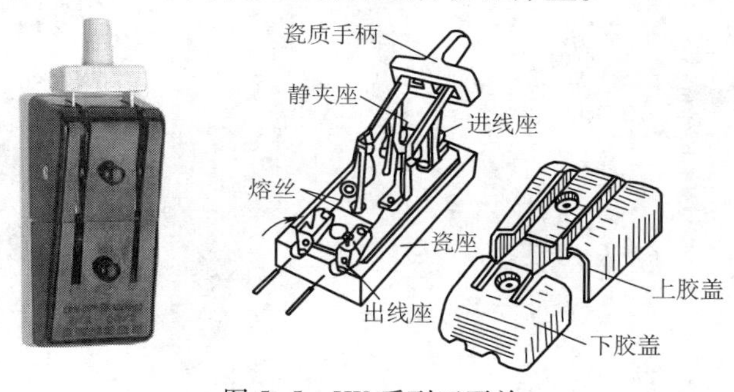

图 5-5　HK 系列刀开关

（4）刀开关的型号含义

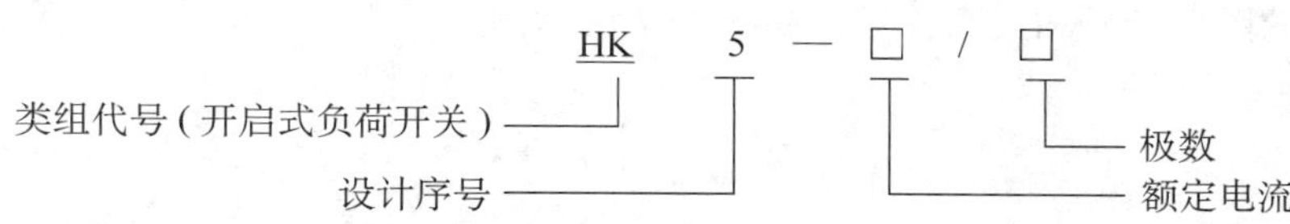

（5）刀开关的使用注意事项

1）电源进线应接在静触点一边的进线端（进线座应在上方），用电设备应接在动触点一边的出线端。这样当开关断开时，触刀和熔丝均不带电，可以保证更换熔丝时的安全。

2）安装时，刀开关在合闸状态下手柄应该向上，不能倒装或平装，以防止触刀松动落下时误合闸。

3）对于普通负载，刀开关可以根据额定电流来选择；而对于电动机，刀开关的额定电流可选电动机额定电流的 3 倍左右。

2. 熔断器

（1）熔断器的用途　熔断器是一种用于短路保护的电器，它具有分断能力高，安装体积小，使用、维护方便等优点，它还可以起到使电路与电源隔离的作用。

（2）熔断器的结构及工作原理　熔断器主要由熔体和安装熔体的熔管或熔座两部分组成。熔体由易熔金属——铅锡合金制成丝状或片状。熔管由陶瓷、绝缘钢纸或玻璃纤维制成，在熔体熔断时兼有熄弧作用。

熔断器的熔体与被保护电路串联。正常情况下，熔断器的熔体相当于一段导线，当电路发生短路时，熔体中流过很大的短路电流，电流产生的热量达到熔体的熔点时，熔体熔断切断电路，达到保护目的。

（3）熔断器的种类　常用的熔断器有 RC1A 系列瓷插式熔断器、RL1 和 RL5 系列

（矿用）螺旋式熔断器、RM7 系列无填料封闭管式熔断器、RT0 系列有填料封闭管式熔断器等。此外，还有 RS0 系列有填料快速熔断器，主要用于半导体整流元件的短路保护。图 5-6 所示为几款低压熔断器的外形。

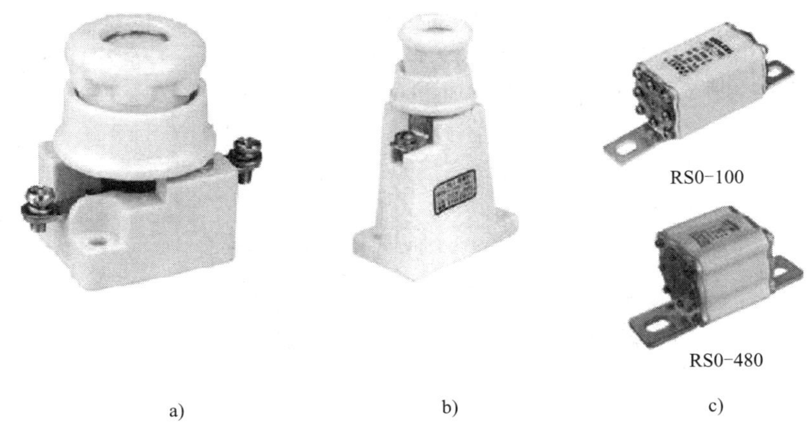

图 5-6　低压熔断器的外形

a）RL1 系列螺旋式熔断器　b）RL5 系列（矿用）螺旋式熔断器　c）RS0 系列有填料快速熔断器

熔断器的图形符号和文字符号，如图 5-7 所示。

图 5-7　熔断器的图形符号和文字符号

（4）熔断器的型号含义

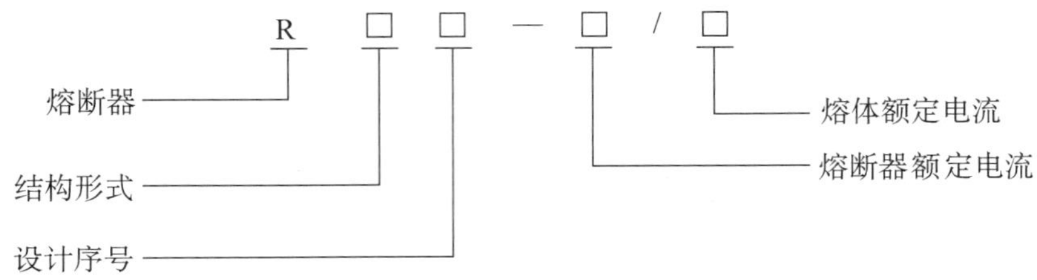

（5）熔断器的选用　熔断器在使用中应选用恰当，才能既保证电路正常工作，又起到保护作用。

熔断器的额定电压应大于或等于被保护线路的工作电压，熔断器额定电流应大于或等于所装熔体的额定电流。

熔体的额定电流是指相当长时间流过熔体而不熔断的电流。

熔体额定电流 I_N 可按以下几种情况选择：

1）电炉和照明等电阻性负载，熔断器可用作过载保护和短路保护，I_N 应稍大于或等于电路的工作电流。

2）一台电动机

$$I_N=(1.5\sim2.5)I'_N$$

式中的 I'_N 是电动机的额定电流。这里考虑了电动机启动电流的短时（如 8 s）冲击影响。

3）多台电动机不同时启动

$$I_N=(1.5\sim2.5)I'_{Nmax}+\sum I'_N$$

式中的 I'_{Nmax} 是最大的一台电动机的额定电流，$\sum I'_N$ 是其余电动机额定电流的总和。

（6）熔断器的使用注意事项

1）熔断器的插座与插片的接触要保持良好。如果发现插口处过热或触头变色，则说明插口处接触不良，应及时修复。

2）熔体烧断后，应首先查明原因，排除故障。更换熔体时，新熔体的规格与原来的要一致。

3）更换熔体或熔管时，必须把电源断开，以防触电。

4）对于有指示器的熔断器，应注意经常观察。若发现熔体已烧断，要及时更换。

5）安装螺旋式熔断器时，熔断器下接线板的接线端子应安装在上方，并与电源线连接；连接金属螺纹壳体的上接线端子应装于下方，并与用电设备的导线连接。

3. 接触器

（1）接触器的用途　接触器是一种自动控制电器，可用来频繁地接通与断开主电路，并具有欠压和零压释放保护功能，能实现远距离控制。接触器是电气传动自动控制系统中应用最广泛的电器。

接触器按其线圈通过的电流种类不同，可分为交流接触器和直流接触器，本任务只介绍交流接触器。

（2）交流接触器的结构及工作原理　交流接触器的外形，如图 5-8 所示；其结构和图形符号，如图 5-9 所示。它由电磁系统、触头系统、灭弧装置等部分组成。

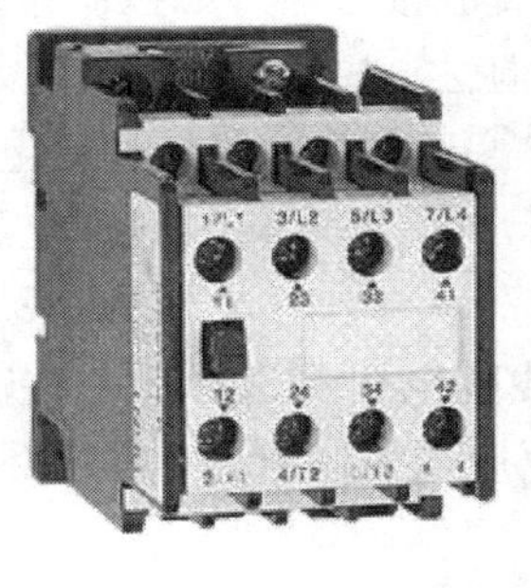

a)

b)

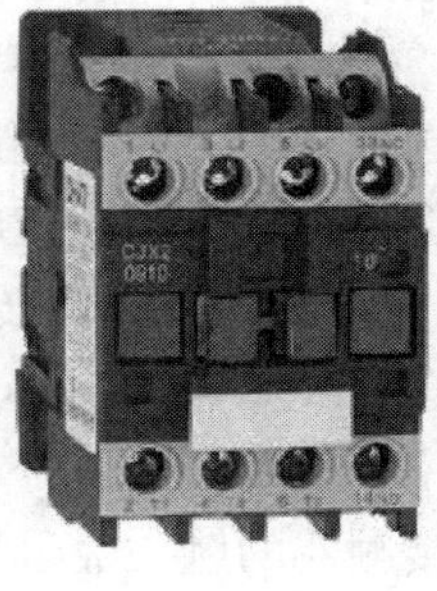

c)

图 5-8　交流接触器的外形

a）CJ20 系列交流接触器　b）CJ40 系列交流接触器　c）CJX2 系列交流接触器

1）电磁系统　用来操纵触头的闭合与分断，由铁心、线圈和衔铁三部分组成。当线圈通电后，衔铁在电磁吸力的作用下，克服反力弹簧的拉力与铁心吸合，带动触头动作，从而接通或断开相应电路；当线圈断电后，动作过程与上述相反。交流接触器为了减小其

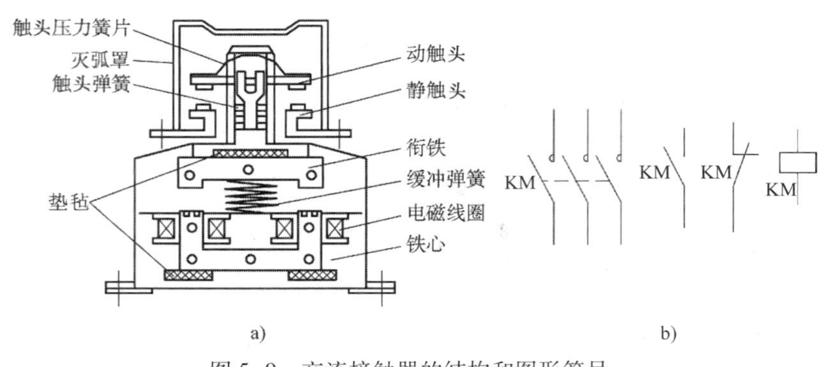

图 5-9　交流接触器的结构和图形符号

a）结构　b）图形符号

吸合时产生的振动和噪声，在铁心上装设了短路环。

2）触头系统　它是接触器的执行元件，用以接通或分断所控制的电路，必须工作可靠、接触良好。根据用途不同，可分为主触头和辅助触头。主触头用以通断电流较大的主电路，一般由三对动合触头组成；辅助触头由动合触头和动断触头成对组成，用于通断小电流的控制电路，常起自锁和电气联锁作用。

3）灭弧装置　主触头额定电流在 10 A 以上的接触器都有灭弧装置，在断开主电路的大电流时，迅速消除电弧。交流接触器通常采用电动力、纵缝和金属栅片等方式进行灭弧。

（3）交流接触器的型号含义

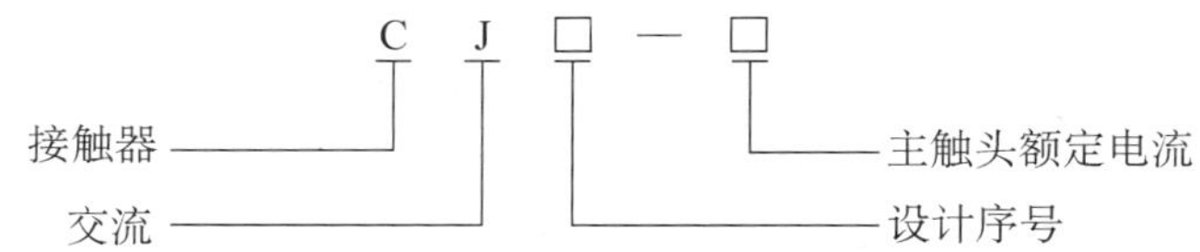

（4）接触器的选用

1）选择类型　根据控制对象的电流类型来选用交流或直流接触器。如控制系统中主要是交流对象，而直流对象容量较小，则可全用交流接触器，但触头的额定电流要选大些。

2）选择触头的额定电压　接触器的额定电压应大于或等于负载回路的额定电压。

3）选择主触头的额定电流　主触头的额定电流应大于或等于负载的额定电流。在频繁启动、制动和频繁正反转的场合，主触头的额定电流要选大一些。

4）选择线圈电压　从人员及设备安全的角度考虑，线圈电压可选择低一些。但从简化控制线路、节省变压器考虑，也可选用 380 V。线圈电压应与控制电路电压一致。

5）接触器的触头数量和种类应满足控制电路要求。

4. 热继电器

（1）热继电器的用途　热继电器是用作电动机过载保护的自动电器。电动机在实际运行中，短时过载是允许的，即电动机具有一定的过载能力。但若过载太大或时间过长、欠电压运行或断相运行等，都可能使电动机的电流超过其额定值，这样将引起电动机发热，绕组温升超过额定温升，将损坏绕组的绝缘，缩短电动机的使用寿命，严重时甚至会烧坏电动机绕组。为了最大限度发挥电动机的过载能力，又能在长时间过载时切断线路，使电动机得到保护，而采用热继电器作过载保护。

（2）热继电器的结构　热继电器的外形，如图 5-10 所示。

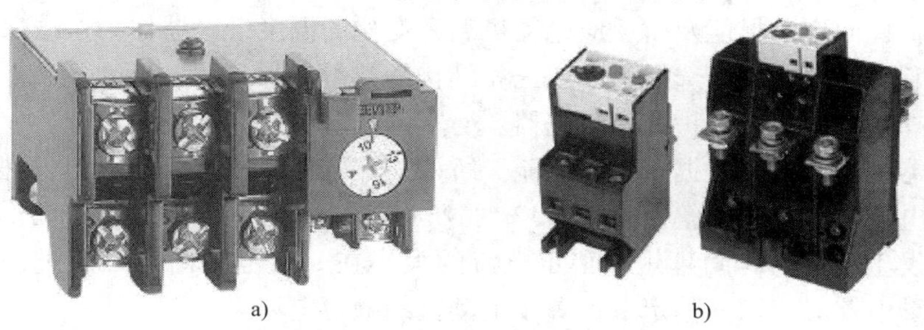

a)　　b)

图 5-10　热继电器的外形

a）JR36 系列热继电器　b）JR20 系列热继电器

热继电器是利用电流的热效应工作的保护电器。它主要由热元件、双金属片、触头、动作机构复位按钮和整定电流装置等部分组成。双金属片是由两种膨胀系数不同的金属片碾压而成的，受热后膨胀系数较高的主动片将向膨胀系数较低的被动片弯曲。热继电器的结构及图形、文字符号，如图 5-11 所示。

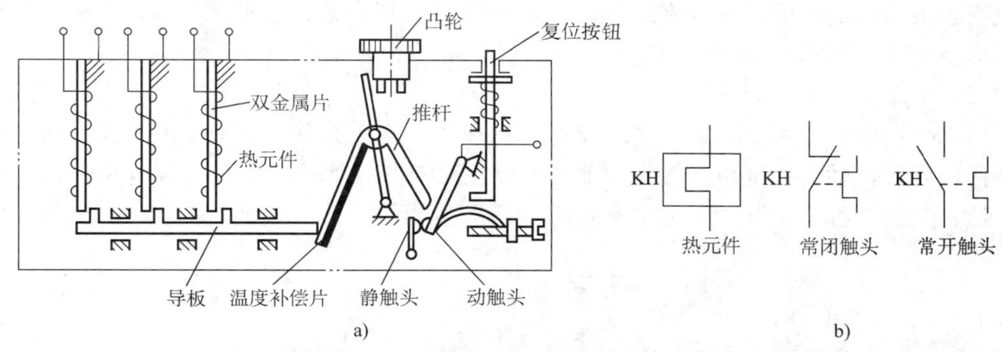

a)　　b)

图 5-11　热继电器的结构及图形、文字符号

a）结构　b）图形、文字符号

（3）热继电器的工作原理　热继电器的三相热元件串接在电动机定子绕组中，绕组电流即为流过热元件的电流，常闭触头串接在控制电路中。当电动机正常工作时，热元件产生的热量虽能使双金属片弯曲，但不足以使其触头动作。当过载时，流过热元件的电流增大，其产生的热量增加，使双金属片产生的弯曲位移增大，从而推动导板，带动温度补偿双金属片和与之相连的动作机构使热继电器触头动作，切断了电动机的控制电路。

（4）热继电器的型号含义

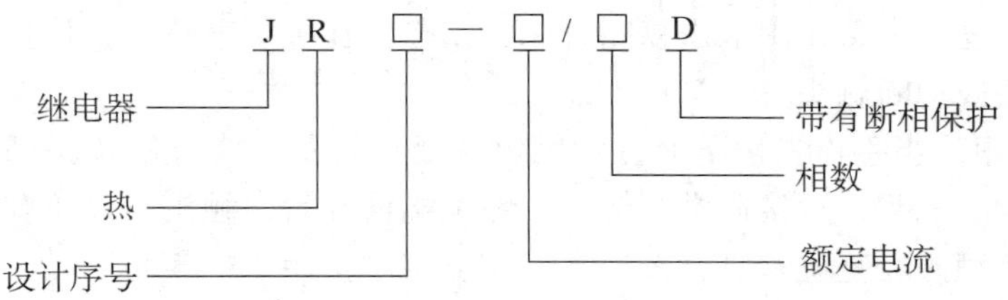

（5）热继电器的选用　热继电器由于其热惯性，当电路短路时不能立即动作切断电路，因此，不能用作短路保护。同理，当电动机处于重复短时工作时，也不适宜用热继电器作过载保护，而应选择能及时反应电动机温升变化的温度继电器作为过载保护。

对于Y形连接的电动机选择两相或三相结构的热继电器均可；而对于△形连接的电动机，则应选择三相带缺相保护的热继电器。

热继电器的主要技术数据是整定电流。所谓整定电流，是指长期通过发热元件而不会动作的最大电流。电流超过整定电流 20%时，热继电器应当在 20 min 内动作，超过的数值越大，则发生动作的时间越短。整定电流的大小在一定范围内可以通过旋转凸轮来调节。选用热继电器时应取其整定电流等于电动机的额定电流。

5. 按钮

（1）按钮的用途　按钮是一种手动控制的主令电器。它适用于交流电压 500 V 或直流电压 440 V、电流为 5 A 及以下的电路中。按钮不直接操纵主电路的通断，而是在控制电路中发出接通或断开的指令，以控制接触器、继电器等电器的通电或断电，再由它们去接通或断开主电路。

（2）按钮的结构　按钮由按钮帽、复位弹簧、桥式动触头、静触头和外壳等组成。按钮根据触头结构的不同，分为常闭按钮、常开按钮和复合按钮。如图 5-12 所示，为按钮的外形及文字、图形符号。

（3）按钮的工作原理

1）常开按钮　手指未按下时，触头是断开的；当手指按下按钮帽时，触头被接通，而手指松开后，触头在复位弹簧作用下返回原位而断开。常开按钮在控制电路中常用作启动按钮，其触头称为常开触头或动合触头。

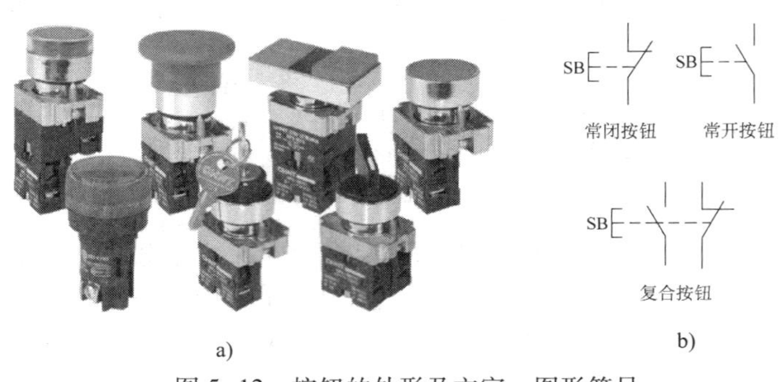

图 5-12　按钮的外形及文字、图形符号

a）外形　b）文字、图形符号

2）常闭按钮　手指未按下时，触头是闭合的；当手指按下时，触头被断开，而手指松开后，触头在复位弹簧作用下恢复闭合。常闭按钮在控制电路中常用作停止按钮，其触头称为常闭触头或动断触头。

3）复合按钮　当手指未按下时，常闭触头是闭合的，常开触头是断开的；当手指按下时，先断开常闭触头，后接通常开触头，而手指松开后，触头在复位弹簧作用下常开触头先复位，常闭触头后复位。复合按钮在控制电路中常用于电气联锁。

（4）按钮的型号含义

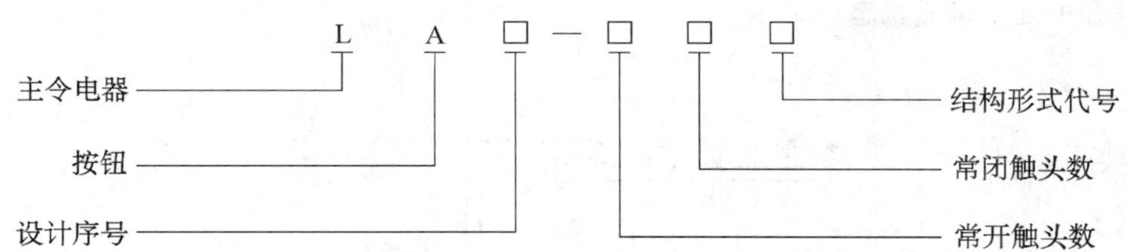

（5）按钮的选用　按钮的选择主要依据是使用场合、触头数量和颜色等。通常选用交流额定电压 500 V、允许持续电流 5 A 的按钮。按钮的颜色有红、绿、黑、黄以及白、蓝等几种，供不同场合选用。全国统一设计的按钮新型号为 LA25 系列，其他常用的有 LA2、LA10、LA18、LA19、LA20 等系列。

为了便于识别各个按钮的作用，避免误操作，通常在按钮帽上做出不同标记或涂上不同的颜色。例如，蘑菇形按钮表示急停；一般红色表示停止按钮；绿色表示启动按钮。按钮必须有金属的防护挡圈，且挡圈必须高于按钮帽，这样可以防止意外触动按钮产生误动作。

6. 断路器

（1）断路器的用途　断路器又称自动空气开关或低压断路器。它集控制和多种保护功能于一体，在正常情况下可用于不频繁地接通和分断电路；当电路中发生短路、过载或失压等故障时，能自动切断故障电路，保护线路和电气设备。

断路器具有操作安全、安装及使用方便、工作可靠、动作值可调、分断能力较强、兼作多种保护、动作后不需要更换元件等优点，因此得到广泛应用。

（2）断路器的结构　图 5-13 所示为常用的单相、三相断路器的外形结构和图形符号。它们主要由动触头、静触头、灭弧装置、操作机构、热脱扣器、电磁脱扣器及外壳等部分组成。

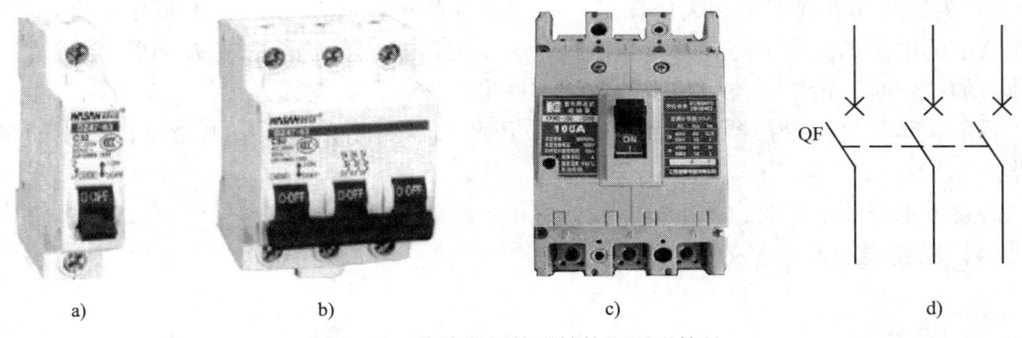

图 5-13　断路器的外形结构和图形符号

a）单相断路器　b）、c）三相断路器　d）图形符号

（3）断路器的工作原理　断路器的工作原理，如图 5-14 所示。断路器有三组主触头，使用时串联在被控制的三相电路中，按下接通按钮时，外力使锁扣克服反作用弹簧的

反力，将固定在锁扣上面的动触头与静触头闭合，并由锁扣锁住搭钩，使动、静触头保持闭合，开关处于接通状态。

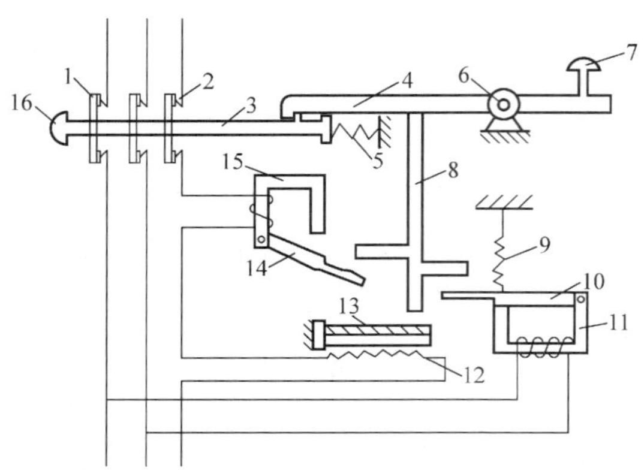

图 5-14 断路器的工作原理图

1—动触头 2—静触头 3—锁扣 4—搭钩 5—反作用弹簧 6—转轴座 7—分断按钮 8—杠杆 9—拉力弹簧 10—欠压脱扣器衔铁 11—欠压脱扣器 12—热元件 13—双金属片 14—电磁脱扣器衔铁 15—电磁脱扣器 16—接通按钮

1）热脱扣器作过载保护 当线路发生过载时，过载电流流过热元件产生一定的热量，使双金属片受热向上弯曲，通过杠杆推动搭钩与锁扣脱开，在反作用弹簧的推动下，动、静触头分开，从而切断电路，使线路或用电设备不致因过载而烧坏。整定电流的大小由电流调节装置调节。

2）电磁脱扣器作短路保护 当线路发生短路故障时，短路电流超过电磁脱扣器的瞬时脱扣整定电流，电磁脱扣器产生足够大的吸力将衔铁吸合，通过杠杆推动搭钩与锁扣分开，从而切断电路实现短路保护。瞬时脱扣整定电流由电流调节装置调节，出厂时，电磁脱扣器的瞬时脱扣整定电流一般整定为 $10I_N$（I_N 为自动开关的额定电流）。

3）欠压脱扣器作零压和欠压保护 欠压脱扣器的动作过程与电磁脱扣器恰好相反。当线路上的电压消失或下降到某一数值时，欠压脱扣器的吸力消失或减小到不足以克服拉力弹簧的拉力时，衔铁在拉力弹簧的作用下撞击杠杆，将搭钩顶开，使触头分断。由此也可以看出，具有欠压脱扣器的断路器，在欠压脱扣器两端无电压或电压过低时不能接通电路。

需要手动分断电路时，按下分断按钮即可。

（4）断路器的型号含义

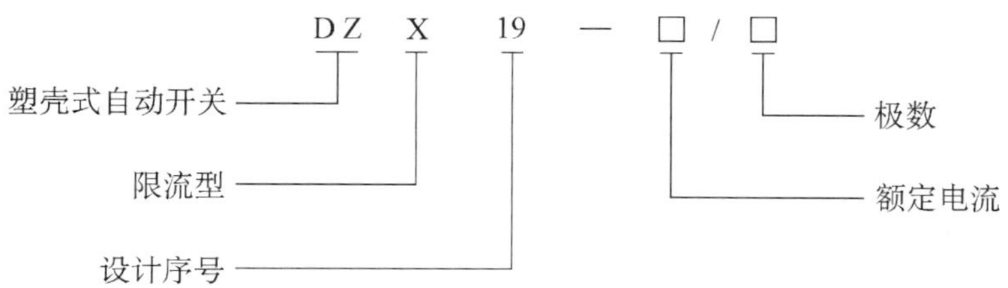

（5）断路器的选用

1）断路器的额定电压和额定电流应不小于电路正常工作电压和电流。

2）热脱扣器的整定电流应与所控制的电动机额定电流或负载额定电流相等。

3）电磁脱扣器的瞬时脱扣整定电流应大于负载电路正常工作时的尖峰电流。

4）极限分断能力应不小于线路中最大短路电流。

7. 转换开关

（1）转换开关的特点和用途　转换开关又称组合开关。转换开关是刀开关的一种发展，区别是刀开关操作时是上下的平面动作，转换开关则是左右旋转的平面动作。同时，转换开关还具有多触点、多位置、体积小、性能可靠、操作方便、安装灵活等优点，可制成多触头、多挡位的开关，多用于机床电气控制线路中电源的引入开关，起着隔离电源作用，还可作为直接控制小容量异步电动机不频繁起动和停止的控制开关。转换开关的外形结构，如图 5-15 所示，常见的有单极、双极和三极。

图 5-15　转换开关的外形结构

（2）转换开关的结构原理　转换开关的接触系统是由数个装嵌在绝缘壳体内的静触头座和可动支架中的动触头构成。动触头是双断点对接式的触桥，在附有手柄的转轴上，随转轴旋至不同位置使电路接通或断开。定位机构采用滚轮卡棘轮结构，配置不同的限位件，可获得不同挡位的开关。转换开关由多层绝缘壳体组装而成，可立体布置，减小了安装面积，结构简单、紧凑，操作安全可靠。

转换开关可以按线路的要求组成不同接法的开关，以适应不同电路的要求。在控制和测量系统中，采用转换开关可进行电路的转换。例如，电工设备供电电源的切换，电动机的正反转切换，测量回路中电压、电流的换相，等等。用转换开关代替刀开关使用，不仅可使控制回路或测量回路简化，并能避免操作上的差错，还能够减少使用元件的数量。

（3）转换开关的型号和符号　以 LW12-16 系列小型万能转换开关为例，其型号的含义如图 5-16 所示，该开关约定发热电流为 16 A，可用于交流 50 Hz，电压至 500 V 及直流电压到 440 V 的电路中，作电气控制线路的转换之用和电压 380 V、5.5 kW 及以下的三相电动机的直接控制之用，品种有普通型基本式，防护型组合式。转换开关的符号，如图 5-17 所示。

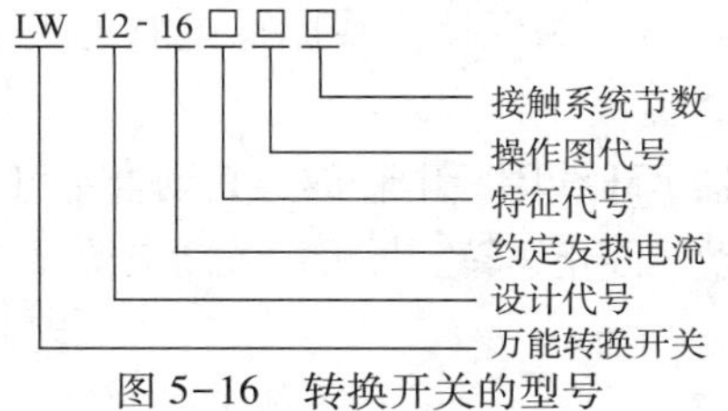

图 5-16　转换开关的型号

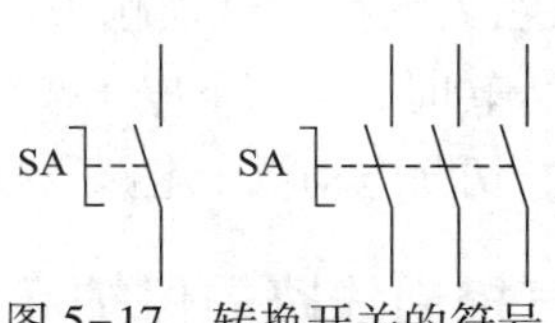

图 5-17　转换开关的符号

（4）转换开关的选用　按额定工作电压和工作电流选用合适的系列；按操作需要选定手柄形式和定位特征；按用途选择是主令控制用还是控制电动机用；转换开关的触头和操

动器位置较多，其触头开闭和操动器位置之间的对应关系常用操作图来表示，有些转换开关是按标准操作图制造的，选用时应注意核对，当标准操作图不能满足要求时，可设计新的操作图进行改装。

二、电气控制线路的组成

图 5－18 所示为三相电动机单向运行的电气控制线路。图中交流电源 L1、L2、L3 经电源开关 QS、熔断器 FU1、接触器 KM 的主触头、热继电器 KH 的热元件到电动机 M，构成主电路部分，它流过的电流较大；由启动按钮 SB2、停止按钮 SB1、接触器 KM 的线圈和常开辅助触头、热继电器 KH 的动断触头和熔断器 FU2 构成控制电路部分，它流过的电流较小。

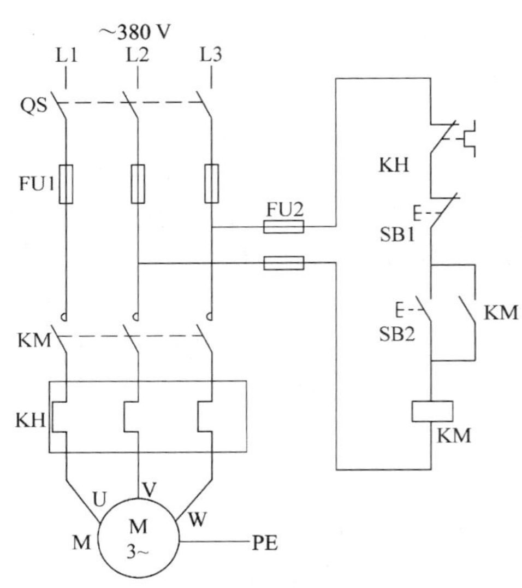

图 5－18　三相异步电动机单向运行控制线路

主电路是电气控制线路中大电流通过的部分。主电路中三相导线按相序从上到下或从左到右排列，中性线应排在相线的下方或右方，并用 L1、L2、L3 及 N 标记；辅助电路包括控制电路、照明电路、信号电路和保护电路，是小电流通过的部分。通常将主电路画在控制电路的上方或左方。

无论是主电路还是辅助电路，各电气元件一般应按动作顺序从上到下、从左到右依次排列，电路可采用水平布置或竖直布置。电气元件的触头通常按没有通电或不受外力作用时的正常状态画出。

同一电器的各个部件（如接触器的线圈和触头），分别画在各自所属的电路中。为便于识别，同一电器的各个部件均以相同的文字符号表示。

三、电气控制线路的工作原理

电动机启动时，合上电源开关 QS，按下启动按钮 SB2，接触器 KM 线圈通电吸合，其主触头闭合，电动机定子绕组接通三相电源启动运转。同时，与按钮 SB2 并联的接触器 KM 的常开辅助触头闭合。当松开 SB2 时，KM 线圈通过自身常开辅助触头仍保持通电状态，从而使电动机保持连续运行。这种依靠电器自身触头保持其线圈通电状态的电路称为自锁电路，该触头则称为自锁触头。

电动机需停转时，可按下停止按钮 SB1，接触器 KM 线圈断电释放，其动合主触头与辅助触头同时复位，切断电动机主电路及控制电路，电动机停止运转。最后，关断电源开关 QS。

四、电气控制线路的保护环节

1. 短路保护

电动机、电器和导线的绝缘损坏或线路发生故障时，都可能造成短路故障。当发生短路故障时，必须迅速、可靠地断开电源。图 5-18 中由熔断器 FU1 和 FU2 分别实现主电路和控制电路的短路保护。

2. 过载保护

由热继电器 KH 实现电动机的长期过载保护。当电动机长期过载时，串接在电动机电路中的热元件使双金属片受热弯曲，使其串接在控制电路中的常闭触头断开，从而切断了接触器 KM 线圈的电源，使电动机断电，实现了保护的目的。

3. 失压（零压）和欠压保护

电动机正常工作时，如果交流电源停电，会使电动机停转。当电源恢复供电时，如果电动机自行启动，可能会造成设备损坏和人员事故。为了防止电源恢复供电时电动机自行启动的保护措施称为零压保护。此外，在电动机负载运行时，电源电压过低会造成电动机电流增大，引起电动机发热，严重时会烧坏电动机；同时，电压的降低会引起一些电器的释放，造成电路不能正常工作，因而需要设置欠电压保护环节。

图 5-18 中的按钮接触器控制电路具有自锁功能，当电源停电后恢复供电时，电动机不会自行启动，从而避免了设备或人身事故的发生，实现了欠压和失压保护功能。

电气控制系统除了应满足生产机械的各种工艺要求外，还应保证设备长期安全、可靠地运行，因此，保护环节是不可缺少的组成部分。电气控制系统中常用的保护措施有短路保护、过载保护、过电流保护、失压和欠压保护、限位保护、弱磁保护和接地保护等。

五、三相异步电动机的点动控制线路

生产机械不仅需要连续运转，有时还需要做点动控制。点动控制多用于机床刀架、横梁、立柱等的快速移动和机床对刀等场合。

所谓点动，就是按下按钮时电动机转动工作，松开按钮时电动机停止工作。点动控制线路，如图 5-19 所示，它由启动按钮 SB 和接触器 KM 组成，其控制过程如下：合上电源开关 QS，按下按钮 SB，接触器 KM 的吸引线圈通电，主触头 KM 闭合，电动机接通电源开始运转；松开 SB 后，接触器吸引线圈断电，主触头复位，电动机断电停转，最后，关断电源开关 QS。

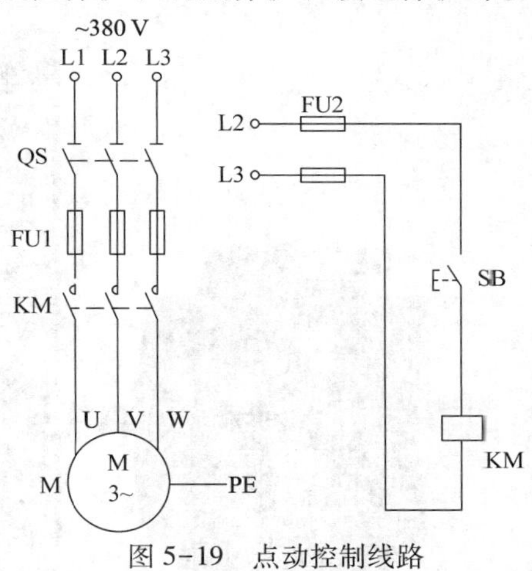

图 5-19　点动控制线路

任务实施

一、任务准备

在熟悉各种低压电器的结构、型号、规格和使用方法，学习三相异步电动机启动、停止和点动控制线路接线，调试及故障排除的过程中，需用到表 5-1 所列的工具、仪器和设备。

表 5-1　任务实施需用到的工具、仪器和设备

序号	名称	型号规格	数量
1	三相交流可调电源	0~420 V	1 个
2	三相笼型转子异步电动机	100 W	1 台
3	熔断器	5 A/2 A	3/2 个
4	按钮	红/绿/黄	3 个
5	交流接触器	5 A，线圈 220 V	1 个
6	热继电器	1 A	1 个
7	万用表	MF47 型或自选	1 块
8	导线	实验专用	若干

二、熟悉各种低压电气设备

本任务需要使用图 5-20 所示的三相异步电动机及低压电气设备，仔细观察并将规格、型号记录下来。

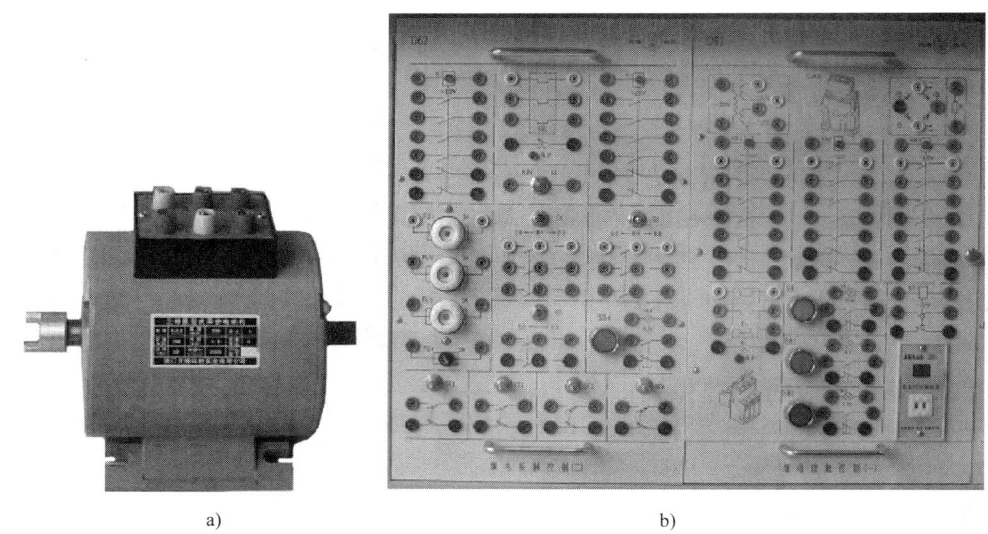

a)　　　　b)

图 5-20　三相异步电动机及低压电气设备

a）三相异步电动机　b）低压电气设备

三、绘制并连接三相异步电动机启动、停止和点动的控制线路

根据学校提供的技能训练设备，自行绘制三相异步电动机启动、停止和点动的主电路及控制电路。参考电路如图 5-21 所示，经指导教师确认后，按图 5-22 接线。

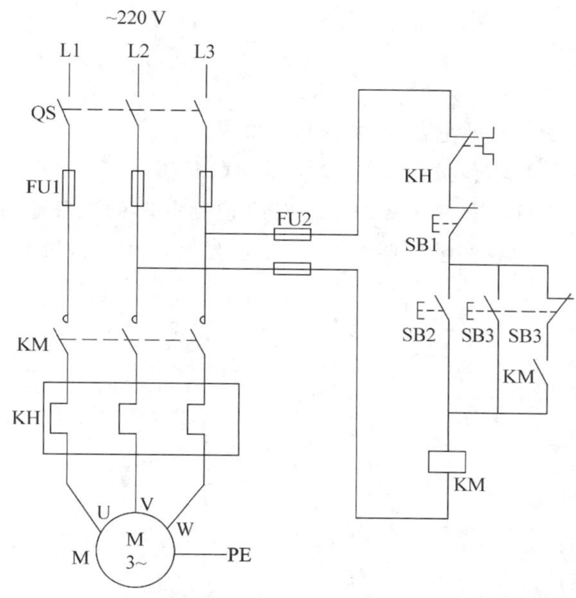

图 5-21　三相异步电动机启动、停止及点动的控制线路原理图

图 5-22　三相异步电动机启动、停止及点动控制线路接线

四、使用电气控制线路

1. 合上电源开关 QS，接通三相交流电，将电压调到额定值 220 V。

2. 按下启动按钮 SB2，松手后观察电动机 M 是否继续运转。

3. 运转 0.5 min 后按下点动按钮 SB3，然后松开，观察电动机 M 是否停转。重复按下和松开 SB3，观察此时属于什么控制状态？

4. 按下停止按钮 SB1，松手后观察 M 是否停转。

5. 关断电源开关 QS。

1. 电动机为△形接法，电源电压应该调到 220 V。
2. 为了设备安全，主电路和控制电路都应接入熔断器。
3. 交流接触器线圈的额定电压为 220 V，因此控制电路的电压也应是 220 V。
4. 接线完毕，注意导线不要碰到联轴器，以防止电动机旋转拉断导线。

总结测评

一、总结报告

1. 绘制任务的电路图。
2. 记录任务实施的过程、现象和数据结果。
3. 小结、体会和建议。

二、任务测评（见表 5–2）

表 5–2　任务实施考核评分记录表

序号	考核内容	考核要求	配分	得分
1	任务实施的准备	预习任务的内容	10	
2	仪器、仪表、设备的使用	正确使用按钮、接触器、热继电器、熔断器、实验台等设备	20	
3	观察和记录电动机等设备的技术数据	记录结果正确，观察速度快	10	
4	电气控制电路的接线	电路绘制正确，接线速度快	40	
5	启动、停止和点动的操作	通电运行一次成功，操作规范	20	
6	合计得分		100	
7	否定项	发生重大责任事故、严重违反教学纪律者得 0 分		

指导教师签名______________　　日期______________

任务 2　三相异步电动机正反转控制线路的安装与调试

学习目标

1. 熟悉三相异步电动机正反转控制线路的工作原理。
2. 掌握接触器互锁和双重互锁正反转控制线路的使用。

3. 熟悉行程开关的作用、符号和用途。
4. 掌握自动往复运行控制线路的工作原理和使用方法。

任务引入

生产机械的运动部件往往要求实现正、反两个方向的运动，例如，铣床工作台的前进与后退、主轴的正转与反转、磨床砂轮架的升降以及起重机的提升与下降等，这就要求电气传动系统中的电动机可做正反向运转。为了使电动机能够安全、可靠地实现正反转，需要正确使用互锁电路，以及利用行程开关使电动机自动正反转。本任务就来完成三相异步电动机正反转控制线路的安装与调试。

相关知识

由电动机原理可知，若将电动机三相电源中的任意两相对调，即可改变电动机的旋转方向。常用的电动机可逆运行控制电路有以下几种：

一、接触器互锁正反转控制线路

图 5-23 所示为接触器互锁正反转控制线路。图中使用了两个接触器 KM1 和 KM2，分别控制电动机的正转和反转运行，而 KM1 和 KM2 不能同时通电；否则，它们的主触头同时闭合，将造成 L1、L2 两相电源短路。为此，将接触器 KM1、KM2 的常闭触头串接在对方线圈电路中，形成相互制约的控制。这种相互制约关系称为互锁控制，由接触器或继电

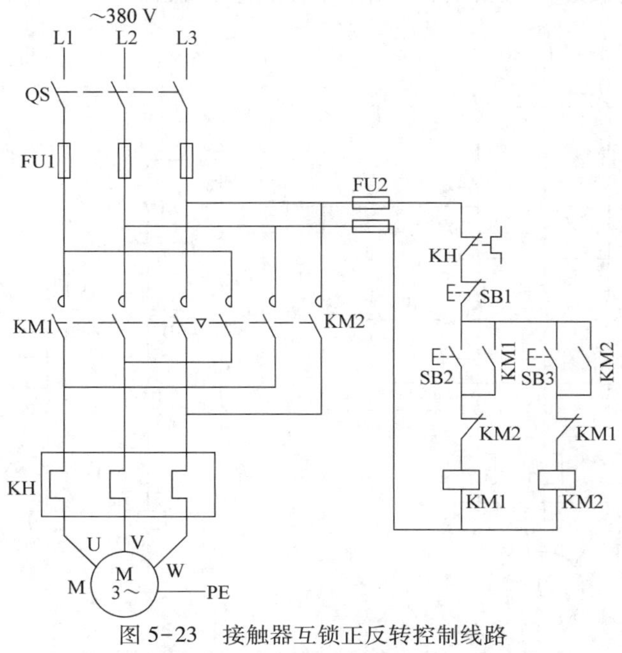

图 5-23　接触器互锁正反转控制线路

器常闭触头构成的互锁称为电气互锁，起互锁作用的触头称为互锁触头。该电路在进行正反转切换时，必须先按停止按钮，然后再启动相反方向的控制，这就构成了正—停—反的操作顺序。图 5-24 所示为接触器互锁正反转控制线路的接线。

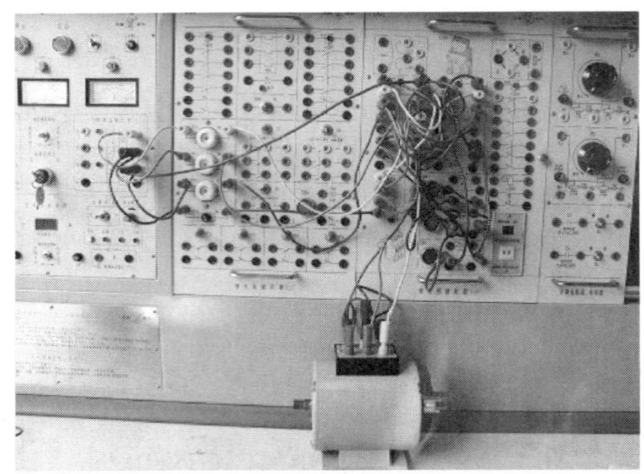

图 5-24　接触器互锁正反转控制线路的接线

二、按钮和接触器双重互锁的正反转控制线路

为了缩短辅助工时，往往要求电动机能直接进行正反转切换，可采用如图 5-25 所示的电路进行控制。它是在图 5-23 的基础上增设了启动按钮的常闭触头进行互锁，构成了按钮和接触器双重互锁的控制线路。该电路既可实现正—停—反操作，又可实现正—反—停操作，使用非常方便，并且安全、可靠，在实际生产机械中用得很多。

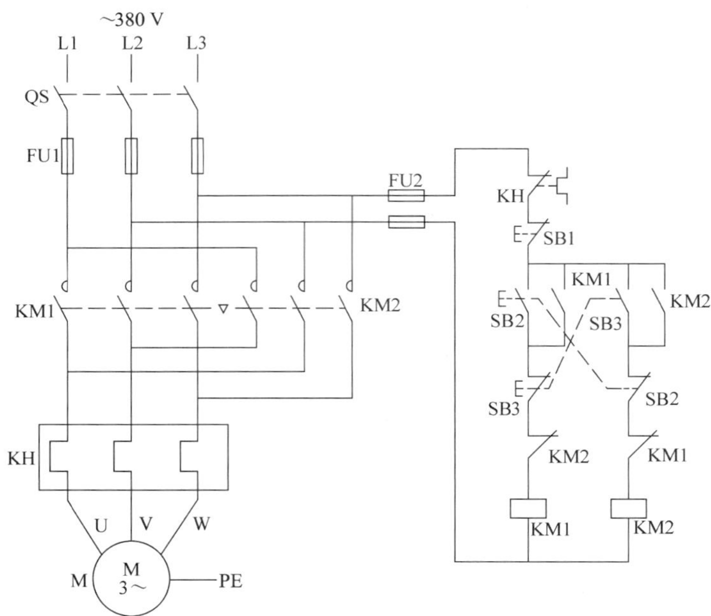

图 5-25　按钮和接触器双重互锁的控制线路

图 5-26 所示为按钮和接触器双重互锁正反转控制线路的接线。

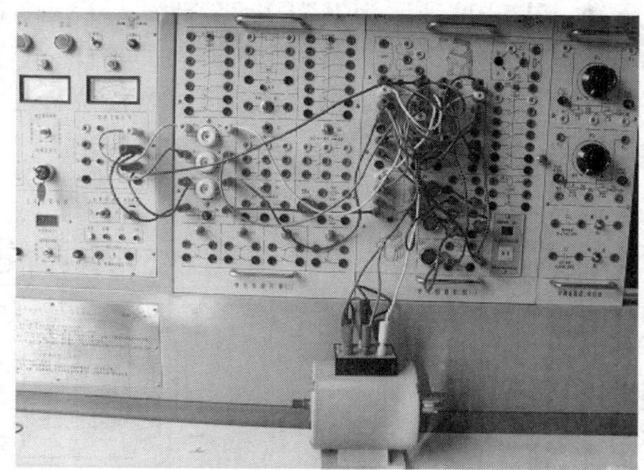

图 5-26　按钮和接触器双重互锁正反转控制线路的接线

三、自动往复运行控制线路

有些生产机械的工作台需要在一定距离内自动往复运行，以使工件能得到连续的加工，如龙门刨床、导轨磨床等。为此，常利用直接测量位置信号的元件——行程开关作为控制元件来控制电动机的正反转，这种控制方式称为行程原则的自动控制。

1. 行程开关

行程开关又称限位开关，是一种利用生产机械运动部件的碰撞发出指令的主令电器，用于控制生产机械的运动方向、行程大小或作限位保护。

行程开关的结构形式很多，但基本上都是以某种位置开关元件为基础，装置不同的操作头而得到各种不同的形式，如图 5-27 所示。

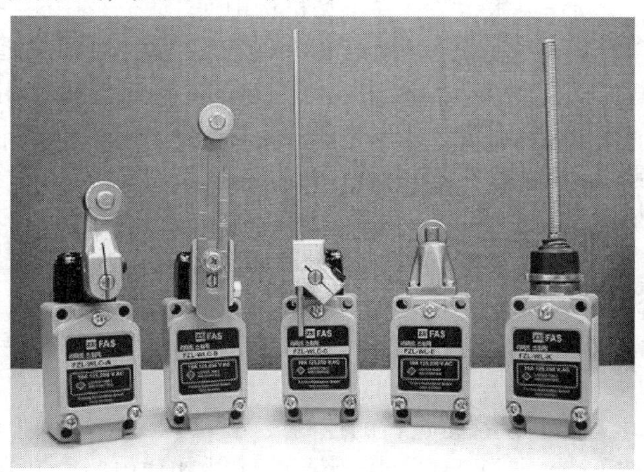

图 5-27　行程开关的外形结构

行程开关按运动形式不同可分为直动式和转动式；按结构不同可分为直动式、滚动式和微动式；按触头性质不同可分为有触头式和无触头式。行程开关的文字符号和图形符号，如图 5-28 所示。

（1）直动式行程开关　图 5-29 所示为 JLXK1 型直动式行程开关的结构。其动作与控制按钮类似，只是它用运动部件上的撞块来碰撞行程开关的推杆。其优点是结构简单，成本较低；缺点是触头的分合速度取决于撞块的移动速度。若撞块移动太慢，则触头就不能瞬时切断电路，使电弧在触头上停留时间较长，容易烧蚀触头。

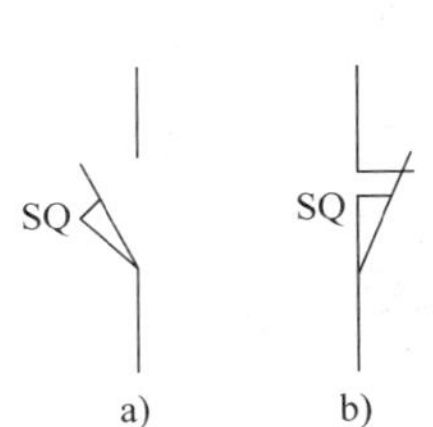

图 5-28　行程开关的文字符号和图形符号
a）常开触头　b）常闭触头

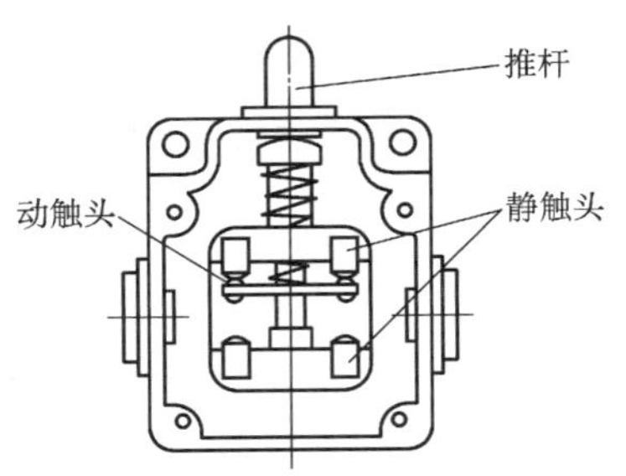

图 5-29　JLXK1 型直动式行程开关的结构

（2）微动开关　为了克服直动式结构的缺点，可采用具有弯片状弹簧的瞬动机构，如图 5-30 所示为 LX31 型微动开关。当推杆被压下时，弹簧片发生变形，储存能量并产生位移，当达到预定的临界点时，弹簧片连同动触头产生瞬时跳跃，从而导致电路接通、分断或转换。同样，减小操作力时，弹簧片会向相反方向跳跃。

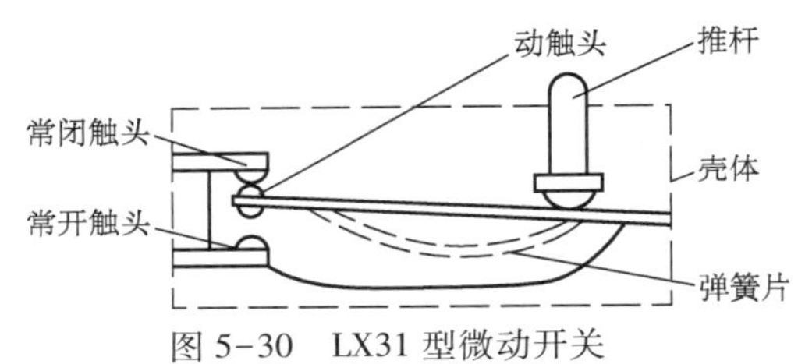

图 5-30　LX31 型微动开关

微动开关体积小，动作灵敏，适合在小型机构中使用。

（3）接近开关　接近开关是电子式、无触头的行程开关，它是由运动部件上的金属片与之接近到一定距离时发出的接近信号来实现控制的。接近开关使用寿命长，操作频率高，动作迅速、可靠，其用途已远远超出一般的行程控制和限位保护，它还可用于高速计数、测速、液面控制、金属体检测等，其常用型号有 LJ2、LJ5、LXJ6 等系列。

2. 自动往复运行控制线路

图 5-31 所示为工作台自动往复运行示意图。在工作台上装有挡铁 1 和挡铁 2，机床床身上装有行程开关 SQ1 和 SQ2，工作台的行程可通过移动挡铁或行程开关的位置来调节，以适应加工零件的不同要求。SQ3 和 SQ4 用作限位保护，即限制工作台的运行超出其极限位置。

图 5-32 所示为电动机自动往复运行的控制线路，图 5-33 所示为该控制线路的接线。合上电源开关 QS，按下启动按钮 SB2，接触器 KM1 线圈通电吸合并自锁，电动机正转启动，驱动工作台左移。当工作台运动到一定位置时，挡铁 1 压下行程开关 SQ1，其常闭触头断开，使接触器 KM1 断电释放，电动机暂时脱离电源，同时 SQ1 常开触头闭合，使接触器 KM2 通电吸合并自锁，电动机反转，驱动工作台右移。当工作台运动到挡铁 2 压下行

程开关 SQ2 时，使 KM2 断电释放，KM1 重新通电吸合，电动机又开始正转。如此往复循环，直至按下停止按钮 SB1，电动机停止运行，加工结束。最后，关断电源开关 QS。

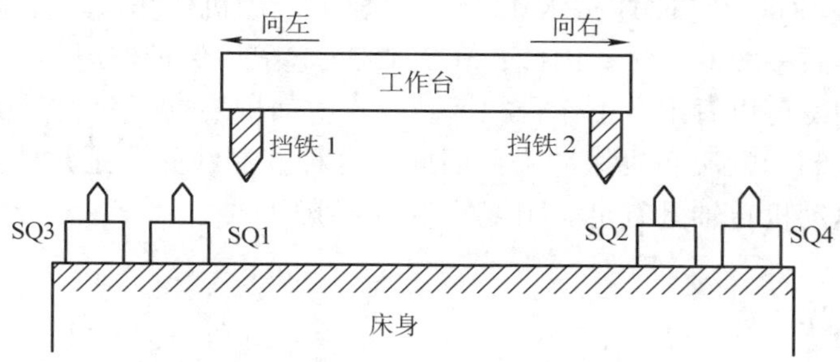

图 5-31　工作台自动往复运行示意图

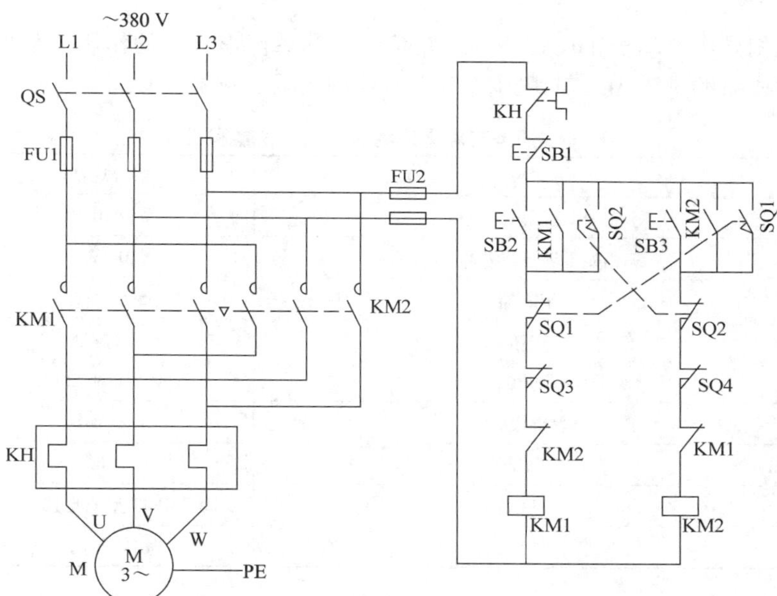

图 5-32　电动机自动往复运行的控制线路

图 5-33　电动机自动往复运行控制线路的接线

行程开关 SQ3、SQ4 分别安装在运动部件的正向、反向极限位置。当由于某种故障，运动部件到达换向开关位置但未能切断 KM1 或 KM2 时，运动部件继续移动，撞块压下极限行程开关 SQ3 或 SQ4，使 KM1 或 KM2 断电释放，电动机停止，从而避免运动部件由于越出允许位置而导致事故的发生。因此，SQ3、SQ4 起限位保护作用。

由上述控制情况可以看出，工作台往返一次，电动机要进行两次反接制动和启动，将会出现较大的反接制动电流和机械冲击。因此，这种控制线路只适用于电动机容量较小、循环周期较长和电动机转轴具有足够刚度的驱动系统中。

任务实施

一、任务准备

在学习三相异步电动机正反转控制线路接线，熟悉行程开关的作用，掌握工作台自动往返循环控制线路的过程中，需用到表 5-3 所列的工具、仪器和设备。

表 5-3　任务实施需用到的工具、仪器和设备

序号	名称	型号规格	数量
1	三相交流可调电源	0~420 V	1 个
2	三相笼型转子异步电动机	100 W	1 台
3	熔断器	5 A/2 A	3/2 个
4	按钮	红/绿/黄	3 个
5	交流接触器	5 A，线圈 220 V	2 个
6	热继电器	1 A	1 个
7	行程开关	LX19	4 个
8	万用表	MF47 型或自选	1 块
9	导线	实验专用	若干

二、接触器互锁三相异步电动机正反转控制线路的安装与调试

1. 绘制并连接接触器互锁的三相异步电动机正反转控制线路

接触器互锁的三相异步电动机正反转控制线路的参考电路，如图 5-23 所示。按图正确连接线路，先接主电路，再接控制电路。

2. 通电调试接触器互锁的三相异步电动机正反转控制线路

（1）注意实验设备的额定电压是 220 V。检查无误后，合上电源开关 QS，接通线电压为 220 V 的三相交流电源。

（2）按下按钮 SB2，观察电动机的转向；直接按下按钮 SB3，观察电动机是否反转，按下停止按钮 SB1 使电动机停转。

（3）再按下按钮 SB3，观察电动机是否反转，按下停止按钮 SB1 停机。

（4）重复操作几遍，理解控制电路的工作原理以及接触器互锁的作用。

（5）关断电源开关 QS。

三、按钮和接触器双重互锁三相异步电动机正反转控制线路的安装与调试

1. 绘制按钮和接触器双重互锁的正反转控制线路

按钮和接触器双重互锁正反转控制线路的参考电路如图 5-25 所示。按图正确连接线路，检查无误后准备通电调试。

2. 通电调试按钮和接触器双重互锁的三相异步电动机正反转控制线路

（1）合上电源开关 QS。注意：实验设备的额定电压是 220 V。

（2）先按下按钮 SB2，观察电动机的转向；直接按下按钮 SB3，观察电动机是否反转。

（3）同时按下按钮 SB2 和 SB3，观察电动机的工作状态如何。

（4）再次按下按钮 SB2，电动机正转后，很轻地按一下按钮 SB3，看电动机运转状态有什么变化。

（5）关断电源开关 QS。

四、工作台自动往复循环控制线路的安装与调试

1. 绘制并连接工作台自动往复循环的控制线路

工作台自动往复循环控制线路的参考电路如图 5-32 所示，按图接线，检查无误后准备通电调试。

2. 通电调试工作台自动往复循环的控制线路

（1）注意实验设备的额定电压是 220 V。合上电源开关 QS，接通 220 V 三相交流电。

（2）按下按钮 SB2，使电动机正转约 10 s；用手按下 SQ1（模拟工作台左进到终点，挡块压下行程开关 SQ1），观察电动机是否停止正转并变为反转。

（3）反转 10 s 后，用手按下 SQ2（模拟工作台右进到终点，挡块压下行程开关 SQ2），观察电动机是否停止反转并变为正转。

（4）正转 10 s 后按下 SQ3，反转 10 s 后按下 SQ4，观察电动机的运转情况。

（5）重复上述操作，体会控制的思路和各行程开关的作用。

（6）关断电源开关 QS。

1. 实际的三相交流电电压是 380 V，而实验用电动机为△形接法，电源线电压是 220 V。

2. 为了设备安全，主电路和控制电路都应接入熔断器。

3. 交流接触器线圈的额定电压为 220 V，因此控制电路的电压也应是 220 V。

4. 接线完毕，注意导线不要碰到联轴器，以防止电动机旋转拉断导线。

总结测评

一、总结报告

1. 绘制任务的电路图。

2. 记录任务实施的过程、现象和数据结果。

（1）在接触器互锁的三相异步电动机正反转控制线路中，按下按钮 SB2 电动机正转时，为什么按钮 SB3 不起作用?

（2）在按钮和接触器双重互锁的正反转控制线路中，按下按钮 SB1 电动机正转后，很轻地按一下按钮 SB3，电路中会发生什么现象？为什么？

（3）训练过程中若发现按下反转按钮时电动机转向不变，试分析其故障原因。

（4）若电动机运行过程中，主电路有一相熔断器熔断，可能发生什么情况?

（5）在自动往复控制线路中，SQ3、SQ4 在行程控制中起什么作用?

3. 小结、体会和建议。

二、任务测评（见表 5-4）

表 5-4 任务实施考核评分记录表

序号	考核内容	考核要求	配分	得分
1	任务实施的准备	预习任务的内容	10	
2	仪器、仪表、设备的使用	正确使用按钮、接触器、热继电器、行程开关等设备	20	
3	电气控制电路的接线	电路绘制正确，接线速度快	20	
4	正反转控制线路的操作	通电运行一次成功，操作规范	30	
5	自动往复控制线路的操作	通电运行一次成功，操作规范	20	
6	合计得分		100	
7	否定项	发生重大责任事故、严重违反教学纪律者得 0 分		

指导教师签名____________ 日期____________

任务 3 三相异步电动机顺序控制和时间控制线路的安装与调试

学习目标

1. 了解顺序控制电路的用途，掌握顺序控制线路的接线和使用技能。

2. 了解时间继电器的原理、结构和用途，掌握时间控制线路的使用技能。

任务引入

许多生产机械对多台电动机的启动和停止有一定的要求，必须按预先设计好的先后次序实现启动和停止。例如，某些机床常要求先启动润滑油泵电动机，然后才能启动主轴电动机；多级物料传送带工作时，为了防止物料堆积在传送带上，要求按照末端到首端的顺序启动电动机，首端到末端的顺序停止电动机。这都要求几台电动机按一定顺序工作，能够实现这种控制要求的电路就是顺序控制线路。

在自动控制系统中，常用到以时间为参数的控制电路。例如，两个运动部件按一定时间间隔先后启动，某些机械设备按一定时间要求完成相应的工作等，这些都属于时间控制。能够实现时间控制功能的电路称为时间控制线路。

本任务主要完成顺序控制线路和时间控制线路的安装与调试。

相关知识

一、时间继电器

从得到输入信号起，需经过一定时间的延迟才能输出信号的继电器称为时间继电器。图 5-34 所示为时间继电器的外形。

a)

b)

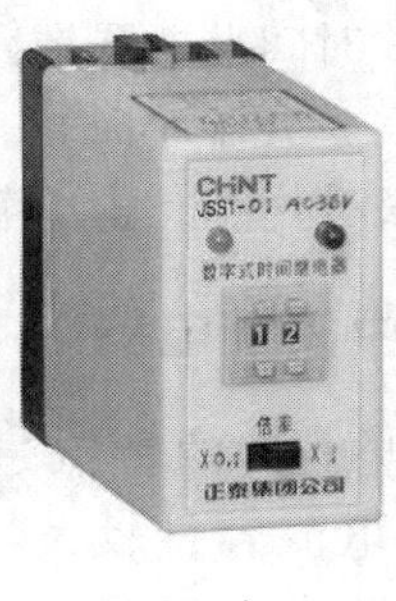

c)

图 5-34　时间继电器的外形

a）JS7 型　b）JS7-1A 型　c）JSS1 型数字式

时间继电器获得延时的方法是多种多样的，按其工作原理可分为电磁式、空气阻尼式、电动式和数字式，延时方式有通电延时和断电延时两种。

1. 空气阻尼式时间继电器

空气阻尼式时间继电器又称气囊式时间继电器，它是利用空气阻尼作用来达到延时目的的。JS7 系列空气阻尼式时间继电器的结构，如图 5-35a 所示。

JS7-1A 型时间继电器由电磁系统、触头系统和延时机构等组成。电磁铁采用直动式双 E 型；触头系统是借助桥式双断点微动开关，构成瞬时触头和延时触头两部分，供控制时选用；延时机构是利用气囊式阻尼器中空气通过小孔时产生阻尼作用来延时的，旋转调节螺钉，改变进气孔的大小，就可调节延时时间的长短。这种继电器分为通电延时和断电延时两种形式。

时间继电器的文字符号为 KT，各种常开触头、常闭触头的符号比较复杂，如图 5-35b 所示。线圈的符号也分为通电延时和断电延时两种。

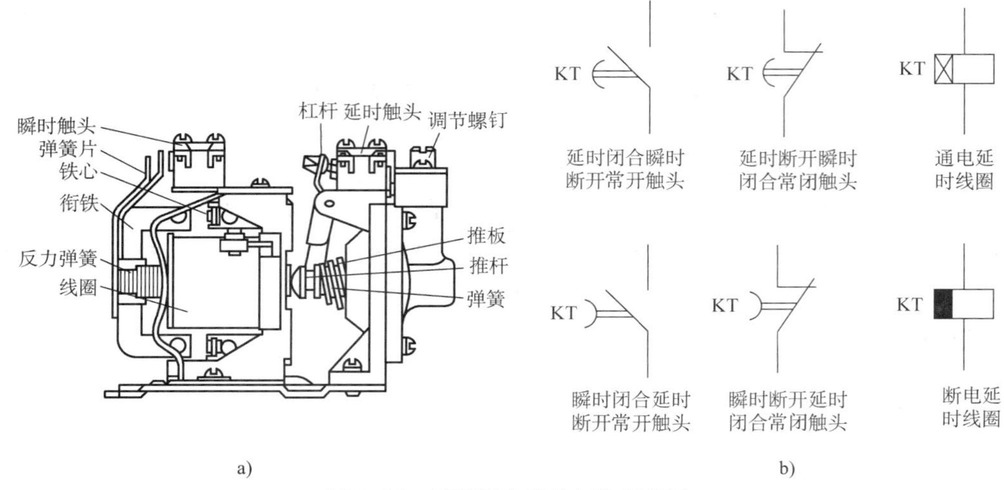

图 5-35　时间继电器的结构和符号

a）JS7 系列时间继电器的结构　b）时间继电器触头和线圈的符号

2. 数字式时间继电器

数字式时间继电器是目前应用比较广泛的时间继电器。它具有体积小、质量轻、延时时间长（可达几十小时）、延时精度高、调节范围广泛（0. 1 s~9 999 min）、工作可靠和使用寿命长等优点，正逐渐取代机电式时间继电器。

二、中间继电器

中间继电器的特点是触头数较多（4 对以上），触头电流容量较大（5 ~ 10 A），动作灵敏（动作时间不大于 0. 05 s）。主要用途是当其他低压电器的触头数量或触头容量不够时，可借助中间继电器来增加它们的触头数量或触头容量，起到中间信号的转换和放大作用。常用的中间继电器有 JZ7、JZ8 等系列，其结构和外形与小型交流接触器相似。JZ7 型中间继电器的外形，如图 5-36a 所示。其图形符号与交流接触器的差别在于没有主触头，文字符号为 KA，如图 5-36b 所示。

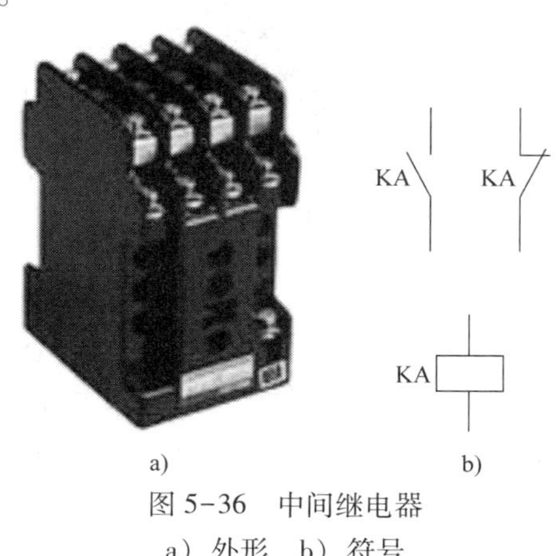

图 5-36　中间继电器

a）外形　b）符号

三、顺序控制线路

图 5-37 所示为两台电动机顺序控制主电路的接线。接触器 KM1 和 KM2 分别控制两台电动机 M1 和 M2。

图 5-38 所示为电动机顺序控制线路的原理图。图 5-38a 所示为主电路，图 5-38b、c、d 是不同的控制电路，其共同点是 KM1 常开触头串联在 KM2 线圈电路中，所以，只有在电动机 M1 启动后电动机 M2 才能启动，因此电动机的工作顺序是 M1→M2。

图 5-37　两台电动机顺序控制主电路的接线

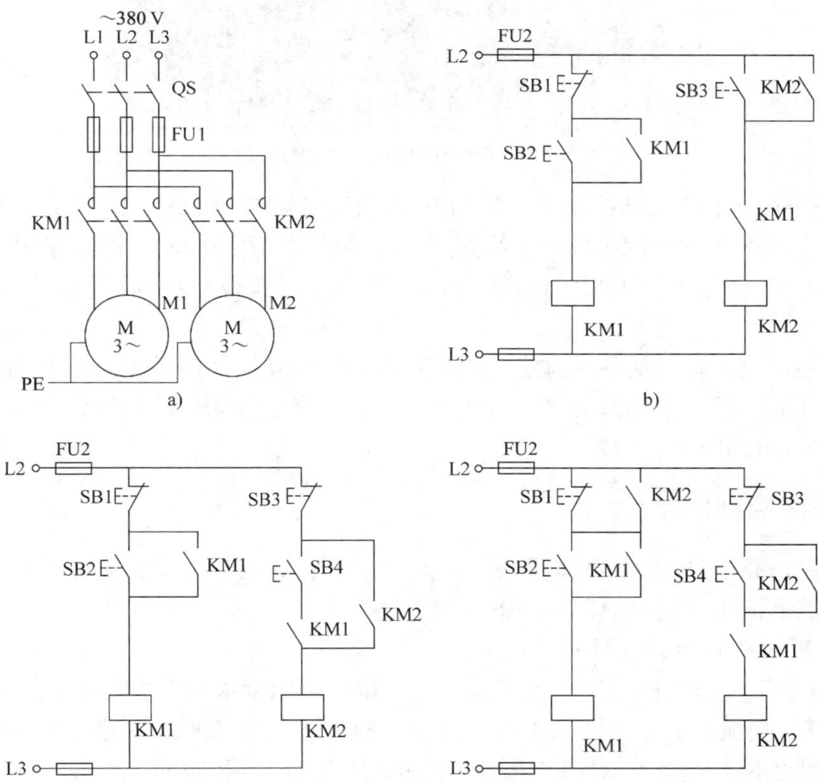

图 5-38　电动机顺序控制线路的原理图

a）顺序控制主电路　b）顺序启动同时停止控制电路

c）顺序启动可单独停止控制电路　d）顺序启动逆序停止控制电路

以图 5-38a、b 为例，其控制电路的工作原理为：合上电源开关 QS，按下启动按钮 SB2，接触器 KM1 线圈得电，除了 KM1 的自锁触头和主触头闭合使电动机 M1 得电运转外，与接触器 KM2 线圈串联的 KM1 常开触头也闭合。只有在这个条件下，按下按钮 SB3，接触器 KM2 线圈才能得电，从而启动电动机 M2。也就是说，电动机 M2 只能在电动机 M1 启动后才能启动。电动机 M2 可以不启动，但按下停止按钮 SB1 时，则同时停止电动机 M1 和 M2。最后，关断电源开关 QS。图 5-39 所示为与图 5-38a、b 相对应的接线。

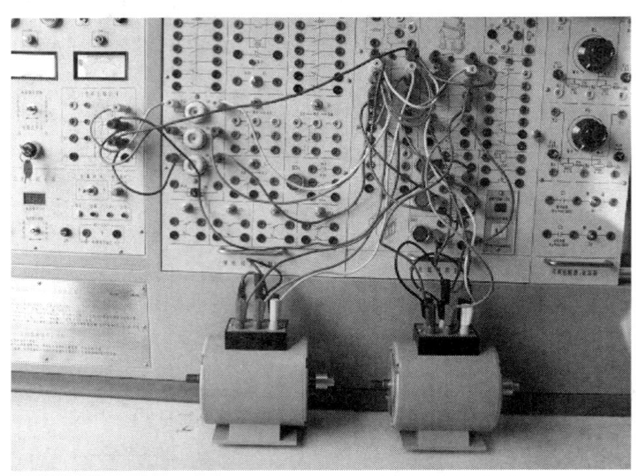

图 5-39　电动机顺序控制线路的接线

在图 5-38c 所示的控制线路中，电动机 M1 启动后 M2 才能启动，而停止时，相互之间没有影响。在图 5-38d 所示的控制线路中，启动情况与图 5-38b 一样；停止时，由于常开触头 KM2 并联在停止按钮 SB1 两端，所以，只有在 M2 停止后 M1 才能停止，即 M2→M1。

综上所述，顺序控制的基本方法是用常开触头进行互锁。即将先启动电动机的接触器常开触头串联到后启动电动机的接触器线圈中，将先停止电动机的接触器常开触头并联到后停止电动机的停止按钮两端。

四、时间控制电路

时间控制电路是利用时间继电器来完成的。常用的延时控制电路有通电延时型时间继电器控制电路和断电延时型时间继电器控制电路两大类。

1. 通电延时型时间继电器控制电路

图 5-40 所示为通电延时型时间继电器控制电路。图中 KA 为中间继电器，KT 为时间继电器，KM 为接触器。接触器 KM 线圈必须在时间继电器 KT 常开触头延时闭合以后才能得电，也就是说，接触器 KM 得电是由时间继电器延时后控制的。

电路工作原理：按下启动按钮 SB2，中间继电器 KA 线圈得电，KA 的常开触头闭合并自锁，接通时间继电器 KT 线圈，经过一段时间 Δt 的延时后，KT 的常开触头闭合，接触器 KM 线圈得电，完成接通主电路的任务。可见，从按下启动按钮 SB2，到主电路被接通，是有一段时间滞后的，其延时量的大小由时间继电器决定。

2. 断电延时型时间继电器控制电路

图 5-41 所示为断电延时型时间继电器控制电路。图中时间继电器 KT 为断电延时型时间继电器。其常开延时断开触头动作情况比通电延时型时间继电器复杂一些。在 KT 线圈得电时，该触头立即闭合；KT 线圈断电时，经延时后该触头才断开。

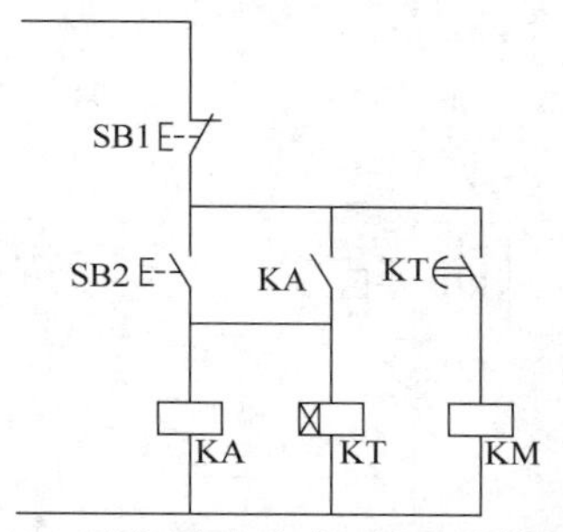

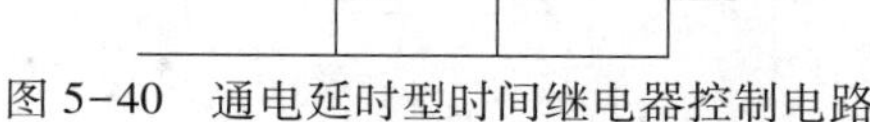
图 5-40　通电延时型时间继电器控制电路

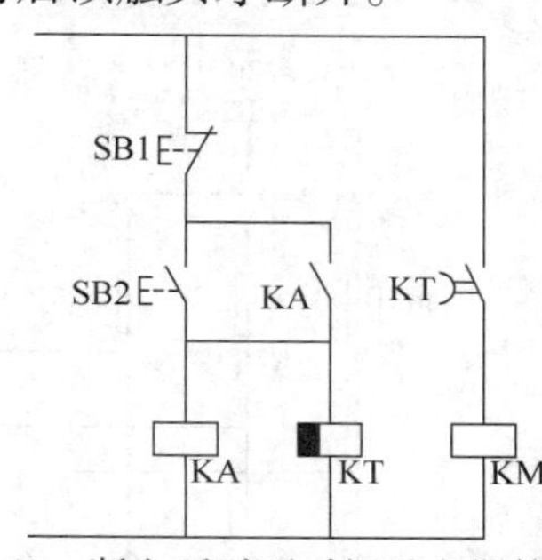

图 5-41　断电延时型时间继电器控制电路

电路工作原理：按下启动按钮 SB2，中间继电器 KA 线圈得电，其自锁触头闭合，使时间继电器 KT 线圈得电，因该时间继电器为断电延时型时间继电器，所以它的常开触头立即闭合，串联在同一电路的接触器 KM 线圈得电，主电路工作。按下停止按钮 SB1 时，中间继电器 KA 和时间继电器 KT 的线圈同时断电，但是时间继电器的常开延时断开触头仍然保持闭合，经过一段时间 Δt 的延时（由 KT 决定）后，该触头才断开，接触器 KM 线圈失电，从而主电路断电。

任务实施

一、任务准备

在学习三相异步电动机顺序控制线路的接线和操作、延时控制线路的接线和使用的过程中，需用到表 5-5 所列的工具、仪器和设备。

表 5-5　任务实施需用到的工具、仪器和设备

序号	名称	型号规格	数量
1	三相交流可调电源	0~420 V	1 个
2	三相笼型转子异步电动机	100 W	2 台
3	熔断器	5 A/2 A	3/2 个
4	按钮	红/绿	各 2 个
5	交流接触器	5 A，线圈 220 V	2 个
6	热继电器	1 A	2 个
7	时间继电器	5 s	1 个
8	万用表	MF47 型或自选	1 块
9	导线	实验专用	若干

二、两台电动机顺序控制线路的安装与调试

1. 绘制并连接顺序启动 M1→M2、逆序停止 M2→M1 的控制线路

两台三相异步电动机启动顺序为 M1→M2、停止顺序为 M2→M1 的控制线路，其参考电路，如图 5-42 所示，按图接线，检查无误后准备通电。

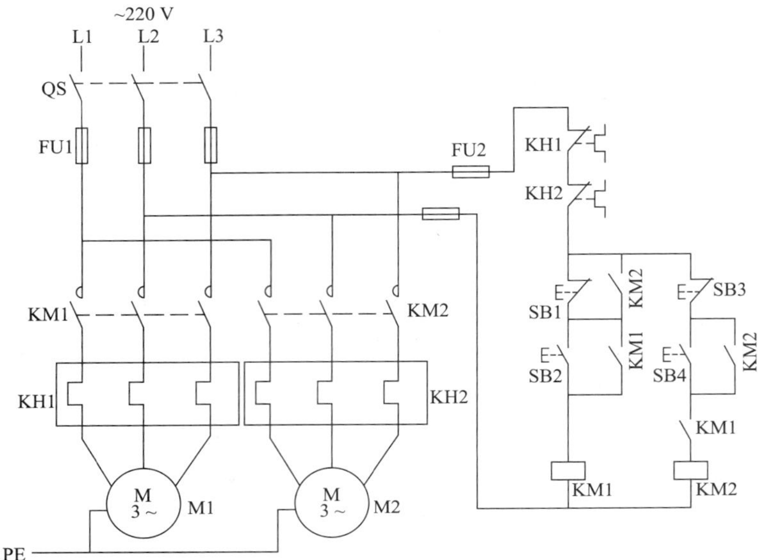

图 5-42　两台三相异步电动机顺序控制的参考电路

2. 通电调试顺序启动、逆序停止的控制线路

（1）注意设备的额定电压是 220 V，因此必须将电源电压调到 220 V。

（2）合上电源开关 QS，接通 220 V 三相交流电源。

（3）按下电动机 M2 的启动按钮 SB4，观察电动机能否启动，为什么？

（4）先按下电动机 M1 的启动按钮 SB2，再按下电动机 M2 的启动按钮 SB4，观察电动机能否启动。

（5）按下电动机 M1 的停止按钮 SB1，观察电动机能否停转，为什么？

（6）先按下电动机 M2 的停止按钮 SB3，再按下电动机 M1 的停止按钮 SB1，观察电动机能否停转。

（7）关断电源开关 QS。

三、两台电动机错时启动控制线路的安装与调试

1. 绘制并连接两台电动机错时启动的控制线路

两台三相异步电动机 M1→M2 错时启动、同时停止的控制线路，其参考电路如图 5-43 所示。按图接线，检查无误后准备通电调试。

2. 通电调试两台电动机错时启动、同时停止的控制线路

（1）将时间继电器延时时间调到 3 s，确认无误后合上电源开关 QS，接通 220 V 三相

交流电源。

（2）按下启动按钮 SB2，观察电动机的启动过程。

（3）按下停止按钮 SB1，观察电动机的停转过程。

（4）关断电源开关 QS。

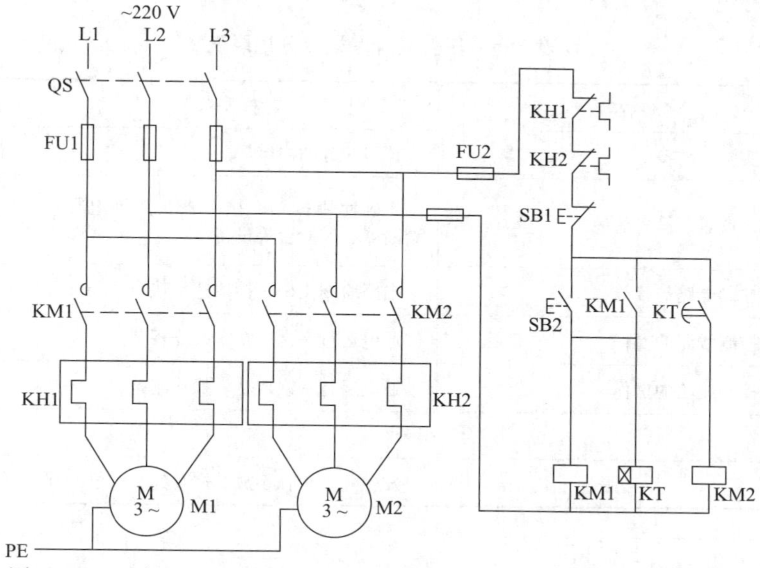

图 5-43　两台三相异步电动机 M1→M2 错时启动、同时停止的参考电路

1. 注意实验用电动机和低压电器的额定电压是 220 V。
2. 为了设备安全，主电路和控制电路都应接入熔断器。
3. 接线完毕，注意导线不要碰到联轴器，以防止电动机旋转拉断导线。

总结测评

一、总结报告

1. 绘制任务的电路图。

2. 记录任务实施的过程、现象和数据结果。

（1）顺序控制电路的作用是什么？如何实现？举例说明顺序控制电路在机床控制线路中的应用。

（2）仿照图 5-42，绘制启动顺序为 M1→M2→M3、停止顺序为 M3→M2→M1 的控制线路。

（3）延时控制电路的作用是什么？如何实现？

（4）图 5-43 所示的控制线路如果要实现两台电动机同时启动、自动错时停止，应该如何修改控制电路？

3. 小结、体会和建议。

二、任务测评（见表 5-6）

表 5-6　任务实施考核评分记录表

序号	考核内容	考核要求	配分	得分
1	任务实施的准备	预习任务的内容	10	
2	仪器、仪表、设备的使用	正确使用按钮、接触器、热继电器、熔断器、实验台等设备	20	
3	电气控制电路的接线	电路绘制正确，接线速度快	30	
4	顺序控制线路的操作	通电运行一次成功，操作规范	20	
5	时间控制线路的操作	通电运行一次成功，操作规范	20	
6	合计得分		100	
7	否定项	发生重大责任事故、严重违反教学纪律者得 0 分		

指导教师签名________________　　　　日期________________

任务 4　三相异步电动机启动和制动控制线路的安装与调试

学习目标

1. 掌握三相异步电动机启动控制线路的接线和使用技能。
2. 掌握三相异步电动机制动控制线路的接线和使用技能。

任务引入

小容量三相异步电动机可以采用全压启动，但大容量三相异步电动机，应采用减压启动，以减小启动电流。待电动机转速上升后，恢复额定电压，进入正常运行状态。在减压启动的转换过程中，可以借助电气控制线路的功能自动完成。

三相异步电动机定子绕组脱离电源后，由于惯性作用，转子需经一定时间后才停止转动，这往往不能满足某些生产机械的工艺要求，也影响生产效率的提高，并造成运动部件停位不准确。为此，应对驱动电动机采取有效的制动措施。从电动到制动的工作状态转换也可以借助于电气控制线路的功能而自动完成。

本任务就来完成三相异步电动机启动控制线路和能耗制动控制线路的安装与调试。

相关知识

一、三相笼型转子异步电动机减压启动控制线路

1. 定子绕组串电抗器（或电阻）减压启动控制线路

三相异步电动机定子绕组串接电阻或电抗器启动时，启动电流在电阻或电抗器上产生电压降，使电动机定子绕组上的电压低于电源电压，启动电流随之减小。待电动机转速接近额定转速时，再将电阻或电抗器短接，使电动机在额定电压下运行。电抗器减压启动通常用于高压电动机，电阻减压启动一般用于低压电动机。但是串电阻启动时，在电阻上会消耗大量的电能，所以不宜用在经常启动的电动机上。若用电抗器代替电阻，虽能克服这一缺点，但设备费用较大。上述两种方法，均不受电动机接法的限制，但电压降低后，启动转矩与电压的平方成比例地减小，因此只适用于空载或轻载启动的场合。

图 5-44 所示为按照时间原则自动短接电阻的减压启动控制线路。图中 KM1 为启动接触器，KM2 为运行接触器，KT 为时间继电器。

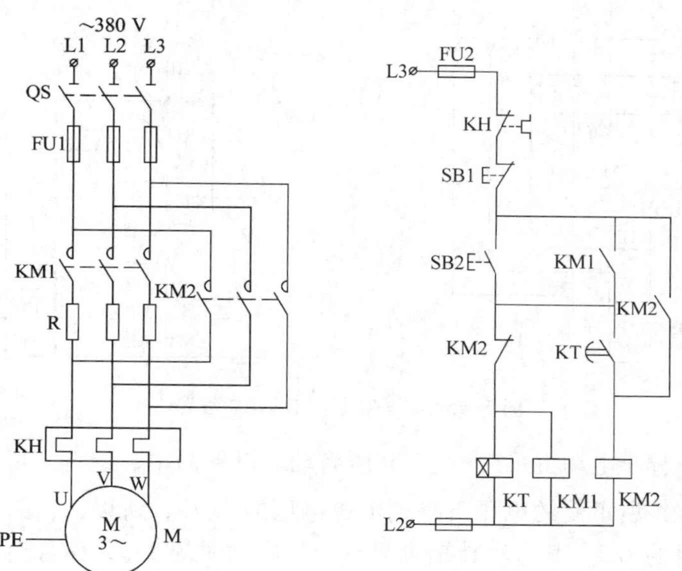

图 5-44　定子串电阻减压启动控制线路

电路工作情况：合上电源开关 QS，按下启动按钮 SB2，KM1、KT 线圈同时通电并自锁，此时电动机定子绕组串接电阻 R 进行减压启动。当电动机转速接近额定转速时，时间继电器 KT 通电延时闭合常开触头闭合，KM2 线圈通电，KM2 常闭触头断开并切断 KM1、KT 线圈电路，使 KM1、KT 断电释放，KM2 自锁触头闭合，线路自锁。于是完成了先由 KM1 主触头串接定子电阻减压启动，后由 KM2 主触头短接定子电阻，电动机在全压下正常运转的启动全过程。

2. ㄚ-△减压启动控制线路

凡是额定运行时三相定子绕组△形接法的三相笼型转子异步电动机，均可采用ㄚ-△减压启动方法来达到限制启动电流的目的。启动时，定子绕组先采用ㄚ形连接，待转速上升后，将定子绕组的接线恢复为△形连接，电动机进入全压额定运行状态。

图 5-45 所示为三接触器式ㄚ-△减压启动控制线路，其中，KM1 用于接通三相电源，KM2 将定子绕组接成△形连接，KM3 将定子绕组接成ㄚ形连接。

ㄚ-△减压启动控制线路的简要工作原理如下：

$$QS^{+}\rightarrow SB2^{\pm}\rightarrow \underset{(KM3^{+}、KT^{+})}{KM1^{+}_{\text{自锁}}}\rightarrow KM2^{-}\rightarrow \text{减压启动}\rightarrow \Delta t\rightarrow KM3^{-}\rightarrow \underset{(KM1^{+}、KT^{-})}{KM2^{+}}\rightarrow \text{额定运行}$$

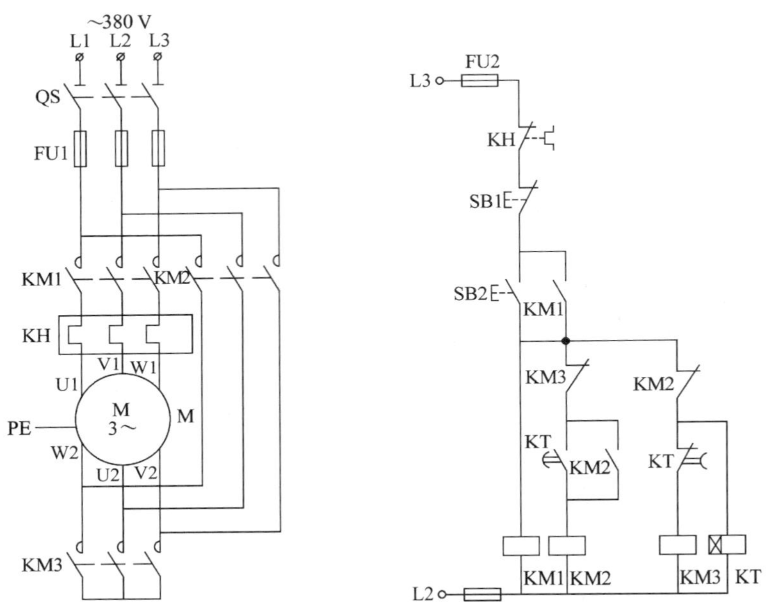

图 5-45　ㄚ-△减压启动控制线路

三相笼型转子异步电动机采用ㄚ-△减压启动，设备简单、经济，可频繁操作。但启动时，由于每相绕组所承受的电压下降到电源电压的 $1/\sqrt{3}$，所以，线路中的启动线电流下降到全压启动时的 1/3，其启动转矩也只有全压启动时的 1/3，而且启动电压不能按实际需要调节。因此，这种启动方法只适用于空载或轻载启动的场合。

3. 自耦变压器减压启动控制线路

自耦变压器减压启动控制线路中，是利用自耦变压器来降低启动时加在电动机定子绕组上的电压，达到限制启动电流的目的。电动机启动时，定子绕组得到的电压是自耦变压器的二次电压。启动完毕，将自耦变压器切除，额定电压（即自耦变压器的一次电压）直接加于定子绕组，电动机进入全压正常运行。

自耦变压器采用ㄚ形连接，各相绕组有几组不同的电压抽头，可根据电动机启动时负载的大小选择适当的启动电压。

图 5-46 所示为自耦变压器启动控制线路，其中 KM1 为减压启动接触器，KM2 为运行接触器，KA 为中间继电器，KT 为减压启动时间继电器，HL1 为电源指示灯，HL2 为减压启动指示灯，HL3 为正常运行指示灯。

控制线路的工作原理如下：

$$QS^{+}\rightarrow SB2^{\pm}\rightarrow \underset{(KA^{-}、KT^{+})}{KM1^{+}_{自锁}}\rightarrow KM2^{-}\rightarrow 减压启动\rightarrow \Delta t\rightarrow KA^{+}_{自锁}\rightarrow KM1^{-}\rightarrow \underset{(KT^{-})}{KM2^{+}}\rightarrow 正常运行$$

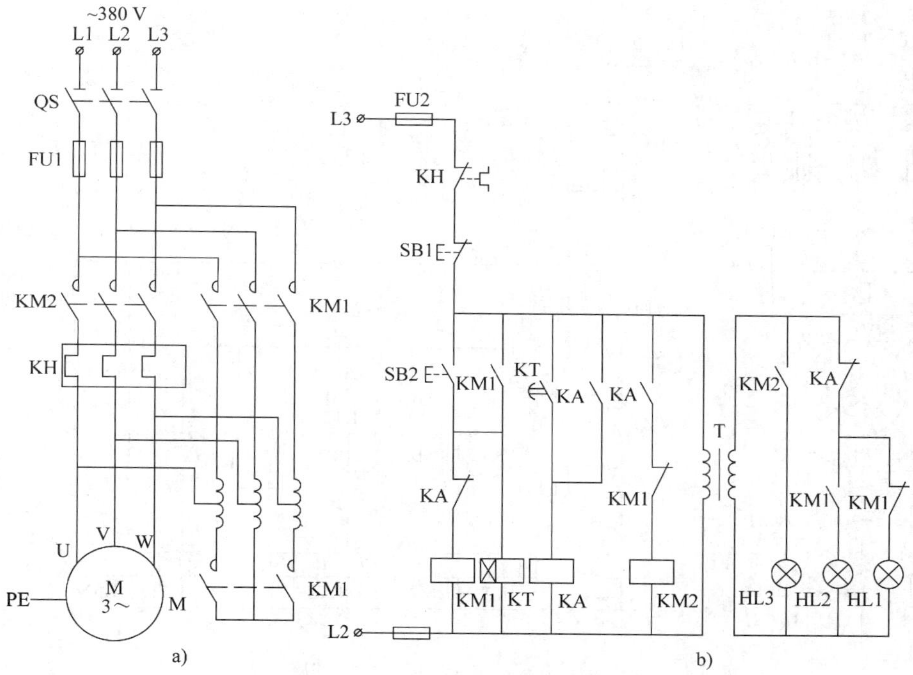

图 5-46　自耦变压器启动控制线路

异步电动机经自耦变压器减压启动时，加在定子绕组上的电压是自耦变压器的二次电压 U_2，设自耦变压器的电压比 $K=U_1/U_2>1$。由电动机原理可知：自耦变压器减压启动时的电压为额定电压的 $1/K$，电动机的启动电流减小到 $1/K^2$，而启动转矩也降低为全压启动时的 $1/K^2$，并且可以通过改变自耦变压器的抽头来调节电压比、启动电流和启动转矩的大小。因此，这种方法适用于电动机容量较大（可达 300 kW），额定运行时为Y形连接的电动机。其主要缺点是自耦变压器价格较高，而且不允许频繁启动。

二、绕线转子异步电动机启动控制线路

与笼型转子异步电动机不同，绕线转子异步电动机的转子回路可以通过电刷集电环与外部电路连接。串入适当的电阻，就可以限制启动电流，同时还能提高功率因数，增大启动转矩。为了减小启动电流的冲击，一般转子串电阻启动采取分段切除启动电阻的方法。

1. 绕线转子异步电动机转子串电阻启动控制线路

绕线转子异步电动机转子串电阻启动用于限制启动电流，提高启动转矩。一般是在转

子回路串入多级电阻器，利用接触器的主触头分段切除，使电动机的转速逐级提高，最后达到额定转速而稳定运行。

利用时间继电器控制绕线转子异步电动机转子串电阻三级启动的控制线路，如图 5-47 所示。图中转子回路串入的电阻器分成三级，采用丫形连接。启动开始时，启动电阻全部接入电路限流。在启动过程中，随转子转速的不断提高，启动电流逐渐下降，逐级短接启动电阻，直至启动完毕，启动电阻全部被短接，电动机在固有机械特性上正常运行。

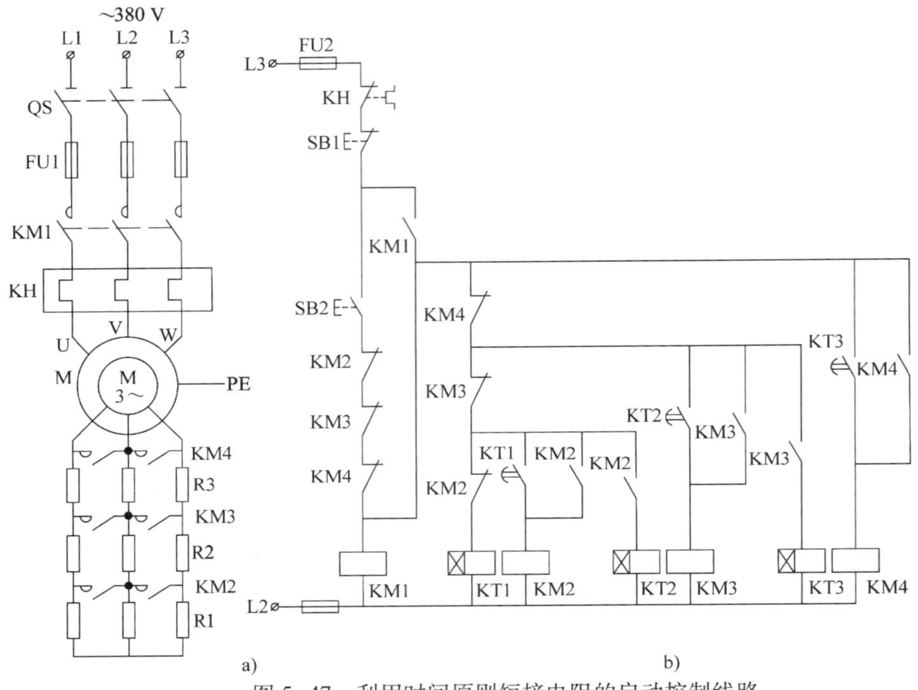

图 5-47　利用时间原则短接电阻的启动控制线路

启动线路的工作原理：合上电源开关 QS，按下启动按钮 SB2，接触器 KM1 线圈和时间继电器 KT1 线圈同时得电。KM1 线圈得电后，它的自锁触头闭合，实现对 KM1 线圈的自锁。主电路 KM1 主触头也闭合，三相电源经 KM1 闭合的主触头接入电动机定子绕组，此时电动机转子串电阻 R3、R2、R1 启动。随着启动的进行，转子转速提高，时间继电器 KT1 延时时间到，KT1 延时触头动作。

KT1 延时闭合常开触头的闭合使接触器 KM2 线圈得电，它的自锁触头闭合，实现对 KM2 线圈的自锁。KM2 串联在 KT1 线圈支路的常闭触头断开，实现对 KT1 的互锁。主电路 KM2 主触头闭合，电阻 R1 被短接，电动机转子串两段电阻继续启动。KM2 串联在时间继电器 KT2 线圈支路的常开触头闭合，使 KT2 线圈得电，经过 KT2 的时间整定值后，KT2 触头动作。

KT2 延时闭合的常开触头闭合，使接触器 KM3 线圈得电，它的自锁触头闭合，实现对 KM3 线圈的自锁。KM3 串联在 KT2 线圈的常闭触头断开，实现对 KT2 的互锁。主电路 KM3 主触头闭合，电阻 R2 被短接，电动机转子只串一段电阻继续启动。KM3 串联在时间继电器 KT3 线圈支路的常开触头闭合，使 KT3 线圈得电，经过 KT3 的整定时间后，KT3 触头动作。

KT3 延时闭合的常开触头闭合后，接触器 KM4 线圈得电，它的自锁触头闭合，实现对 KM4 线圈的自锁。KM4 串联在 KT3 线圈支路中的常闭触头断开，实现对 KT3 的互锁。主电路 KM4 主触头闭合，电阻 R3 被短接，三段电阻全部切除，电动机启动完毕，工作于固有机械特性上正常运行。

利用时间继电器自动控制切除转子电阻的启动方法目前得到较广泛的应用。在如图 5-47 所示的电路中，接触器 KM2、KM3、KM4 分别在时间继电器 KT1、KT2、KT3 的控制下顺序短接启动电阻 R1、R2、R3，正常运行时，只有 KM1 和 KM4 接触器的主触头闭合。这种工作方式称为按时间原则控制的转子串电阻减压启动控制线路。

2. 绕线转子异步电动机转子串频敏变阻器启动控制线路

在三相绕线转子异步电动机转子串电阻启动过程中，由于逐级短接电阻，电流与转矩波动较大，会产生一定的机械冲击；同时，铸铁电阻片或镍铬电阻丝比较粗大，控制箱体积较大，为此，可采用频敏变阻器来替代转子电阻器。频敏变阻器的阻抗随转子电流频率的减小而自动减小，是绕线转子异步电动机较为理想的启动装置，常用于 300 kW 及以下的 380 V 低压绕线转子异步电动机的启动控制。

（1）频敏变阻器　频敏变阻器的铁心由 30~50 mm 厚的铸铁板或钢板叠成，在三相铁心上分别套有线圈，三个线圈接成Y形连接，并与电动机转子绕组相串联。

电动机启动时，频敏变阻器通过转子电路获得交变电动势，由于其铁心是由厚钢板制成的，所以在铁心中产生较大的涡流损耗和少量的磁滞损耗，它在转子电路中相当于一个等效电阻 R。而且 R 的阻值大小随转子电流频率的变化而变化。理论分析和实践测试都可证明，频敏变阻器的等值电阻近似与转差率的平方根成正比。所以，当绕线转子异步电动机串接频敏变阻器启动时，随着电动机转速的升高，转子频率的降低，其阻抗值自动减小，从而既限制了启动电流，又获得了大致恒定的启动转矩，实现了平滑无级的启动。

频敏变阻器结构简单，体积小，运行可靠，无须经常维修，但是，由于三相线圈中电感的存在，因此功率因数较低，启动转矩小于串电阻启动时的情况，对于要求低速运转和启动转矩大的机械不宜采用。当电动机反接时，频敏变阻器的等效阻抗极大，在电动机由反接制动到反向启动过程中，其等效阻抗随转子电流频率的减小而减小，使电动机在反接过程中转矩也接近恒定。因此，绕线转子异步电动机转子串接频敏变阻器启动尤其适用于反接制动和需要频繁正反转工作的机械。

常用的频敏变阻器有 BP1、BP2-700、BP4、BP6 等系列。其中 BP1 分为轻载和重载启动两个系列；BP2-700 为轻载启动；BP4 也分为轻载和重载启动两个系列；BP6 为重载启动用。以 BP6 系列频敏变阻器为例，它能使电动机在 2. 5 倍额定电流启动下得到 1. 3 倍额定转矩的恒启动转矩，能启动带额定负载的电动机。

（2）电流继电器　根据线圈中电流的大小而动作的继电器称为电流继电器。这种继电器的线圈导线粗，匝数少，能通过大电流，串联在主电路中。当线圈中电流大于整定值而动作的继电器称为过电流继电器，低于整定值而动作的称为欠电流继电器。JT4 系列电流继电器的外形以及文字、图形符号如图 5-48 所示。

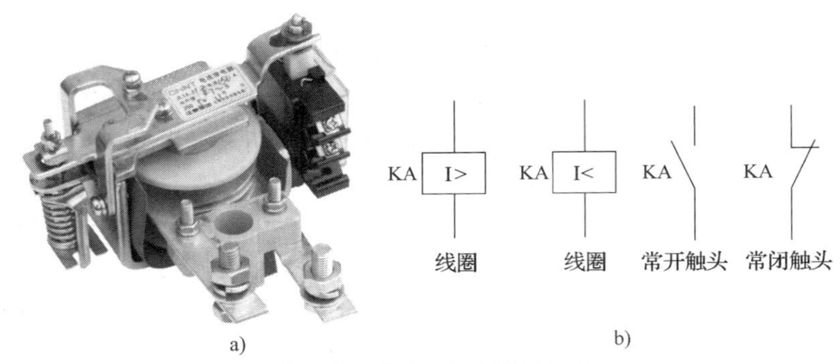

图 5-48　JT4 系列电流继电器

a）外形　b）文字、图形符号

过电流继电器在正常工作时电磁吸力不足以克服弹簧力，衔铁处于释放状态；当线圈电流超过某一整定值时，衔铁动作，于是常闭触头断开，常开触头闭合。瞬动型过电流继电器常用于电动机的短路保护；延时动作型常用于过载保护。有的过电流继电器带有手动复位机构，发生过电流时，继电器衔铁动作后不能自动复位，只有当操作人员检查并排除故障后，采用手动松掉锁扣机构，衔铁才能在复位弹簧作用下返回，从而避免重复过电流事故的发生。

欠电流继电器是当线圈电流降到低于某一整定值时释放的继电器，所以在线圈电流正常时衔铁是吸合的。这种继电器常用于直流电动机和电磁吸盘的失磁保护。

（3）频敏变阻器启动控制线路　通常将断路器、接触器、频敏变阻器、电流互感器、时间继电器、电流继电器和中间继电器等组合而成频敏变阻器启动控制箱（柜）。常用的有 XQP 系列频敏变阻器启动控制箱、CTT6121 系列和 TG1 系列频敏变阻器启动控制柜等。其中，TG1 系列控制柜广泛应用于冶金、矿山、轧钢、造纸、食品、纺织与发电等厂矿企业。图 5-49 所示为 TG1-K21 型频敏变阻器启动控制柜的电路图。可用来控制低压、45～280 kW 绕线转子异步电动机的启动。图中 KM1 为线路接触器，KM2 为短接频敏变阻器的接触器，KT1 为启动时间继电器，KT2 为防止 KA 在启动时误动作的时间继电器，KA1 为启动中间继电器，KA2 为短接 KA 的中间继电器，KA 为过电流继电器，HL1 为电源准备就绪的红色信号指示灯，HL2 为启动结束、进入正常运行的绿色信号指示灯，QF 为断路器。

电路工作情况：合上断路器 QF，红色指示灯 HL1 亮，表示电源电压正常。按下启动按钮 SB2，KT1、KM1 线圈同时通电并自锁，电动机定子绕组接通三相电源，转子绕组接入频敏变阻器启动，随着电动机转速的提高，转子电流频率减小，频敏变阻器阻抗随之下降。当电动机转速接近额定转速时，时间继电器 KT1 动作，其触头闭合，使 KA1 线圈通电吸合，KA1 的常开触头闭合，使 KM2 线圈通电并自锁，同时绿色指示灯 HL2 亮，KM2 主触头将频敏变阻器短接，电动机启动过程结束；KA1 的另一常开触头闭合，使 KT2 线圈通电吸合，经延时后 KT2 动作，使 KA2 线圈通电并自锁，其常闭触头断开，使过电流继电器 KA 串入定子电路，对电动机进行过电流保护，所以电动机启动过程中，KA 是被 KA2 触头短接的，不至于因电动机启动电流大而使 KA 发生误动作。

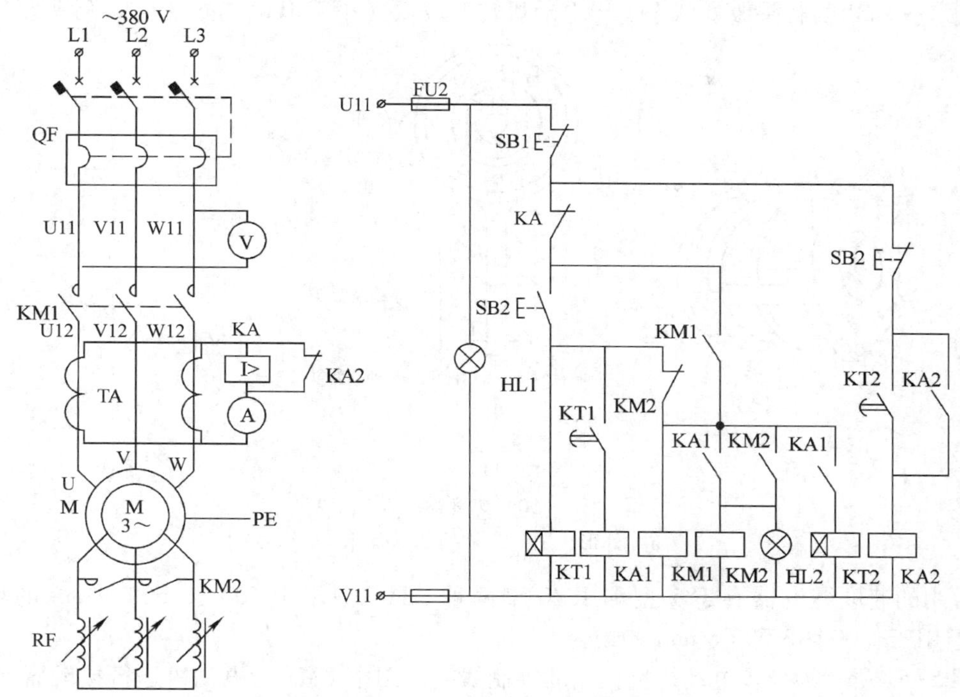

图 5-49　TG1-K21 型频敏变阻器启动控制柜的电路图

时间继电器 KT1 延时时间略大于电动机实际启动时间，一般以比电动机启动时间长 2~3 s 为最佳。过电流继电器 KA 出厂时的整定电流整定为定子接触器 KM1 的额定电流，在使用时应根据电动机实际负载大小来调整，以便发挥过电流继电器的保护作用。

三、三相异步电动机电气制动控制线路

1. 反接制动控制线路

反接制动是在电动机的原三相电源被切断后，立即通上与原相序相反的三相交流电源，以产生与原转向相反的电磁转矩，利用这个制动力矩使电动机迅速停止转动。这种制动方式必须在电动机转速接近零时切断电源，否则电动机会反转，造成事故。

速度继电器是一种当转速达到规定值时动作的继电器。它常用于电动机反接制动的控制电路中，当反接制动的转速下降到接近零时，它能自动及时地切断电路。速度继电器由转子、定子和触头三部分组成。图 5-50 所示为速度继电器的外形、工作原理和符号。

速度继电器的转子是一块永久磁铁，与电动机或机械转轴连接，随轴转动。它的外边有一个可以转动一定角度的外环，装有笼型绕组。当转轴带动永久磁铁旋转时，定子外环中的笼型导体因切割磁力线而产生感应电动势和感应电流，该电流在转子磁场作用下产生

电磁转矩，使定子外环跟随磁场转过一个角度。如果永久磁铁顺时针方向转动，则定子外环带动摆杆向左边转动，使左边的动断触头断开，动合触头接通；当永久磁铁逆时针方向旋转时，使右边的触头改变状态。当电动机转速较低（小于 100 r/min）时，触头复位。

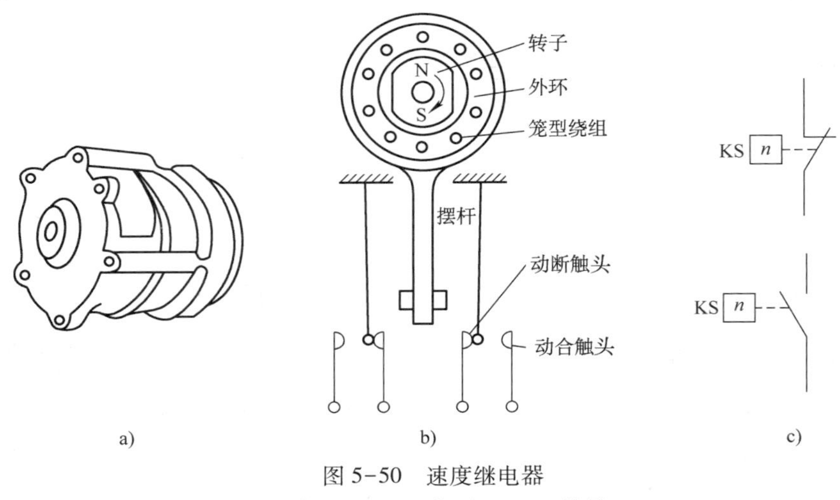

图 5-50　速度继电器

a）外形　b）工作原理　c）符号

常用的速度继电器有 JY1 型和 JFZ0 型两种，JY1 型用于 700～3 600 r/min 的场合，JFZ0 型用于 1 000～3 600 r/min 的场合。

图 5-51 所示为异步电动机反接制动控制线路。图中 KM1 为电动机运行接触器，KM2 为反接制动接触器，KS 为速度继电器，R 为反接制动电阻。

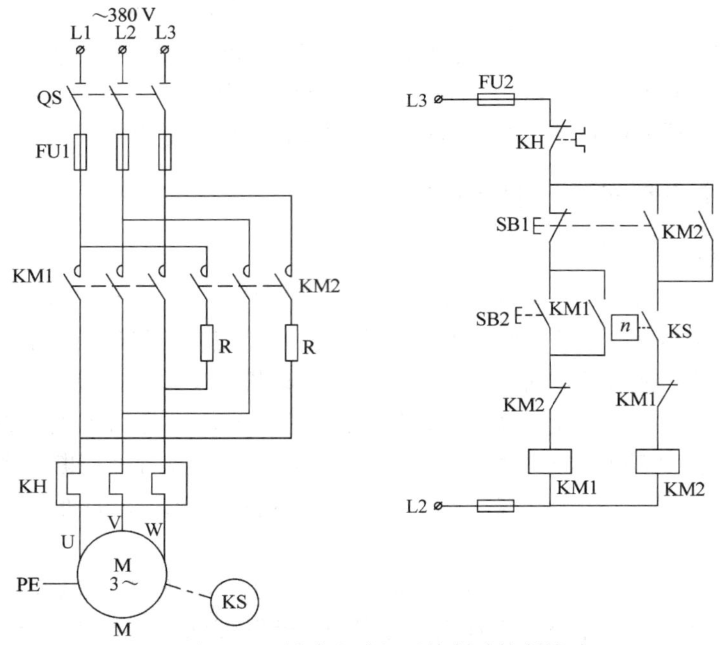

图 5-51　异步电动机反接制动控制线路

电路工作情况：电动机处于电动运行状态时，KM1 通电并自锁。由于转速较高，使速度继电器 KS 常开触头闭合，为反接制动做准备。需停车制动时，按下停止按钮 SB1，KM1 线圈断电，主触头断开，切除三相交流电源，电动机以惯性旋转。当 SB1 按到底时，SB1 常开触头闭合，使 KM2 线圈通电并自锁，电动机定子串入不对称电阻后接到反相序的三相电源进行反接制动，电动机转速迅速下降，当电动机转速低于 100 r/min 时，速度继电器 KS 的常开触头复位，使 KM2 线圈断电释放，电动机断开电源，自然停车。

2. 能耗制动控制线路

图 5-52 所示为单相桥式整流能耗制动控制线路。图中 KM1 为电动运行接触器，KM2 为能耗制动接触器，KT 为时间继电器，T 为整流变压器，VC 为桥式整流电路。

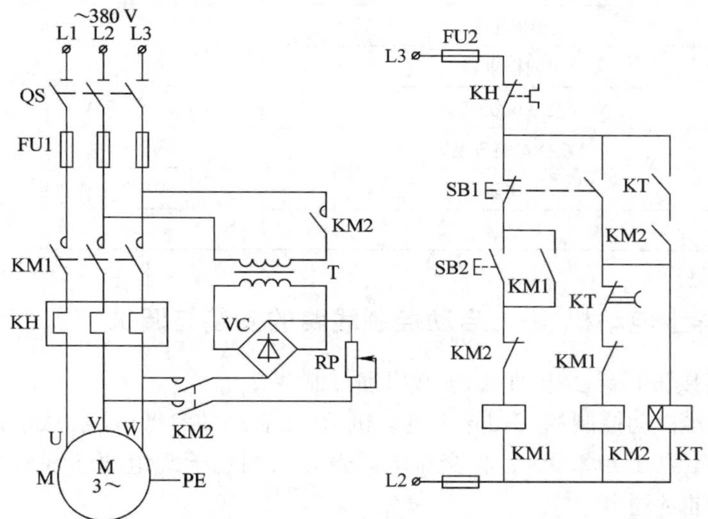

图 5-52 单相桥式整流能耗制动控制线路

电路工作情况：电动机处于电动运行状态时，KM1 通电并自锁。若要使电动机停转，按下停止按钮 SB1，KM1 线圈断电，电动机定子绕组脱离三相交流电源；KM2、KT 线圈同时通电并自锁。KM2 主触头将电动机两相定子绕组接入直流电源进行能耗制动，使电动机转速迅速降低，当电动机转速为零后，时间继电器 KT 延时时间到，其延时断开常闭触头动作，使 KM2、KT 线圈相继断电，制动过程结束。

该电路，将 KT 常开瞬动触头与 KM2 自锁触头串接，是考虑如果时间继电器线圈断线或出现其他故障，会使 KT 通电延时断开触头打不开，从而导致 KM2 线圈长期通电，造成电动机定子长期通入直流电源引起绕组过热。引入 KT 常开瞬动触头后，则避免了上述故障的发生。

任务实施

一、任务准备

在了解时间继电器的结构和使用方法，学习三相异步电动机Y-△启动控制线路的接线及使用方法、能耗制动控制线路的接线及使用方法的过程中，需用到表 5-7 所列的工具、仪器和设备。

表 5-7　任务实施需用到的工具、仪器和设备

序号	名称	型号规格	数量
1	三相交流可调电源	0~420 V	1 个
2	三相笼型转子异步电动机	100 W	1 台
3	熔断器	5 A/2 A	3/2 个
4	按钮	红/绿	2 个
5	交流接触器	5 A，线圈 220 V	3 个
6	热继电器	1 A	1 个
7	时间继电器	5 s	1 个
8	交流电压表	5 A	1 块
9	单相桥式整流电路	5 A	1 套
10	万用表	MF47 型或自选	1 块
11	导线	实验专用	若干

二、三相异步电动机Y-△启动控制线路的安装与调试

1. 绘制并连接三相异步电动机Y-△启动控制线路

用时间继电器自动控制的三相异步电动机Y-△启动的参考电路，如图 5-45 所示，注意实验设备的额定电压为 220 V，将交流电压表并联到定子绕组两端观察相电压。按图接线，确认无误后准备通电。

2. 通电调试三相异步电动机Y-△启动控制线路

（1）合上电源开关 QS，接通 220 V 三相交流电源。

（2）按下启动按钮 SB2，电动机Y形接法启动，观察并记录相电压的大小和时间继电器的工作情况。经过一段延时时间，时间继电器动作，电动机按△形接法正常运行，观察并记录相电压的大小。

（3）按下按钮 SB1，电动机 M 停止运转。

（4）关断电源开关 QS。

三、三相异步电动机能耗制动控制线路的安装与调试

1. 绘制并连接三相异步电动机能耗制动控制线路

三相异步电动机能耗制动，利用单相桥式整流电路获得直流电源，用时间继电器自动控制能耗制动过程的参考电路如图 5-52 所示，注意实验设备的额定电压为 220 V。按图接线，将时间继电器的延时时间设置为 3 s。

2. 通电调试能耗制动控制线路

（1）合上电源开关 QS，接通 220 V 三相交流电源。

（2）按下启动按钮 SB2，正常启动电动机。

（3）轻轻按一下停止按钮 SB1，观察时间继电器和电动机的工作情况。

（4）再次启动电动机，用力按下停止按钮 SB1，观察时间继电器和电动机的工作情况。

（5）调节直流电路中限流电阻值的大小，观察对制动效果的影响。

（6）关断电源开关 QS。

1. 注意实验用电动机和低压电器的额定电压是 220 V，不允许过压运行。
2. 为了设备安全，主电路和控制电路都应接入熔断器。
3. 限流电阻 RP 不能过小，以防止电流过大烧坏设备。
4. 接线完毕，注意导线不要碰到联轴器，以防止电动机旋转拉断导线。

总结测评

一、总结报告

1. 绘制任务的电路图。

2. 记录任务实施的过程、现象和数据结果。

（1）采用Y-△减压启动时对电动机定子绕组的接法有什么要求？减压启动的最终目的是控制什么物理量？

（2）能耗制动控制线路为什么轻轻按一下停止按钮没有制动效果？直流励磁电流的大小对能耗制动的效果有什么影响？图 5-52 所示的能耗制动控制线路如果不用时间继电器，应该如何控制？

3. 小结、体会和建议。

二、任务测评（见表 5-8）

表 5-8　任务实施考核评分记录表

序号	考核内容	考核要求	配分	得分
1	任务实施的准备	预习任务的内容	10	
2	仪器、仪表、设备的使用	正确使用按钮、接触器、热继电器、熔断器、实验台等设备	20	
3	电气控制电路的接线	电路绘制正确，接线速度快	30	
4	Y-△启动的操作和观察	通电运行一次成功，操作规范，观察和记录的结果正确	20	

续表

序号	考核内容	考核要求	配分	得分
5	能耗制动的操作和观察	通电运行一次成功，操作规范，观察和记录的结果正确	20	
6	合计得分		100	
7	否定项	发生重大责任事故、严重违反教学纪律者得0分		

指导教师签名________ 日期________

任务5 电气控制线路的设计与故障分析

学习目标

1. 了解电气控制线路设计的基本原则和一般步骤。
2. 熟悉电气控制线路的常见故障及分析和处理方法。

任务引入

电气控制线路的设计应在充分满足生产设备具体要求的前提下，力求工作可靠，动作准确，结构简单，操作、安装、调整及维修方便。

电气控制线路发生故障后，为了能迅速、准确地判断故障部位并及时地予以排除，就必须对控制线路的工作原理及特点有清楚的认识，熟悉电路中各个电器的动作顺序，了解各种器件的技术性能，并切实弄清楚故障现象。然后根据故障现象对照电气原理图进行分析，再拟定出检查步骤和修复方法。

本任务通过检修三相异步电动机Y-△启动控制线路的故障，来熟悉并掌握检修电气控制线路常见故障的方法和步骤。

相关知识

一、电气控制线路设计的基本原则

设计电气控制线路时应遵循的基本原则如下：

1. 电气控制线路应最大限度地满足机械设备对加工工艺的要求

一般控制线路只需满足启动、反向和制动要求，有些则还要求在一定的范围内平滑调速和按规定改变转速；当出现事故时需要有必要的保护和报警；各部分运动要求有一定的配合和联锁关系等。

2. 控制线路应能安全、可靠地工作

为了保证控制线路工作可靠，最主要的是选用可靠的元器件。同时，在具体的线路设计中应注意正确连接电器的触头，防止出现电源短路故障。电路设计时要考虑电网的情况，如电网的容量，电压、频率的波动范围，电动机是采用全压启动还是减压启动等。控制大容量接触器线圈时，要加中间继电器。完善保护环节，增设信号指示。

3. 控制线路应简单、经济、合理

在保证控制功能要求的前提下，控制线路应力求简单，造价低。尽量选用标准件及标准的线路和环节；尽量减少连接线的数量，缩短连接线的长度；减少电器的种类和数量；简化电路，减少电器的触头；减少电路的耗电功率。

4. 控制线路应便于操作和维修

控制机构的操作应简单和方便，能迅速、快捷地由一种形式转换到另外一种形式，同时能实现多点控制和自动转换程序，减少人工操作。电控设备应力求维修方便，使用安全，并应有隔离电器，以免带电检修。

二、电气控制线路设计时应注意的问题

1. 控制电器的线圈应接在电源的同一端。

接触器、继电器以及其他执行电器线圈的一端统一接在电源的同一侧，使所有电器的控制触头在电源的另一侧，如图 5-53 所示。这样当某一电器的触头发生短路故障时，不至于引起电源短路。同时也便于检修和安装接线。

2. 交流电器的线圈不能串联使用。

这是因为交流电器线圈的感抗与它的衔铁吸合间隙有关。由于吸合时间不完全同步，只要有一个电器做出吸合动作，它的线圈上的压降就增大，从而使另一电器达不到所需要的动作电压。图 5-54a 所示接触器 KM 与 KA 串联使用是错误的；而接触器 KM 与 KA 这两个线圈必要时并联使用是可以的，如图 5-54b 所示。

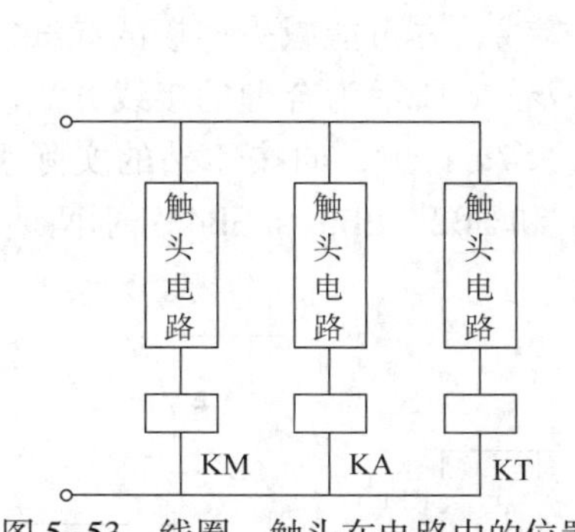

图 5-53　线圈、触头在电路中的位置

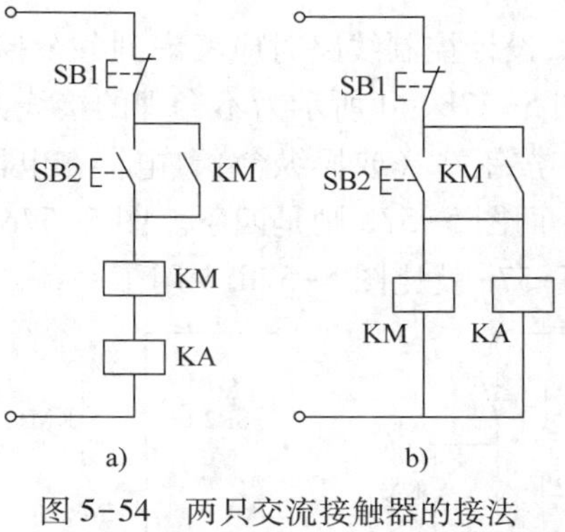

a)　b)

图 5-54　两只交流接触器的接法

a）错误　b）正确

3. 应避免许多电器依次动作才能接通另一个电器的现象。

如图 5-55a 所示，继电器 KA4 在 KA1、KA2 和 KA3 相继动作后才能接通电源，也就是说，KA4 的接通要经过 KA1、KA2、KA3 这三对触头。但图 5-55b 中继电器 KA4 的动作只需 KA2 动作，而且只需要经过一对触头，工作较为可靠。

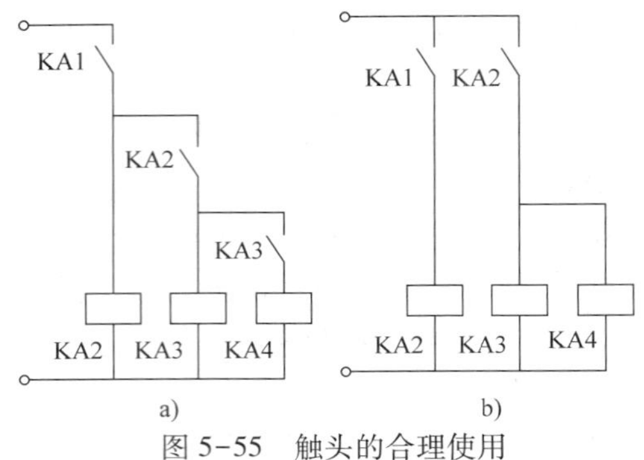

图 5-55　触头的合理使用

4. 应尽量减少控制线路中所用控制电器触头的数量。

在控制线路中应尽量减少触头，提高线路工作的可靠性。在简化、合并触头的过程中，应注意同类性质触头的合并，或一个触头能完成的动作不用两个触头。合并时应注意触头的额定电流是否允许。图 5-56 所示列举了一些触头化简与合并的例子。

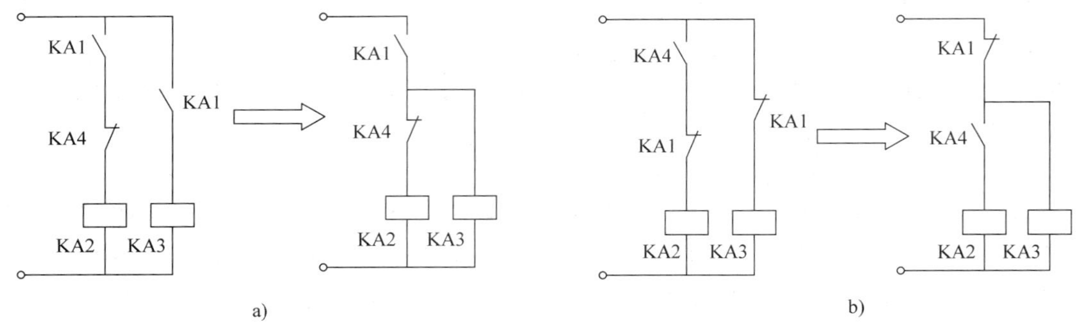

图 5-56　触头的化简与合并

5. 设计控制线路时应考虑到各个控制电器的实际接线，尽可能减少连接的导线。

图 5-57b、d 所示为不合理的接线方法，而图 5-57a、c 所示为合理的接线方法。因为按钮在按钮站（或操纵台）、电器在电器柜里。从图 5-57a 看出，向按钮站的实际引线是三条，而图 5-57b 则是四条。图 5-57c、d 考虑到 SB1 和 SB2、SB3 和 SB4 分别两地操作，则图 5-57c 就比图 5-57d 少用了一条连接导线。

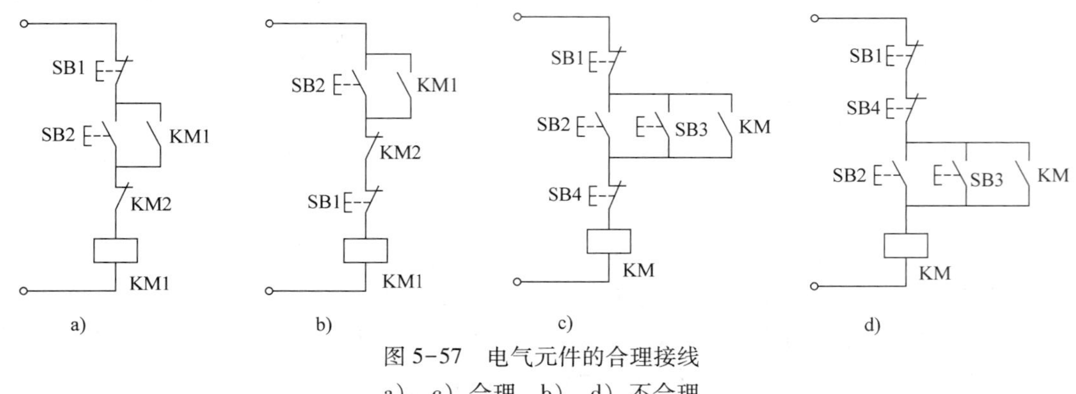

图 5-57　电气元件的合理接线

a）、c）合理　b）、d）不合理

6. 设计控制线路时，应考虑各种关系的自锁、互锁和电气保护，也应考虑机床调试方便和安全操作。

三、电气控制线路设计的一般步骤

1. 根据生产设备的加工工艺设计电气传动的方案和控制方式的整体框图。

2. 设计各控制单元环节中电动机的启动、正反转、制动、调速、停机的主电路和其他执行元件的电路。

3. 设计满足电动机运转功能和与工作状态相对应的控制电路。

4. 连接各单元环节，构成满足整机生产工艺要求，实现加工过程自动、半自动或调整的控制电路。

5. 设计保护、联锁、检测、信号和照明等环节的控制电路。

6. 全面检查所设计的电路，在有条件的情况下进行模拟实验，进一步完善设计的电气控制线路。

7. 按标准规定绘制电气控制线路图。

8. 恰当选用电气元件，并制定元器件明细表。

四、电气控制线路检修的基本方法和一般步骤

1. 详细了解故障产生的经过

电气控制线路出现了故障，应首先向操作者详细了解故障发生前设备的工作状况和故障现象，然后根据操作者提供的故障现象，结合电气控制原理来判断故障部位。因为生产一线的操作者对设备经常产生故障的部位和应采取的处理方法有许多好的经验可供借鉴，所以必须重视设备操作者的意见。

2. 从原理上进行分析，确定故障的可能范围

某些设备的电气控制线路看起来似乎很复杂，但仔细分析，它们总是由一些基本环节、基本线路所组成的，总是由几种不同作用的几个独立部分组合而成的，例如，摇臂钻床电气控制线路由主轴旋转、立柱夹紧和松开、摇臂升降等几部分组成。在实际工作中，应按照故障现象从原理上进行分析，确定故障发生的可能范围，以便迅速找到故障的确切部位。

3. 进行一般的外表检查

由原理分析确定故障可能的范围后，对有关元器件进行外表检查，常能发现故障的确切部位，例如，触头脱落、触头磨损或烧损、衔铁产生噪声、线圈烧毁、活动部分被卡阻、触头失灵、弹簧断裂或脱落、发生接地等都能明显地找到故障的所在位置。

4. 实验控制回路电器的动作顺序

在外表检查中没有发现毛病时，可采用实验电器动作顺序的方法来检查，即操作某一按钮或开关，线路中每个继电器、接触器应按规定动作顺序进行工作。若动作顺序与某一电器应有的动作不符，即说明与此电器有关的电路有问题，再在此回路中进行深入、细致的检查，常可发现故障。当采用此法检查时，必须特别注意设备及人身安全，尽可能切断

电动机的主电路电源，只在控制电路带电的情况下进行实验，以避免设备运动部分互相碰撞。要暂时隔离有故障的主电路，以免故障扩大。

5. 用电工仪表测量及寻找故障部位

用电工仪表检查电气元件是否通路，线路是否断路，电压、电流的大小是否正常、平衡，电阻值是否符合要求，这是人们经常使用的找出故障的方法。

（1）测量电压的方法　如测量电动机、接触器和继电器线圈的电压，有关控制电路两端的电压等。若发现所测点电压与控制线路要求的电压不相符合时，则所测点是故障可疑处。

（2）测量电阻或通路的方法　将控制线路电源切断后，用万用表的电阻挡测量线路的通路、触头的接触情况、元件的电阻值等。

（3）测量电流的方法　用电流表或万用表的电流挡测量电动机的电流、有关控制电路中的工作电流。

（4）测量绝缘电阻的方法　用兆欧表（摇表）测量各元件和线路的对地绝缘电阻以及相互间的绝缘电阻等。

在上述检查和分析过程中，有时还可以采取用完好的电器代替可疑电器的置换方法。在每次排除故障后，要认真总结经验，逐步摸清楚机床电气控制线路的故障规律。因此，应备有机床维修记录本，记录内容包括机床名称、型号和编号，故障发生日期，故障现象，故障部位（或损坏的电器），修复后的运行情况等。

五、电器的常见故障及维修

继电器和接触器通常由触头系统、电磁系统（电磁铁）、灭弧系统三个基本部分组成，这些部分经过长期使用或因使用不当可能产生故障，从而影响电器的正常工作。下面分别介绍触头系统和电磁系统的故障原因及维修方法。

1. 触头系统的故障及维修

触头是继电器的执行元件，它担负着接通和断开线路电流的任务。它比较容易损坏，触头常见的故障如下：

（1）触头过热　触头过热主要是由于接触电阻增大和触头容量不够，电流超过了它的额定值引起的。由于触头弹簧长时间使用会产生疲劳变形，以及使用过程中受机械损伤或者高温电弧的影响导致弹簧变形、损伤而造成触头压力不足。此外，触头表面氧化或有油垢、尘埃等杂质也是造成触头过热的原因。若触头接触压力不足，应当更换一个新弹簧，但必须注意新配弹簧压力要与原来的一样。对于氧化比较严重的，要用油光锉或小刀轻轻把触头表面的氧化层去掉，但接触面上如镀有导电金属就不能这样处理。对灰尘可用刷子刷掉。油垢可用四氯化碳或汽油作为溶剂，反复地进行洗刷。触头容量不够时，应选择容量大的触头，以免触头过热。

（2）触头烧毛　触头在高温电弧作用下，表面易形成许多凸出的小点，造成触头接触不良。造成触头烧毛的主要原因是触头分断时，因温度很高的电弧在触头之间燃烧，使触头熔化。其次，在触头闭合过程中，动触头具有一定的动能，当动、静触头相碰时，动触头要发生跳动，若这种跳动刚好发生在电动机启动时，此时流过触头上的电流很大，触头跳开时形成的电弧会将触头烧毛。更换触头弹簧，适当加大压力可减小触头的跳动。另外，继电器容量选择太小也会造成触头烧毛。

触头轻微的烧毛是一种正常现象，但严重烧毛则是一种故障，应检查原因并及时处理。

触头烧毛后可用细锉把触头表面锉平，只要把凸出的部分锉平即可，并要保持触头表面的形状与原来的一样，对于镶有银块的触头，应注意银块的厚度。

（3）触头的熔焊　触头在闭合时，若跳动很严重，则可能产生高温电弧使触头熔化，从而导致动、静触头牢牢地熔焊在一起。这是触头故障中最严重的一种。造成这种故障的原因，一方面是触头弹簧损坏或触头压力太小；另一方面是继电器的容量太小，触头闭合时通过的电流太大造成触头熔焊。

触头熔焊后，只能更换触头，如果因触头容量不够而产生熔焊，则应选择容量更大的继电器、接触器。

（4）触头磨损　触头磨损主要是由于电弧的高温作用，使触头金属汽化蒸发，触头变得越来越薄。通俗地说就是触头被电弧烧掉了。触头逐渐磨损是一种正常现象，如果磨损很快，需要经常更换，则属于一种故障现象。

触头磨损和触头烧毛的原因一样，都是由于触头弹簧损坏，触头压力下降，常开触头闭合时衔铁吸力过大造成触头闭合时跳动，或者继电器动作过于频繁，分断电流过大等，使触头过快地烧蚀。

2. 电磁系统的故障及维修

电磁系统包括静铁心、衔铁和吸引线圈等几个部件。它可能产生以下故障：

（1）衔铁噪声大　电磁系统在工作时必有一种均匀、调和、轻微的嗡嗡声，这是正常现象。若这种声音大于正常声音，就说明电磁系统发生故障。造成衔铁噪声大的原因主要包括：衔铁与铁心的接触面接触不良，这主要是由于衔铁与铁心经过多次碰撞，接触面变形和磨损，造成相互间接触不良。此外，若接触面上有锈蚀、灰尘、油污等杂质，也会造成接触不良。衔铁的振动导致衔铁和铁心加速损坏，同时会使吸引线圈过热，严重时甚至烧坏吸引线圈。铁心接触面若有油污等杂质，可拆下清洗；若是端面变形、磨损，应设法修平。

短路环损坏是造成衔铁噪声大的另一个原因，只要用原来的材料（一般用黄铜板冲制出来）、尺寸重新做一个换上即可。

电源电压过低也会使衔铁产生较大的噪声。因为电源电压过低，产生的电磁吸力不足，衔铁就会发出强烈的振动和噪声。应检查电源电压是否与吸引线圈的电压相符合。

此外，弹簧压力过大，衔铁运动发生卡阻，也会造成吸力不足而产生振动和噪声，只要更换触头弹簧或排除卡阻原因即可。

（2）吸引线圈过热或烧毁　吸引线圈过热以至于烧坏，主要原因是通过线圈的电流过大。线圈电流过大的原因包括：线圈匝间短路；由于电器频繁操作，线圈经常会受到大电流的冲击，导致吸引线圈过热；衔铁与铁心闭合时受卡阻，造成衔铁与铁心之间的气隙增大，线圈阻抗减小，通过的电流增大，导致线圈过热甚至烧坏。

若线圈匝间已短路或烧坏，一般均要重新绕制，但如果线圈烧毁的匝数不多而且在外层，其余多数部分还完好，则可拆去已损坏的这几圈，这对电器的工作性能影响不是很大；否则就要更换新的电器。

（3）衔铁吸不上　当继电器和接触器的吸引线圈接通电源后，衔铁不能吸合，应立即切断电源，以免线圈被烧坏。

若衔铁吸不上，首先应检查吸引线圈回路中有没有断线，连接处有无脱落；线圈内部有无断线或烧坏；活动部分是否发生卡阻；测量电源电压是否过低。若衔铁发生振动和发出噪声，则属于后两种原因产生的故障；若衔铁没有振动和噪声，则大多属于前两种原因产生的故障，应区别情况及时处理。

任务实施

一、任务准备

在检查低压电器性能、检修电气控制线路故障的过程中，需用到表5-9所列的工具、仪器和设备。

表5-9　任务实施需用到的工具、仪器和设备

序号	名称	型号规格	数量
1	三相交流可调电源	0~420 V	1个
2	三相笼型转子异步电动机	100 W	1台
3	熔断器	5 A/2 A	3/2个
4	按钮	红/绿	2个
5	交流接触器	5 A，线圈220 V	3个
6	热继电器	1 A	1个
7	时间继电器	5 s	1个
8	兆欧表	500 V	1个
9	钳形电流表	20 A	1个
10	万用表	MF47型或自选	1块
11	导线	实验专用	若干

二、连接三相异步电动机Y-△启动控制线路

参照图5-45所示连接三相异步电动机Y-△启动控制线路，注意实验设备的额定电压为220 V，不要施加过高的电压。

三、设置故障

相互设置故障（例如，按下启动按钮SB2电动机不能启动；启动过程是△→Y转换；

KM3 和 KT 的线圈点动获电；△→Y转换过程电源短路等）。

四、排除故障

1. 根据故障现象，在电路图上分析故障产生的原因，确定故障发生的范围。
2. 排除故障过程中，如果故障扩大，在规定时间内可以继续排除故障。
3. 修复故障，恢复正常运行。

1. 停电后要验电。
2. 在检修过程中，要正确使用工具和仪表。
3. 排除故障的过程中，不得采用更换器件、借用触头或改动线路的方法修复故障点。
4. 检修时不得损坏电气元件或设备。

总结测评

一、总结报告

1. 绘制任务的电路图。
2. 记录任务实施的过程、现象和数据结果。
3. 小结、体会和建议。

二、任务测评（见表 5-10）

表 5-10　任务实施考核评分记录表

序号	考核内容	考核要求	配分	得分
1	任务实施的准备	预习任务的内容	10	
2	仪器、仪表、设备的使用	正确使用按钮、接触器、热继电器、熔断器、实验台等设备	20	
3	电气控制线路的故障设置	接线速度快，故障设置正确	30	
4	故障分析和处理能力	故障分析思路正确，修复故障速度快，通电运行一次成功	40	
5	合计得分		100	
6	否定项	发生重大责任事故、严重违反教学纪律者得 0 分		

指导教师签名________________　　　　　　日期________________

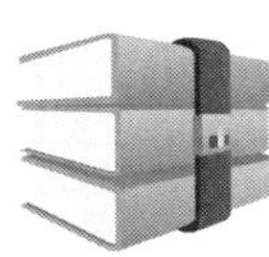

课题六　常用机床电气控制线路的安装与调试

任务 1　普通车床电气控制线路的安装与调试

学习目标

1. 了解车床的结构和加工方式。
2. 掌握车床电气控制线路的工作原理、电路接线以及调试技能。
3. 熟悉车床电气控制线路的常见故障以及分析和处理方法。

任务引入

车床是机械加工中使用最广泛的一种机床。在各种车床中普通车床是应用最多的一种，主要用来车削工件的外圆、内孔、端面和螺纹等，此外还可以装上钻头、铰刀等进行多种加工。本任务将利用上一课题所学的低压电器和基本电气控制线路的知识，分析车床电气控制线路的工作原理；介绍车床电气控制线路的常见故障和排除方法；安装车床的电气控制线路，进行操作和调试，了解车床电气控制线路的工作过程。

相关知识

一、车床的主要结构及运动形式

下面以 C620-1 型普通车床为例进行分析。C620-1 型普通车床的外形结构，如图 6-1 所示。

车床切削时，主运动是工件做旋转运动，而刀具做直线进给运动，电动机的动力由 V 带通过主轴箱传给主轴。变换主轴箱外手柄的位置，可以改变主轴的转速。主轴通过卡盘带动工件做旋转运动。主轴一般只要求单方向旋转，只有在车螺纹时才需要用反转来退刀。它是用操作手柄通过机械的方法来改变主轴旋转方向的。有的车床也通过改变电动机的转向来改变主轴转向。

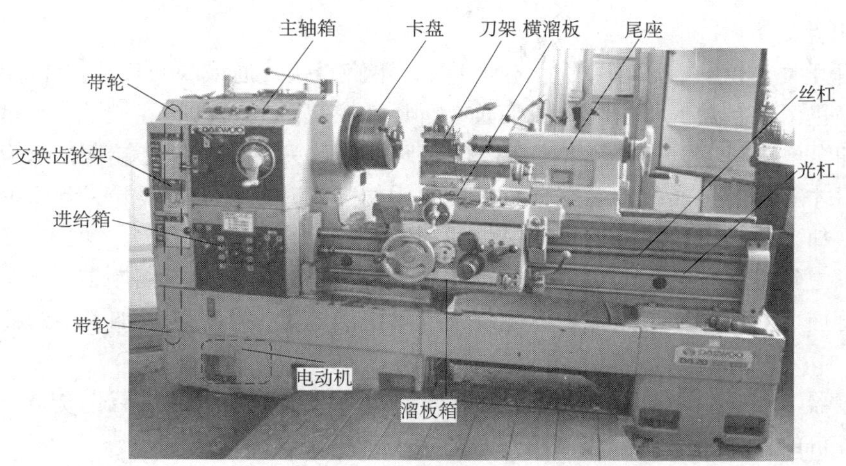

图 6-1　C620-1 型普通车床的外形结构

C620-1 型普通车床的进给运动消耗的功率很小，所以也由主轴电动机驱动，不需再另加单独的电动机驱动。主轴电动机传来的动力经过主轴箱、交换齿轮箱传到进给箱，再由光杠或丝杠传到溜板箱，使溜板箱带动刀架沿床身导轨做纵向进给运动；或者传到溜板箱，使刀架做横向进给运动。所谓纵向运动，是指相对于操作者做向左或向右的运动。所谓横向运动，是指相对于操作者做往前或往后的运动。

二、车床电气控制线路分析

图 6-2 所示为 C620-1 型普通车床电气控制线路图。

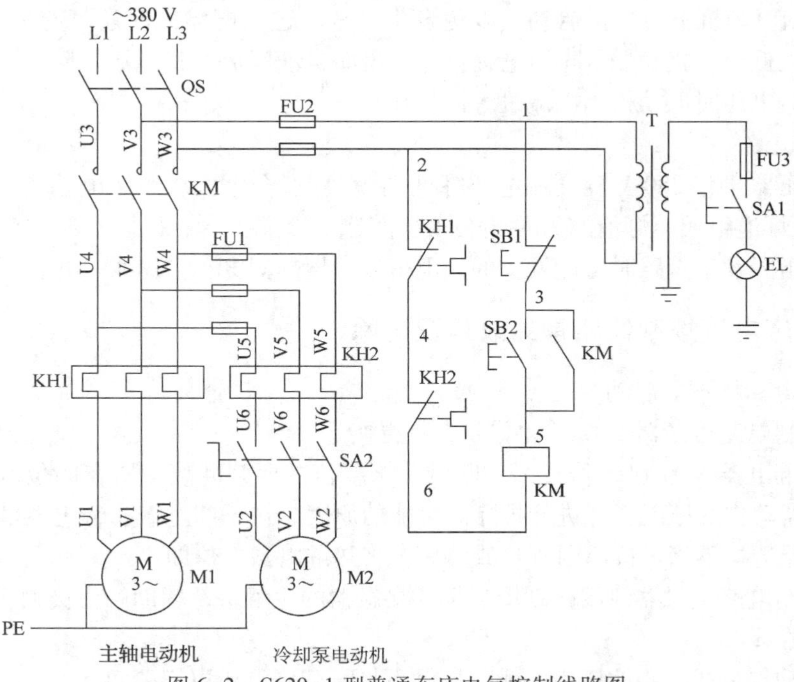

图 6-2　C620-1 型普通车床电气控制线路图

1. 主电路

电源由开关 QS 引入，该开关为转换开关，不宜直接接通或断开负载。主轴电动机 M1 的运转或停止由接触器 KM 主触头的接通或断开来控制。电动机的容量不大，故采用全压启动。冷却泵电动机 M2 的主电路接在接触器 KM 主触头的后面，这样使得只有在主轴电动机启动后才有可能接通冷却泵电动机。要使用切削液时，可将转换开关 SA2 转到接通位置，这时冷却泵电动机运转，给机床提供切削液。

因为考虑到进入车床前的电源（配电箱或铁壳开关）处已装有熔断器，所以，主轴电动机没有再加熔断器作为短路保护。冷却泵电动机的容量很小，所以加了熔断器 FU1 作为短路保护。

热继电器 KH1 和 KH2 分别作为主轴电动机和冷却泵电动机的过载保护。它们的热元件都接在各自的主电路中。

2. 控制电路

控制电路采用 380 V 交流电压供电，由熔断器 FU2 作短路保护。

控制电路的工作原理：先合上电源开关 QS，按下启动按钮 SB2，接触器 KM 的线圈通电。接触器 KM 的衔铁吸合，主电路上 KM 的主触头闭合，主轴电动机 M1 启动运转。同时，接触器 KM 的常开辅助触头闭合，进行自锁，保证主轴电动机 M1 在松开启动按钮后仍能连续运转。按下停止按钮 SB1，接触器 KM 的衔铁因线圈断电而释放，它的主触头断开，主轴电动机 M1 便停止。热继电器 KH1 和 KH2 的常闭触头均串联在控制电路中，所以只要任何一台电动机过载，控制电路便断电，两台电动机都停止。这个电路有零压保护功能，在电源断电后，接触器 KM 释放；当电源电压再次恢复正常时，如果没有按下启动按钮 SB2，则电动机不会自行启动，以免发生事故。这个电路同时还具有欠压保护功能，当电源电压太低时，接触器 KM 因电磁吸力不足而自动释放，将电源切除，电动机自行停止，以避免欠电压时电动机因电流过大而烧坏。

3. 照明电路

照明变压器 T 将 380 V 的交流电压降低到 36 V 安全电压。照明电路由转换开关 SA1 接 36 V 低压灯泡组成，灯泡的另一端必须接车床的金属外壳，以防止照明变压器一次绕组和二次绕组间发生短路时可能发生的触电事故。熔断器 FU3 作为照明电路的短路保护。

三、车床电气控制线路常见故障及排除

1. 主轴电动机不能启动

（1）控制电路熔断器 FU2 熔体熔断，应更换。

（2）热继电器 KH1 已动作过，动断触头未复位。要判断故障所在的位置，还要查明引起热继电器动作的原因，并进行排除。可能的原因是：长期过载；继电器的整定电流太小；热继电器选择不当。按原因排除故障后，将热继电器复位即可。

（3）控制电路接触器线圈松动或烧坏，接触器的主触头及辅助触头接触不良，应修复或更换接触器。

（4）启动按钮或停止按钮内的触头接触不良，应修复或更换按钮。

（5）各连接导线虚接或断线。

（6）主轴电动机损坏，应修复或更换。

2. 主轴电动机缺相运行

按下启动按钮，电动机发出嗡嗡声不能正常启动，这是电动机的电源缺相造成的，此时应立即切断电源，否则易烧坏电动机。可能的原因是：

（1）电源断相。应查明原因，恢复正常供电。

（2）接触器有一对主触头没接触好，应修复。

3. 主轴电动机只能点动运转

故障原因是控制电路中自锁触头接触不良或自锁电路接线松开，修复即可。

4. 按下停止按钮后主轴电动机不停止

（1）接触器主触头熔焊，应修复或更换接触器。

（2）停止按钮动断触头被卡住，不能断开，应更换停止按钮。

5. 冷却泵电动机不能启动

（1）熔断器 FU1 熔体熔断，应更换。

（2）热继电器 KH2 已动作过，未复位。

（3）转换开关 SA2 触头已损坏，应修复或更换。

（4）冷却泵电动机已损坏，应修复或更换。

任务实施

一、任务准备

在熟悉 C620-1 型车床的电气控制线路，学习车床电气控制线路的接线、操作和调试技能的过程中，需用到表 6-1 所列的工具、仪器和设备。

表 6-1　任务实施需用到的工具、仪器和设备

序号	名称	型号规格	数量
1	三相交流可调电源	0~420 V	1 个
2	三相笼型转子异步电动机	100 W	1 台
3	熔断器	5 A/2 A	3/2 个
4	按钮	红/绿	2 个
5	交流接触器	5 A，线圈 220 V	1 个
6	热继电器	1 A	2 个
7	转换开关	5 A	3 个
8	指示灯	6.3 V	3 个
9	万用表	MF47 型或自选	1 块
10	导线	实验专用	若干

二、绘制并连接 C620-1 型车床的电气控制线路

绘制 C620-1 型车床的电气控制线路图，如图 6-3 所示，按图接线。

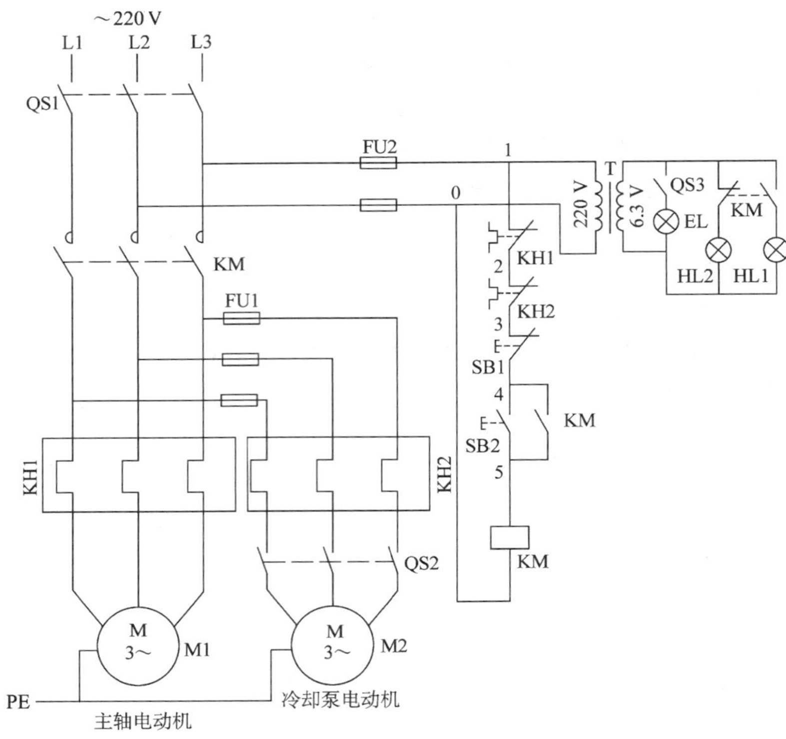

图 6-3　C620-1 型车床的电气控制线路

三、调试 C620-1 型车床的电气控制线路

1. 经检查无误后，合上开关 QS1，接通 220 V 交流电源。

2. 按下按钮 SB2，接触器 KM 通电吸合，主轴电动机 M1 启动运转。

3. 合上开关 QS2，冷却泵电动机 M2 启动运转。

4. 按下按钮 SB1，接触器 KM 线圈断电，主轴电动机 M1 断电停止运转，同时冷却泵电动机 M2 也停止运转。

5. 图 6-3 中 EL 为机床工作灯，由开关 QS3 控制。

四、检修 C620-1 型车床的电气控制线路

1. 设置故障

相互设置故障：主电路两个，控制电路两个（例如，主轴电动机不能启动，冷却泵电动机不能启动，照明灯不亮等）。

2. 排除故障

根据故障现象，在电路图上分析故障产生的原因，确定故障发生的范围。排除故障过

程中，如果故障扩大，在规定时间内可以继续排除故障。修复故障，恢复正常运行。

1. 实验设备的额定电压为 220 V，不可通入 380 V 交流电。
2. 指示灯的额定电压为 6.3 V，不能加 220 V 电源。
3. 启动电动机前要仔细观察导线，不能卷入联轴器。

总结测评

一、总结报告

1. 绘制任务的电路图。

2. 记录任务实施的过程、现象和数据结果。分析冷却泵电机为什么接在接触器 KM 下面？分析 C620-1 型车床电气控制线路具有哪些保护功能？

3. 小结、体会和建议。

二、任务测评（见表 6-2）

表 6-2　任务实施考核评分记录表

序号	考核内容	考核要求	配分	得分
1	任务实施的准备	预习任务的内容	10	
2	仪器、仪表、设备的使用	正确使用按钮、接触器、热继电器、熔断器、实验台等设备	20	
3	车床控制线路的接线	电路绘制正确，接线速度快	30	
4	车床控制线路的操作	通电运行一次成功，操作规范	20	
5	车床控制线路的检修	故障分析思路正确，修复故障速度快，通电运行一次成功	20	
6	合计得分		100	
7	否定项	发生重大责任事故、严重违反教学纪律者得 0 分		

指导教师签名________________　　　　　　　　　　　　　　日期________________

任务 2　磨床电气控制线路的安装与调试

学习目标

1. 了解磨床的结构和加工方式。

2. 掌握磨床电气控制线路的工作原理和接线、调试技能。
3. 熟悉磨床电气控制线路的常见故障以及分析和处理方法。

任务引入

磨床是对工件表面进行高精度加工的一种精密机床，它利用砂轮对工件的表面进行磨削加工，从而使工件表面的形状、精度和表面粗糙度等都达到工艺要求。磨床的种类有很多，可分为平面磨床、外圆磨床、内圆磨床、球面磨床、齿轮磨床、螺纹磨床等，其中平面磨床应用最为普遍。本任务以 M7130 型平面磨床为例介绍其加工工艺过程、电气控制线路的工作原理、常见故障的分析和处理方法，熟悉磨床电气控制线路的接线和操作方法。

相关知识

一、平面磨床的主要结构及运动形式

平面磨床的主运动是砂轮的快速旋转，进给运动有工作台的纵向往复运动和砂轮的横向进给运动。当工作台反向运动时，砂轮箱横向进给一次，能连续加工整个平面。当整个平面磨完一遍后，砂轮在垂直于工件表面的方向移动一次，称为吃刀运动。通过吃刀运动，可将工件磨到所需的尺寸。下面以 M7130 型平面磨床为例进行分析。

M7130 型平面磨床是卧轴矩形工作台磨床，它的外形如图 6-4 所示，构造如图 6-5 所示。主要由床身、工作台、电磁吸盘、砂轮箱（又称磨头）、滑座和立柱等部分组成。砂轮箱内由一电动机带动砂轮做旋转运动，砂轮的旋转一般不需要调速，所以可以用一台三相异步电动机来带动。有些磨床考虑到砂轮磨钝以后要用较高的转速将砂轮工作表面削去一层磨料，使砂轮表面露出新的、锋利的磨粒，以恢复砂轮的切削力，此过程称为对砂轮进行修整。所以，这些磨床、砂轮均采用双速电动机带动。为了做到体积小、结构简单和提高加工精度，采用装入式的电动机，将砂轮直接装在电动机轴上。

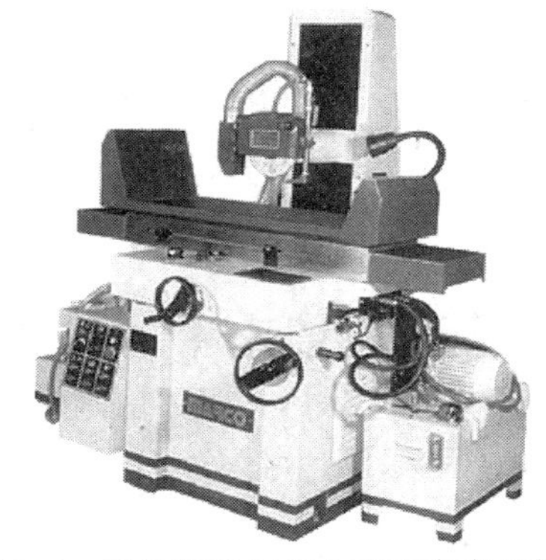

图 6-4　卧轴矩形工作台平面磨床的外形

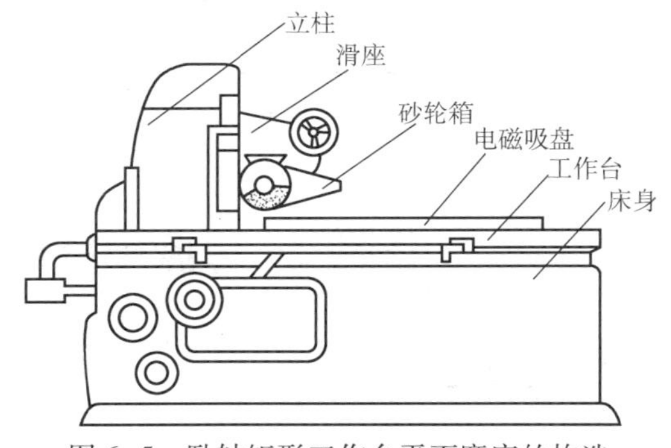

图 6-5　卧轴矩形工作台平面磨床的构造

长方形的工作台装在床身的水平纵向导轨上做往复直线运动。为了运动时换向平稳和容易调整运动速度，采用了液压传动。液压电动机驱动液压泵，工作台在液压作用下做纵向运动。在工作台的前侧装有两个可调整位置的换向撞块，在每个撞块碰击床身上的液压换向开关后，工作台的运动方向就换向。这样来回换向就可使工作台往复运动。

砂轮箱的上部有燕尾形导轨，可沿着滑座上的水平导轨做横向（向前或向后）移动。在磨削中，工作台换向时横向进给一次；在修整砂轮或调整砂轮的前后位置时，可连续横向移动，这一进给运动可由液压传动，也可用手轮来操作。

滑座可沿着立柱的导轨垂直上下移动，调整砂轮箱的上下位置，可使砂轮磨入工件，并且控制磨平面时工件的尺寸。这一垂直进给运动可通过操作手轮由机械传动装置来实现。

为了在磨削加工过程中对工件进行冷却，磨床上设有冷却泵电动机，用来驱动冷却泵旋转，提供切削液。

工件根据尺寸大小、结构和形状，可以用螺栓和压板直接固定在工作台上（大的工件）；也可在工作台上装电磁吸盘，将工件放在电磁吸盘上吸住。当工件加工完毕时，将电磁吸盘开关先扳到退磁位置进行退磁，最后再扳到“工件放松”位置，工件就可以取下。

二、磨床的电气控制线路

图 6-6 所示为 M7130 型平面磨床的电气控制线路。其电气设备安装在床身后部的电气接线盒内，控制按钮安装在床身前部的电气操纵盒上。电气控制线路可分为主电路、控制电路、电磁吸盘控制电路及照明电路等部分。

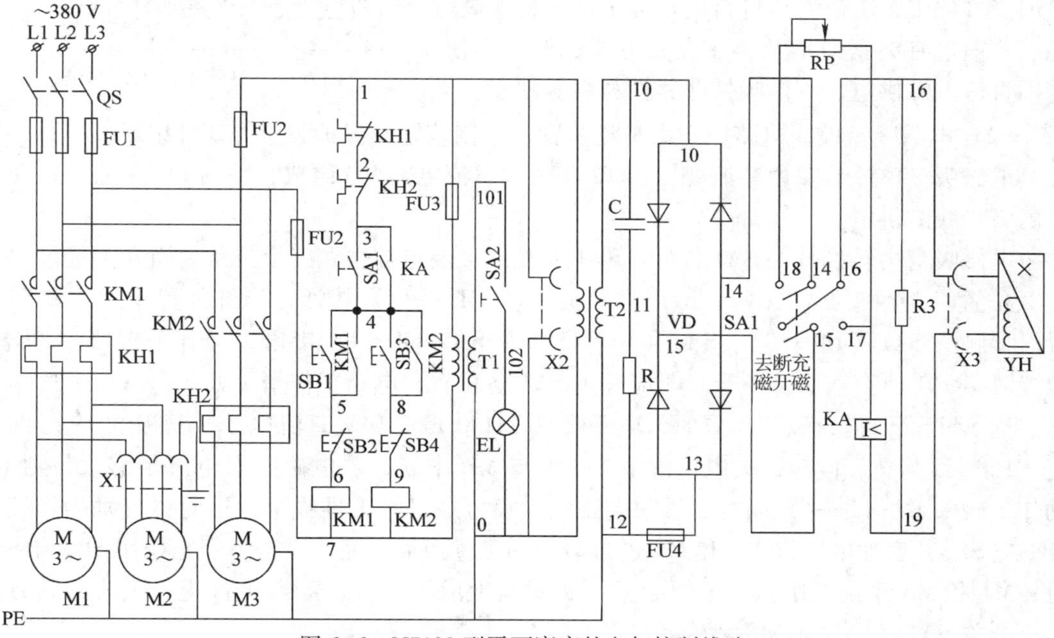

图 6-6　M7130 型平面磨床的电气控制线路

1. 主电路部分

M7130 型平面磨床中有三台电动机，分别是砂轮电动机 M1、液压泵电动机 M3 和冷却泵电动机 M2，其中 M1、M2 由接触器 KM1 控制，再经插座 X1 供电给 M2，电动机 M3 由接触器 KM2 控制。

2. 控制电路部分

控制按钮 SB1、SB2 与接触器 KM1 构成砂轮电动机 M1 单方向旋转的启动、停止控制电路；由按钮 SB3、SB4 与接触器 KM2 构成液压泵电动机 M3 单方向旋转的启动、停止控制电路。但电动机的启动必须在电磁吸盘 YH 工作，且欠电流继电器 KA 通电吸合，触头 KA（3—4）闭合，或者 YH 不工作，但转换开关 SA1 置于“去磁”位置，触头 SA1（3—4）闭合后方可进行。

3. 电磁吸盘控制电路

（1）电磁吸盘的构造及原理　电磁吸盘外形有长方形和圆形两种。矩台平面磨床采用长方形电磁吸盘，圆台平面磨床采用圆形电磁吸盘。电磁吸盘的工作原理，如图 6-7 所示。

钢制吸盘体在中部凸起的芯体 A 上绕有线圈；钢制盖板被隔磁层隔开。在线圈中通入直流电流后，芯体将被磁化，磁力线经过盖板、工件、盖板、吸盘体、芯体闭合，将工件牢牢吸住。盖板中的隔磁层由铅、铜、黄铜及巴氏合金等非磁性材料制成，其作用是使磁力线通过工件再回到吸盘体，不会导致直接通过盖板闭合，以增加对工件的吸持力。

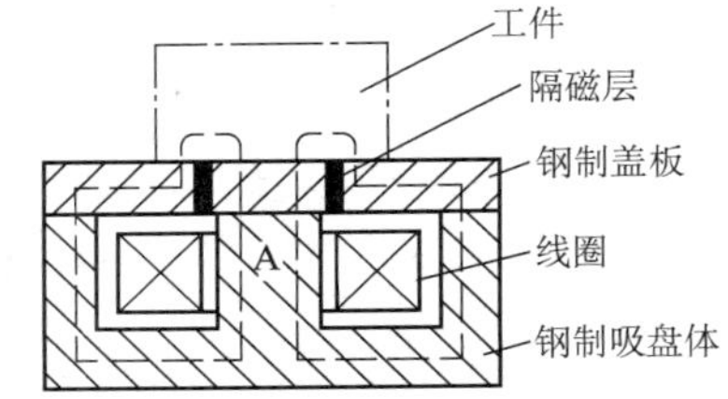

图 6-7　电磁吸盘工作原理

电磁吸盘与机械夹紧装置相比，具有夹紧迅速，不损伤工件，工作效率高，能同时吸持多个小工件；在加工过程中，工件发热可自由延伸，加工精度高等优点。但也有夹紧力不及机械夹紧方式、调节不便、需用直流电源供电、不能吸持非磁性材料等缺点。

（2）电磁吸盘控制电路　它由整流装置、控制装置及保护装置等部分组成。

电磁吸盘整流装置由整流变压器 T2 与桥式整流电路 VD 组成，输出 110 V 直流电压对电磁吸盘线圈供电。

电磁吸盘由转换开关 SA1 控制。SA1 有充磁、断电与去磁三个位置。当开关置于“充磁”位置时，触头 SA1（14—16）与触头 SA1（15—17）接通；当开关置于“去磁”位置时，触头 SA1（14—18）、SA1（16—15）及 SA1（4—3）接通，当开关置于“断电”位置时，SA1 所有触头都断开。对应开关 SA1 各位置，电路工作情况如下：

当 SA1 置于“充磁”位置时，电磁吸盘 YH 获得 110 V 直流电压，其极性 19 号线为正，16 号线为负；同时，欠电流继电器 KA 与 YH 串联，若电磁吸盘电流足够大，则 KA 动作，触头 KA（3—4）闭合，反映电磁吸盘吸力足以将工件吸牢，这时可分别操作按钮 SB1 与 SB3，启动电动机 M1 和 M3 进行磨削加工。当加工完成，按下停止按钮 SB2 和 SB4 时，M1 和 M3 停止工作。为了便于从电磁吸盘上取下工件，需对工件进行去磁，其方法是将开关 SA1 扳到“退磁”位置。

当SA1扳到“去磁”位置时，电磁吸盘中通入反方向电流，并在电路中串入可变电阻器RP，用以限制并调节反向去磁电流的大小，达到既退磁又不至于反向磁化的目的。退磁结束将SA1扳到“断电”位置，便可取下工件。如果工件对去磁要求严格，在取下工件后，还要用交流去磁器进行处理。交流去磁器是平面磨床的一个附件，使用时，将交流去磁器插头插在床身的插座X2上，再将工件放在去磁器上即可去磁。

交流去磁器的结构，如图6-8所示。它的铁心由硅钢片制成，其上套有线圈并通以交流电，在铁心柱上装有极靴，软磁钢制成的两个极靴间有隔磁层。去磁时，线圈通入交流电，将工件在极靴平面上来回移动若干次，即可完成去磁要求。

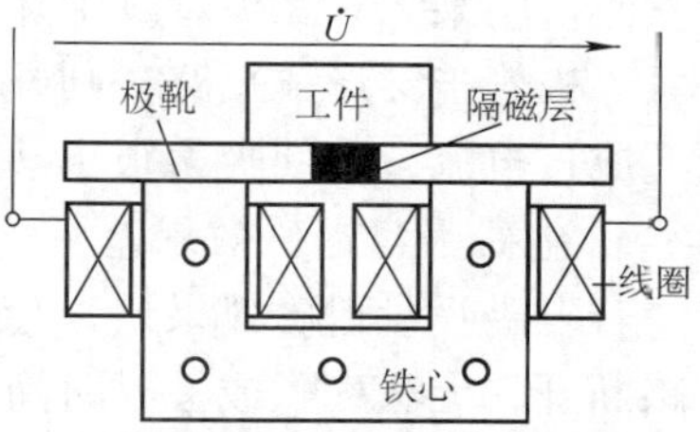

图6-8　交流去磁器的结构

（3）电磁吸盘保护环节　电磁吸盘具有欠电流保护、过电压保护及短路保护等。

1）电磁吸盘的欠电流保护　为了防止平面磨床在磨削过程中出现断电事故或电磁吸盘电流减小，致使电磁吸盘失去吸力或吸力减小，造成工件飞出，引起工件损坏或伤人事故。在电磁吸盘线圈电路中串入欠电流继电器KA，只有当直流电压符合设计要求，电磁吸盘具有足够吸力时，KA才吸合，触头KA（3—4）才闭合，为启动电动机M1和M2进行磨削加工做好准备，否则不能开动磨床进行加工。若已在磨削加工中，则KA因电流过小而释放，触头KA（3—4）断开，接触器KM1、KM2线圈断电，电动机M1和M3立即停止旋转，避免事故发生。

2）电磁吸盘线圈的过电压保护　电磁吸盘线圈匝数多，电感大，通电工作时储存有大量磁场能量。当线圈断电时，在线圈两端将产生高电压，若无放电回路，会造成线圈绝缘及其他电气设备的损坏。为此，在电磁吸盘线圈两端应设置放电装置，以吸收断开电源时放出的磁场能量。该机床在电磁吸盘两端并联了电阻R3，作为放电电阻。

3）电磁吸盘的短路保护　在整流变压器T2的二次侧或整流装置输出端装有熔断器作短路保护。

此外，在整流装置中还设有RC串联的阻容吸收电路，并联在变压器T2的二次侧，用以吸收交流电路产生的冲击电压和直流电路通断时在变压器T2二次侧产生的浪涌电压，实现整流装置的过电压保护。

4. 照明电路

由照明变压器T1将380 V交流电压降低为36 V，并由开关SA2控制照明灯EL。在变压器T1的一次侧装有熔断器FU3作短路保护。

三、平面磨床电气控制线路常见故障分析

平面磨床电气控制线路的特点是采用电磁吸盘来固定工件，其他控制线路的故障分析和处理与普通车床的电路类似，在此仅对电磁吸盘的常见故障进行分析。

1. 电磁吸盘没有吸力

首先应检查三相交流电源是否正常，然后检查FU1、FU2与FU4是否完好，接触是否

正常，再检查接插器 X3 接触是否良好。如上述检查均未发现故障，则进一步检查电磁吸盘电路，包括 KA 线圈是否断开，吸盘线圈是否断路等。

2. 电磁吸盘吸力不足

常见原因可能是交流电源电压低，导致直流电压相应下降，以至于吸力不足。若直流电压正常，则可能是接插器 X3 接触不良。此外，也有可能是桥式整流电路的故障原因，如整流桥中某一只二极管发生开路，将使直流输出电压下降一半左右，使吸力减小。若有一只二极管击穿形成短路，则整个整流电路形成短路，此时，变压器 T2 也会因电路短路而造成过电流，致使吸力很小甚至无吸力。

3. 电磁吸盘退磁效果差

若电磁吸盘退磁效果差，会造成工件难以取下，其故障原因在于退磁电压过高或去磁回路断开，无法去磁或去磁时间掌握不好等。

任务实施

一、任务准备

在学习 M7130 型平面磨床电气控制线路的实际接线和操作过程中，需用到表 6-3 所列的工具、仪器和设备。

表 6-3　任务实施需用到的工具、仪器和设备

序号	名称	型号规格	数量
1	三相交流可调电源	0~420 V	1 个
2	三相笼型转子异步电动机	100 W	3 台
3	熔断器	5 A/2 A	3/2 个
4	按钮	红/绿	2/3 个
5	交流接触器	5 A，线圈 220 V	3 个
6	热继电器	1 A	2 个
7	中间继电器	5 A	1 个
8	转换开关	5 A	1 个
9	行程开关	5 V	4 个
10	万用表	MF47 型或自选	1 块
11	导线	实验专用	若干

二、绘制并连接 M7130 型平面磨床的电气控制线路

绘制 M7130 型平面磨床的电气控制线路，参考电路如图 6-9 所示，按图接线。

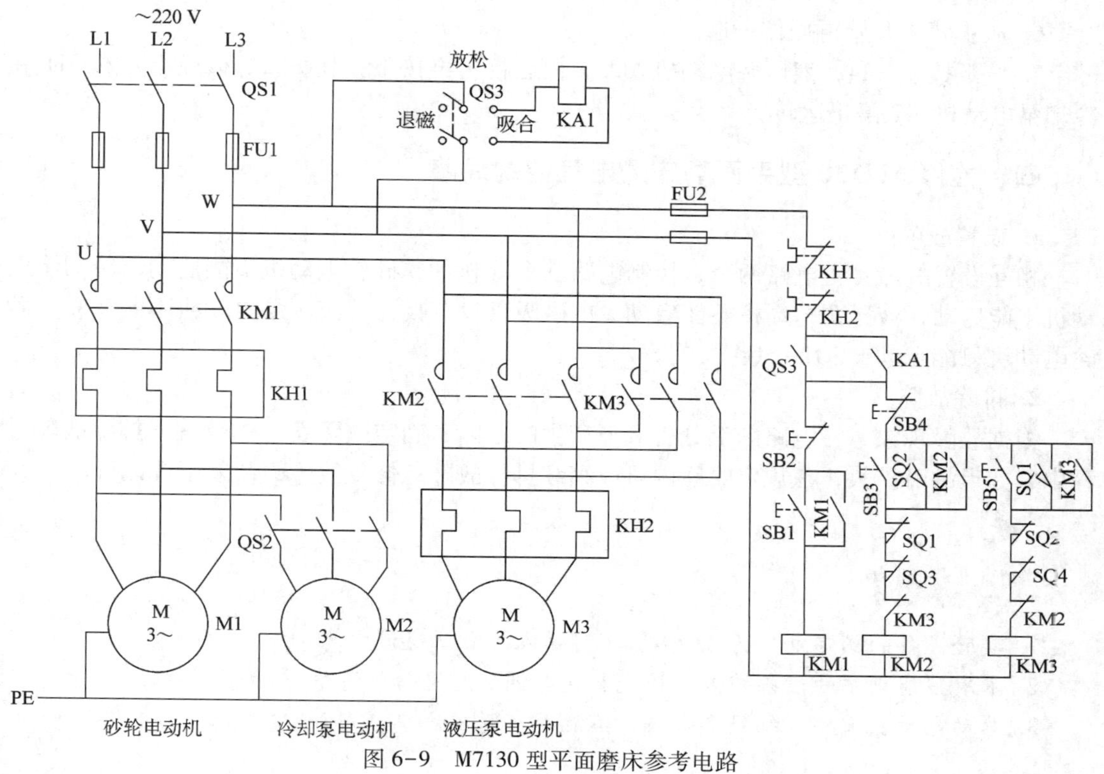

图 6-9　M7130 型平面磨床参考电路

三、调试 M7130 型平面磨床的电气控制线路

1. 检查无误后，闭合开关 QS1，接通三相交流电源。

2. 将转换开关 QS3 扳到“吸合”位置，中间继电器 KA1 吸合（用 KA1 模拟欠电流继电器吸合，并模拟电磁吸盘吸合）。

3. 按下按钮 SB1，接触器 KM1 通电吸合，砂轮电动机 M1 启动运行，合上开关 QS2，冷却泵电动机 M2 启动运行。

4. 按下按钮 SB3，接触器 KM2 通电吸合，液压泵电动机 M3 启动运转，观察 M3 的转向。运转 5 s 后，用手按下 SQ1（模拟工作台左行到一定位置压下行程开关 SQ1），观察液压泵电动机 M3 的转向；再运转 5 s 后，用手按下 SQ2（模拟工作台右行到一定位置压下行程开关 SQ2），观察液压泵电动机 M3 的转向；运转 5 s，再用手按下 SQ3（模拟工作台左行到极限位置，行程开关 SQ1 损坏不起作用时压下 SQ3），液压泵电动机 M3 应停止运行。

5. 按下按钮 SB5，接触器 KM3 通电吸合，液压泵电动机 M3 启动运转，观察 M3 的转向。运转 5 s 后，用手按下 SQ2（模拟工作台右行到一定位置压下行程开关 SQ2），观察电动机 M3 的转向；再运转 5 s 后，用手按下 SQ1（模拟工作台左行到一定位置压下行程开关 SQ1），观察电动机 M3 的转向；运转 5 s，再用手按下 SQ4（模拟工作台右行到极限位置，行程开关 SQ2 损坏不起作用时压下 SQ4），电动机 M3 应停止运行。

6. 从步骤 4 开始再操作一遍。

7. 按下按钮 SB4，液压泵电动机 M3 停止运行，再按下按钮 SB2，砂轮电动机 M1 和冷却泵电动机 M2 停止运转。

四、检修 M7130 型平面磨床的电气控制线路

1. 设置故障

相互设置故障：主电路两个，控制电路三个（例如，砂轮电动机不能启动，冷却泵电动机不能启动，液压泵电动机不能启动，电磁吸盘没有吸力，液压泵电动机不能反转，砂轮电动机只能点动，SQ1～SQ4 失灵等）。

2. 排除故障

根据故障现象，在电路图上分析故障产生的原因，确定故障发生的范围；排除故障过程中，如果故障扩大，在规定时间内可以继续排除故障；修复故障，恢复正常运行。

1. 实验设备的额定电压为 220 V，不可通入 380 V 交流电。
2. 本次技能训练的设备较多，接线和通电调试时思路要清楚。
3. 启动电动机前要仔细观察导线，不能卷入联轴器。

总结测评

一、总结报告

1. 绘制任务的电路图。

2. 记录任务实施的过程、现象和数据结果。图中液压泵控制回路属于什么控制线路？在实际磨床电路中，电磁吸盘线圈应该接直流电源还是交流电源？为什么？此电路有哪些具体保护环节？

3. 小结、体会和建议。

二、任务测评（见表 6–4）

表 6–4　任务实施考核评分记录表

序号	考核内容	考核要求	配分	得分
1	任务实施的准备	预习任务的内容	10	
2	仪器、仪表、设备的使用	正确使用按钮、接触器、热继电器、熔断器、实验台等设备	20	
3	磨床控制线路的接线	电路绘制正确，接线速度快	30	

续表

序号	考核内容	考核要求	配分	得分
4	磨床控制线路的操作	通电运行一次成功，操作规范	20	
5	磨床控制线路检修	故障分析思路正确，修复故障速度快，通电运行一次成功	20	
6	合计得分		100	
7	否定项	发生重大责任事故、严重违反教学纪律者得0分		

指导教师签名________________　　　　日期________________

任务3　铣床电气控制线路的安装与调试

学习目标

1. 了解铣床的结构和加工方式。
2. 熟悉铣床的电气控制线路。
3. 学习铣床电气控制线路的故障检修。

任务引入

铣床在机床设备中占有很大的比重，可以用来加工平面、斜面、沟槽，装上分度头还可以铣削直齿齿轮和螺旋面，装上回转工作盘还可以铣削凸轮和弧形槽。铣床的种类很多，有卧式铣床、立式铣床、龙门铣床、仿形铣床和各种专用铣床等。本任务以X62W型万能铣床为例介绍其结构、各运动部件的驱动要求、电气控制线路的工作原理、常见故障的分析和处理方法，动手连接铣床的电气控制线路，检修并排除铣床常见故障。

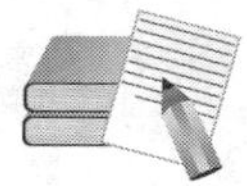

相关知识

一、铣床的主要结构

图6-10所示为X62W型铣床的外形，图6-11所示为X6132W型万能升降台铣床的外形，图6-12所示为X62W型万能铣床的主要结构。

X62W型万能铣床主要由底座、床身、横梁、挂架、升降台、溜板、工作台等部分构成。床身固定在底座上，用来安装和连接其他部件，床身内装有主轴传动机构和变速操纵机构。在床身的顶部有水平导轨，装着带有一个或两个挂架的横梁。挂架用来支撑刀杆的一端，而刀杆的另一端则固定在主轴上。在床身的前方有垂直导轨，一端悬挂的升降台可沿其做上下移动。在升降台上面的水平导轨上装有可平行于主轴轴线方向移动（横向移动）的溜板。工作台可沿溜板上部回转盘的导轨在垂直于主轴轴线的方向移动（纵向移动）。这样，安装在工作台上的工件可以在三个方向调整位置或完成进给运动。此外，由于回转盘对溜板可绕垂直轴线转动一个角度（通常为±45°），这样，工作台在水平面上除能平行或垂直于主轴轴线方向进给外，还能在倾斜方向上进给，从而能够完成铣螺旋槽的加工。

图 6-10　X62W 型铣床的外形

图 6-11　X6132W 型万能升降台铣床的外形

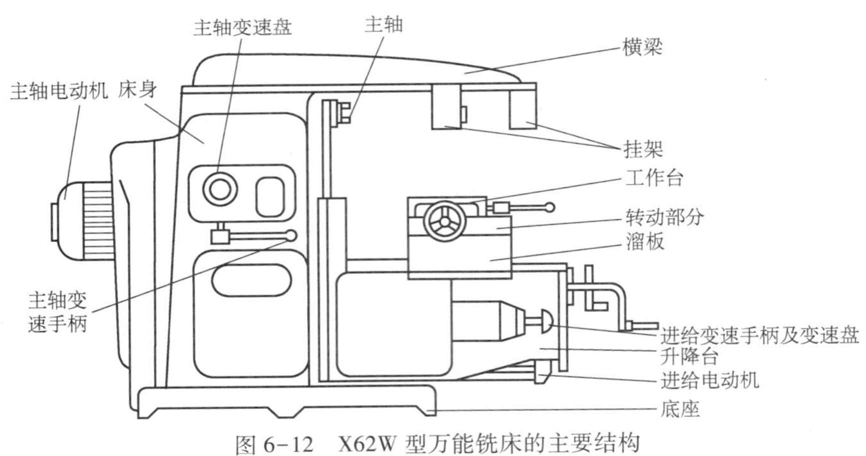

图 6-12　X62W 型万能铣床的主要结构

二、铣床的电气控制

1. 铣床运动及传动情况

（1）主运动　主轴的旋转运动。

（2）进给运动　工作台在三个相互垂直方向上的直线运动（手动或机动）。

（3）辅助运动　工作台在三个相互垂直方向上的快速直线运动。

铣床采用单独传动形式，即主轴和工作台分别由两台电动机驱动，且进给电动机与进给箱均安装在升降台上，这样快速移动也由进给电动机经快速传动链来获得。

为提高主轴旋转的均匀性并消除铣削加工时的振动，主轴上装有飞轮。主轴由主轴电动机经主轴箱驱动。

工作台在三个方向上的进给运动是由进给电动机经进给箱获得 18 种不同转速再经不同传动路线传递给三个进给丝杠后实现的。

2. X62W 型铣床的主运动及其控制

（1）铣床主运动对电气控制的要求　铣床在铣削加工时，为提高生产效率，发挥机床潜力，在小进给量时用高速铣削；反之用低速铣削。这就要求主运动系统能够调速，而且在各种铣削速度下保持功率不变，这就是铣床的恒功率调速要求。为此，主轴电动机采用笼型转子异步电动机，经齿轮变速箱驱动主轴。

为了能进行顺铣和逆铣加工，要求主轴能够实现正反转，但旋转方向不需经常变换，只需在加工前预选主轴转动方向。

铣床的主运动系统是在空载下启动，启动迅速。但在停车时，由于传动系统装有惯性轮，惯性大，停车时间长，为此应设有电气制动环节。

为使主轴变速时变速箱内齿轮易于啮合，减小齿轮端面的冲击，要求主轴电动机在主轴变速时具有变速冲动。

（2）铣床主运动控制线路分析　图 6-13 所示为 X62W 型卧式万能铣床电气控制线路。图中 M1 为主轴电动机，M2 为工作台进给电动机，M3 为冷却泵电动机。

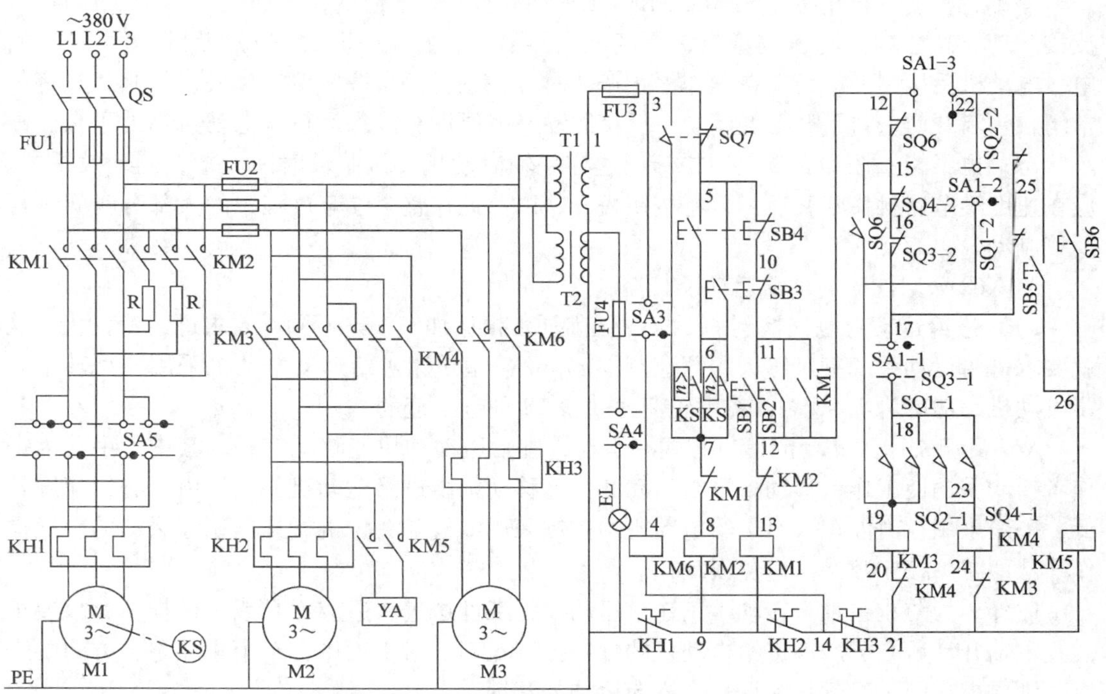

图 6-13　X62W 型卧式万能铣床电气控制线路

主轴电动机由接触器 KM1 控制，M1 旋转方向由组合开关 SA5 预先选择，速度继电器 KS 的两对触头分别用于控制正转和反转。M1 启动、停止的控制可在两地操作，一处在升降台上，另一处设在床身上。

将电气控制线路的主轴电动机控制线路另绘于图 6-14 中。由接触器 KM1 和按钮 SB1 或 SB2、SB3 或 SB4 构成电动机单方向旋转两地控制的启动、停止控制电路。停止时具有串入限流电阻器的反接制动环节。

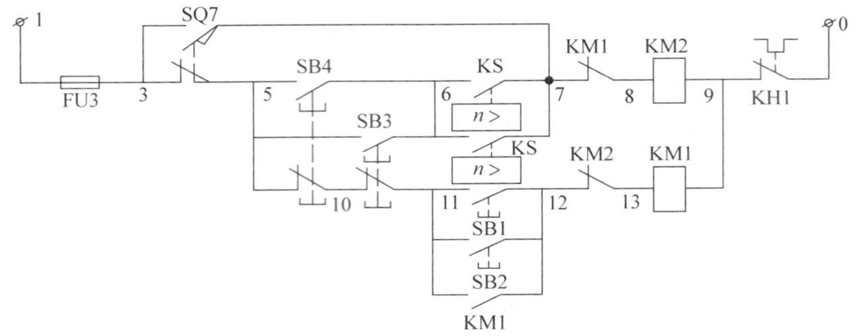

图 6-14　主轴电动机电气控制线路

下面对电动机 M1 正向旋转、反接制动时的电路工作情况进行分析。此时组合开关 SA5 已扳至正转位置，启动电动机 M1，KM1 通电并自锁，电动机 M1 正向旋转，速度继电器 KS 动作，触头 KS（6—7）中的一对闭合，为电动机反接制动做好准备。

停车时，按下停止按钮 SB3 或 SB4，KM1 断电而 KM2 通电，电动机 M1 串入电阻进行反接制动。当电动机转速较低时，速度继电器复位，触头 KS（6—7）断开，使 KM2 断电，电动机反接制动结束。在操作停止按钮时应注意，停止按钮要按到底；否则，只将其常闭触头断开而未将常开触头闭合，反接制动环节便没有接入运行，电动机仍处于自由停车状态；也不能一按到底就立即松开，这样主轴电动机反接制动时间太短，制动效果差。应在速度继电器触头断开后，再将按钮松开，以保证在整个停车过程中的大部分时间进行反接制动。

3. X62W 型铣床的进给运动及其控制

（1）进给运动对电气控制的要求　铣削加工根据加工工艺不同，要求进给量变化，这就要求进给运动系统有足够大的调速范围。X62W 型铣床进给运动电动机采用笼型转子异步电动机，功率为 1.5 kW，经齿轮变速获得 18 种进给速度。

X62W 型铣床工作台的运行方式有手动、进给运动和快速移动三种。其中，手动为操作者摇动手柄使工作台移动；进给运动和快速移动则由进给电动机驱动。由于进给速度较低，一般采用自由停车。对进给电动机的控制采用电气开关、机械挂挡相互联动的手柄操作，从而减少按钮数量，避免误动作。

此外，为防止主轴未转动、工作台运动而将工件送进，造成刀具或工件损坏，故要求设置主轴开动后方可启动进给电动机的顺序控制互锁。对于工作台三个相互垂直方向的进给，则要求在同一时刻只允许一个方向运动的互锁。

在进给变速时，为使齿轮易于啮合，还要有变速冲动环节。

（2）进给运动电气控制电路的分析　工作台进给方向有左、右的纵向运动，前、后的横向运动和上、下的垂直运动。它是依靠进给电动机 M2 的正反转来实现的，而正反转接触器 KM3、KM4 是由两个机械操作手柄控制的。操作手柄同时完成机械挂挡和压合相应行程开关的操作，从而接通正反转接触器，启动进给电动机，驱动工作台按预定方向运动。这两个机械操作手柄各有两套，分设在铣床工作台正面与侧面，实现两地操作。

图 6-15 所示为进给运动电气控制电路。图中 SQ1、SQ2 为与纵向机械操作手柄有机械联系的行程开关，SQ3、SQ4 为与垂直和横向操作手柄有机械联系的行程开关。当这两个机械手柄处在中间位置时，SQ1～SQ4 都处在未被压下的原始状态；当扳动操作手柄时，将压下对应的行程开关。

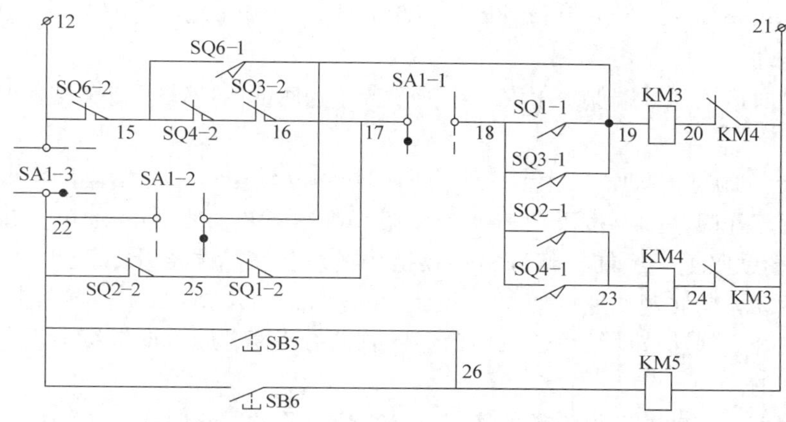

图 6-15 进给运动电气控制电路

图中 SA1 为回转工作盘选择开关，设有“接通”与“断开”两个位置，三对触头。当不需要回转工作盘运动时，将 SA1 置于“断开”位置，此时触头 SA1-1、SA1-3 闭合，SA1-2 断开，然后启动主轴电动机，KM1 通电并自锁，为进给电动机启动做准备。现将进给运动电气控制电路工作情况分析如下：

1）工作台纵向运动的控制　工作台纵向运动由工作台纵向操作手柄控制，共有左、中、右三个位置。当操作手柄扳到向右位置时，通过其联动机构将纵向进给离合器挂上，同时压下向右进给的行程开关 SQ1，接触器 KM3 通电，进给电动机 M2 正转启动旋转，驱动工作台向右运动。

当需要停止时，将手柄扳回中间位置，于是纵向进给离合器脱开，同时 SQ1 不再受压，触头 SQ1-1（18—19）断开，KM3 断电，电动机 M2 停止旋转，工作台停止运动。

工作台左右运动行程的长短由安装在工作台前方操作手柄两侧的挡铁来决定。当工作台左右运动到预定位置时，挡铁撞到纵向操作手柄，使它返回中间位置，使工作台停止，实现终端保护。

2）工作台垂直运动和横向运动的控制　由工作台升降与横向操作手柄控制，该手柄共有上、下、前、后和中间五个位置。在扳动操作手柄的同时，将有关离合器挂上，同时压合行程开关 SQ3 或 SQ4。其中，SQ4 在操作手柄向上或向后扳动时压下，而 SQ3 在手柄向下或向前扳动时压下。

现以工作台向上运动为例分析电路工作情况。将操作手柄扳到向上位置，将垂直运动的离合器挂上，同时压下行程开关 SQ4，触头 SQ4-2（15—16）断开，SQ4-1（18—23）闭合，反转接触器 KM4 通电，M2 反转，驱动升降台连同工作台一起向上运动。当需停止时，将操作手柄扳回中间位置，此时离合器脱开，同时 SQ4 不再受压而复位，触头 SQ4-1（18—23）断开，KM4 断电，电动机 M2 停止运转，工作台停止。

在铣床床身导轨旁设置了上、下两块挡铁，当升降台上下运动到一定位置时，挡铁撞到操作手柄，使其回到中间位置，从而实现工作台垂直运动的终端保护。

若将操作手柄扳到向前位置，则横向运动离合器挂上，同时压下 SQ3，触头 SQ3-1（18—19）闭合，SQ3-2（15—16）断开，KM3 通电，电动机 M2 正转，驱动工作台在升降台上向前运动。

工作台横向运动的终端保护由安装在工作台左侧底部的挡铁撞到操作手柄返回中间位置来实现。

3）工作台的快速移动　工作台三个方向的快速移动也是由进给电动机驱动的，当工作台已经进行工作时，如再按下快速移动按钮 SB5 或 SB6，使 KM5 通电，接通快速移动电磁铁 YA，衔铁吸上，经杠杆将进给传动链中的摩擦离合器合上，减少中间传动装置，工作台按原运动方向实现快速移动。SB5 或 SB6 松开时，KM5、YA 相继断电，衔铁释放，摩擦离合器脱开，快速移动结束，工作台仍按原进给速度、原方向继续运动。所以快速移动是点动控制的。

工作台也可在主轴电动机不转的情况下进行快速移动，这时应将主轴换向开关 SA5 扳到“停止”位置，然后按下按钮 SB1 或 SB2，使 KM1 通电并自锁，操纵工作台手柄，使进给电动机 M2 启动旋转，再按下快速移动按钮 SB5 或 SB6，工作台便可获得在主轴不转情况下的快速移动。

4）进给变速时的“冲动”控制　在进给变速时，为使齿轮易于啮合，电路中设有变速“冲动”控制环节。

进给变速冲动是由进给变速手柄配合进给变速冲动开关 SQ6 实现的。将蘑菇手柄拉到极限位置的瞬间，其联动杠杆压合行程开关 SQ6，使触头 SQ6-2（12—15）先断开，而触头 SQ6-1（15—19）后闭合，使 KM3 通电，M2 正转启动。由于在操作时只使 SQ6 瞬时压合，所以电动机瞬动一下，驱动进给变速机构瞬动，利于变速齿轮啮合。

（3）回转工作盘进给运动的控制　回转工作盘工作时，首先将开关 SA1 扳到“接通”位置，这时触头 SA1-2（19—22）闭合，触头 SA1-1（17—18）与 SA1-3（12—22）断开；接着，将工作台两个进给操作手柄置于中间位置。按下主轴电动机启动按钮 SB1 或 SB2，主轴电动机 M1 启动运转，同时 KM3 因 KM1 通电自锁而通电，于是电动机 M2 启动运转，并经传动机构使回转工作盘回转。由此可知，回转工作盘只能做单方向回转，不能实现正反转。另外，回转工作盘控制电路是经行程开关 SQ1～SQ4 的四对常闭触头形成闭合回路的，所以，操作任何一个长方形工作台进给手柄，都将切断回转工作盘控制电路，这就实现了回转工作盘和长方形工作台的互锁关系。

回转工作盘要停止工作，只需按下主轴停止按钮 SB3 或 SB4，此时 KM1、KM3 相继断电，回转工作盘停止回转。

4. 冷却泵电动机的控制与照明电路

冷却泵电动机 M3 通常在铣削加工时由转换开关 SA3 操作，当扳到“接通”位置时，触头 SA3（3—4）闭合，接触器 KM6 通电，电动机 M3 启动运转，驱动冷却泵，送出切削液，供铣削加工冷却用。

机床局部照明由照明变压器 T2 输出 36 V 安全电压，由开关 SA4 控制照明灯 EL。

5. 控制电路的互锁与保护

X62W 型万能铣床的运动较多，电气控制电路较为复杂，为了安全、可靠地工作，应具有完善的互锁与保护环节。

（1）进给运动与主运动的顺序互锁　进给运动电气控制电路接在主轴电动机接触器 KM1 触头（11—12）之后。这就保证了主轴电动机启动后（若不需 M1 旋转，可将开关 SA5 扳至中间位置）才可启动进给电动机。而主轴停止时，进给运动立即停下。

（2）工作台六个运动方向之间的互锁　铣床工作时，只允许一个方向运动，为此工作台上下、左右、前后六个运动方向间都应互锁。工作台有纵向操作手柄和横向、垂直操作手柄，这就具有了左、右方向间的互锁和上下、前后四个方向间的互锁。但关键的是如何实现这两个操作手柄间的互锁。为此，采用了较为简便的电气互锁。在图 6-15 所示的电路中，接线点 15—17 以及 22—17 的两条支路中，一条由 SQ3、SQ4 常闭触头串联组成，另一条由 SQ1、SQ2 常闭触头串联组成，分别串接在进给接触器 KM3 与 KM4 线圈电路中，构成进给的互锁控制。当扳动纵向进给操作手柄时，开关 SQ1 或 SQ2 压下，使支路 22—17 断开，但 KM3 或 KM4 仍可经另一支路供电，若再扳动横向与垂直进给操作手柄，又将压下开关 SQ3 或 SQ4，使另一支路断开，进给电动机无法通电，工作台不能自动进给。这就保证了不允许同时操纵两个进给手柄，从而实现了工作台六个运动方向之间的互锁。

（3）长方形工作台与回转工作盘间的互锁　这一互锁由开关 SA1 来实现，控制电路要求行程开关 SQ1～SQ4 均处于闭合状态时回转工作盘才可开动，从而保证了这一互锁。

（4）具有完善的保护环节　该电路具有短路保护、长期过载保护、工作台六个运动方向的限位保护等。

三、铣床电气控制线路常见故障及排除

1. 主轴电动机不能启动

（1）控制电路熔断器 FU3 熔体熔断，应更换。

（2）主轴换向开关 SA5 在停止位置。

（3）按钮 SB1、SB2、SB3、SB4 的触头接触不良，应修复或更换。

（4）主轴变速行程开关 SQ7 的动断触头接触不良，应修复或更换。

（5）接触器 KM1 线圈或触头已损坏，应修复或更换。

（6）热继电器 KH1 或 KH2 已动作，尚未复位。

2. 主轴不能制动

接触器 KM2 线圈或触头已损坏，应修复或更换。

3. 主轴不能变速冲动

主轴变速冲动行程开关 SQ7 位置移动或损坏，应修复。

4. 工作台不能进给

（1）主轴电动机 M1 未启动，应先启动电动机 M1。

（2）熔断器 FU3 熔体熔断，应更换。

（3）接触器 KM3 或 KM4 线圈烧坏或主触头接触不良，应修复或更换。

（4）行程开关 SQ1、SQ2、SQ3、SQ4 的常闭触头接触不良，应修复或更换。

（5）进给变速行程开关 SQ6 的常闭触头接触不良，应修复或更换。

（6）热继电器 KH3 已动作，未复位，应复位。

5. 进给不能变速冲动

（1）进给操作手柄不是都在零位，应置于零位。

（2）进给变速行程开关 SQ6 位置移动或损坏，应修复。

6. 工作台不能快速移动

（1）快速移动接钮 SB5 或 SB6 触头接触不良或损坏，应修复或更换。

（2）接触器 KM5 线圈或触头损坏，应修复或更换。

（3）快速移动电磁铁 YA 损坏，应修复或更换。

任务实施

一、任务准备

在检修 X62W 型万能铣床电气控制线路的过程中，需用到表 6-5 所列的工具、仪器和设备。

表 6-5　任务实施需用到的工具、仪器和设备

序号	名称	型号规格	数量
1	三相交流可调电源	0~420 V	1 个
2	三相笼型转子异步电动机	100 W	3 台
3	熔断器	5 A/2 A	6/2 个
4	按钮	红/绿	2/4 个
5	交流接触器	5 A，线圈 220 V	6 个
6	热继电器	1 A	3 个
7	速度继电器	3 000 r/min	1 个
8	转换开关	5 A	5 个
9	行程开关	5 A	7 个
10	兆欧表	500 V	1 个
11	钳形电流表	20 A	1 个
12	万用表	MF47 型或自选	1 块
13	导线	实验专用	若干

二、连接 X62W 型万能铣床电气控制线路

参照图 6-13 所示连接 X62W 型万能铣床电气控制线路，注意实验设备的额定电压为 220 V，不要施加过高的电压。

三、设置故障

相互设置故障：主电路两个，控制电路三个（例如，主轴电动机不能启动，工作台电动机不能启动，冷却泵电动机不能启动，主轴电动机不能反转，工作台电动机不能反转，主轴电动机不能制动，工作台电动机不能快速移动等）。

四、排除故障

1. 根据故障现象，在电路图上分析故障产生的原因，确定故障发生的范围。
2. 排除故障过程中，如果故障扩大，在规定时间内可以继续排除故障。
3. 修复故障，恢复正常运行。

1. 在检修过程中，要正确使用工具和仪表。
2. 在排除故障的过程中，不得采用更换器件、借用触头或改动线路的方法修复故障点。
3. 检修时不得损坏电气元件或设备。

总结测评

一、总结报告

1. 绘制任务的电路图。
2. 记录任务实施的过程、现象和数据结果。
3. 小结、体会和建议。

二、任务测评（见表 6-6）

表 6-6　任务实施考核评分记录表

序号	考核内容	考核要求	配分	得分
1	任务实施的准备	预习任务的内容	10	
2	仪器、仪表、设备的使用	正确使用按钮、接触器、热继电器、熔断器、实验台等设备	20	

续表

序号	考核内容	考核要求	配分	得分
3	电气控制线路的故障设置	接线速度快，故障设置正确	30	
4	故障分析和处理能力	故障分析思路正确，修复故障速度快，通电运行一次成功	40	
5	合计得分		100	
6	否定项	发生重大责任事故、严重违反教学纪律者得 0 分		

指导教师签名________________ 日期________________

任务 4　钻床电气控制线路的安装与调试

学习目标

1. 了解钻床的结构和加工方式。
2. 熟悉钻床的电气控制线路。
3. 学习钻床电气控制线路的故障检修。

任务引入

钻床是一种孔加工机床，主要用来对工件进行钻孔、扩孔、铰孔及修刮端面、攻螺纹等。钻床的种类很多，其中摇臂钻床应用得最为普遍，适用于单件或批量生产中带有多孔零件的加工。本任务以 Z3040 型摇臂钻床为例，介绍其结构、加工工艺、电气控制线路以及常见故障的分析和处理方法，动手连接钻床的电气控制线路，并检修及排除钻床常见故障。

相关知识

一、钻床的结构和运动形式

摇臂钻床的外形，如图 6-16 所示；主要结构及运动，如图 6-17 所示。

摇臂钻床主要由底座、内立柱、外立柱、摇臂、主轴箱导轨、工作台等组成。内立柱固定在底座上，在它外面套着空心的外立柱，摇臂的一端套在外立柱上，借助于丝杆，摇臂可沿外立柱上下滑动，但摇臂与外立柱之间不能相对转动，摇臂与外立柱一起可沿内立柱转动。主轴箱安放在摇臂上，可沿导轨水平移动。钻削加工时，主运动为主轴的旋转运动，进给运动为主轴的垂直移动，辅助运动为摇臂在外立柱上的升降运动、摇臂与外立柱一起沿内立柱的转动以及主轴箱在摇臂上的水平移动。

图 6-16　Z3040 型摇臂钻床的外形

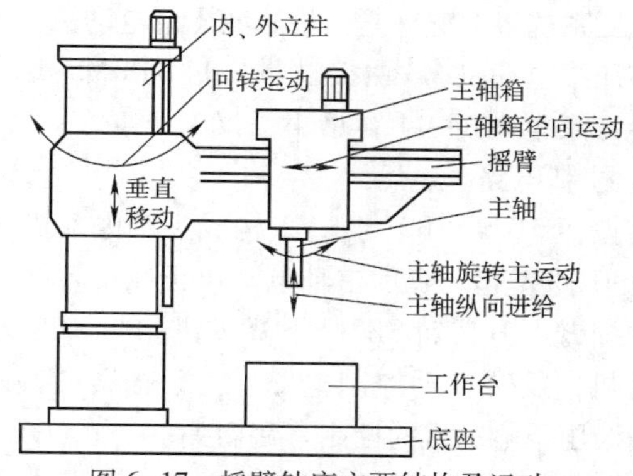

图 6-17　摇臂钻床主要结构及运动

二、Z3040 型摇臂钻床电气控制线路

图 6-18 所示为 Z3040 型摇臂钻床电气控制线路的原理图。图中 M1 为主轴电动机，M2 为摇臂电动机，M3 为液压泵电动机，M4 为冷却泵电动机。

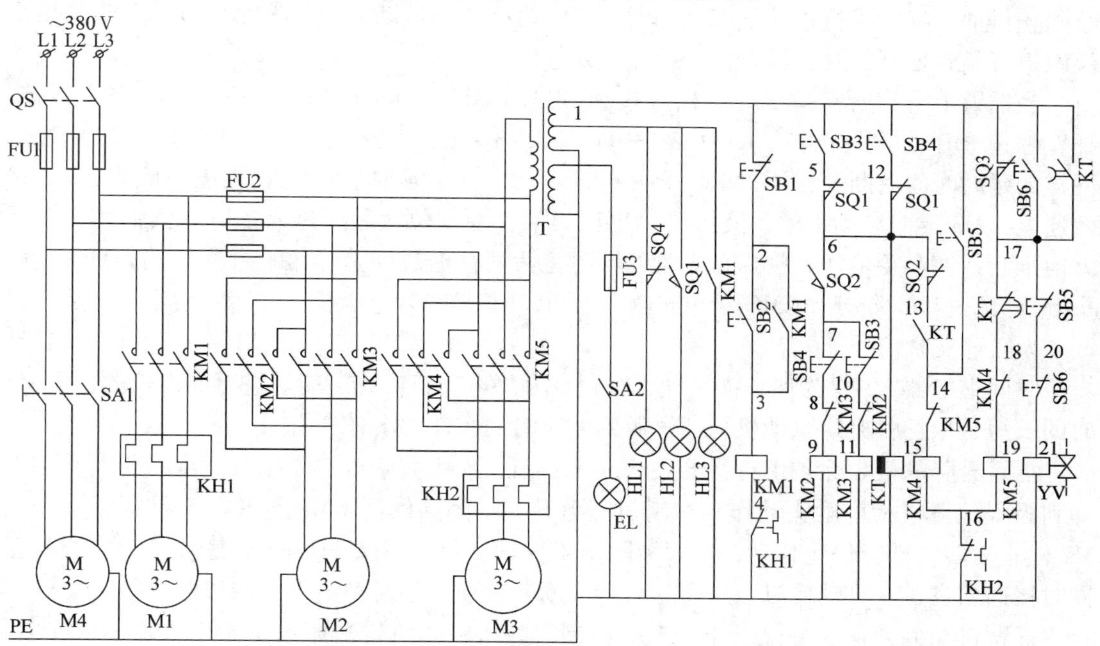

图 6-18　Z3040 型摇臂钻床电气控制线路的原理图

1. 主电路

主轴电动机 M1 为单方向旋转，由接触器 KM1 控制，主轴的正反转则由主轴操纵手柄选择，热继电器 KH1 作为电动机长期过载保护。

摇臂电动机 M2 由正反转接触器 KM2 和 KM3 控制。控制电路可以保证：在操纵摇臂升降时，首先使液压泵电动机启动运转，供出压力油，经液压系统将摇臂松开，然后才使电动机 M2 启动，驱动摇臂上升或下降。当移动到位后，控制电路又保证 M2 先停转，再自动通过液压系统将摇臂夹紧。最后液压泵电动机才停转。M2 为短时工作，不设过载保护。

液压泵电动机 M3 由接触器 KM4 和 KM5 实现正反转控制，热继电器 KH2 作过载保护。

冷却泵电动机 M4 容量小，仅为 0.125 kW，由开关 SA1 直接控制。

2. 控制电路

由按钮 SB1、SB2 与 KM1 构成主轴电动机 M1 的单方向启动、停止电路。M1 启动后，指示灯 HL3 亮起，表示主轴电动机正在旋转。

由摇臂上升按钮 SB3、下降按钮 SB4 及正反转接触器 KM2 和 KM3 组成具有双重互锁的电动机正反转点动控制电路。由于摇臂的升降控制必须与夹紧机构液压系统紧密配合，所以与液压泵电动机的控制有密切关系。下面以摇臂的上升为例分析摇臂升降的控制。

按下上升点动控制按钮 SB3，时间继电器 KT 线圈通电，触头 KT（1—17）、KT（13—14）立即闭合，使电磁阀 YV、KM4 线圈同时通电，液压泵电动机启动运转，驱动液压泵送出压力油，并经二位六通阀进入摇臂松开油腔，推动活塞和菱形块，将摇臂松开。同时，活塞杆通过弹簧片压上行程开关 SQ2，发出摇臂松开信号，即触头 SQ2（6—7）闭合，SQ2（6—13）断开，使 KM2 通电、KM4 断电。于是电动机 M3 停止旋转，液压泵停止供油，摇臂维持松开状态；同时 M2 启动运转，带动摇臂上升。所以，SQ2 是用来反映摇臂是否松开且发出松开信号的电气元件。

当摇臂上升到所需位置时，松开按钮 SB3，KM2 和 KT 断电，电动机 M2 停止运转，摇臂停止上升。但由于触头 KT（17—18）经 1～3 s 延时后闭合，触头 KT（1—17）经过同样的延时时间后断开，所以 KT 线圈断电，经 1～3 s 延时后，KM5 通电。此时，YV 仍然通电，M3 反向启动，驱动液压泵供出压力油，经二位六通阀进入摇臂夹紧油腔，向反方向推动活塞和菱形块，将摇臂夹紧。同时，活塞杆通过弹簧片压下行程开关 SQ3，使触头 SQ3（1—17）断开，KM5 断电，液压泵电动机 M3 停止运转，摇臂夹紧完成。所以 SQ3 为摇臂夹紧信号开关。

时间继电器 KT 是为保证夹紧动作在摇臂升降电动机停止运转后进行而设置的，KT 延时的长短，依摇臂升降电动机切断电源到停止时的惯性大小来调整。

摇臂升降的极限保护由行程开关 SQ1 来实现。SQ1 有两对常闭触头，当摇臂上升或下降到极限位置时相应触头动作，切断对应上升或下降接触器 KM2 与 KM3，使摇臂电动机 M2 停止运转，摇臂停止移动，实现极限位置保护。行程开关 SQ1 两对触头平时应调整在同时接通状态，一旦动作时，应使一对触头断开，而另一对触头仍保持闭合。

摇臂自动夹紧程度由行程开关 SQ3 控制。如果夹紧机构液压系统出现故障不能夹紧，那么触头 SQ3（1—17）断不开，或者行程开关 SQ3 安装及调整不当，摇臂夹紧后仍不能压下 SQ3，这时都会使电动机 M3 处于长期过载状态，易将电动机烧坏，为此 M3 采用热继电器 KH2 作过载保护。

主轴箱和立柱松开与夹紧的控制：主轴箱和立柱的夹紧与松开是同时进行的。当按下松开按钮 SB5 时，KM4 通电，电动机 M3 正转，驱动液压泵送出压力油，这时 YV 处于断电状态，压力油经二位六通阀进入主轴箱松开油腔与立柱松开油腔，推动活塞和菱形块，使主轴箱和立柱实现松开。在松开的同时通过行程开关 SQ4 控制指示灯发出信号，当主轴箱与立柱松开时，行程开关 SQ4 不受压，触头 SQ4 闭合，指示灯 HL1 亮，表示已松开，可操纵主轴箱和立柱移动。当夹紧时，将压下 SQ1，触头闭合，指示灯 HL2 亮，可以进行钻削加工。

三、摇臂钻床电气控制线路常见故障分析

摇臂钻床电气控制的特点是摇臂的控制，它由机械系统、电气系统、液压系统联合控制。下面仅以摇臂移动的常见故障进行分析。

1. 摇臂不能上升

由摇臂上升电气动作过程可知，摇臂移动的前提是摇臂完全松开，此时活塞杆通过弹簧片压下行程开关 SQ2，电动机 M3 停止运转，M2 启动。下面抓住 SQ2 有无动作来分析摇臂不能移动的原因。

若 SQ2 不动作，常见故障为 SQ2 安装位置不当或发生移动。这样，摇臂虽然松开，但活塞杆仍压不上 SQ2，致使摇臂不能移动。有时也会出现因液压系统发生故障，使摇臂没有完全松开，活塞杆压不上 SQ2 的现象。为此，应配合机械、液压调整好 SQ2 的位置并安装牢固。

有时电动机 M3 电源相序接反，此时按下摇臂上升按钮 SB3 时，电动机 M3 反转，使摇臂夹紧，更压不上 SQ2，摇臂也不会上升。所以，机床大修或安装完毕，必须认真检查电源相序及电动机正反转是否正确。

2. 摇臂移动后夹不紧

摇臂升降后，摇臂自动夹紧，而夹紧动作的结束由行程开关 SQ3 控制。若摇臂夹不紧，说明摇臂控制电路能够动作，只是夹紧力不够。这是由于 SQ3 动作过早，使液压泵电动机 M3 在摇臂还未充分夹紧时就停止运转。这往往是由于 SQ3 安装位置不当或松动、移位，过早地被活塞杆压上动作。

3. 液压系统的故障

有时电气控制系统工作正常，而电磁阀的阀芯卡住或油路堵塞，造成液压系统失灵，也会造成摇臂无法移动。因此，在维修工作中应正确判断是电气控制系统故障还是液压系统故障，明确这两者之间的相互联系，应相互配合共同排除故障。

任务实施

一、任务准备

在检修 Z3040 型摇臂钻床电气控制线路的过程中，需用到表 6-7 所列的工具、仪器和设备。

表 6-7　任务实施需用到的工具、仪器和设备

序号	名称	型号规格	数量
1	三相交流可调电源	0~420 V	1 个

续表

序号	名称	型号规格	数量
2	三相笼型转子异步电动机	100 W	4 台
3	熔断器	5 A/2 A	6/2 个
4	按钮	红/绿	3/3 个
5	交流接触器	5 A，线圈 220 V	5 个
6	热继电器	1 A	2 个
7	时间继电器	5 s	1 个
8	转换开关	5 A	2 个
9	行程开关	5 A	3 个
10	兆欧表	500 V	1 个
11	钳形电流表	20 A	1 个
12	万用表	MF47 型或自选	1 块
13	导线	实验专用	若干

二、连接 Z3040 型摇臂钻床电气控制线路

参照图 6-18 所示连接 Z3040 型摇臂钻床电气控制线路，注意实验设备的额定电压为 220 V，不要施加过高的电压。

三、设置故障

相互设置故障：主电路两个，控制电路三个（例如，主轴电动机不能启动，摇臂电动机不能启动，液压泵电动机不能启动，摇臂电动机不能反转，液压泵电动机不能反转，冷却泵电动机不能启动等）。

四、排除故障

1. 根据故障现象，在电路图上分析故障产生的原因，确定故障发生的范围。
2. 排除故障过程中，如果故障扩大，在规定时间内可以继续排除故障。
3. 修复故障，恢复正常运行。

1. 在检修过程中，要正确使用工具和仪表。

2. 在排除故障的过程中，不得采用更换器件、借用触头或改动线路的方法修复故障点。

3. 检修时不得损坏电气元件或设备。

总结测评

一、总结报告

1. 绘制任务的电路图。
2. 记录任务实施的过程、现象和数据结果。
3. 小结、体会和建议。

二、任务测评（见表 6-8）

表 6-8　任务实施考核评分记录表

序号	考核内容	考核要求	配分	得分
1	任务实施的准备	预习任务的内容	10	
2	仪器、仪表、设备的使用	正确使用按钮、接触器、热继电器、熔断器、实验台等设备	20	
3	电气控制线路的故障设置	接线速度快，故障设置正确	30	
4	故障分析和处理能力	故障分析思路正确，修复故障速度快，通电运行一次成功	40	
5	合计得分		100	
6	否定项	发生重大责任事故、严重违反教学纪律者得 0 分		

指导教师签名＿＿＿＿＿＿　　　　日期＿＿＿＿＿＿

任务 5　镗床电气控制线路的安装与调试

学习目标

1. 了解镗床的结构和加工方式。
2. 熟悉镗床的电气控制线路。
3. 学习镗床电气控制线路的故障检修。

任务引入

镗床是一种精密加工机床，可用来镗孔、钻孔、扩孔和铰孔等，主要用来加工精度较高的孔和两孔之间的距离要求较为精确的零件。按结构和用途分，镗床可分为卧式镗床、立式镗床、坐标镗床、金刚镗床和专用镗床等，其中，卧式镗床和坐标镗床应用较为普遍，坐标镗床加工精度高，适用于加工高精度坐标孔距的多孔工件，而卧式镗床是一种通用性很广泛的机床，除了镗孔、钻孔、扩孔和铰孔外，还可以进行车削内螺纹、外螺纹、外圆柱面和端面，铣削平面等加工。本任务以T68型卧式镗床为例，介绍其基本结构、加工工艺特点、电气控制线路的工作原理、常见故障的分析和处理方法，动手连接镗床的电气控制线路，并检修及排除镗床常见故障。

相关知识

一、主要结构及运动形式

卧式镗床的外形，如图6-19所示。

T68型卧式镗床的结构，如图6-20所示，其主要由床身、前立柱、后立柱、镗头架、工作台、尾架等部分组成。在床身的一端固定有前立柱，前立柱的垂直导轨上装有镗头架，镗头架可沿导轨垂直移动，镗头架中装有主轴部件、主轴箱、进给箱及操纵机构等部件。刀具固定在镗轴前端的锥孔内，或装在花盘的平旋盘上。在床身的另一端装有后立柱，后立柱可沿床身导轨纵向移动。后立柱的垂直导轨上安放有尾架，用来支撑镗杆的末端，尾架随镗头架同时升降，保证两者的轴线在同一直线上。下溜板可沿床身中部的导轨纵向移动，上溜板可沿下溜板上的导轨横向移动，工作台相对于上溜板可做回转运动。

图6-19　T68型卧式镗床的外形

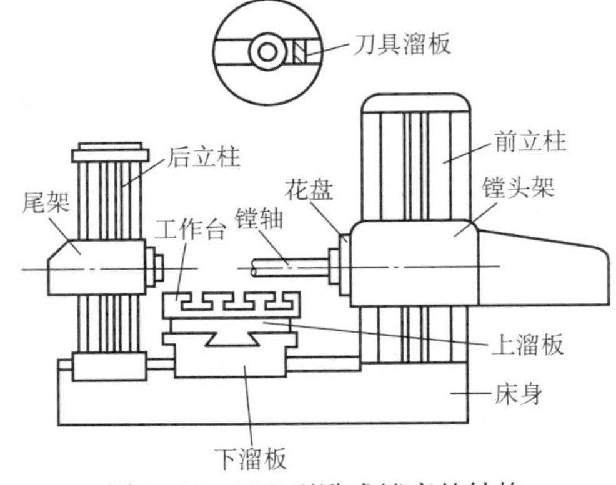

图6-20　T68型卧式镗床的结构

工作时，镗轴一面旋转一面沿轴向做进给运动，而花盘只能旋转，装在其上的平旋盘可做垂直于主轴轴线方向的径向进给运动。镗轴和花盘主轴分别由各自的传动链驱动，因此，镗轴与花盘可独自旋转，也可以不同转速同时旋转。

由上可知，镗床工作时，主运动是镗轴和花盘的旋转运动；进给运动是镗轴的轴向移动、花盘上平旋盘的径向移动、工作台的横向移动和纵向移动、镗头架的垂直进给；辅助运动是工作台的旋转、后立柱的纵向移动和尾架的垂直移动。

二、电气传动要求

镗床工艺范围广，运动多，为了适应各种工件加工工艺的要求，主轴的转速及进给量都应有足够的调节范围。T68 型卧式镗床采用机电联合调速，即用变速箱进行机械调速，用交流双速电动机完成电气调速。调速既可在开车前进行，也可在工作过程中进行，为了缩短机床辅助时间，常在加工过程中进行变速操作。

卧式镗床的主运动和进给运动由同一台电动机驱动，要求实现正反转且有点动调整控制，制动要求准确、迅速，为此设有电气制动环节。

为了缩短调整工件和刀具之间相对位置的时间，镗床的各部件还可以用快速移动电动机来驱动。

由于镗床运动较多，所以要有必要的联锁保护以及过载和限位保护。

为便于变速时齿轮的顺利啮合，应设有低速冲动环节。

三、镗床的电气控制线路

图 6-21 所示为 T68 型卧式镗床的电气控制线路。

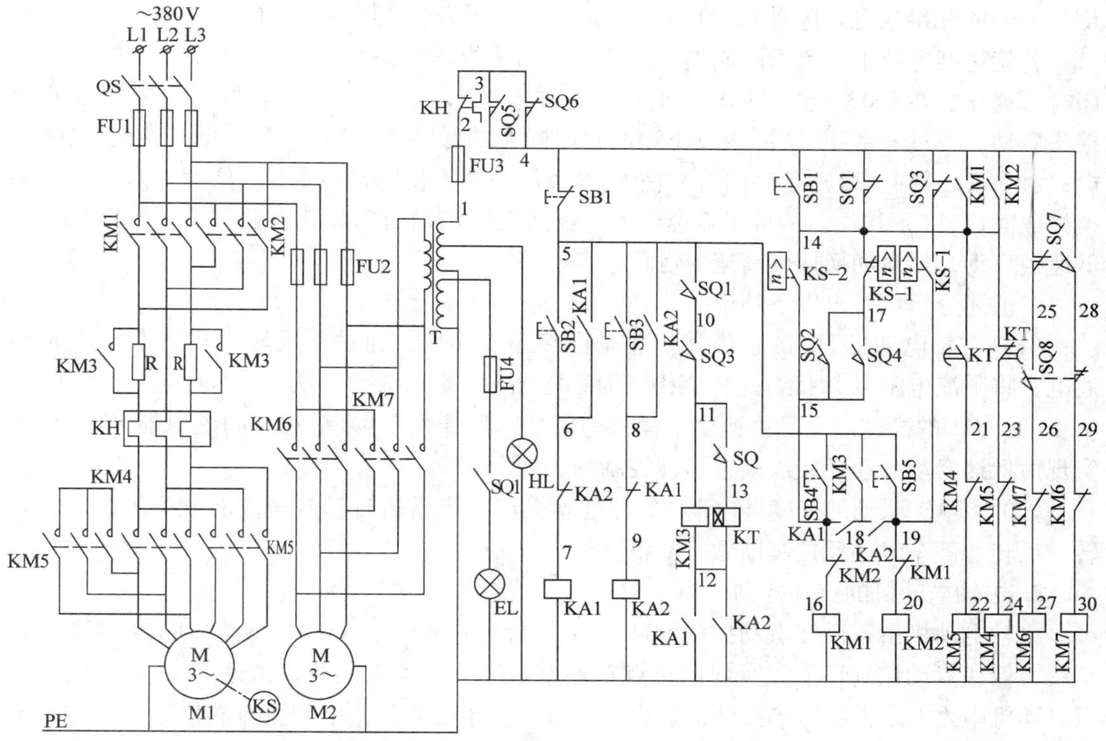

图 6-21　T68 型卧式镗床的电气控制线路

图中 M1 为主轴与进给电动机，M2 为快速移动电动机。其中，M1 为一台 4/2 极的双速电动机，绕组连接方式为△/YY。

电动机 M1 由五只接触器控制，其中，KM1、KM2 为电动机正反转接触器，KM3 为制动电阻短接接触器，KM4 为低速运转接触器，KM5 为高速运转接触器（KM5 为一只双线圈接触器或由两只接触器并联使用）。主轴电动机正转、反转、停车时均由速度继电器 KS 控制实现反接制动，两对触头 KS-1 和 KS-2 分别用于控制正转和反转。另外还设有短路保护和过载保护。

电动机 M2 由接触器 KM6、KM7 实现正反转控制，设有短路保护。因快速移动为点动控制，所以 M2 为短时运行，无须过载保护。

1. 主轴电动机的正反向启动控制

合上电源开关 QS，信号灯 HL 亮，表示电源接通。调整好工作台和镗头架的位置后，便可开动主轴电动机 M1，驱动镗轴或花盘正反转启动运行。

由正反转启动按钮 SB2、SB3，正反转中间继电器 KA1、KA2 以及正反转接触器 KM1、KM2 等构成主轴电动机正反转控制环节。另设有高速、低速选择手柄，选择高速或低速运行。当要求主轴低速运转时，将速度选择手柄置于低速挡，此时与速度选择手柄有联动关系的行程开关 SQ 不受压，触头 SQ（11—13）断开。要使主轴电动机正转运行，可按下正转启动按钮 SB2，中间继电器 KA1 通电并自锁，触头 KA1（8—9）断开了 KA2 的电路；KA1（12—PE）闭合，使 KM3 通电，限流电阻 R 被短接；KA1（15—18）闭合，使 KM1、KM4 相继通电。电动机 M1 在△形接法下全压启动并以低速运行。

若将速度选择手柄置于高速挡，经联动机构将行程开关 SQ 压下，触头 SQ（11—13）闭合，这样，在 KM3 通电的同时，时间继电器 KT 也通电。于是，电动机 M1 在低速△形接法启动，经过一定延时后，因 KT 通电延时断开的触头 KT（14—23）断开，使 KM4 断电；触头 KT（14—21）延时闭合，使 KM5 通电。从而使电动机 M1 由低速△形接法自动换接成高速YY形接法。构成了双速电动机高速运转启动时的加速控制环节，即电动机先低速挡启动，再自动换接成高速挡运转的自动控制。

由上述分析可得出以下结论：

（1）主轴电动机 M1 的正反转控制是由按钮操作的，通过正反转中间继电器使 KM3 通电，将限流电阻 R 短接，这样就构成 M1 的全压启动。

（2）M1 的高速启动是由速度选择机构压合行程开关 SQ 来接通时间继电器 KT，从而实现由低速启动自动换接成高速运转控制的。

（3）与 M1 联动的速度继电器 KS 在电动机正转或反转时都有对应的触头闭合，为正转、反转、停车时的反接制动做好准备。

2. 主轴电动机的点动控制

主轴电动机由正反转点动按钮 SB4、SB5，接触器 KM1、KM2 和低速接触器 KM4 构成正反转低速点动控制环节，实现低速点动调整。进行点动控制时，由于 KM3 未通电，所以电动机串入电阻器按△形接法低速启动。点动按钮松开后，电动机自然停车，若此时电动机转速较高，则可按下停止按钮 SB1，但要按到底，以实现反接制动，并迅速停车。

3. 主轴电动机的停车与制动

主轴电动机 M1 在运行中可按下停止按钮 SB1 来实现主轴电动机的停止与反接制动（将 SB1 按到底时）。由 SB1、KS、KM1、KM2 和 KM3 构成主轴电动机正反转和反接制动的控制环节。

以主轴电动机运行在低速正转状态为例，此时，KA1、KM1、KM3、KM4 均通电吸合，速度继电器触头 KS（14—19）闭合，为正转反接制动做好准备。当停车时，按下按钮 SB1，触头 SB1（4—5）断开，使 KA1、KM3 断电释放，触头 KA1（15—18）、KM3（5—18）断开，使 KM1 断电，切断了主轴电动机正向电源。而另一触头 SB1（4—14）闭合，经触头 KS（14—19）使 KM2 通电，其触头 KM2（4—14）闭合，使 KM4 通电，于是主轴电动机定子串入限流电阻进行反接制动。当电动机转速降低到 KS 释放值时，触头 KS（14—19）释放，使 KM2、KM4 相继断电，反接制动结束，M1 自由停车至零。

若主轴电动机已运行在高速正转状态，当按下 SB1 后，立即使 KA1、KM3、KT 断电，再使 KM1 断电，KM2 通电，同时 KM5 断电，KM4 通电。于是主轴电动机串入限流电阻器，接成△形接法，进行反接制动，直至 KS 释放，反接制动结束，M1 自由停车至零。

停车操作时，务必将 SB1 按到底，否则将无反接制动，只能自由停车。

4. 主运动与进给运动的变速控制

T68 型卧式镗床主运动与进给运动的速度变换是通过“变速操纵盘”改变传动链的传动比来实现的。它可在主轴与进给电动机未启动前预选速度，也可在运行中进行变速。下面以主轴变速为例说明其变速控制。

（1）变速操作过程　主轴变速时，首先将“变速操纵盘”上的操纵手柄拉出，然后转动变速盘，选好速度后，将变速操纵手柄推回。在拉出或推回变速操纵手柄的同时，与其联动的行程开关 SQ1（主轴变速时自动停车与启动开关）、SQ2（主轴变速齿轮啮合冲动开关）相应动作，在手柄拉出时开关 SQ1 不受压，SQ2 受压。推上手柄时压合情况正好相反。

（2）主轴运行中的变速控制过程　若主轴在运行中需要变速，可将主轴变速操纵手柄拉出，这时与变速操纵手柄有联动关系的行程开关 SQ1 不再受压，触头 SQ1（5—10）断开，KM3、KM1 断电，将限流电阻串入电动机 M1 定子电路；另一触头 SQ1（4—10）闭合，且 KM1 已断电释放，于是 KM2 经触头 KS（14—19）通电吸合，使电动机定子串入电阻 R 进行反接制动。若电动机原来运行在低速挡，则此时 KM4 仍保持通电，电动机接成△形接法串入电阻 R 进行反接制动；若电动机原来运行在高速挡，则此时将YY形接法换接成△形接法，串入电阻 R 进行反接制动。

然后转动变速操纵盘，转至所需转速位置，将变速操纵手柄推回原位，若此时因齿轮啮合不上，变速手柄推不上，则行程开关 SQ2 受压，触头 SQ2（17—15）闭合，KM1 经触头 KS（14—17）、SQ1（14—4）接通电源，同时 KM4 通电，使主轴电动机串入电阻 R，接成△形接法低速启动，当转速升到速度继电器动作值时，触头 KS（14—17）断开，使 KM1 断电释放；另一触头 KS（14—19）闭合，使 KM2 通电吸合，对主轴电动机进行反接制动，使转速下降。当速度降至速度继电器释放值时，触头 KS（14—19）断开，KS（14—17）闭合，反接制动结束。若此时变速操纵手柄仍然不能推合，则电路再重复上述过程，从而使主轴电动机处于间歇启动和制动状态，获得变速时的低速冲动，便于齿轮啮合，直至变速操纵手柄推合成功为止。手柄推合后，压下 SQ1，而 SQ2 不再受压，变速冲动结束。此时由触头 SQ2（17—15）切断上述瞬动控制电路，而触头 SQ1（5—10）闭合，使 KM3、KM1 相继通电吸合，主轴电动机自行启动，驱动主轴在新选定的转速下旋转。

主轴电动机未启动前，预选主轴速度的操作方法及控制过程与上述完全相同，在此不再赘述。

T68 型卧式镗床进给变速控制与主轴变速控制相同。它是通过进给变速操纵盘改变进给传动链的传动比来实现的。其变速操作过程与主轴变速时相似，首先将进给变速操纵手柄拉出，此时，与其联动的行程开关 SQ3、SQ4 相应动作（当手柄拉出时 SQ3 不受压，SQ4 将受压；当变速手柄推回时，则情况相反）。然后转动进给变速操纵盘，选好进给速度，最后将变速操纵手柄推合。若手柄推合不上，则电动机进行间歇的低速启动、制动，获得低速变速冲动，有利于齿轮啮合，直至手柄推合，变速控制结束。

5. 镗头架、工作台快速移动控制

为缩短辅助时间，提高生产效率，由快速电动机 M2 经传动机构驱动镗头架和工作台做各种快速移动。运动部件及其运动方向的预选由装设在工作台前方的操纵手柄进行，而控制则由镗头架上的快速操纵手柄实现。当扳动快速操纵手柄时，将相应压合行程开关 SQ7 或 SQ8，接触器 KM6 或 KM7 通电，实现 M2 的正反转，再通过相应的传动机构使操纵手柄预选的运动部件按选定方向做快速移动。当镗头架上的快速移动操纵手柄复位时，行程开关 SQ8 或 SQ7 不再受压，KM6 或 KM7 断电释放，M2 停止运转，快速移动结束。

6. 机床的联锁保护

T68 型卧式镗床具有较完善的机械和电气联锁保护。如当工作台或镗头架自动进给时，不允许主轴或花盘刀架进行自动进给，否则将发生事故，为此设置了两个联锁保护行程开关 SQ5 和 SQ6。其中 SQ5 是与工作台和镗头架自动进给手柄联动的行程开关，SQ6 是与主轴和花盘刀架自动进给手柄联动的行程开关。将 SQ5、SQ6 常闭触头并联后串接在控制电路中，若扳动两个自动进给手柄，将使触头 SQ5（3—4）与 SQ6（3—4）断开，切断控制电路，使主轴电动机停止，快速移动电动机也不能启动，以此实现联锁保护。

四、常见电气故障分析

T68 型卧式镗床采用双速电动机驱动，机械、电气联锁与配合较多，现侧重这方面分析其常见的电气故障。

1. 主轴实际转速比变速盘所指示转速高一倍或为原来的一半。

T68 型卧式镗床主轴是依靠电气、机械变速来获得 18 种速度的，主轴电动机高速和低速的转换则通过与高低速选择手柄联动的行程开关 SQ 来做出控制。SQ 安装在主轴变速操纵手柄旁，当主轴变速机构转动时，推动撞钉，再由撞钉去推动簧片，经簧片去压合 SQ，实现触头 SQ（11—13）的通与断。所以，在安装及调整时应使撞钉动作与变速盘指示转速相对应；否则，使 SQ 动作恰恰相反，出现主轴实际转速比变速盘指示转速多一倍或为原来一半的情况。

2. 主轴电动机只有高速挡而无低速挡，或只有低速挡而无高速挡。

产生这一故障的原因较多，常见的有时间继电器 KT 不动作。或者行程开关 SQ 因安装位置移动，造成 SQ 始终处于通或断的状态，若 SQ 常通，则主轴电动机只有高速；否则只有低速。

3. 主轴变速后推上变速操纵手柄，主轴电动机无变速冲动，或运行中进行变速，变速完成后主轴电动机不能自行启动。

主轴的变速冲动是由与变速操纵手柄有联动关系的行程开关 SQ1 和 SQ2 控制的。而 SQ1、SQ2 采用的是 LX1 型行程开关，往往由于安装不牢、位置偏移、触头接触不良，无法完成上述控制。甚至有时因 SQ1 开关绝缘性能差，造成绝缘击穿，致使触头 SQ1（5—10）发生短路。这时即使将变速操纵手柄拉出，电路仍断不开，使主轴仍以原速旋转，无法进行变速。

4. 双速电动机定子接线应正确，尤其是电动机的电源线不能接错。

任务实施

一、任务准备

在检修 T68 型卧式镗床电气控制线路的过程中，需用到表 6-9 所列的工具、仪器和设备。

表 6-9　任务实施需用到的工具、仪器和设备

序号	名称	型号规格	数量
1	三相交流可调电源	0~420 V	1 个
2	三相双速异步电动机	100 W	1 台
3	三相笼型转子异步电动机	100 W	1 台
4	熔断器	5 A/2 A	6/2 个
5	按钮	红/绿	1/4 个
6	交流接触器	5 A，线圈 220 V	7 个
7	热继电器	1 A	1 个
8	时间继电器	5 s	1 个
9	转换开关	5 A	1 个
10	行程开关	5 A	7 个
11	兆欧表	500 V	1 个
12	钳形电流表	20 A	1 个
13	万用表	MF47 型或自选	1 块
14	导线	实验专用	若干

二、连接 T68 型卧式镗床的电气控制线路

参照图 6-21 所示连接 T68 型卧式镗床电气控制线路，注意实验设备的额定电压为 220 V，不要施加过高的电压。

三、设置故障

相互设置故障：主电路两个，控制电路三个（例如，主轴电动机不能启动，主轴电动

机没有高速，主轴电动机不能变速冲动，主轴电动机没有低速，主轴电动机不能制动，快速移动电动机不能正转，快速移动电动机不能反转等）。

四、排除故障

1. 根据故障现象，在电路图上分析故障产生的原因，确定故障发生的范围。
2. 排除故障过程中，如果故障扩大，在规定时间内可以继续排除故障。
3. 修复故障，恢复正常运行。

1. 在检修过程中，要正确使用工具和仪表。
2. 在排除故障的过程中，不得采用更换器件、借用触头或改动线路的方法修复故障点。
3. 检修时不得损坏电气元件或设备。

总结测评

一、总结报告

1. 绘制任务的电路图。
2. 记录任务实施的过程、现象和数据结果。
3. 小结、体会和建议。

二、任务测评（见表 6-10）

表 6-10　任务实施考核评分记录表

序号	考核内容	考核要求	配分	得分
1	任务实施的准备	预习任务的内容	10	
2	仪器、仪表、设备的使用	正确使用按钮、接触器、热继电器、熔断器、实验台等设备	20	
3	电气控制线路的故障设置	接线速度快，故障设置正确	30	
4	故障分析和处理能力	故障分析思路正确，修复故障速度快，通电运行一次成功	40	
5	合计得分		100	
6	否定项	发生重大责任事故、严重违反教学纪律者得 0 分		

指导教师签名________________　　　　日期________________

附录　常用电器、电机的图形与文字符号

类别	名称	图形符号	文字符号	类别	名称	图形符号	文字符号
开关	单极控制开关	或	SA	开关	常开触头		SQ
开关	手动开关一般符号		SA	开关	常闭触头		SQ
开关	三极控制开关		QS	开关	复合触头		SQ
开关	三极隔离开关		QS	按钮	常开按钮		SB
开关	三极负荷开关		QS	按钮	常闭按钮		SB
开关	组合旋钮开关		QS	按钮	复合按钮		SB
开关	低压断路器		QF	按钮	急停按钮		SB
开关	控制器或操作开关	后 0 前 2 1 1 1 2 2 3 4	SA	按钮	钥匙操作式按钮		SB

续表

类别	名称	图形符号	文字符号
接触器	线圈操作器件		KM
	常开主触头		KM
	辅助常开触头		KM
	辅助常闭触头		KM
热继电器	热元件		KH
	常闭触头		KH
时间继电器	通电延时（缓吸）线圈		KT
	断电延时（缓放）线圈		KT
	瞬时闭合的常开触头		KT
	瞬时断开的常闭触头		KT
	延时闭合的常开触头	或	KT
	延时断开的常闭触头	或	KT
时间继电器	延时闭合的常闭触头	或	KT
	延时断开的常开触头	或	KT
中间继电器	线圈		KA
	常开触头		KA
	常闭触头		KA
电流继电器	过电流线圈	$I>$	KA
	欠电流线圈	$I<$	KA
	常开触头		KA
	常闭触头		KA
电压继电器	过电压线圈	$U>$	KV
	欠电压线圈	$U<$	KV
	常开触头		KV

续表

类别	名称	图形符号	文字符号
电压继电器	常闭触头		KV
非电量控制的继电器	速度继电器常开触头	n	KS
	压力继电器常开触头	p	KP
熔断器	熔断器		FU
电磁操作器	电磁铁的一般符号	或	YA
	电磁吸盘		YH
	电磁离合器		YC
	电磁制动器		YB
	电磁阀		YV
电动机	三相笼型异步电动机	M 3~	M
电动机	三相绕线转子异步电动机	M 3~	M
	他励直流电动机	M	M
	并励直流电动机	M	M
	串励直流电动机	M	M
发电机	发电机	G	G
	直流测速发电机	TG	TG
变压器	双绕组变压器		TC
	三相变压器		TM
灯	信号灯（指示灯）	⊗	HL
	照明灯	⊗	EL

续表

类别	名称	图形符号	文字符号	类别	名称	图形符号	文字符号
接插器	插头和插座	或	X 插头 XP 插座 XS	互感器	电压互感器		TV
互感器	电流互感器		TA		电抗器		L